K. Hinderer

Grundbegriffe der Wahrscheinlichkeitstheorie

Springer-Verlag

Berlin Heidelberg New York Tokyo

Karl Hinderer

Institut für Mathematische Statistik
Universität Karlsruhe
Englerstraße 2
7500 Karlsruhe 1

Mathematics Subject Classification (1980): 60-01; 28-01

1. Auflage 1972
3. korrigierter Nachdruck 1985

ISBN 3-540-07309-4
Springer-Verlag Berlin Heidelberg New York Tokyo
ISBN 0-387-07309-4
Springer-Verlag New York Heidelberg Berlin Tokyo

CIP-Kurztitelaufnahme der Deutschen Bibliothek
Hinderer, Karl:
Grundbegriffe der Wahrscheinlichkeitstheorie / K. Hinderer. – 3., korrigierter Nachdr. – Berlin;
Heidelberg; New York; Tokyo: Springer, 1985.
(Hochschultext)
ISBN 3-540-07309-4 (Berlin...)
ISBN 0-387-07309-4 (New York...)

Offsetdruck: Julius Beltz, Hemsbach/Bergstr.
2141/3140-543210

Vorwort

Bei der Stoffauswahl für eine einführende Vorlesung über Wahrscheinlichkeitstheorie für Mathematiker und mathematisch interessierte Hörer anderer Fachrichtungen spielen verschiedene Gesichtspunkte eine Rolle. Mir scheinen die folgenden fünf besonders wichtig zu sein.

1. Während vor noch nicht allzu langer Zeit das Gebiet der Stochastik[1] nur an der Peripherie der mathematischen Studiengänge angesiedelt war, hat es in neuerer Zeit im Zusammenhang mit dem Vordringen stochastischer Methoden in nahezu alle Wissenszweige (man denke etwa an die neuen Anwendungsmöglichkeiten in Biologie, Informatik, Operations Research und Sozialwissenschaften) sehr an Bedeutung gewonnen. Dies drückt sich u.a. darin aus, daß wohl die Mehrzahl aller heute in Wirtschaft und Verwaltung tätigen Mathematiker Kenntnisse in Wahrscheinlichkeitstheorie und/oder Mathematischer Statistik benötigen.[2] Auch an den weiterbildenden Schulen wurde inzwischen die Bedeutung der Stochastik für den mathematischen Unterricht erkannt.   2. Die Hörer einer einführenden Vorlesung bringen unterschiedliche Erwartungen mit: Dem einen ist an einer nicht zu ausführlichen Übersicht gelegen, ein anderer möchte eine breite theoretische Grundlage für spätere angewandte Studien legen und einem dritten geht es vielleicht vorwiegend um die Verflechtung des Gebietes mit der Analysis.   3. Trotz mancher sehr erfreulicher Bemühungen um die Einführung stochastischen Gedankengutes im sekundären Schulbereich[3] kann man - bedingt durch den großen Mangel an entsprechend geschulten Lehrern - bislang bei den Hörern nicht einmal die einfachsten wahrscheinlichkeitstheoretischen Begriffe voraussetzen.   4. Ebensowenig wird man in der Regel Kenntnisse in der Maß- und Integrationstheorie erwarten können.[4]   5. Wohl in keiner mathematischen Disziplin treten bei der Konstruktion von Modellen zur Anwendung der Theorie auf außermathematische Fragestellungen solche Schwierigkeiten auf wie in der Wahrscheinlichkeitstheorie.

Bei der vorliegenden Darstellung war ich bemüht, den soeben geschilderten Problemen Rechnung zu tragen und nach Lösungsmöglichkeiten zu suchen, auch wenn diese manchmal nur in einem Kompromiß gefunden werden konnten. Demgemäß bestand mein Ziel darin, eine sichere

Basis für weitergehende (theoretische und angewandte) Studien zu legen,
einen einigermaßen abgerundeten Überblick zu geben und darüber hinaus
auf Anwendungsmöglichkeiten hinzuweisen.

Im ersten Kapitel soll anhand der W-Räume mit abzählbarem Merkmalraum das Verständnis für wahrscheinlichkeitstheoretische Fragestellungen geweckt werden. Bei der Formulierung der Definitionen und Sätze
versuchte ich, den Leser auf die spätere allgemeine Theorie vorzuberei-
ten. Kapitel I soll auch als Motivierungshilfe für die im zweiten Kapitel entwickelten Hilfsmittel aus der Maß- und Integrationstheorie
dienen. Ich habe mich nicht gescheut, auf langwierige und methodisch
weniger wichtige Beweise (welche vom Anfänger oft nur 'Zeile für Zeile'
verstanden werden) unter Angabe entsprechender Literatur zu verzichten.
Stattdessen versuchte ich, eine eingehendere Motivierung zu geben und
die Anwendbarkeit der Sätze an Beispielen aufzuzeigen. Das dritte
Kapitel stützt sich naturgemäß in der Motivierung auf Kapitel I und
in der Methodik auf Kapitel II.

Die Beschränkung des Stoffes auf die Grundbegriffe (wozu ich nicht
mehr die Problemkreise der Gesetze der großen Zahlen und des zentralen
Grenzwertsatzes rechne) rührt daher, daß ich eine Darstellung geben
wollte, die wenigstens in den wesentlichen Teilen in einer vierstün-
digen einsemestrigen Vorlesung durchgearbeitet werden kann. Hierbei gehe ich davon aus, daß bei einer auf einem Skriptum basierenden Vorlesung
detaillierte Beweise nur exemplarisch gebracht werden.

Die selbständige Lösung von Aufgaben halte ich für eine unerläß-
liche Bedingung zum echten Verständnis des Stoffes. Dementsprechend wird
am Ende der Paragraphen eine Auswahl von Aufgaben angegeben, von
denen die meisten für die Hausarbeit gedacht sind. Diese Auswahl sollte zur Festigung der Begriffe unbedingt durch solche Aufgaben ergänzt
werden, welche sich in wenigen Minuten (z.B. im Rahmen von Präsenz-
übungen) lösen lassen. Die relativ zahlreichen Literaturhinweise und
die am Ende der meisten Paragraphen angegebenen Ergänzungen sind als
Hilfe bei der Lösung spezieller Probleme und als Richtungshinweise für
vertiefte Studien gedacht.

Bei der Abfassung des Textes habe ich mich auf viele bewährte und
umfangreichere Werke (sowie auf eine frühere, von den Herren E.Becker
und W.Thomsen angefertigte Ausarbeitung meiner Vorlesung Wahrscheinlichkeitstheorie I) gestützt. Trotzdem hoffe ich, da und dort auch dem
Fachmann eine Anregung geben zu können.

Bei der Arbeit an dem vorliegenden Buch unterstützten mich eine
ganze Reihe von Mitarbeitern. In erster Linie möchte ich Herrn cand.
math. M.Lehnerdt erwähnen, der mit ungewöhnlicher Gründlichkeit das

ganze Manuskript durchsah und viele Ungenauigkeiten und Versehen aus-
merzte. Bei der Durchsicht des Manuskripts und in den verschiedenen
Phasen der Fertigstellung der Druckvorlage halfen mir die Herren
Dr.G.Hübner, cand.math. M.Reischel, Dr.M.Schäl, cand.math. A.Stolzen-
burg und cand.math. W.Thomsen. Meine Sekretärin, Frau Ch.Iwan, widme-
te sich, unterstützt durch Frau H.Thormann, mit Sachkunde und gleich-
bleibender Geduld der Niederschrift des Manuskripts und half bei der
Fertigstellung der Druckvorlage. Die endgültige Reinschrift lag bei
Frau E.Schmidt in bewährten Händen. Allen Beteiligten gilt mein herz-
licher Dank.

Hamburg, im August 1972   Karl Hinderer

---

1) Wir verwenden die (vom griechischen "στοχαζεσθαι = vermuten, mut-
maßen" abgeleitete)Bezeichnung <u>Stochastik</u> als Sammelbegriff für die
Gebiete Wahrscheinlichkeitstheorie und Mathematische Statistik; mehr
über diese Namensgebung findet man bei MENGES (68), S.37.

2) Vgl. etwa den Bericht von BICK/GEMEIN/LÜPSEN (70), S.21, über eine
einschlägige Untersuchung.

3) S. etwa den Artikel von F. ENGEL in RÅDE (70).

4) Dieses Problem wäre weitgehend entschärft, wenn man sich nach DIEU-
DONNÉ's Vorschlag dazu entschließen könnte, in den mathematischen
Grundvorlesungen das Riemannsche Integral nur für reguläre Funktionen, dafür aber auch die Elemente der Maß- und Integrationstheorie zu
behandeln; vgl. § 19 D.

Inhaltsverzeichnis

- VII -

Hinweis

Sätze, Lemmata und Korrolare werden durch Angabe ihrer Nummer zitiert,
z.B. "Satz 15.5" als "15.5". Dagegen bezeichnet (15.5) die Formel 5 in
§ 15.

Kapitel I. Diskrete Wahrscheinlichkeitsräume

§ 1. Zufällige Experimente
und der empirische Wahrscheinlichkeitsbegriff

Die Wahrscheinlichkeitstheorie (im folgenden kurz als W-Theorie bezeichnet) ist - ähnlich wie die euklidische Geometrie und die klassische Analysis - aus dem Bemühen entstanden, Teilaspekte der realen Welt durch ein mathematisches, d.h. gedankliches Modell zu beschreiben. Die Wahl eines geeigneten Modells, von welcher der praktische Aussagewert einer jeden im Modell entwickelten Theorie abhängt, wird in den Anwendungsgebieten von Geometrie und Analysis nur selten als ein ernsthaftes Problem empfunden. Beispielsweise zweifelt man kaum daran, daß der übliche mathematische Begriff der Strecke die physikalische Vorstellung einer Strecke (sofern es sich nicht um extrem kleine oder extrem große physikalische Strecken handelt) recht gut wiedergibt.

Es ist eine Eigentümlichkeit der W-Theorie, daß bei ihrer Anwendung auf praktische Probleme die Wahl eines geeigneten mathematischen Modells durchaus mit Schwierigkeiten verbunden sein kann. Diese äußern sich für den beteiligten Mathematiker oft darin, daß er ein verbal formuliertes, zunächst recht einleuchtendes Problem einer genaueren prämathematischen Analyse unterziehen muß, ehe er im Arsenal der ihm bekannten Modelle ein passendes findet. Auch gibt es oftmals für dasselbe Problem mehrere Modelle, so daß es dem Geschick des Mathematikers überlassen bleibt, eines auszuwählen, das einen besonders effektiven Einsatz von Lösungsmethoden erlaubt oder das Problem besonders durchsichtig macht. Die Schwierigkeiten bei der Wahl von Modellen sind gelegentlich die Ursache für Fehlinterpretationen von theoretischen Resultaten.

Wir wollen uns zunächst klarmachen , in welcher Weise mathematische Modelle zur Beschreibung eines Teilaspektes der realen Welt, der als empirischer Sachverhalt bezeichnet werde, Verwendung finden. Man kann den gesamten Beschreibungsvorgang in die folgenden vier Phasen unterteilen:

1. Beschreibung des empirischen Sachverhalts durch empirische (z.B.natur-

wissenschaftliche, wirtschaftswissenschaftliche, soziologische) Begriffe
welche etwa durch Meßvorschriften definiert werden. (Beispiel: Definition von physikalischen Strecken, Messung von Breite und Höhe eines Rechtecks.)

2. Abbildung des in Phase 1 gewonnenen empirischen Begriffssystems auf
ein mathematisches Modell. (Beispiel: Definition des Streckenbegriffs
im Rahmen der euklidischen Geometrie.)

3. Rein logische Untersuchung des in Phase 2 entworfenen Modells. (Beispiel: Herleitung des Satzes von Pythagoras zur Berechnung der Länge der
Diagonalen des Rechtecks.)

4. Umkehrung von Phase 2, d.h. empirische Interpretation der in Phase 3
erhaltenen Resultate. (Beispiel: Interpretation der berechneten Länge
der Diagonalen als physikalische Strecke.)

Solange das mathematische Modell noch in der Erprobung ist, schließt
sich eine weitere Phase an:

5. Vergleich der in Phase 4 gefundenen Resultate mit der Wirklichkeit.
(Beispiel: Messung der Länge der Diagonalen.)

Hat man bei vielen Überprüfungen Übereinstimmung in den Grenzen der
Meßgenauigkeit gefunden, so sieht man das Modell als geeignet zur Beschreibung des empirischen Sachverhalts an,und man verzichtet bei neuen
Untersuchungen auf Phase 5. Ändert sich der empirische Sachverhalt (Beispiel: Vermessung großer Ländereien anstelle von "kleinen" Rechtecken),
so muß in der Regel das Modell modifiziert werden (hier: Ersetzung der
euklidischen Geometrie durch die Kugelgeometrie).

Vor der Anwendung des obigen Vier-Phasen-Schemas in der W-Theorie ist
zuerst zu klären, welche empirischen Sachverhalte durch W-theoretische
Modelle erfaßt werden sollen. Zu diesem Zweck überlegen wir uns, in welcher Weise Wörter wie "wahrscheinlich", "Wahrscheinlichkeit" in der Um-
gangssprache verwendet werden. Man kann zwei verschiedene Verwendungs-
arten feststellen:

a) Beschreibung der subjektiven Überzeugung einer Person von der Richtigkeit eines bestimmten Sachverhalts. Beispiele: "Am 1.Mai 1980 fällt
in Hamburg wahrscheinlich kein Schnee", "Der Sportverein X hat eine 90-
prozentige Chance, sein nächstes Spiel gegen den Sportverein Y zu gewinnen". Es handelt sich hier um Mutmaßungen über nicht wiederholbare
Vorgänge, bei denen im Prinzip in der Zukunft feststellbar ist, welcher
Sachverhalt vorliegt. Eine eventuelle Zahlenangabe ist ein Maß für die
Stärke der jeweiligen Überzeugung. Man bezeichnet solche Zahlenangaben,
die man aufgrund des Einsatzes der beteiligten Person in einer gedach-
ten Wette näherungsweise festlegen kann, als <u>subjektive Wahrscheinlich-</u>
<u>keiten.</u> Diese sind durchaus einer mathematischen Behandlung zugänglich

(s.z.B. SAVAGE (54), ANSCOMBE/AUMANN (63) und DE GROOT (70)). In neuerer Zeit haben sie im Zusammenhang mit der sog. Bayesschen Auffassung in der statistischen Entscheidungstheorie sehr an Bedeutung gewonnen. Wir verzichten jedoch im folgenden darauf, den Begriff der subjektiven Wahrscheinlichkeit als intuitiven Hintergrund des mathematischen W-Begriffs zu benützen, da der Zugang über den sogleich zu beschreibenden empirischen W-Begriff einfacher zu sein scheint.

b) Beschreibung von beobachteten Häufigkeiten bei (mindestens im Prinzip) beliebig oft wiederholbaren Vorgängen, deren Ausgang nicht vorhersehbar ist. Beispiele: "Dieser Würfel ist falsch, denn die Wahrscheinlichkeit, mit ihm eine Sechs zu werfen, ist nur $1/10$". "Die Wahrscheinlichkeit, daß ein 65-jähriger Rentner das 70. Lebensjahr erreicht, beträgt 0,813". Jeder Laie weiß mit diesen beiden Aussagen etwas anzufangen: Im ersten Fall hat man in einer langen Serie von Würfen in etwa $1/10$ der Fälle eine Sechs erhalten und man erwartet, daß der Würfel in Zukunft das gleiche Verhalten zeigen wird. Die zweite Aussage, die aus einer für die Berechnung von Leibrenten und Lebensversicherungsprämien grundlegenden Tabelle, einer sog. Sterbetafel, abgelesen werden kann, hat eine ähnliche Interpretation. (Ein unwesentlicher Unterschied zur ersten Aussage besteht darin, daß an die Stelle von vielen gleichartigen Versuchen mit einem Objekt einmalige "Versuche" mit vielen gleichartigen Objekten treten.) Empirische Sachverhalte wie in diesen beiden Beispielen nennen wir zufällige Experimente. Die bei der Wiederholung solcher zufälligen Experimente (unter gleichen Bedingungen) beobachteten Häufigkeiten dienen uns als sog. empirische Wahrscheinlichkeiten.

Es sei darauf hingewiesen, daß es von den Versuchsbedingungen abhängt, ob ein Experiment als zufällig angesehen werden kann oder nicht. Sind z.B. beim Werfen eines Würfels alle für die Bewegung des Würfels wichtigen Daten bekannt, so kann man das Ergebnis jedes Wurfes vorausberechnen, und es handelt sich um ein deterministisches Experiment. Andererseits ist es manchmal gar nicht wünschenswert, ein zufälliges Experiment durch Festlegung aller Versuchsbedingungen in ein deterministisches Experiment zu verwandeln. So sind z.B. die bei den Gasgesetzen interessierenden makroskopischen Größen Mittelwerte von zufälligen Größen, während die Bewegung eines einzelnen Teilchens in diesem Zusammenhang uninteressant ist.

Anhand der folgenden drei Beispiele soll in diesem und dem übernächsten Paragraphen das Vier-Phasen-Schema erläutert werden.

Beispiel 1.1. Zweimaliges Werfen eines Würfels (oder Werfen zweier echter unterscheidbarer Würfel).

Beispiel 1.2. Werfen zweier echter nicht unterscheidbarer Würfel.

Beispiel 1.3. Registrierung der Anzahl der Verkehrsunfälle, die sich während einer "normalen" Woche in einer bestimmten Stadt ereignen.

Wir betrachten nun die Phasen 1 und 2 (empirische Beschreibung des zufälligen Experiments und Konstruktion eines mathematischen Modells).

Die erste wesentliche Angabe zur Beschreibung eines zufälligen Experiments ist die Menge aller Resultate, die bei einmaliger Ausführung des Experiments auftreten können. Diese Menge oder - falls sie "unhandlich" ist - eine geeignete Obermenge heißt der <u>Merkmalraum</u> Ω, den wir in diesem ersten Kapitel stets als abzählbar (d.h. endlich oder abzählbar unendlich) voraussetzen. In den Beispielen 1.1 bis 1.3 wird man folgende Merkmalräume verwenden:

1.1 $\quad \Omega_1 := \{(1,1),(1,2),\ldots,(6,5),(6,6)\}=\{1,2,\ldots,6\}^2$.

1.2 $\quad \Omega_2 := \{(i,j)\in\Omega_1: i\leq j\}$. Zweite Möglichkeit: $\Omega_2' := \{\{i\}\cup\{j\}: 1\leq i,j\leq 6\}$ Dritte Möglichkeit: $\Omega_2'' := \{(r_1,r_2,\ldots,r_6)\in\{0,1,2\}^6: \sum_1^6 r_i=2\}$; die r_i heißen Besetzungszahlen.

1.3 $\quad \Omega_3 := \mathbb{N}_0$. Im Prinzip könnte man auch einen endlichen Merkmalraum nehmen, etwa $\Omega_3' := \{0,1,2,\ldots,10^9\}$. Aber die noch vorzunehmende Festlegung von geeigneten Wahrscheinlichkeiten ist in $\Omega_3=\mathbb{N}_0$ sowohl theoretisch als auch numerisch einfacher als in Ω_3'. Diese approximative Beschreibung endlicher mathematischer Strukturen durch unendliche ist ja ein in der angewandten Mathematik wohlerprobter Vorgang.

Die naheliegende Frage, die man mit Hilfe der W-Theorie klären möchte lautet: Wie groß ist die Wahrscheinlichkeit dafür, daß bei einmaliger Ausführung des zufälligen Experiments ein gewisses "<u>Ereignis</u>" eintritt? Als Beispiel für solche Ereignisse seien genannt:

1.1: Ereignis E_1: Der erste Wurf ergibt mehr als der zweite Wurf.

1.2: Ereignis E_2: Die Augensumme ist gerade.

1.3: Ereignis E_3: Es geschehen mehr als 50 Unfälle.

Es ist sehr nützlich, ein solches Ereignis E durch die Menge A der Elemente ω des Merkmalraumes Ω zu repräsentieren, die das Eintreten von E implizieren. Die Ereignisse E_1,E_2,E_3 werden also beispielsweise durch die Mengen $A_1 := \{(i,j)\in\Omega_1: i>j\}$, $A_2 := \{(i,j)\in\Omega_2: i+j$ gerade$\}$, $A_3 := \{\omega\in\mathbb{N}_0 : \omega>50\}$ repräsentiert. In dieser Weise definiert jedes Ereignis, von dem bei Durchführung des zufälligen Experiments entschieden werden kann, ob es eingetreten ist oder nicht eingetreten ist, eine gewisse Teilmenge von Ω. Andererseits kann jede Teilmenge von Ω als ein mit dem zufälligen Experiment verbundenes Ereignis aufgefaßt werden. (Bei überabzählbarem Ω gilt dies i.allg. nicht; s.§16.)

Die Darstellung von Ereignissen durch Mengen erweist sich als zweckmäßig, weil logische Verknüpfungen von Ereignissen durch entsprechende Mengenoperationen dargestellt werden können; s.§2. Man beachte: Das Ereignis E_2 ist auch für das zufällige Experiment 1.1 definiert, wird dort aber durch die Menge $\hat{A}_2 := \{(i,j) \in \Omega_1 : i+j \text{ gerade}\}$ repräsentiert; andererseits hat das Ereignis E_1 im zufälligen Experiment 1.2 keinen Sinn.- Wir werden von nun an in der Regel nicht mehr zwischen Ereignis E und zugeordneter Menge $A \subset \Omega$ unterscheiden; vgl.Erg.§14.

Nach dem Merkmalraum Ω und dem System $\mathcal{P}(\Omega)$ aller zugehörigen Ereignisse ist nun als letzter und wichtigster Bestandteil des mathematischen Modells der Begriff der <u>Wahrscheinlichkeit</u> einzuführen. Wir lassen uns hierbei von dem oben erwähnten empirischen Wahrscheinlichkeitsbegriff leiten: Wir denken uns das zufällige Experiment n-mal unter möglichst unveränderten Bedingungen durchgeführt. Ist n(A) die Anzahl der Versuche, bei denen das Ereignis A eingetreten ist, so heißt h(A) := n(A)/n die <u>relative Häufigkeit von A</u> in der betreffenden Versuchsserie vom Umfang n.

Denken wir uns h(A) für jedes Ereignis $A \subset \Omega$ bestimmt, so erhalten wir eine empirisch definierte Funktion $h: \mathcal{P}(\Omega) \to \mathbb{R}$, die wir die zu der betreffenden Versuchsserie gehörende <u>relative Häufigkeit</u> nennen. Die mathematischen Eigenschaften solcher relativen Häufigkeiten werden für uns die Motivierung für den mathematischen Wahrscheinlichkeitsbegriff sein, den wir in §3 einführen.

Zur praktischen Auszählung der (absoluten) Häufigkeiten bedient man sich sog. <u>Strichlisten</u>, bei denen das Auftreten der zu betrachtenden disjunkten Ereignisse A_i durch einen Strich an der A_i entsprechenden Stelle einer Tabelle registriert wird. Hierbei wird der 5.,10.,15.,... Strich als Querstrich durch die vier vorhergehenden Striche ausgeführt. Für eine andere informative graphische Darstellung benützt man kariertes Papier: Tritt A_i ein, so trage man in einem Feld, das über der A_i darstellenden Einheitsstrecke auf der "Merkmalachse" liegt, ein Kreuz ein. Das nach n Versuchen entstehende Treppenpolygon heißt das zu der Versuchsserie gehörige <u>Histogramm</u> (vgl.Aufg.3.4).

§ 2. Mengenoperationen und Mengenidentitäten

Bei der Berechnung der Wahrscheinlichkeiten "komplizierter" Ereignisse versucht man oft, letztere durch "einfachere" Ereignisse, deren Wahrscheinlichkeiten schon bekannt sind, darzustellen. Zu diesem Zweck befassen wir uns nun mit den hierbei zur Verwendung gelangenden <u>Mengenoperationen</u>, wobei die Grundmenge Ω nicht abzählbar zu sein braucht. Was an Grundbegriffen vorausgesetzt wird, ist in Anhang 1 zusammengestellt. Daneben werden Vereinigung und Durchschnitt von beliebig vielen Mengen sowie die Differenz $A - B$ (wobei nicht $B \subset A$ zu sein braucht) als bekannt angesehen. In der Stochastik haben wir es vorwiegend mit Durchschnitten und Vereinigungen von abzählbar vielen Mengen zu tun.

Nun machen wir Bemerkungen zu einzelnen Mengenoperationen und betrachten für beliebige Familien $(A_i, i \in I)$ von Teilmengen einer gegebenen Menge verschiedene Mengenidentitäten, deren Beweise im allgemeinen unter-
drückt werden.

1. Es gilt das folgende Kommutativgesetz für einen beliebigen Durchschnitt $\bigcap_{i \in I} A_i$: Ist π eine Permutation von I (d.h. eine Bijektion von
I nach I), so gilt

$$(2.1) \qquad\qquad \bigcap_{i \in I} A_{\pi(i)} = \bigcap_{i \in I} A_i \ .$$

Wenn eine Mengenoperation diese Eigenschaft hat, sagen wir, daß sie von
der Indizierung unabhängig ist.

Es gilt das folgende Assoziativgesetz für beliebige Durchschnitte
$\bigcap_{i \in I} A_i$: Ist $(I_j, j \in J)$ eine Zerlegung von I, so gilt

$$(2.2) \qquad\qquad \bigcap_{j \in J} \bigcap_{i \in I_j} A_i = \bigcap_{i \in I} A_i .$$

Anstelle von $\bigcap_1^n A_i$ schreiben wir auch $A_1 A_2 \ldots A_n$.

2. Kommutativ- und Assoziativgesetz gelten auch für beliebige Vereinigungen. Die Formulierung dieser Mengenidentitäten erhält man durch Ersetzung von $\cap$ durch $\cup$ in (2.1) und (2.2). Man kann Durchschnitte
[Vereinigungen] durch Vereinigungen [Durchschnitte] und Komplemente
ausdrücken. Dies folgt aus den wichtigen Regeln von De Morgan:

$$(\bigcup A_i)^c = \bigcap A_i^c \quad , \quad (\bigcap A_i)^c = \bigcup A_i^c \ .$$

Beispiel: Wir werfen einen Würfel 10-mal hintereinander. A_i sei das
Ereignis "im i-ten Wurf fällt eine Vier", $1 \leq i \leq 10$. Dann gilt: "Nicht
mindestens eine Vier bei 10 Würfen" = "bei jedem der 10 Würfe keine
Vier".

Es gelten die beiden Distributivgesetze

$$(2.3) \qquad\qquad A \cap (\bigcup_i A_i) = \bigcup_i (A \cap A_i),$$

$$(2.4) \qquad\qquad A \cup (\bigcap_i A_i) = \bigcap_i (A \cup A_i).$$

Der Leser beweise zur Übung das zweite Distributivgesetz [1] auf dem
üblichen Wege: Jedes Element von $A \cup (\bigcap_i A_i)$ ist in $\bigcap_i (A \cup A_i)$ enthalten und umgekehrt.

Für die Vereinigung einer Familie $(A_i, i \in I)$ von paarweise fremden
Mengen schreiben wir $\sum_{i \in I} A_i$ und sprechen von der Summe der Mengen A_i.

Die folgende Darstellung einer Vereinigung von abzählbar vielen
Mengen durch eine Summe ist manchmal nützlich:

---

[1] Dem Anfänger, der fälschlicherweise (s.Aufg.14.2) zu der Annahme
neigt, daß $\cap$ bzw. $\cup$ eine ähnliche Rolle wie Multiplikation bzw. Addition in einem Ring spielen, scheint oft das zweite Distributivgesetz
weniger plausibel zu sein als das erste.

(2.5)
$$\bigcup_{i=1}^{N} A_i = A_1 + \sum_{i=2}^{N}\left(A_i - \bigcup_{j=1}^{i-1} A_j\right), \quad 2 \le N \le \infty.$$

Formel (2.5) ist sehr anschaulich: Um $\bigcup_{i=1}^{N} A_i$ zu erhalten, beginnt man

mit A_1 und "addiert" sukzessive von jeder Menge A_i den durch

$A_1, A_2, \ldots, A_{i-1}$ noch nicht erfaßten Teil (Skizze!).

Wichtig ist auch folgende Beziehung: Ist $(B_i, i \in I)$ eine Zerlegung

der Grundmenge Ω, so gilt

(2.6)
$$A = \sum_{i \in I} AB_i, \quad A \subset \Omega.$$

Speziell gilt für beliebige Teilmengen A und B von Ω

$$A = AB + AB^c.$$

In (2.6) spielt die Zerlegung (B_i) häufig die Rolle einer Fallunter-

scheidung.

   Beispiel 2.1. Beim Werfen zweier unterscheidbarer Würfel sei

$\Omega := \{1, 2, \ldots, 6\}^2$ der Merkmalraum und A das Ereignis, daß die Augensumme

k $(2 \le k \le 12)$ ist. Wenn B_i bzw. C_i das Ereignis bezeichnet, daß die Augen-

zahl des ersten bzw. zweiten Würfels i beträgt, so gilt

$$A = \sum_{i=1}^{6} AB_i = \sum_{i=1}^{6} \{(m, n) \in \Omega: m = i, m+n = k\} =$$

$$= \sum_{i=1}^{6} \{(m, n) \in \Omega: m = i, n = k-i\} = \sum_{i=1}^{6} B_i C_{k-i}.$$

3. Die symmetrische Differenz für zwei Mengen A und B ist durch

(2.7)
$$A \triangle B := (A - B) + (B - A)$$

definiert. $A \triangle B$ mißt in gewissem Sinne die gegenseitige "Abweichung"

von A und B. Es gilt $A \cup B = A \cap B + A \triangle B$, also $A \triangle B = A + B$ für fremde

Mengen A, B; s.Fig.2.1.

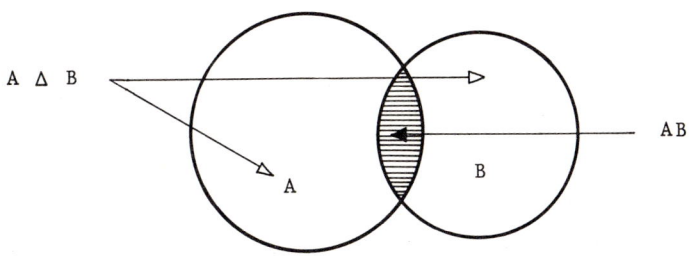

A △ B   AB

A   B

Fig.2.1

4. Da den Mengen ihre Indikatorfunktionen bijektiv zugeordnet sind,

entsprechen den Relationen zwischen Mengen Relationen zwischen Indi-

katorfunktionen. So gilt z.B.

$$1_{\bigcap_i A_i} = \inf_i 1_{A_i}, \quad 1_{\bigcup_i A_i} = \sup_i 1_{A_i}.$$

Ist I abzählbar, so gilt $1_{\bigcup_i A_i} = \sum_i 1_{A_i}$ genau dann, wenn die A_i paarweise fremd sind.

5. Sei (A_n) eine Folge von Teilmengen von Ω. Dann ist

$$(2.8) \qquad \overline{\lim} \, A_n := \bigcap_{n=1}^{\infty} \bigcup_{m=n}^{\infty} A_m$$

die Menge der $\omega \in \Omega$, die zu unendlich vielen der A_n's gehören, und

$$(2.9) \qquad \underline{\lim} \, A_n := \bigcup_{n=1}^{\infty} \bigcap_{m=n}^{\infty} A_m$$

ist die Menge der $\omega \in \Omega$, die bis auf endlich viele Ausnahmen zu jeder Menge A_n gehören (Beweis!). Die Mengen $\overline{\lim} \, A_n$ und $\underline{\lim} \, A_n$ sind unabhängig von der Indizierung der Familie (A_n). Man zeigt leicht, daß $\overline{\lim} \, 1_{A_n}$ bzw. $\underline{\lim} \, 1_{A_n}$ die Indikatorfunktionen von $\overline{\lim} \, A_n$ bzw. $\underline{\lim} \, A_n$ sind, was die Namensgebung erklärt. Eigenschaften von $\underline{\lim} \, A_n$ lassen sich auf diejenigen von $\overline{\lim} \, A_n$ zurückführen vermöge der Formel

$$(2.10) \qquad (\underline{\lim} \, A_n)^c = \overline{\lim} \, A_n^c .$$

Es gilt stets $\underline{\lim} \, A_n \subset \overline{\lim} \, A_n$, und im Falle der Gleichheit heißt die Menge der Limes der Folge (A_n). Statt $A = \lim A_n$ schreiben wir auch $A_n \to A$. Als Beispiel betrachten wir den (überabzählbaren) Merkmalraum $\Omega := \{W, Z\}^{\mathbb{N}}$, der das ∞-oftmalige Werfen einer Münze beschreibt. $A_i := \{(\omega_n) \in \Omega : \omega_i = W\}$ ist das Ereignis, beim i-ten Wurf Wappen zu werfen. Dann ist $\underline{\lim} \, A_n^c$ das Ereignis, nur endlich oft Wappen zu werfen.

Definition. *Eine Folge (A_n) von Teilmengen von Ω heißt*

a) *isoton (in Zeichen: $A_n \uparrow$), falls $A_1 \subset A_2 \subset A_3 \ldots$ gilt;*

b) *antiton (in Zeichen: $A_n \downarrow$), falls $A_1 \supset A_2 \supset A_3 \ldots$ gilt;*

c) *monoton, falls (A_n) isoton oder antiton ist.*

Für jede Folge (A_n) gilt:

$$A_n \uparrow \Rightarrow A_n \to \bigcup_1^{\infty} A_i = \bigcup_{i=k}^{\infty} A_i, \; k \in \mathbb{N} \; ,$$

$$A_n \downarrow \Rightarrow A_n \to \bigcap_1^{\infty} A_i = \bigcap_{i=k}^{\infty} A_i, \; k \in \mathbb{N} \; .$$

Aufgaben

2.1. Man untersuche, ob die folgenden Aussagen allgemein gültig sind und gebe evtl. Bedingungen an, unter denen die Aussagen richtig sind.

a) $AB \subset AC \Longleftrightarrow B \subset C$;

b) $(A \cup B) - A = B$;

c) $(A - B) \cup (A - C) = A - BC$.

2.2. Man beweise die im Text genannten Aussagen über $\overline{\lim}\, A_n$ und $\underline{\lim}\, A_n$.

2.3. Für das zufällige Experiment "k-maliges Werfen eines Würfels" bestimme man in einem geeigneten Merkmalraum die Mengen, welche die folgenden Ereignisse repräsentieren:

$A_n \,\hat{=}\,$ "der n-te Wurf ergibt eine Drei";

$B_n \,\hat{=}\,$ "der n-te Wurf ergibt die erste Drei";

$C_n \,\hat{=}\,$ "der n-te und der (n+1)-te Wurf ergeben die beiden ersten Dreien";

$D \,\hat{=}\,$ "es tritt genau einmal eine Drei auf".

Lassen sich B_n, C_n und D durch die A_i's ausdrücken? Was für ein Ereignis ist $\sum_{n=1}^{k-1} C_n$? Man drücke $E_m := \bigcup_{n=1}^{m} A_n$, $1 \leq m \leq k$, durch die B_i's aus und interpretiere das Ergebnis.

Ergänzungen

1. Die Distributivgesetze (2.3) und (2.4) können verallgemeinert werden, z.B. (2.3) zu

$$(2.11) \qquad \bigcap_{j \in J} \left(\bigcup_{i \in I_j} A_{i,j} \right) = \bigcup_{f \in K} \left(\bigcap_{j \in J} A_{f(j),j} \right), \qquad K := \underset{j \in J}{\times} I_j.$$

2. Die Durchschnittsbildung für zwei beliebige Teilmengen von Ω läßt sich formal darstellen als diejenige Abbildung von $\mathcal{P}(\Omega) \times \mathcal{P}(\Omega)$ in $\mathcal{P}(\Omega)$, die durch $(A,B) \to AB$ definiert ist. Analog kann der Begriff einer beliebigen Mengenoperation definiert werden als eine Abbildung von einer nichtleeren Teilmenge eines kartesischen Produktes von $\mathcal{P}(\Omega)$ nach $\mathcal{P}(\Omega)$.

3. Mit Hilfe der sog. Topologie der punktweisen Konvergenz in der Menge der Indikatorfunktionen von Teilmengen einer Menge Ω kann man in $\mathcal{P}(\Omega)$ eine (i.a. nicht metrisierbare) Topologie einführen, für welche die Konvergenz von Mengenfolgen gerade die Konvergenz im oben angeführten Sinne ist.

§ 3. Der mathematische Wahrscheinlichkeitsbegriff

In §1 sagten wir, daß die Eigenschaften der bei der Wiederholung von zufälligen Experimenten auftretenden relativen Häufigkeiten $h(A), A \subset \Omega$, für uns die Motivierung für den mathematischen Wahrscheinlichkeitsbegriff sein sollen. Wie weiter unten gezeigt wird, läßt sich aber nicht jede Funktion $h : \mathcal{P}(\Omega) \to \mathbb{R}$ als relative Häufigkeit deuten. Bei der Formulierung dieses Resultats in Satz 3.2 tritt - wie häufig in der Stochastik - eine formale unendliche Reihe der Gestalt

(3.1) $$\sum_{i\in I} a_i \, , \quad a_i \in \overline{\mathbb{R}} \, , \quad {}^{1)}$$

auf, wobei die abzählbar unendliche Indexmenge I entweder keine "natürliche"Anordnung besitzt (z.B. $I=\mathbb{N}^2$ oder $I=\mathbb{Q}$) oder aber eine eventuell vorhandene natürliche Anordnung (z.B. $I=\mathbb{N}$) keinen Bezug zum Problem aufweist. Man kann daher $\sum_{i\in I} a_i$ höchstens dann sinnvoll definieren, wenn für jede "Anordnung" π, d.h. jede Bijektion $\pi: \mathbb{N} \to I$, die Reihe $\sum_{n\in\mathbb{N}} a_{\pi(n)}$ in $\overline{\mathbb{R}}$ konvergiert, und zwar zu einem von der Anordnung unabhängigen Wert a. In diesem Fall heißt $\sum_i a_i$ <u>unbedingt konvergent</u> zum Wert a, den wir auch mit $\sum_i a_i$ bezeichnen. Ferner nennen wir jede formale Summe von *endlich* vielen erweitert reellen Zahlen unbedingt konvergent, falls die Summe überhaupt definiert ist. Die unbedingte Konvergenz kann offensichtlich als ein <u>allgemeines Kommutativgesetz</u> für die Addition angesehen werden. Man sieht leicht ein, daß $\sum_i a_i$ schon dann unbedingt konvergent ist, wenn $\sum_n a_{\pi(n)}$ für jede Anordnung π konvergiert. Ferner übertragen sich die bekannten Sätze von Reihen der Form $\sum_n c_n$ auf unbedingt konvergente Reihen. So gilt z.B.:

a) $\sum_i a_i$ unbedingt konvergent, $\beta\in\mathbb{R} \Rightarrow \sum (\beta a_i)$ unbedingt konvergent zu $\beta\sum a_i$.

b) $\sum a_i$, $\sum b_i$ unbedingt konvergent, $a_i \le b_i$ für $i\in I \Rightarrow \sum a_i \le \sum b_i$.

c) $\sum a_i$, $\sum b_i$ unbedingt konvergent, $\sum a_i + \sum b_i$ definiert $\Rightarrow \sum (a_i + b_i)$ konvergiert unbedingt zu $\sum a_i + \sum b_i$.

Das folgende Lemma wird in Anhang 2 bewiesen.

<u>Lemma 3.1</u>. *Ist $0\le a_i \le\infty$, $i\in I$, so ist $\sum_{i\in I} a_i$ unbedingt konvergent.*

<u>Satz 3.2</u>. *Sei Ω abzählbar. Eine Funktion h: $\mathcal{P}(\Omega) \to \mathbb{R}$ kann genau dann als relative Häufigkeit in einer Versuchsserie vom Umfang n auftreten, falls gilt:*

(3.2) $$h(A) \ge 0 \, , \quad A \subset \Omega;$$

(3.3) $$h(\Omega) = 1 \, ;$$

(3.4) $$h(\sum_{i\in I} A_i) = \sum_{i\in I} h(A_i) \quad \textit{für jede abzählbar unendliche}$$
Familie ($A_i, i\in I$) von paarweise fremden Ereignissen;

(3.5) $$n\cdot h(\omega) \in \mathbb{N}_0, \ \omega\in\Omega. \quad {}^{2)}$$

Beweis. Offensichtlich erfüllt jede relative Häufigkeit die Bedingungen (3.2) - (3.5). Bei der Nachprüfung von (3.4) ist nur zu beachten, daß höchstens n der Ereignisse A_i eintreten können. Hat andererseits die Funktion h' die Eigenschaften (3.2) - (3.5), so gilt zunächst (3.4)

<u>1)</u> Bzgl. aller mit Summen oder unendlichen Reihen von erweitert reellen Zahlen zusammenhängenden Fragen vgl. man Anhang 2.

<u>2)</u> Die sog.<u>Elementarereignisse</u> $\{\omega\}$ bezeichnen wir in der Regel einfach mit ω.

auch, falls I endlich ist: Addiert man nämlich in diesem Falle zu $\sum_i A_i$ unendlich oft die leere Menge, so folgt aus (3.4)

$$h'(\sum_i A_i) = \sum_i h'(A_i) + \infty \cdot h'(\emptyset),$$

woraus - da h' reellwertig ist - $h'(\emptyset)=0$ und die behauptete Gleichung folgt. Nun sind die ganzen Zahlen $n'(\omega):=n \cdot h'(\omega)$ nicht-negativ, und es gilt (gleichgültig, ob Ω endlich oder unendlich ist) $\sum_{\omega \in \Omega} n'(\omega)=n \cdot \sum_{\omega \in \Omega} h'(\omega)=$ $=n \cdot h'(\sum_{\omega \in \Omega} \{\omega\})=n$; insbesondere sind nur endlich viele der Zahlen $n'(\omega)$ strikt positiv.

Nun betrachten wir eine der Versuchsserien vom Umfang n, bei der jedes $\omega \in \Omega$ genau $n'(\omega)$-mal vorkommt. Die zu dieser Versuchsserie gehörende relative Häufigkeit stimmt dann offensichtlich mit h' überein, da die Funktion h' wegen (3.4) durch ihre Werte auf den Elementarereignissen bestimmt ist. □

Bemerkung. Ist Ω endlich, so gilt obige Aussage auch, falls man (3.4) durch die schwächere Forderung

(3.4') $\quad h(\sum_{i \in I} A_i) = \sum_{i \in I} h(A_i)$ für jede endliche Familie $(A_i, i \in I)$ von paarweise fremden Ereignissen

ersetzt. Dies gilt nicht mehr, falls Ω abzählbar unendlich ist. Man kann dann nämlich mit Hilfe des Wohlordnungssatzes die Existenz einer Funktion h zeigen, die (3.2), (3.3), (3.4') und (3.5) erfüllt und für die h(A)=0 für jede endliche Menge $A \subset \Omega$ gilt (s. HORN/TARSKI (48), S.477). Wegen der zuletzt genannten Eigenschaft kann dann h keine relative Häufigkeit sein.

Die Eigenschaften (3.2) - (3.5) haben die folgende wichtige Anwendung: Sind die relativen Häufigkeiten einiger Ereignisse bekannt, so lassen sich die relativen Häufigkeiten anderer Ereignisse berechnen. Die so aus (3.2) - (3.5) herleitbare sog. Häufigkeitsrechnung gestattet es, von beobachteten relativen Häufigkeiten gewisser Ereignisse in einer Versuchsserie exakt auf relative Häufigkeiten anderer Ereignisse in *derselben* Versuchsserie zu schließen. Bei der Anwendung der W-Theorie hat man jedoch etwas anderes im Auge: Man möchte aufgrund von beobachteten relativen Häufigkeiten gewisser Ereignisse in einer Versuchsserie eine Vorhersage für die relative Häufigkeit anderer Ereignisse in einer *zukünftigen* Versuchsserie machen. Daß dies überhaupt möglich ist, beruht auf der allgemeinen *Erfahrungstatsache*, daß innerhalb derselben Versuchsreihe der Quotient n(A)/n umsoweniger von Einzelversuch zu Einzelversuch schwankt, je größer n wird, und daß außerdem n(A)/n bei zwei verschiedenen hinreichend großen Versuchsreihen etwa denselben Wert ergibt.[1]

---

[1] Korrekter wäre wohl der folgende Standpunkt: Man *nennt* ein Experiment *zufällig*, wenn unsere bisherige Erfahrung keinen Anlaß gibt, an der Richtigkeit der genannten Erfahrungstatsache für unser Experiment zu zweifeln.

Es scheint nun klar zu sein, wie der Begriff der Wahrscheinlichkeit in einem zufälligen Experiment mathematisch zu definieren sei, nämlich durch eine Funktion H: $\mathcal{R}(\Omega) \to \mathbb{R}$, welche einerseits die Eigenschaften (3.2) - (3.5) besitzt (wobei noch in (3.5) ein geeignetes n zu bestimmen wäre), und die andererseits durch ihre aus Beobachtungen gewonnenen Werte für die Ereignisse eines gewissen Systems $\mathcal{L} \subset \mathcal{R}(\Omega)$ festgelegt ist. Für $\mathcal{L}$ wird oft das System aller Einpunktmengen $\{\omega\}, \omega \epsilon \Omega$, genommen. In Analogie zu den Anfangsbedingungen bei Differentialgleichungen sprechen wir von den <u>Anfangswahrscheinlichkeiten</u> H(A),$A \epsilon \mathcal{L}$. Bei dieser Definition ist jedoch die Eigenschaft (3.5) mindestens aus folgendem Grund störend: Da die Wahl des Umfangs n einer Versuchsserie zur Festlegung der Anfangswahrscheinlichkeiten nicht zwingend vorgegeben ist, kann n(A)/n für gewähltes großes n nur als ein approximativer Wert für einen (fiktiven) Wert angesehen werden, dem man sich für wachsendes n zu nähern scheint und den man die <u>empirische Wahrscheinlichkeit</u> des Ereignisses A nennen wird. Berechnet man die Anfangswahrscheinlichkeiten für eine bestimmte Versuchsserie, so hat außerdem die beobachtete relative Häufigkeit h oft eine analytisch unbequeme Gestalt. Es ergibt sich etwa in Beispiel 1.3 erfahrungsgemäß in jeder Versuchsserie $h(\omega) \approx e^{-\alpha} \frac{\alpha^\omega}{\omega!}$ für "kleines" ω (α eine positive Konstante) und - notwendigerweise - $h(\omega) = 0$ für alle hinreichend großen ω. Es ist dann analytisch sehr angenehm, als Ausgangswahrscheinlichkeiten $H(\omega) = e^{-\alpha} \frac{\alpha^\omega}{\omega!}$ für alle ω zu wählen, obwohl H dadurch (3.5) verletzt, und obwohl die Annahme, daß in einer Woche etwa 10^9 Unfälle vorkommen können, absurd klingt.

Wir sehen also, daß es zweckmäßig ist, die Forderung (3.5) im mathematischen Modell fallen zu lassen und die in einer Versuchsreihe gemessenen Anfangswahrscheinlichkeiten h(A),$A \epsilon \mathcal{L}$, durch "glattere" Werte H(A) zu ersetzen. Die Abänderung von h(A) zu H(A) für $A \epsilon \mathcal{L}$ hat natürlich so zu erfolgen, daß die Werte von H auf $\mathcal{L}$ nicht im Widerspruch zu (3.2) bis (3.4) stehen.

Nach diesen Vorbereitungen dürfte die folgende Definition hinreichend motiviert sein, bei der wir,dem allgemeinen Brauch folgend, anstelle von H den Buchstaben P ("probabilité") verwenden.

<u>Definition</u>. *Ein <u>diskreter Wahrscheinlichkeitsraum</u> (kurz: <u>W-Raum</u>)ist ein Paar* (Ω,P), *wobei* Ω *eine nicht-leere abzählbare Menge und* P: $\mathcal{R}(\Omega) \to \mathbb{R}$ *eine Funktion mit folgenden Eigenschaften ist:*

(3.6) $P(A) \geq 0$, $A \subset \Omega$;

(3.7) $P(\Omega) = 1$;

(3.8)   *P ist σ-additiv, d.h. es gilt* $P(\sum_{i \epsilon I} A_i) = \sum_{i \epsilon I} P(A_i)$ *für jede abzählbar unendliche Familie* $(A_i, i \epsilon I)$ *von paarweise fremden Ereignissen.*

P *heißt ein* diskretes W-Maß *auf* $\mathcal{P}(\Omega)$, *oder auch ein W-Maß auf* Ω.
<u>Verabredung</u>: *In Kapitel I wird jeder diskrete W-Raum als W-Raum schlechthin bezeichnet.*

Wie im Beweis von Satz 3.2 folgt für jedes W-Maß:

(3.9) $$P(\emptyset) = 0$$

und P ist <u>additiv</u>, d.h. es gilt

(3.10) $$P(\sum_i A_i) = \sum_i P(A_i) \text{ für jede endliche Familie}$$

(A_i) von paarweise fremden Mengen.

Wir wollen nun einiges zur dritten Phase in dem in §1 genannten Vier-Phasen-Schema sagen. Vorwiegend mit dieser Phase werden wir uns ja in den nachfolgenden Paragraphen befassen. Aber schon jetzt können wir einige der zu behandelnden Fragen umreißen.

1) Durch welche "Bestimmungsstücke" kann man W-Maße festlegen? Hier werden u.a. die Begriffe "Zähldichte" (s.u.) und "bedingte Zähldichte" (s.§7) eine Rolle spielen.

2) Welche Regeln sind in beliebigen W-Räumen gültig, d.h. welche Folgerungen lassen sich aus (3.6) - (3.8) ziehen? (Vgl.etwa Satz 3.4.)

3) Welche Regeln gelten in W-Räumen spezieller Struktur? Hier sind vor allem sog. Produkträume von Interesse, da sie Modelle für mehrstufige zufällige Experimente sind; vgl.§7.

4) Wie berechnet man in speziellen W-Räumen, *ausgehend von gegebenen Anfangswahrscheinlichkeiten*, die Wahrscheinlichkeiten "interessanter" Ereignisse? Man beachte: Im Gegensatz zur landläufigen Meinung kann die W-Theorie *keine* Wahrscheinlichkeiten *ohne* Anfangswahrscheinlichkeiten berechnen.[1] So ist z.B. die Frage, mit welcher Wahrscheinlichkeit ein Neugeborenes ein Junge ist, ohne weitere Angaben keine mathematische Frage. Dagegen kann man die Frage, mit welcher Wahrscheinlichkeit unter vier Geschwistern drei Jungen sind, mathematisch behandeln, falls man etwa die Voraussetzung macht, daß ein Neugeborenes mit Wahrscheinlichkeit 0,515 ein Junge ist und daß für die Geschlechtsbestimmung der einzelnen Kinder eine gewisse Art von Unabhängigkeit (sog.stochastische Unabhängigkeit) gilt.

Die vierte Phase ist rasch erledigt: Hat man, ausgehend von Anfangswahrscheinlichkeiten, in Phase 3 die Wahrscheinlichkeit P(A) für ein bestimmtes Ereignis berechnet, so wird man die Prognose machen dürfen,

---

[1] Sind bei einem Problem die Anfangswahrscheinlichkeiten nicht explizit angegeben, so sind sie implizit durch eine stillschweigende Annahme definiert - bei endlichen Merkmalräumen in der Regel durch die sog. <u>Gleichverteilungsannahme</u>, daß alle Elementarereignisse gleichwahrscheinlich sind (s.u.).

daß bei *zukünftiger* oftmaliger Wiederholung des zufälligen Experiments
in etwa 100·P(A)% der Fälle das Ereignis A eintreten wird. Man beachte
jedoch, daß man sich oft bei einer Entscheidung, die vom zukünftigen
Ausgang des zufälligen Experiments abhängt, selbst dann von P(A) leiten
läßt, wenn in Zukunft das zufällige Experiment nur noch einmal durchgeführt wird!

Nun wollen wir anhand der Beispiele 1.1 und 1.2 einen ersten Ein-
druck von den Problemstellungen in der W-Theorie gewinnen. Zunächst bemerken wir zur Frage der Festlegung von W-Maßen durch Anfangswahrscheinlichkeiten, daß jedes W-Maß P durch die Wahrscheinlichkeiten

$$(3.11) \qquad\qquad f(\omega) := P(\{\omega\}), \ \omega \in \Omega \ ,$$

der Elementarereignisse bestimmt ist, da nach (3.8)

$$(3.12) \qquad P(A) = P(\sum_{\omega \in A} \{\omega\}) = \sum_{\omega \in A} P(\{\omega\}) = \sum_{\omega \in A} f(\omega), \ A \subset \Omega,$$

gilt. Wir nennen die durch (3.11) definierte Abbildung $f : \Omega \to \mathbb{R}$ die zum
W-Maß P gehörige <u>Zähldichte</u>[1] (abgekürzt: <u>Z-Dichte</u>). Man beweist leicht
mit Hilfe von 9.2 das

    *Lemma 3.3. Sei Ω abzählbar. Eine Abbildung $f : \Omega \to \mathbb{R}_+$ ist genau dann
Z-Dichte eines (eindeutig bestimmten) W-Maßes auf $\mathcal{P}(\Omega)$, falls gilt:*

$$(3.13) \qquad\qquad \sum_{\omega \in \Omega} f(\omega) = 1.$$

Aufgrund von 3.3 nennen wir jede Abbildung $f : \Omega \to \mathbb{R}_+$ mit der Eigenschaft
(3.13) eine <u>Z-Dichte</u> schlechthin.

Man erhält also jedes W-Maß anschaulich in der Weise, daß man sich
in den abzählbar vielen Punkten von Ω physikalische Massen mit der Ge-
samtsumme 1 angebracht denkt. Bei dieser nützlichen Veranschaulichung
eines W-Maßes als eine Aufteilung einer physikalischen Masseneinheit
bedeutet also P(A) die Masse des "Bereichs" A. W-Maße heißen daher auch
"<u>W-Verteilungen</u>" oder kurz "<u>Verteilungen</u>". Dem Leser wird dringend emp-
fohlen, sich möglichst oft mit Hilfe dieser Vorstellungsweise die Bedeutung stochastischer Aussagen klarzumachen.

Bei vielen elementaren Aufgaben mit endlichem Merkmalraum tritt die
sog. (diskrete) <u>Gleichverteilung auf</u> Ω auf, welche dadurch definiert
ist, daß jedes Elementarereignis dieselbe Wahrscheinlichkeit p besitzt;
nach (3.12), angewandt auf $A := \Omega$, gilt dann $p = 1/|\Omega|$. Wenn etwa in Bei-
spiel 1.1 die beiden Würfel gut gearbeitet sind, wird man zur Beschreibung des zufälligen Experiments als W-Maß P_1 die Gleichverteilung auf
Ω_1 nehmen dürfen. Man verwendet dann also die konstante Z-Dichte

---

[1] Diese Bezeichnung ist in der Literatur nicht üblich, stattdessen
wird f gelegentlich als <u>W-Funktion</u> bezeichnet. Die Begründung für
unsere Bezeichnung wird in §21 gegeben.

$$\omega \rightarrow f_1(\omega) := 1/36.$$

Dann gilt z.B. für das Ereignis A_1: "der erste Würfel zeigt mehr als der zweite"

$$P_1(A_1) = |A_1|/36 = 15/36 \approx 0,417.$$

Wie soll man in Beispiel 1.2 die Z-Dichte wählen? Hat man es tatsächlich mit gut gearbeiteten Würfeln zu tun, so wird man nicht die Gleichverteilungsannahme treffen. Denn man könnte sich die Würfel im Prinzip unterscheidbar gemacht denken und hätte dann die Situation von Beispiel 1.1. Man wird also erwarten, daß in Ω_2 die Elementarereignisse (i,j) mit $i<j$ doppelt so häufig auftreten wie die Elementarereignisse (i,i), d.h. man wird in Ω_2 die Z-Dichte

$$f_2((i,j)) := \begin{cases} 1/36 \text{ für } i = j \\ 2/36 \text{ für } i < j \end{cases}$$

verwenden. Das Ereignis E_2: "Augensumme gerade" läßt sich in Ω_2 darstellen durch

$$A_2 = \{(i,j) \in \Omega_2: i \text{ und } j \text{ gerade}, i<j\} + \{(i,j) \in \Omega_2:$$
$$i \text{ und } j \text{ ungerade}, i<j\} + \{(i,j) \in \Omega_2: i = j\} =: C_1+C_2+C_3.$$

Es folgt mit (3.10) und (3.12)

$$P_2(A_2) = P_2(C_1)+P_2(C_2)+P_2(C_3)=$$
$$= \tfrac{2}{36}|C_1|+\tfrac{2}{36}|C_2|+\tfrac{1}{36}|C_3| = \tfrac{2}{36}\cdot3+\tfrac{2}{36}\cdot3+\tfrac{1}{36}\cdot6 = \tfrac{1}{2}.$$

Übrigens hat das Ereignis E_2 auch in Ω_1 die Wahrscheinlichkeit $1/2$.

Will man eine äquivalente Beschreibung des zufälligen Experiments in Ω_2'' erreichen, so muß man die Z-Dichte

$$f_2''((r_1,r_2,\ldots,r_6)):= \begin{cases} 1/36, \text{ falls } \max\limits_{1\le i\le6} r_i = 2, \\ 2/36 \quad \text{sonst} \end{cases}$$

verwenden.

Daß jede Vorgabe von Anfangswahrscheinlichkeiten empirisch nachgeprüft werden sollte, wird besonders deutlich am Beispiel der zufälligen Verteilung von r Photonen auf den in n Zellen unterteilten Phasenraum in der "statistischen" Physik. Man würde zunächst vermuten, daß z.B. im Fall r=2, n=6 der W-Raum (Ω_2'',P_2'') das Experiment gut beschreibt. Physikalische Experimente zeigen jedoch, daß man anstelle von P_2'' die Gleichverteilung auf Ω_2'' nehmen muß (s. Bose-Einstein-Statistik in §4).

Wir bringen nun einige elementare Eigenschaften von W-Maßen, die man sich auch anschaulich klarmache.

Satz 3.4. *In jedem diskreten W-Raum* (Ω,P) *gilt:*
a) $A \subset B \Rightarrow P(B-A) = P(B)-P(A)$; *insbesondere* $P(A^c) = 1-P(A), A \subset \Omega$.
b) $A \subset B \Rightarrow P(A) \leq P(B)$; *insbesondere* $P(A) \leq 1, A \subset \Omega$.
c) $P(A \cup B) = P(A)+P(B)-P(AB)$.
d) $P(\bigcup\limits_i A_i) \leq \sum\limits_i P(A_i)$ *für jede abzählbare Familie* (A_i).

Beweis. Aus (3.6) und (3.10) folgt für $A, B \subset \Omega$

(3.14) $\qquad P(A \cup B) = P(A+(B-A)) = P(A)+P(B-A) \geq P(A)$.

Ist $A \subset B$, so gilt $P(A \cup B)=P(B)$, so daß a) und b) aus (3.14) folgen. Für beliebige A, B ergibt sich mit (3.14)

$$P(A \cup B)+P(AB) = P(A)+P(B-A)+P(AB)$$
$$= P(A)+P((B-A)+AB) = P(A)+P(B),$$

womit c) gezeigt ist. Zum Nachweis von d) stellen wir $\bigcup_i A_i$ gemäß (2.5) als Summe von Ereignissen dar. Es gilt, wenn wir $\OE I := \{1, 2, \ldots, N\}$, $2 \leq N \leq \infty$, wählen, mit Teil b)

$$P(\bigcup_1^N A_i) = P(A_1) + \sum_{i=2}^N P(A_i - \bigcup_{j=1}^{i-1} A_j) \leq P(A_1) + \sum_2^N P(A_i). \quad \Box$$

Satz 3.4 ist so grundlegend, daß wir ihn bei späterer Anwendung in der Regel nicht zitieren werden.

Aus (2.6) erhalten wir noch die nützliche Formel

(3.15) $\qquad A \subset \sum_1^\infty B_i \Rightarrow P(A) = \sum_1^\infty P(AB_i)$,

wobei die B_i in den Anwendungen Fallunterscheidungen darstellen.

Der Leser beweise durch Induktion folgende Verallgemeinerung von Satz 3.4c, die angibt, wie man die Wahrscheinlichkeit einer endlichen Vereinigung von Ereignissen aus den Wahrscheinlichkeiten der Durchschnitte berechnen kann.

Satz 3.5. *Für beliebige Ereignisse* $A_1, A_2, \ldots, A_n$ *gilt:*

$$P(\bigcup_{i=1}^n A_i) =$$
$$= \sum_{1 \leq i \leq n} P(A_i) - \sum_{1 \leq i < j \leq n} P(A_i A_j) + \sum_{1 \leq i < j < k \leq n} P(A_i A_j A_k) - + \ldots$$
$$+ (-1)^{n+1} P(A_1 A_2 \ldots A_n).$$

Es gibt auch Formeln für die Wahrscheinlichkeit, daß mindestens m bzw. genau m der Ereignisse $A_1, A_2, \ldots, A_n$ eingetreten sind; s.etwa MORAN (68), RÉNYI (70) und W.VOGEL (70).

Daß man Probleme, zu deren Lösung man einen überabzählbaren Merkmalraum zu benötigen scheint, unter Umständen als Problem mit abzählbarem Merkmalraum formulieren kann, zeigt

Beispiel 3.1. Ein echter Würfel wird so oft geworfen, bis zum ersten Mal zwei gleiche Augenzahlen hintereinander auftreten. Welches ist die kleinste natürliche Zahl N, für welche das Experiment mit einer Wahrscheinlichkeit $\leq 0,05$ nach N Würfen noch nicht beendet ist?

Lösung. Der natürliche Merkmalraum besteht aus der Menge aller Folgen von Ziffern $1, 2, \ldots, 6$. Da diese Menge nicht abzählbar ist, müssen wir uns (solange die allgemeine Theorie aus Kap.III noch nicht zur Verfügung steht) nach einem anderen Merkmalraum umsehen. Es bietet sich die Menge Ω aller endlichen Folgen von Ziffern an, bei denen nur die beiden letzten Glieder übereinstimmen. Es ist

$$\Omega := \sum_{n=2}^{\infty} \Omega_n \text{ mit } \Omega_n := \{(\omega_1, \omega_2, \ldots, \omega_n): 1 \leq \omega_\nu \leq 6, \omega_\nu \neq \omega_{\nu+1} \text{ für}$$

$1 \leq \nu < n-1, \omega_{n-1} = \omega_n\}$. Da keine der Ziffern vor den anderen ausgezeichnet ist, wird man versuchen, das W-Maß durch

$$P(\omega) := 6^{-n} \text{ für } \omega \in \Omega_n, 2 \leq n < \infty,$$

festzulegen. Wir müssen zeigen, daß diese Festlegung von P nicht widerspruchsvoll ist, d.h. daß $\sum_{\omega \in \Omega} P(\omega) = 1$ gilt. Um $|\Omega_n|$ zu bestimmen, bemerken wir, daß für jedes $\omega \in \Omega_n$ die Komponente $\omega_{n-1} = \omega_n$ auf 6 Arten wählbar ist. Nach Festlegung von ω_{n-1} ist $\omega_{n-2} \neq \omega_{n-1}$ noch auf 5 Arten wählbar, dann ω_{n-3} auf 5 Arten, usw. Somit ist $|\Omega_n| = 6 \cdot 5^{n-2}$, also

$$P(\Omega) = \sum_{n=2}^{\infty} P(\Omega_n) = \sum_{n=2}^{\infty} \sum_{\omega \in \Omega_n} P(\omega) = \sum_{n=2}^{\infty} |\Omega_n| 6^{-n} = \sum_{n=2}^{\infty} 6 \cdot 5^{n-2} 6^{-n} = 1.$$

Die Wahrscheinlichkeit, daß das Experiment nach m Würfen noch nicht beendet ist, beträgt dann

$$P\left(\sum_{n=m+1}^{\infty} \Omega_n\right) = \sum_{n=m+1}^{\infty} 5^{n-2} 6^{1-n} = (5/6)^{m-1}.$$

Hieraus folgt N = 18.

Zum Abschluß dieses Paragraphen erwähnen wir noch den Begriff der "Zufallszahlen" und "Pseudo-Zufallszahlen". Es handelt sich hier im einfachsten Fall um umfangreiche Tabellen von Ziffern 0 bis 9, die so konstruiert sind, daß die Ziffernfolge als "typisches" Resultat der Wiederholung des zufälligen Experiments "rein zufällige Auswahl einer der Ziffern 0 bis 9" angesehen werden kann.

Wird die Tabelle aus empirischem Beobachtungsmaterial gewonnen, so spricht man von Zufallszahlen. Wird die Tabelle nach einem gewissen Algorithmus aus willkürlich vorgegebenen Zahlen berechnet, so spricht man von Pseudo-Zufallszahlen. Eine Tafel von Zufallszahlen oder Pseudo-Zufallszahlen läßt sich noch auf viele andere Arten verwenden. Teilt man z.B. die Ziffern in k-elementige Blöcke ein, so erhält man ein "typisches" Resultat der Wiederholung des zufälligen Experimentes "k-malige zufällige Auswahl einer der Ziffern 0 bis 9". Durch geeignete Transformationen der Tafel kann man auch zufällige Experimente mit anderen W-Verteilungen als der Gleichverteilung simulieren. Tafeln von Zufallszahlen oder von Pseudo-Zufallszahlen sind nützlich für die Simulation von solchen zufälligen Experimenten, die für eine analytische Behandlung zu kompliziert sind, zur Herstellung einer zufälligen Stichprobenauswahl in der praktischen Statistik und zur Nachprüfung von Vermutungen bei theoretischen Untersuchungen. Eine umfangreiche Tafel von Zufallszahlen ist diejenige der RAND CORPORATION (55). - Mehr über Zufallszahlen und Pseudo-Zufallszahlen findet man bei MORAN (68).

Aufgaben

3.1. Man berechne in Beispiel 1.1 die Wahrscheinlichkeit, daß der Betrag der Differenz der beiden Augenzahlen k beträgt, $0 \leq k \leq 5$.

3.2. Man berechne $P(A_n)$, $P(B_n)$, $P(C_n)$, $P(D)$, $P(E_m)$ in Aufg.2.3.

3.3. Eine Firma stellt drei verschiedene Artikel a, b und c her. Sie berichtet, daß von 1000 befragten Haushalten 67 mindestens a und b, 95 mindestens b und c, 116 mindestens c und a, 53 alle drei und 190 mindestens zwei der Artikel benutzen. Kann man diesen Angaben Glauben schenken?

3.4. Mit Hilfe eines Telefonbuches versuche man, eine Tafel von 200 Pseudo-Zufallszahlen anzufertigen.Man beginne etwa im Telefonverzeichnis des eigenen Wohnorts mit dem Namen, der auf den eigenen folgt, und notiere jeweils die letzte Ziffer der Telefonnummern in der vorgegebenen Reihenfolge (DIN A4 - Format; 5 Fünfergruppen pro Zeile; Nummern in Klammern werden nicht berücksichtigt). Gleichzeitig verfertige man eine zweidimensionale Strichliste für die 100 Paare aufeinanderfolgender Ziffern und notiere, nach wieviel Paaren 10, 20, 30, ... verschiedene Paare aufgetreten sind (Abzählung durch zwei Strichlisten! Außerdem verfertige man ein Histogramm für den Abstand zwischen aufeinanderfolgenden geraden Ziffern und für die Anzahl der geraden Ziffern in Blöcken von zehn Ziffern - man verwende hier 40 Blöcke - und versuche zu berechnen, welche relativen Häufigkeiten theoretisch zu erwarten sind. Schließlich berechne man die relativen Häufigkeiten der einzelnen Ziffern, des Ereignisses "erste Ziffer eines Paares ist gleich i" und des Ereignisses "zweite Ziffer eines Paares ist gleich i". Als Maß für die Abweichung von der erwarteten Gleichverteilung berechne man $\frac{10}{n} \sum_{i=0}^{9} (n_i - \frac{n}{10})^2$, wobei n der Stichprobenumfang und n_i die Häufigkeit von i in der Stichprobe ist; vgl. § 29 F.

3.5. In Beispiel 3.1 berechne man die Wahrscheinlichkeit dafür, daß
a) das Experiment mit einer geraden Anzahl von Schritten endet,
b) das Experiment vor dem Auftreten der ersten Sechs endet.

Ergänzungen

1. Wir geben an dieser Stelle einige Stichworte zur Geschichte der W-Theorie, welche früher auch W-Rechnung hieß. Ihre Anfänge gehen ins 16.Jahrhundert zurück, als man sich für die Begründung der bei Würfelspielen beobachteten "Zufallsgesetze" zu interessieren begann. So behandelte CARDANO (1501-1576) in seinem "Liber de ludo aleae" einfache

Würfelspielprobleme. Als Begründer der W-Rechnung werden von manchen
Historikern PASCAL (1623-1662) und FERMAT (1601-1665) angesehen, welche zwar nichts über W-Rechnung veröffentlichten, aber einen interessanten Briefwechsel über Probleme führten, die der Spieler CHEVALIER
DE MERÉ gestellt hatte; u.a. lösten sie das in Aufg.8.1 angegebene
Teilungsproblem des LUCA PACCIOLI (um 1445 bis um 1514), der selbst
eine falsche Lösung angegeben hatte. HUYGENS (1629-1695) schrieb 1657,
angeregt durch den Briefwechsel zwischen Pascal und Fermat, "De ra-
tiociniis in ludo aleae", was vielleicht als erstes Buch über W-Rechnung angesprochen werden kann. Eines der ersten bedeutenden theoretischen Resultate ist der von JAKOB I BERNOULLI (1654-1705) gefundene
Spezialfall des sog. schwachen Gesetzes der großen Zahlen; s.§29. In
seinem nachgelassenen Werk "Ars conjectandi" (1713) gelang ihm eine
für die damalige Zeit vortreffliche Darstellung der Kombinatorik und
deren Anwendung auf Glücksspiele und einige wirtschaftliche Probleme.
DE MOIVRE (1667-1754) bewies als erster einen Sonderfall des sog.zen-
tralen Grenzwertsatzes (s.§29) und schrieb "The doctrin of chances"
(1718). Mit welch großen, heute kaum mehr vorstellbaren Schwierigkeiten die Forschung auf dem Gebiet der Wahrscheinlichkeitsrechnung infolge Fehlens eines geeigneten formal-mathematischen Apparates damals
verknüpft war, kann man daran erkennen, daß das in Aufg.11.7 behandelte sog.Petersburger 'Paradoxon' (vom heutigen Standpunkt aus eine einfache Aufgabe) viele Mathematiker, insbesondere den zeitweise im da-
maligen Petersburg wirkenden DANIEL I BERNOULLI (1700-1782) beschäf-
tigte. Große Fortschritte verdankt man LAPLACE (1749-1827), der durch
sein 1812 erschienenes Lehrbuch "Théorie analytique des probabilités"
(in dem die in (4.2) angegebene Definition der Wahrscheinlichkeit benützt wurde) die weitere Entwicklung wesentlich beeinflußte. Nun begann man auch - nicht zuletzt unter dem Einfluß von Laplace - zu erkennen, daß die W-Rechnung nicht nur bei Glücksspielen, sondern auch
bei wirtschaftlichen und sozialen Fragen (Bevölkerungsstatistik, Ver-
sicherungsmathematik, Wirtschaftsstatistik) sowie in der Physik (Astro-
nomie, kinetische Gastheorie) und in der Biologie (Vererbungslehre)
bedeutsame Anwendungen besitzt. (Dagegen hat sich eine andere frühe
Anwendung der W-Rechnung, nämlich auf juristische Fragen - hiermit
hat sich z.B. POISSON (1781-1840) befaßt - später als so problematisch
erwiesen, daß sie fast ganz in Vergessenheit geraten ist.) GAUSS (1777-
1855) gab eine wahrscheinlichkeitstheoretische Begründung der in der
Fehlerrechnung viel benutzten "Methode der kleinsten Quadrate". TSCHE-
BYSCHEFF (1821-1894) gab den Anstoß zur Bildung der berühmten russi-
schen Schule der W-Theorie. Noch in den ersten drei Jahrzehnten unseres

Jahrhunderts standen die meisten Mathematiker der W-Rechnung trotz der
von ihr vorweisbaren Erfolge skeptisch gegenüber, da ein mathematisch
exaktes und genügend inhaltsreiches Begriffssystem fehlte, worauf z.B.
D.Hilbert im Jahre 1900 in seinem berühmt gewordenen Vortrag über wichtige und damals ungelöste mathematische Probleme eindrücklich hinwies.
Einer der ersten Versuche zur Überwindung dieser Schwierigkeit wurde
von v.MISES unternommen; s. v. MISES (31). Er führte zwar nicht zum vollen Erfolg, gab jedoch der weiteren Grundlagenforschung wesentliche
Impulse. Es war dann A.N.KOLMOGOROFF,dem 1933 nach Vorarbeiten anderer
Mathematiker die Aufstellung eines Begriffssystems gelang, das wegen
seiner Einfachheit, Allgemeinheit und mathematischen Strenge bis heute
fast ausschließlich als Basis für wahrscheinlichkeitstheoretische Untersuchungen dient; s. KOLMOGOROFF(33). Man kann wohl mit Recht behaupten, daß mit Kolmogoroffs Grundlegung der Übergang von der W-Rechnung
zur W-Theorie vollzogen wurde. Er stützte sich dabei konsequent auf
die damals entstandene Maß- und Integrationstheorie in 'abstrakten'
Räumen. Heutzutage beschäftigt sich in vielen Ländern eine so große
Zahl von Mathematikern (und anderen Wissenschaftlern) mit dem Ausbau
der Theorie und der Erschließung neuer Anwendungsmöglichkeiten, daß es
hier nicht möglich ist, auch nur die bekanntesten Vertreter der W-
Theorie zu nennen. Es sei jedoch darauf hingewiesen, daß die W-Theorie
und die darauf basierende Mathematische Statistik heute in praktisch
allen Wissenschaften Anwendung finden. 2. Kurze Abrisse der Geschichte der W-Theorie findet man bei GNEDENKO (68), MENGES (68) und RÉNYI
(70a). Ausführlichere Darstellungen sind DAVID (62) und KING/READ (63).
Eine umfangreiche Behandlung der Zeit bis Laplace wurde von TODHUNTER
(1865) gegeben. Ein Sammelband über neuere Untersuchungen zu Einzelfra-
gen ist PEARSON/KENDALL (70). 3. Daß man sich bei der Definition des
Begriffs eines W-Maßes P nicht mit der Forderung (3.10) der Additivität begnügt, sondern die Forderung der σ-Additivität erhebt, wird üb-
licherweise damit motiviert, daß i.a. nur die σ-Additivität folgende
angenehme 'Stetigkeitseigenschaft' von P sichert: Ist (A_n) eine gegen
A konvergente Folge von Ereignissen, so konvergiert die Folge $(P(A_n))$
gegen $P(A)$; s.15.5. Unser Satz 3.2 und die darauf folgende Bemerkung
liefern eine weitere Begründung, wobei allerdings zu beachten ist, daß
bei der Bemerkung der Wohlordnungssatz ins Spiel kommt. In neuerer Zeit
hat man entdeckt, daß es bei einigen Fragestellungen doch von Vorteil
sein kann, sich von der Forderung der σ-Additivität zu lösen; s. z.B.
DUBINS/SAVAGE (65). 4. Von RÉNYI wurde der Begriff des W-Raumes zu
dem des bedingten W-Raumes verallgemeinert, bei dem u.a. die Forderung
$P \leq 1$ aufgegeben wird, was z.B. für einige physikalische Fragestellungen

bedeutsam ist; s.RÉNYI (70a). 5. In den letzten Jahren wurden von mehreren Mathematikern interessante Untersuchungen über eine algorithmische Grundlegung der W-Theorie angestellt; s.SCHNORR (71). 6. Eine Art
intuitionistischer Begründung der W-Theorie mit Mitteln der konstruktiven
Analysis gibt BISHOP (67).

§ 4. Diskrete Gleichverteilung und Grundformeln der Kombinatorik

In §3 wurde die Gleichverteilung auf der endlichen Menge Ω als das-
jenige W-Maß eingeführt, das die konstante Z-Dichte $\omega \rightarrow 1/|\Omega|$ besitzt.
Aus (3.12) erhält man dann

(4.1) $$P(A) = |A|/|\Omega| \quad , \quad A \subset \Omega.$$

Bei praktischen Aufgaben wird oft, wenn explizit keine Anfangswahrscheinlichkeiten gegeben sind, stillschweigend die Annahme der Gleichverteilung gemacht. Auch Redewendungen wie "auf gut Glück" oder "rein
zufällig" werden zur Formulierung der Gleichverteilungsannahme verwendet.

Bezeichnet man für ein gegebenes Ereignis A die Elemente ω aus A als
die für A "günstigen" Fälle und alle Elemente ω aus Ω als "mögliche"
Fälle, so kann man (4.1) schreiben als

(4.2) $$P(A) = \frac{\text{Anzahl der für A günstigen Fälle}}{\text{Anzahl der möglichen Fälle}}.$$

Laplace hat (4.2) als Definition für den mathematischen Wahrscheinlichkeitsbegriff verwendet, aber man erfaßt dadurch nur einen kleinen Teil
der heutigen Theorie.

Formel (4.1) zeigt, daß bei diskreten Gleichverteilungen die Berechnung von Wahrscheinlichkeiten auf das Abzählen endlicher Mengen hinaus-
läuft. Die bei speziellen Fragestellungen auftretenden Mengen besitzen
in der Regel so viel "Struktur", daß ihre Abzählung durch systematisches
Vorgehen wesentlich erleichtert wird. Die Lehre von der systematischen
Abzählung endlicher strukturierter Mengen heißt Kombinatorik.

Definition. *Sei A eine n-elementige Menge, $r \in \mathbb{N}$.*
a) *Jedes Element $(a_1, a_2, \ldots, a_r) \in A^r$ heißt eine r-Permutation aus A
(mit Wiederholung).*
b) *Jede r-Permutation aus A mit lauter verschiedenen Elementen heißt
eine r-Permutation aus A ohne Wiederholung (kurz: o.W.)[1].*

Da bei der Anzahlbestimmung jede Menge durch eine gleichmächtige
_____
[1] r-Permutationen werden in der älteren Literatur als Variationen bezeichnet. Oft werden n-Permutationen o.W. als Permutationen schlechthin
bezeichnet.

ersetzt werden kann, darf man A - wenn zweckmäßig - durch $\{1,2,\ldots,n\}$ ersetzen. In diesem Falle ist eine n-Permutation o.W. eine Permutation auf A im üblichen Sinne.

Gängige *Interpretationen von Permutationen:* a) Jede Aufteilung von r unterscheidbaren Kugeln auf n Zellen wird beschrieben durch $(a_1,a_2,\ldots,a_r)$, wobei a_i die Nummer der Zelle ist, in der die i-te Kugel liegt. b) Die sukzessive Entnahme von r Elementen aus einer Urne mit n verschiedenen Elementen, wobei jedes Element nach seiner Ziehung zurückgelegt wird, wird beschrieben durch $(a_1,a_2,\ldots,a_r)$, wobei a_i das beim i-ten Versuch entnommene Element bezeichnet. c) Für r-Permutationen o.W. erhält man analoge Interpretationen, sofern man in a) Mehrfachbesetzungen ausschließt und in b) die Elemente nach ihrer Ziehung nicht zurücklegt. (Es muß dann $r \leq n$ sein.)

Wenn man bei den r-Permutationen von der Anordnung absieht, gelangt man zum Begriff der r-Kombinationen. Von den verschiedenen Definitionsmöglichkeiten wählen wir die folgende.

<u>Definition</u>. *Sei A eine* n-*elementige Menge, welche - was stets möglich ist - vollständig geordnet sei*[1].
a) *Jede* r-*Permutation* $(a_1,a_2,\ldots,a_r)$ *aus A mit* $a_1 \leq a_2 \leq \ldots \leq a_r$ *heißt eine* <u>r-Kombination aus A</u> *(mit Wiederholung)*[2].
b) *Jede* r-*Kombination aus A mit lauter verschiedenen Elementen heißt eine* <u>r-Kombination aus A ohne Wiederholung</u>.

Gängige *Interpretationen von Kombinationen:* a) Jede Aufteilung von r nicht unterscheidbaren Kugeln auf n Zellen wird beschrieben durch diejenige r-Kombination $(a_1,a_2,\ldots,a_r) \in A^r$, in der jedes $i \in A := \{1,2,\ldots,n\}$ so oft vorkommt, wie Zelle i besetzt ist. b) Jede r-Kombination $(a_1,a_2,\ldots,a_r)$ aus $\{1,2,\ldots,n\}$ ist eindeutig bestimmt durch die zugehörige Folge $(k_1,k_2,\ldots,k_n)$ von sog. <u>Besetzungszahlen</u> $k_i := \sum_{\rho=1}^{r} \delta_{ia_\rho}$, für die $\sum_{i=1}^{n} k_i = r$ gilt. So entspricht z.B. der 6-Kombination $(2,3,3,3,5,5)$ aus $\{1,2,3,4,5,6,7\}$ die Besetzungszahlenfolge $(0,1,3,0,2,0,0)$. c) Für Kombinationen o.W. erhält man analoge Interpretationen, wenn man Mehrfachbesetzungen ausschließt. d) Sehr nützlich ist: Jede r-Kombination $(a_1,a_2,\ldots,a_r)$ o.W. ist eindeutig bestimmt durch die r-elementige Teilmenge $\{a_1,a_2,\ldots,a_r\}$ von A.

---

[1] In dem häufigen Sonderfall $A=\{1,2,\ldots,n\}$ wird man die natürliche vollständige Ordnung verwenden.

[2] Eine andere Definitionsmöglichkeit besteht darin, eine r-Kombination aus A als eine gewisse Äquivalenzklasse von r-Permutationen zu definieren. Durch die von uns geforderte vollständige Ordnung, deren spezielle Wahl auf die Anzahl der r-Kombinationen keinen Einfluß hat, wählen wir einen speziellen Repräsentanten aus.

Satz 4.1. *Die Anzahlen der r-Permutationen [o.W.] und der r-Kombinationen [o.W.] aus einer n-elementigen Menge sind gegeben durch*

	m.W. $r, n \in \mathbb{N}$	o.W. $r, n \in \mathbb{N}, 1 \leq r \leq n$
r-Permutationen	n^r	$(n)_r$
r-Kombinationen	$\binom{n+r-1}{r}$	$\binom{n}{r}$

Hierbei ist $(n)_r := n(n-1)\ldots(n-r+1) = \binom{n}{r} r!$, $1 \leq r \leq n$.

Beweis. a) Die Menge aller r-Permutationen m.W. ist A^r. b) Man erhält jede r-Permutation $(a_1, a_2, \ldots, a_r)$ o.W., indem man a_1 aus den n Elementen von A auswählt, dann a_2 aus den restlichen (n-1) Elementen auswählt,..., a_r aus den restlichen (n-r+1) Elementen auswählt. c) Wir nennen zwei r-Permutationen o.W. äquivalent, wenn sie durch eine Umordnung, d.h. eine Permutation ihrer Indizes, ineinander übergeführt werden können. Offensichtlich wird hierdurch die Menge der r-Permutationen o.W. in Äquivalenzklassen mit je r! Elementen zerlegt. Jede Äquivalenzklasse enthält genau eine r-Kombination o.W., also ist deren Anzahl $\frac{(n)_r}{r!} = \binom{n}{r}$. d) Die Anzahl der r-Kombinationen bestimmen wir auf folgendem Weg[1]. Sei $A := \{1, 2, \ldots, n\}$ und $B := \{1, 2, \ldots, n+r-1\}$. Dann ergibt

$$f((a_1, a_2, \ldots, a_r)) := (a_1, a_2+1, a_3+2, \ldots, a_r+r-1)$$

eine Bijektion zwischen der Menge der r-Kombinationen aus A und der Menge der r-Kombinationen o.W. aus B. Nach c) gibt es also $\binom{n+r-1}{r}$ r-Kombinationen aus A. □

Aus Satz 4.1 folgt also z.B.: Es gibt genau $\binom{n}{r}$ r-elementige Teilmengen einer n-elementigen Menge; es gibt genau $\binom{n+r-1}{r}$ Lösungen $(k_1, k_2, \ldots, k_n) \in \mathbb{N}_0^n$ der Gleichung

$$\sum_{i=1}^{n} k_i = r .$$

Beispiel 4.1. Wie groß ist die Wahrscheinlichkeit, daß unter fünf rein zufällig aus einer Tafel von Zufallszahlen ausgewählten Ziffern keine zwei gleich sind? Lösung: Es ist $\Omega := \{0, 1, \ldots, 9\}^5$. Das in der Aufgabe genannte Ereignis wird durch die Menge A aller 5-Permutationen o.W. aus $\{0, 1, \ldots, 9\}$ dargestellt. Somit ist $P(A) = |A|/|\Omega| = (10)_5 \cdot 10^{-5} = 0,3024$.

Das numerische Arbeiten mit nicht zu großen Fakultäten - und damit auch mit Binomialkoeffizienten und mit den Zahlen $(n)_r$ - wird wesentlich erleichtert durch Tabellen für $\log n!$; s.z.B. die Tafel von A. VOGEL (70). Für das asymptotische Verhalten vieler in der Kombinatorik auftretenden Zahlenfolgen ist die <u>Stirlingsche Formel</u>

---

[1] Vgl. HORNFECK/LUCHT (70).

(4.3)
$$n! \sim (\frac{n}{e})^n \sqrt{2\pi n} \qquad (n \to \infty)$$

wichtig, die zu

(4.4)
$$\exp \frac{1}{12n+1} < \frac{n!}{(\frac{n}{e})^n \sqrt{2\pi n}} < \exp \frac{1}{12n} \;, \quad n \in \mathbb{N} \;,$$

verschärft werden kann; s.etwa FELLER (68). Diese Abschätzungen sind bemerkenswert gut; z.B. erhält man mit Hilfe einer vierstelligen Logarithmentafel $9{,}332{.}10^{157} < 100! < 9{,}334{.}10^{157}$.

Satz 4.2. *Die Anzahl derjenigen* r-*Permutationen einer* n-*elementigen Menge, bei denen das* i-*te Element* k_i-*mal vorkommt,* $1 \le i \le n$, *ist*

(4.5)
$$\frac{r!}{k_1! k_2! \ldots ! k_n!} \;, \qquad k_i \in \mathbb{N}_0, \sum_1^n k_i = r.$$

Beweis. Jede der im Satz genannten r-Permutationen kommt so zustande, daß man aus den r "Plätzen" diejenigen auswählt, die mit dem ersten Element besetzt werden, dann aus den restlichen $(r-k_1)$ Plätzen diejenigen, die mit dem zweiten Element besetzt werden, etc. Die gesuchte Anzahl ist also

$$\binom{r}{k_1} \binom{r-k_1}{k_2} \ldots \binom{r-k_1-k_2-\ldots-k_{n-1}}{k_n}.$$

Drückt man die Binomialkoeffizienten durch Fakultäten aus, so ergibt sich wegen $r-k_1-k_2-\ldots-k_{n-1}=k_n$ der behauptete Ausdruck. □

Beispiel 4.2. In der "statistischen" Physik wird der Momentanzustand (Ort, Impuls etc.) eines Teilchens durch seine Koordinaten in einem mehrdimensionalen Phasenraum dargestellt. Man beschreibt dann das makroskopische Verhalten von r Teilchen in der Weise, daß man den Phasenraum in n kongruente würfelförmige Zellen zerlegt und die Wahrscheinlichkeiten $p(k_1, k_2, \ldots, k_n)$ dafür bestimmt, daß sich genau k_i der Teilchen in der i-ten Zelle befinden, $1 \le i \le n$. Da kein Teilchen vor dem anderen und keine Zelle vor der anderen ausgezeichnet ist, wird man die Gleichverteilungsannahme machen dürfen.

a) Am natürlichsten scheint die Annahme zu sein, daß die Teilchen im Prinzip unterscheidbar gemacht werden können und daß Zellen auch mehrfach besetzt sein dürfen. Dies führt zu $\Omega := $ Menge aller r-Permutationen aus der Menge Z der Zellen, und es gilt dann nach 4.2

(4.6)
$$p(k_1, k_2, \ldots, k_n) = \frac{r!}{k_1! k_2! \ldots k_n!} \cdot \frac{1}{n^r} \cdot$$

Durch (4.6) wird ein W-Maß in der Menge Ω' aller Besetzungszahlenfolgen $(k_1, k_2, \ldots, k_n) \in \mathbb{N}_0^n$, $\sum_1^n k_i = r$, bestimmt, welches die Maxwell-Boltzmann-Statistik[1] heißt. Sie ist eine spezielle Multinomialverteilung (s.§11). Sie beschreibt zwar das Verhalten von Gasmolekülen gut, jedoch nicht

---
[1] Im physikalischen Sprachgebrauch bezeichnet man W-Maße als "Statistiken"; in der Mathematischen Statistik sind dagegen "Statistiken" gewisse Funktionen auf Merkmalräumen.

das Verhalten von Elementarteilchen.

b) Läßt man die Annahme der Unterscheidbarkeit der Teilchen fallen, so führt dies zu Ω_1 := Menge der r-Kombinationen aus Z, und es gilt dann

$$(4.7) \qquad p(k_1, k_2, \ldots, k_n) = \binom{n+r-1}{r}^{-1}.$$

Die durch (4.7) auf Ω' gegebene Gleichverteilung heißt die <u>Bose-Einstein-Statistik</u>, welche z.B. das Verhalten von Photonen gut beschreibt.

c) Zur Beschreibung des Verhaltens von Elektronen, Protonen und Neutronen muß man auch noch die Annahme der mehrfachen Besetzbarkeit fallen lassen und als Merkmalraum Ω_2:=Menge der r-Kombinationen aus Z o.W. verwenden. Es gilt dann

$$(4.8) \qquad p(k_1, k_2, \ldots, k_n) = \begin{cases} \binom{n}{r}^{-1} & , \quad 0 \leq k_i \leq 1 \ , \\ 0 & , \quad \text{sonst.} \end{cases}$$

Das durch (4.8) auf Ω' definierte W-Maß (die Gleichverteilung auf $\{(k_1, \ldots, k_n) \in \Omega' : 0 \leq k_i \leq 1\}$) heißt <u>Fermi-Dirac-Statistik</u>.

Aufgaben

4.1. Beim Lotto werden r=6 Zahlen aus den ersten n=49 natürlichen Zahlen ausgewählt. Wie groß ist die Wahrscheinlichkeit, daß sich unter den gezogenen Zahlen die ersten k=3 natürlichen Zahlen befinden?

4.2. Die Untersuchung der Wirkung radioaktiver Strahlung auf Chromosomen führt auf folgende Aufgabe: n Stäbe werden je in ein langes und ein kurzes Stück zerbrochen. Die entstehenden 2n Stücke werden zufallsmäßig wieder zu n Paaren zusammengefügt. Wie groß ist die Wahrscheinlichkeit dafür, daß a) jedes Stück mit seinem Ergänzungsstück vereinigt wird, b) jedes lange Stück mit einem kurzen Stück vereinigt wird?

4.3. Wie groß ist bei der Bose-Einstein-Statistik (r Teilchen, $n \geq 2$ Zellen) die Wahrscheinlichkeit p_k dafür, daß eine vorgegebene Zelle genau k Teilchen enthält ($0 \leq k \leq r$)? Man zeige, daß die Folge (p_k) antiton ist. Wie verhält sich p_k, wenn n und r so gegen ∞ streben, daß r/n gegen eine reelle Konstante $\alpha > 0$ strebt?

4.4. Der Senat der Freien und Hansestadt Hamburg verwendet bei seinen Empfängen Bestecke, in welche die Namen der Stifter (Bürgermeister und Senatoren) eingraviert sind. Unter der Voraussetzung, daß 110 Stifter je drei Bestecke (Gabel, Messer, Löffel und Teelöffel) und weitere 110 Stifter je sechs Bestecke gestiftet haben und daß jedes Teil der Bestecke rein zufällig aufgelegt wird, berechne man die Wahrscheinlichkeit, als Gast ein vollständiges Besteck von einem Stifter vorzufinden.

4.5. Bei der sog. *Glücksspirale* der Olympialotterie 1971 wurden die 7-ziffrigen Gewinnzahlen auf die Art ermittelt, daß aus einer Trommel, welche je 7 Kugeln mit den Ziffern 0 bis 9 enthielt, nach Durchmischen

7 Kugeln entnommen und deren Ziffern zu einer Zahl angeordnet wurden.
a) Man widerlege die Behauptung, daß jede mögliche 7-ziffrige Zahl die
gleiche Gewinnchance hatte. b) Man zeige, daß die Wahrscheinlichkeit,
daß eine bestimmte 7-ziffrige Zahl $(z_1,z_2,\ldots,z_7)$ gezogen wird, nur
davon abhängt, wieviele k-tupel von gleichen Ziffern in $(z_1,z_2,\ldots,z_7)$
vorkommen, $1 \leq k \leq 7$. Man zeige ferner, daß es 15 Sorten von 7-ziffrigen
Zahlen mit verschiedenen Gewinnchancen gibt. c) Für wieviel Prozent
der 7-ziffrigen Zahlen beträgt die Gewinnchance mindestens 3/4 der
Gewinnchance der Zahlen der "besten Sorte"? d) Was halten Sie von dem
Argument, daß "praktisch" alle Zahlen die gleiche Gewinnchance hatten,
da die Differenz der Gewinnchancen zweier Lose sehr klein ist? (Vgl.
Aufg.9.3.)

Ergänzungen

1. Die Kombinatorik ist nicht nur bei der Behandlung diskreter W-
Räume, sondern auch bei allgemeineren W-Räumen (insbesondere bei stochastischen Prozessen und gewissen statistischen Problemen) nützlich.
Für weitergehende Studien sei z.B. auf DAVID/BARTON (62), FELLER (68)
und RIORDAN (68) verwiesen. 2. Die in Teil b) des Beweises von 4.1
und beim Beweis von 4.2 benützte Methode wird in der Kombinatorik oft
verwendet. Formal läßt sie sich folgendermaßen beschreiben: Die endliche Menge A, deren Mächtigkeit gesucht ist, wird in Teilmengen
A_{i_1}, $i_1 \in B_1$, zerlegt. Dann wird jede der Mengen A_{i_1} in Teilmengen
$A_{i_1 i_2}$, $i_2 \in B_2$, zerlegt, usw. Haben dann die nach k Schritten erhaltenen Mengen $A_{i_1 i_2 \ldots i_k}$ dieselbe Anzahl c von Elementen, so folgt aus
$$A = \sum_{i_1 \in B_1} \sum_{i_2 \in B_2} \ldots \sum_{i_k \in B_k} A_{i_1 i_2 \ldots i_k}, \text{ daß } |A| = |B_1| \cdot |B_2| \ldots |B_k| c \text{ ist.}$$

§ 5. Diskrete Zufallsvariable und Verteilungen

Ist (Ω,P) ein diskreter W-Raum und Ω' eine abzählbare Menge, so
kann man eine Abbildung $X: \Omega \to \Omega'$ insofern als eine vom Zufall abhängige
Funktion interpretieren, als sich je nach dem Ausgang ω des zufälligen
Experimentes der eine oder andere Funktionswert $X(\omega)$ einstellt. In Bei-
spiel 1.1 sind etwa die Augensumme $X((i,j)):=i+j$ und die Anzahl der ge-
worfenen Einsen $Y((i,j)):=\delta_{1i}+\delta_{1j}$ solche Funktionen. Da man früher
Funktionen als "abhängige Variable" bezeichnete, hat sich für solche
Funktionen in der Stochastik folgende Namensgebung eingebürgert.

Definition. *Ist (Ω,P) ein diskreter W-Raum und Ω' eine abzählbare
Menge, so heißt jede Abbildung $X: \Omega \to \Omega'$ eine <u>(diskrete) Ω'-Zufalls-</u>*

variable auf (Ω,P).

Statt "Zufallsvariable" schreiben wir kurz Zva. Da das W-Maß P in die Definition einer Zva gar nicht eingeht, nennen wir unabhängig vom Vorliegen eines W-Maßes jede Funktion $X:\Omega \to \Omega'$ mit abzählbarem Wertevorrat $X(\Omega):=\{X(\omega)\in\Omega':\omega\in\Omega\}$ eine Zva. Ist hierbei Ω' überabzählbar, so können und wollen wir X als Abbildung in die abzählbare Menge $X(\Omega)$ oder in eine geeignete abzählbare Obermenge von $X(\Omega)$ auffassen. Ist $\Omega'\subset\mathbb{R}$ bzw. $\Omega'\subset\overline{\mathbb{R}}$ bzw. $\Omega'\subset\mathbb{R}^n$, so sprechen wir von <u>reellen Zva</u> bzw. <u>erweitert reellen Zva</u> bzw. <u>n-dimensionalen Zufallsvektoren</u> (kurz: <u>Zve</u>). Sehr oft wird $\Omega'\subset\mathbb{N}_0$ sein.

Die Bedeutung des Begriffs einer Zva liegt darin, daß diese oft eine bequeme Darstellung von Teilen des durch (Ω,P) beschriebenen zufälligen Experimentes gestattet.

<u>Definition</u>. *Sei X eine Ω'-Zufallsvariable auf (Ω,P). Dann heißt jedes Ereignis der Gestalt* $\{\omega\in\Omega:X(\omega)\in A'\}=:X^{-1}(A')=:[X\in A']$, $A'\subset\Omega'$, *ein* <u>durch X beschreibbares Ereignis</u>.

Im allgemeinen ist nicht jedes Ereignis durch eine gegebene Zva beschreibbar. Ist z.B. $\Omega=\Omega'=\mathbb{Z}$ und $X(\omega):=\omega^2$, so ist $A\subset\Omega$ genau dann durch X beschreibbar, wenn A "symmetrisch" zu 0 ist, d.h. mit ω auch $-\omega$ enthält. Allgemein ist jedes Ereignis durch X beschreibbar, wenn X injektiv ist. – Die Bezeichnung $[X\in A']$ ist besonders anschaulich. Ist A' die Menge der $\omega'\in\Omega'$, die eine gewisse Eigenschaft $R(\cdot)$ besitzen, so schreiben wir auch $[R(X)]$ anstelle von $[X\in A']$; z.B. $[X\le 7]$ anstelle von $[X\in\{x\in\mathbb{N}:x\le 7\}]$. Statt $P([X\in A'])$ schreiben wir $P(X\in A')$ und statt $\bigcap_i[X_i\in A_i]$ schreiben wir oft $[X_i\in A_i, i\in I]$.

Viele der interessanteren zufälligen Experimente sind in natürlicher Weise in eine endliche Anzahl von (i.a. zeitlich nacheinander verlaufenden) Stufen zerlegbar. Ist Ω_i die Menge der möglichen Ausgänge der i-ten Stufe, $1\le i\le n$, so ist $\Omega:=\overset{n}{\underset{1}{\times}}\Omega_i$ ein natürlicher Merkmalraum für das gesamte zufällige Experiment. Die Zva pr_i, d.h. die Projektion von Ω nach Ω_i, welche die i-te Stufe des zufälligen Experiments beschreibt, heißt die <u>i-te Koordinatenvariable</u>. Es gilt

(5.1) $\qquad pr_i^{-1}(A_i) = \Omega_1\times\Omega_2\times\ldots\times\Omega_{i-1}\times A_i\times\Omega_{i+1}\times\ldots\times\Omega_n$.

Die Bezeichnung $X^{-1}(A')$ ist besonders für theoretische Betrachtungen geeignet. Wir wollen nun einige Eigenschaften von X^{-1} zusammenstellen und benützen dazu die folgende

<u>Definition</u>. *Sei $f:\Omega\to\Omega'$ eine beliebige Abbildung. Dann heißt die durch*

$$f^{-1}(A') := \{\omega\in\Omega:f(\omega)\in A'\}, \quad A'\subset\Omega',$$

definierte Abbildung $f^{-1}:\mathcal{P}(\Omega')\to\mathcal{P}(\Omega)$ die <u>zu f gehörige Urbildfunktion</u>.

Man verwechsle f^{-1} nicht mit der nur für bijektives f definierten

Inversen $\tilde{f}:\Omega' \to \Omega$, die durch $\tilde{f} \circ f = id_\Omega$ definiert ist und meistens auch mit f^{-1} bezeichnet wird. Man beweist leicht das folgende Lemma, dessen Aussagen man sich durch Skizzen veranschauliche.

Lemma 5.1. *Sei* $f:\Omega \to \Omega'$ *eine beliebige Funktion, seien* A',B',A_i' *und* $B_i' \in \mathcal{P}(\Omega')$. *Dann gilt:*

a) $f^{-1}(\bigcap_i A_i') = \bigcap_i f^{-1}(A_i')$.

b) $f^{-1}(\bigcup_i A_i') = \bigcup_i f^{-1}(A_i')$ *und* $f^{-1}(\sum_i B_i') = \sum_i f^{-1}(B_i')$.

c) $f^{-1}(\emptyset) = \emptyset$, $f^{-1}(\Omega') = \Omega$.

d) $f^{-1}(A'-B') = f^{-1}(A')-f^{-1}(B')$, *speziell* $f^{-1}(B'^C) = (f^{-1}(B'))^C$.

e) $A' \subset B' \implies f^{-1}(A') \subset f^{-1}(B')$.

f) *Ist* $g:\Omega' \to \Omega''$ *eine beliebige Abbildung, so gilt* $(g \circ f)^{-1} = f^{-1} \circ g^{-1}$.

g) $B' \supset f(\Omega) \implies f^{-1}(A') = f^{-1}(A'B')$.

Für das weitere Vorgehen ist entscheidend das einfache

Lemma 5.2. *Ist X eine* Ω'-*Zva auf* (Ω,P), *so ist*

$$A' \to P_X(A') := P(X \in A') \equiv P(\{\omega \in \Omega : X(\omega) \in A')\}) \equiv P(X^{-1}(A'))$$

ein W-Maß auf $\mathcal{P}(\Omega')$, *das die* <u>*Verteilung von X*</u> *(bzgl. P) heißt.*

Statt P_X schreiben wir, wenn das vorliegende W-Maß P aus dem Zusammenhang ersichtlich ist, oft auch $\mathcal{W}(X)$. Die Z-Dichte von $\mathcal{W}(X)$ heißt auch die <u>Z-Dichte von X</u>.

Beweis von 5.2. Offensichtlich ist $P_X \geq 0$. Aus 5.1c folgt $P_X(\Omega')=1$. Schließlich erhält man mit 5.1b für jede Folge (A_i') paarweise fremder Mengen in Ω'

$$P_X(\sum_i A_i') = P(X^{-1}(\sum_i A_i')) = P(\sum_i X^{-1}(A_i')) = \sum_i P(X^{-1}(A_i')) = \sum_i P_X(A_i'). \;\square$$

Ist P ein W-Maß auf dem kartesischen Produkt $\overset{n}{\underset{1}{\times}}\Omega_i$, so heißen die Verteilungen der Koordinatenvariablen pr_i die ('eindimensionalen') <u>Randverteilungen</u> von P.

Vielfach werden mehrere Zva auf demselben W-Raum gleichzeitig miteinander betrachtet. Ist X_i eine Ω_i-Zva auf (Ω,P), $1 \leq i \leq n$, so ist die zugehörige Produktabbildung $X:=(X_1,...,X_n)$ eine $\overset{n}{\underset{1}{\times}}\Omega_i$-Zva. Die Zva X_i heißen auch die <u>Komponenten</u> des Zufalls-'Vektors' X. Die Verteilung bzw. die Z-Dichte von X heißt dann auch die <u>gemeinsame Verteilung</u> bzw. <u>gemeinsame Z-Dichte</u> der X_i. Die Verteilungen $\mathcal{W}(X_i)$ sind also gerade die Randverteilungen von $\mathcal{W}(X)$.

Satz 5.3. *Ist f die gemeinsame Z-Dichte der* Ω_i-*Zva* X_i, $1 \leq i \leq n$, *so gilt für* $B \subset \overset{n}{\underset{1}{\times}} \Omega_i$

$$(5.2) \qquad P((X_1,\dots,X_n)\in B) = \sum_{x_1}\sum_{x_2}\cdots\sum_{x_n} f(x_1,\dots,x_n)1_B(x_1,\dots,x_n)$$

$$= \sum_{x_1}\sum_{x_2}\cdots\sum_{x_{n-1}}\sum_{x_n\in B'} f(x_1,\dots,x_n),$$

wobei B' der $(x_1,\dots,x_{n-1})$*-Schnitt von B ist.*
Speziell gilt für $A_i\subset\Omega_i$, $1\le i\le n$,

$$(5.3) \qquad P(X_i\in A_i,\ 1\le i\le n) = \sum_{x_1\in A_1}\sum_{x_2\in A_2}\cdots\sum_{x_n\in A_n} f(x_1,\dots,x_n).$$

Beweis. Der erste Teil folgt aus der σ-Additivität von P_X und aus der Darstellung

$$B = \sum_{x_1}\sum_{x_2}\cdots\sum_{x_{n-1}}\sum_{x_n\in B'} \{(x_1,\dots,x_n)\}.$$

Der zweite Teil folgt aus dem ersten, da für $B:=A_1\times A_2\times\dots\times A_n$ die Beziehung $1_B(x_1,\dots,x_n)=\prod_1^n 1_{A_i}(x_i)$ gilt. $\square$

Wenn man in (5.3) für ein festes j mit $1\le j\le n$ speziell $A_i=\Omega_i$ für alle $i\ne j$ wählt, erkennt man, daß die Verteilung jeder der Zva X_j durch die gemeinsame Verteilung der X_i bestimmt ist. Die Z-Dichte von X_j ergibt sich aus (5.3) zu

$$(5.4) \qquad x_j \rightarrow \sum_{x_1}\cdots\sum_{x_{j-1}}\sum_{x_{j+1}}\cdots\sum_{x_n} f(x_1,\dots,x_n).$$

Daß die gemeinsame Verteilung der X_i i.a. nicht durch die Verteilungen der X_i bestimmt ist, wird sich in Beispiel 5.2 zeigen.

Bei Untersuchungen über Ω_i-Zva X_i, $1\le i\le n$, werden vielfach weder der zugrundeliegende W-Raum noch die Zva selbst explizit angegeben, sondern man begnügt sich mit der Vorgabe der gemeinsamen Verteilung Q der Zva. Dieses Vorgehen ist dadurch gerechtfertigt, daß man zu jedem W-Maß Q auf $\underset{1}{\overset{n}{\times}}\Omega_i$ stets einen W-Raum (Ω,P) und Ω_i-Zva X_i auf diesem angeben kann, so daß Q die gemeinsame Verteilung der X_i ist. Man kann z.B. $\Omega:=\underset{1}{\overset{n}{\times}}\Omega_i$, $P:=Q$ und $X_i:=pr_i$ nehmen. Dieser Zusammenhang zwischen gemeinsamen Verteilungen und W-Maßen in Produkträumen zeigt, daß jeder Aussage über einen der Begriffe eine Aussage über den anderen Begriff entspricht. Wir werden zur Formulierung von Aussagen jeweils denjenigen Begriff wählen, der uns für die Anwendungen der näherliegende zu sein scheint.

Bei praktischen Problemen ist oft die Verteilung von X 'handlicher' als das W-Maß P (z.B. wenn P auf einem Produktraum und $\mathcal{W}(X)$ auf einem der Faktoren definiert ist), so daß man in der Regel besser mit $\mathcal{W}(X)$ arbeitet, solange man sich nur für die durch X beschreibbaren Ereignisse interessiert. Nach der Definition von $\mathcal{W}(X)$ ist

$$(5.5) \qquad k \rightarrow P(X=k),\ k\in\Omega',$$

die Z-Dichte der Ω'-Zva X. Ist etwa X die Anzahl der geworfenen Einsen in Beispiel 1.1, so berechnet man leicht, daß

$$k \to \begin{cases} 25/36 & \text{für } k=0, \\ 10/36 & \text{für } k=1, \\ 1/36 & \text{für } k=2 \end{cases}$$

die Z-Dichte von X ist.

Ist X eine Ω'-Zva auf (Ω,P) und $f:\Omega' \to \Omega''$ eine beliebige Abbildung in die abzählbare Menge Ω'', so ist $f \circ X$ eine Ω''-Zva auf (Ω,P), deren Verteilung nur von der Verteilung Q von X und von f abhängt. Es gilt ja

(5.6) $P(f \circ X \in A'') = P(X \in f^{-1}(A'')) = Q(f^{-1}(A''))$, $A'' \subset \Omega''$.

Dies kann man so ausdrücken, daß $P_{f \circ X}$ die Verteilung Q_f der Ω''-Zva f auf dem W-Raum (Ω',Q) ist, d.h. daß gilt:

(5.7) $$P_{f \circ X} = (P_X)_f .$$

Beispiel 5.1. Wir wollen die Z-Dichte der Summe zweier $\mathbb{Z}$-Zva X_1 und X_2 aus der gemeinsamen Dichte g von X_1 und X_2 berechnen. Eine (auch in komplizierteren Situationen anwendbare) Methode besteht darin, das Ereignis $[X_1+X_2=k]$ für festes $k \in \mathbb{Z}$ gemäß (2.6) zu zerlegen in

$$[X_1+X_2=k] = \sum_i [X_1=i, X_1+X_2=k] = \sum_i [X_1=i, X_2=k-i].$$

Hieraus folgt leicht

(5.8) $$P(X_1+X_2=k) = \sum_i g(i,k-i), \quad k \in \mathbb{Z}.$$

(Dieses Resultat kann man auch aus (5.2) gewinnen.) Mit Hilfe von (5.8) kann man z.B. zeigen, daß die Zva 'Augensumme' in Beispiel 1.1 die Z-Dichte

(5.9) $$k \to 1/6 - |k-7|/36, \quad 2 \le k \le 12,$$

besitzt; "diskrete Dreiecksverteilung"!

Beispiel 5.2. In Beispiel 1.1 sei

X:=Augenzahl des ersten Wurfes, Y:=Anzahl der geworfenen Einsen,

U:=(X,Y) mit $\Omega_X := \{1,2,\ldots,6\}$, $\Omega_Y := \{0,1,2\}$, $\Omega_U := \Omega_X \times \Omega_Y$.

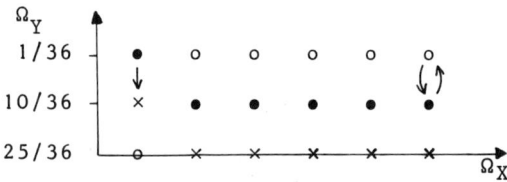

Fig. 5.1

Fig. 5.1, in der o=0, $\bullet$=1/36 und ×=5/36 bedeuten, veranschaulicht die Z-Dichte von U. Man prüfe nach, daß man die an der Ω_Y-Achse angegebene Z-Dichte von Y und ebenso die von X durch "Projektion" der Z-Dichte von U erhält. Ändert man $Q:=\mathcal{W}(U)$ in der durch die Pfeile angegebene Weise zu einem W-Maß $Q' \ne Q$ ab, so haben Q und Q' dieselben Randverteilungen.

Aufgaben

5.1. In Beispiel 5.2 gebe man alle durch X bzw. Y beschreibbaren Ereignisse an.

5.2. Man beweise Formel (5.9).

5.3. Man berechne in Beispiel 1.1 die Verteilung des Produktes der
beiden Augenzahlen.

§ 6. Elementare bedingte Wahrscheinlichkeiten

Wir beginnen mit folgendem

Beispiel 6.1. Eine Urne enthalte $r \geq 1$ rote und $s \geq 1$ schwarze Kugeln.
Das zufällige Experiment bestehe in der sukzessiven rein zufälligen Entnahme zweier Kugeln, wobei die zuerst gezogene Kugel nicht zurückgelegt
wird. Man wird also etwa den Merkmalraum $\Omega := \{(0,0),(0,1),(1,0),(1,1)\}$
verwenden, wobei 1 bzw. 0 eine rote bzw. eine schwarze Kugel repräsentieren. Sind X_1 und X_2 die beiden Koordinatenvariablen, so ist z.B.
$[X_1 = 0] = \{(0,0),(0,1)\}$ das Ereignis "die erste Ziehung ergibt eine schwarze Kugel". Da bei jeder der beiden Stufen des Ziehvorganges keine Kugel
vor den anderen ausgezeichnet sein soll, wird man erwarten, daß - ähnlich
wie beim zufälligen Werfen zweier Würfel - eine natürliche Festlegung
des beschreibenden W-Maßes möglich ist. Die Gleichverteilung auf Ω ist
kein geeignetes W-Maß, da z.B. für einen sehr großen Wert von s/r das
Elementarereignis (0,0) wesentlich häufiger als (1,1) auftreten wird.
Zur Gewinnung von Anfangswahrscheinlichkeiten in Form von relativen
Häufigkeiten denken wir uns das zufällige Experiment n-mal unter gleichen Bedingungen wiederholt. (Das Resultat ist eine Folge
$((x_1,y_1),(x_2,y_2),\dots,(x_n,y_n))$ mit $x_i, y_i \in \{0,1\}$.) Sei $A_i := [X_1 = i]$,
$B_i := [X_2 = i], i = 0,1$. Man wird dann für die relative Häufigkeit

(6.1) $\qquad h(A_0) = n(A_0)/n \approx s/(r+s)$

erwarten, da es s für A_0 günstige und r+s mögliche Fälle gibt. Nun betrachten wir diejenige Teil-Versuchsserie vom Umfang $n(A_0)$, bei der A_0
eintrat. Für $C \subset \Omega$ ist dann $n(A_0 C)$ die Häufigkeit des Eintretens von C in
der Teil-Versuchsserie. Man nennt

(6.2) $\qquad h(C|A_0) := n(A_0 C)/n(A_0)$ [1]

die durch A_0 bedingte relative Häufigkeit von C.

---

[1] Wegen unserer Konvention 0/0:=0 (s.Anhang 2) ist $h(C|A_0)$ stets de-
finiert.

Wegen $h(A_0C) = n(A_0C)/n = \frac{n(A_0C)}{n(A_0)} \cdot \frac{n(A_0)}{n}$ folgt aus (6.2)

(6.3) $$h(A_0C) = h(A_0) \cdot h(C|A_0), \quad C \subset \Omega.$$

Ist A_0 eingetreten, so sind vor der zweiten Ziehung noch r rote und s-1 schwarze Kugeln in der Urne. Man wird daher

(6.4) $$h(B_0|A_0) \approx (s-1)/(r+s-1)$$

und

(6.5) $$h(B_1|A_0) \approx r/(r+s-1)$$

erwarten. Schließlich erhalten wir mit (6.3) und (6.1)

$$h((0,0)) = h(A_0B_0) \approx \frac{s}{r+s} \cdot \frac{s-1}{r+s-1} \quad,$$

$$h((0,1)) = h(A_0B_1) \approx \frac{s}{r+s} \cdot \frac{r}{r+s-1} \quad.$$

Analog ergibt sich $h((1,0)) = h((0,1))$ und

$$h((1,1)) \approx \frac{r}{r+s} \cdot \frac{r-1}{r+s-1} \quad.$$

Wir haben also in diesem Beispiel die relativen Häufigkeiten der Elementarereignisse (und damit aller Ereignisse) durch die relativen Häufigkeiten gewisser Ereignisse A_i und durch die bedingten relativen Häufigkeiten von gewissen Ereignissen B_j unter den Bedingungen A_i erhalten. Somit wird der den bedingten relativen Häufigkeiten entsprechende wahrscheinlichkeitstheoretische Begriff eine wichtige Rolle spielen. Aus (6.3) erhalten wir im Falle $h(A_0) > 0$

$$h(C|A_0) = h(A_0C)/h(A_0).$$

Diese Formel führt zu folgender

   Definition. *Sei* (Ω, P) *ein diskreter W-Raum,* $A \subset \Omega$, $B \subset \Omega$. *Dann heißt*

(6.6) $$P(A|B) := P(AB)/P(B) \text{[1]}$$

die (*elementare*[2]) *bedingte Wahrscheinlichkeit von* A *unter der Bedingung* B.

   Die empirische Interpretation von bedingten Wahrscheinlichkeiten geschieht wie im obigen Beispiel stets durch bedingte relative Häufigkeiten.

   Gilt $P(B) = 1$, so sagen wir, P sei auf B konzentriert.

---

[1] Im Gegensatz zur meisten übrigen Literatur schließen wir in (6.6) den Fall $P(B) = 0$, der $P(A|B) = 0$ für alle $A \subset \Omega$ ergibt, nicht aus. Dies erleichtert die Formulierung mancher Aussagen (z.B.(6.8)), macht allerdings in den Beweisen gelegentlich Fallunterscheidungen notwendig.

[2] Der Zusatz "elementar", auf den wir in der Regel verzichten, dient zur Unterscheidung von einem anderen gleichnamigen Begriff (s.§26).

Satz 6.1. *Sei* (Ω,P) *ein diskreter W-Raum und* B *ein Ereignis mit* $P(B)>0$. *Dann ist* $P(\cdot\,|\,B)$ *ein auf* B *konzentriertes W-Maß auf* $\mathcal{P}(\Omega)$.

Der Beweis folgt sehr einfach aus der Definition. Man interpretiert oft $P(\cdot\,|\,B)$ als ein W-Maß, das aus P entsteht durch Vorgabe der zusätzlichen Information, daß das Ereignis B eingetreten ist.

Nach 6.1 kann man alle für W-Maße bewiesenen Regeln auf $P(\cdot\,|\,B)$ mit $P(B)>0$ anwenden. So gilt z.B.

$$P\left(\sum_{1}^{\infty}An\,\Big|\,B\right) = \sum_{1}^{\infty}P(An\,|\,B), \quad P(A^{C}\,|\,B) = 1-P(A\,|\,B).$$

Satz 6.2. *Für beliebige Teilmengen* A,B *und* A_i *von* Ω *gilt:*

$$(6.7)\qquad P(A\,|\,B) = P(B\,|\,A)\cdot\frac{P(A)}{P(B)}\;;$$

$$(6.8)\qquad P\left(\bigcap_{1}^{n}A_i\right)=P(A_1)\cdot P(A_2\,|\,A_1)\cdot P(A_3\,|\,A_1A_2)\ldots P(An\,|\,A_1A_2\ldots An_{-1}).$$

Beweis. Formel (6.7) folgt aus der Definition, wobei man im Fall $P(B)=0$ nur $0\cdot\frac{x}{0}=0$ für $x\in\mathbb{R}$ zu beachten hat. Formel (6.8) ergibt sich im Fall $P(A_1A_2\ldots An_{-1})>0$, indem man auf der rechten Seite die bedingten Wahrscheinlichkeiten nach (6.6) durch Quotienten ersetzt und kürzt. Im Fall $P(A_1A_2\ldots An_{-1})=0$ ist der letzte Faktor der rechten Seite Null, und wegen $\bigcap_{1}^{n}A_i\subset\bigcap_{1}^{n-1}A_i$ ist auch die linke Seite Null. []

Satz 6.3. *Sei* $(B_i,i\in I)$ *eine abzählbare Familie paarweise fremder Mengen mit* $A\subset\sum_{i}B_i$. *Dann gilt*

$$(6.9)\qquad P(A) = \sum_{i}P(B_i)\cdot P(A\,|\,B_i),$$

$$(6.10)\qquad P(B_k\,|\,A) = \frac{P(B_k)\cdot P(A\,|\,B_k)}{\sum_{i}P(B_i)\cdot P(A\,|\,B_i)}\;,\quad k\in I.$$

Beweis. Formel (6.9) folgt aus (3.15) und (6.8). Formel (6.10) folgt aus (6.7) und (6.9). []

Formel (6.9), in der älteren Literatur Formel von der totalen Wahrscheinlichkeit genannt, ist wichtig, wenn man beim Eintreten des Ereignisses A noch Fallunterscheidungen B_i treffen kann; oft liegt der Sonderfall $\sum_{i}B_i=\Omega$ vor. Formel (6.10), die sog. Formel von Bayes, wird oft so gedeutet: Sind alle Wahrscheinlichkeiten $P(A\,|\,B_i)$ für das Auftreten von A "aufgrund der Ursachen B_i" bekannt, so können die Wahrscheinlichkeiten $P(B_k\,|\,A)$ dafür berechnet werden, daß das Auftreten von A durch B_k bewirkt wurde. Obwohl die Bayessche Formel eine klar formulierte (und keineswegs tiefliegende) Aussage ist, gab es seit der Herleitung der Formel durch THOMAS BAYES im Jahr 1763 heftige Kontroversen um ihre Intepretation, insbesondere im Zusammenhang mit statistischen Fragen; vgl. MENGES (68).

Beispiel 6.2. Bei der Übertragung der Zeichen "Punkt" und "Strich" in einem Fernmeldesystem werden durch Störungen im Mittel $\alpha=5\%$ der gesendeten Punkte als Striche und $\beta=3\%$ der gesendeten Striche als Punkte empfangen. Das Verhältnis von gesendeten Punkten zu gesendeten Strichen ist $p=3/5$. Wie groß ist die Wahrscheinlichkeit, daß das richtige Zeichen empfangen wurde, falls a) "Punkt", b) "Strich" empfangen wurde? Als Merkmalraum nehmen wir $\Omega:=\{0,1\}^2$, wobei 0 einen Punkt und 1 einen Strich repräsentiere. Sei $A_i :=$ "es wird i gesendet", $B_i :=$ "es wird i empfangen". Gegeben ist $P(B_1|A_0):=\alpha$, $P(B_0|A_1):=\beta$ und $P(A_0)/P(A_1):=p$. Gesucht sind $P(A_0|B_0)$ und $P(A_1|B_1)$. Lösung: Aus (6.10) ergibt sich wegen $B_0 \subset A_0 + A_1$

$$P(A_0|B_0) = \frac{P(A_0)P(B_0|A_0)}{P(A_0)P(B_0|A_0)+P(A_1)P(B_0|A_1)} = \left(1 + \frac{P(A_1)}{P(A_0)}\cdot\frac{P(B_0|A_1)}{P(B_0|A_0)}\right)^{-1}$$

$$= (1 + \frac{1}{p}\cdot\frac{\beta}{1-\alpha})^{-1} = 0,95$$

und analog

$$P(A_1|B_1) = (1+p\cdot\frac{\alpha}{1-\beta})^{-1} = 0,97.$$

Aufgaben

6.1. In einer Schraubenfabrik stellt die Maschine M_i $a_i\%$ der gesamten Produktion her, $i=1,2,3$, $a_1+a_2+a_3=100$. Aus Erfahrung weiß man, daß $b_i\%$ der von M_i gefertigten Schrauben Ausschuß sind. Aus der Gesamtproduktion wird eine Schraube entnommen und als fehlerhaft erkannt. Wie groß ist die Wahrscheinlichkeit p_i dafür, daß die Schraube von M_i gefertigt wurde? Man setze folgende Zahlenwerte ein:

$a_1=25$, $a_2=35$, $a_3=40$, $b_1=5$, $b_2=4$, $b_3=2$.

6.2. In einem Behälter befinden sich ein echter Würfel W_1 sowie zwei Würfel W_2 und W_3, bei denen zwar jede der sechs Seiten bei einem Wurf mit gleicher Wahrscheinlichkeit auftritt, jedoch je zwei Seiten von W_2 die Zahlen 2, 4 und 6 und alle Seiten von W_3 die Zahl 6 zeigen. Es wird ein Würfel rein zufällig entnommen und n-mal ausgespielt, wobei sich jedesmal eine Sechs zeige. Wie groß ist die (bedingte) Wahrscheinlichkeit, daß der Würfel W_1 (bzw. W_2 bzw. W_3) entnommen wurde?

§ 7. Bedingte Zähldichten und W-Maße in Produktmerkmalräumen

Wie schon zu Beginn von §6 angedeutet wurde, geht es in der Stochastik oft weniger darum, bedingte Wahrscheinlichkeiten aus gegebenen W-Maßen zu berechnen, als darum, diese mit Hilfe bedingter Wahrscheinlichkeiten festzulegen. Letzteres geschieht auf folgende Weise. Seien X und

Y I- bzw. J-Zva auf (Ω,P). Die Verteilung von (X,Y) ist dann das W-Maß $P_{(X,Y)}$ auf $I \times J$. Nach (6.8) gilt

(7.1) $P_{(X,Y)}((i,j)) = P(X=i,Y=j) = P(X=i) \cdot P(Y=j \mid X=i)$, $(i,j) \in I \times J$.

$P_{(X,Y)}$ ist also durch die Z-Dichte $i \rightarrow P(X=i)$ von X und durch die Abbildung $q(i,j) := P(Y=j \mid X=i)$, $(i,j) \in I \times J$, bestimmt. Es liegt nahe, q als die bedingte Z-Dichte von Y bzgl. X zu bezeichnen, was sich jedoch als unzweckmäßig erweist, da $q(i,\cdot)$ nur für die $i \in I$ mit $P(X=i) > 0$ eine Z-Dichte auf J ist. Da man q in allen Punkten (i,j) mit $P(X=i) = 0$ beliebig abändern darf, ohne daß (7.1) ungültig wird, ist es vorteilhaft, q so abzuändern, daß $q(i,\cdot)$ für alle i eine Z-Dichte ist. Dies führt zu der

<u>Definition.</u> a) *Eine Abbildung* $q: I \times J \rightarrow \langle 0,1 \rangle$ *mit*

$$\sum_{j \in J} q(i,j) = 1, \quad i \in I,$$

heißt eine <u>Übergangszähldichte</u>[1] *(kurz* <u>ÜZ-Dichte</u>*) von* I *nach* J.
b) $X: \Omega \rightarrow I$ *und* $Y: \Omega \rightarrow J$ *seien diskrete Zva auf dem W-Raum* (Ω,P). *Eine* ÜZ-*Dichte* q *von* I *nach* J *mit der Eigenschaft*

(7.2) $q(i,j) = P(Y=j \mid X=i)$ *für alle* $i \in I$ *mit* $P(X=i) > 0$

heißt eine <u>bedingte Z-Dichte</u> *von* Y *bzgl.* X.

Mit $f_{Y \mid X}$ bezeichnen wir die Menge aller bedingten Z-Dichten von Y bzgl. X. Offensichtlich ist $f_{Y \mid X}$ nicht leer. Ferner enthält $f_{Y \mid X}$ genau dann nur ein Element, falls $P(X=i) > 0$ für alle $i \in I$ gilt.

Für die Definition des Begriffes der bedingten Verteilung bei beliebigem Merkmalraum in §23 ist die folgende einfache Charakterisierung bedingter Z-Dichten von Interesse.

<u>Lemma 7.1.</u> X *und* Y *seien* I- *bzw.* J-*Zva auf* (Ω,P). *Eine* ÜZ-*Dichte* q *von* I *nach* J *ist genau dann eine bedingte Z-Dichte von* Y *bzgl.* X, *falls*

(7.3) $P(X=i,Y=j) = P(X=i) \cdot q(i,j)$, $(i,j) \in I \times J$,

gilt, d.h. falls $(i,j) \rightarrow P(X=i) q(i,j)$ *die Z-Dichte von* (X,Y) *ist.*

Da alle Elemente von $f_{Y \mid X}$ in dem Sinne äquivalent sind, daß alle zur Festlegung von $\mathcal{W}(X,Y)$ gleich gut geeignet sind, ist es üblich, die Bezeichnung $f_{Y \mid X}$ auch für ein beliebiges Element von $f_{Y \mid X}$ zu verwenden. Wenn wir die Z-Dichte einer beliebigen Zva U mit f_U bezeichnen, kann man (7.3) in der einprägsamen Form

(7.4) $f_{(X,Y)} = f_X \cdot f_{Y \mid X}$

schreiben.

---

[1] Diese Bezeichnung scheint anschaulicher zu sein als der sonst übliche Ausdruck "<u>stochastische Matrix</u>".

Nun sei speziell $\Omega:=I\times J$, $X:=pr_1$, $Y:=pr_2$. Für jedes W-Maß P auf Ω gilt also $P=P_{(X,Y)}$. Nach 7.1 ist P durch die Z-Dichte von X und durch eine bedingte Z-Dichte von Y bzgl. X bestimmt. Wir halten dies ohne formalen Beweis fest in

Satz 7.2. *Seien* X *und* Y *die Koordinatenvariablen auf* I×J. *Sei* f *eine* Z-*Dichte auf* I *und* q *eine* ÜZ-*Dichte von* I *nach* J. *Dann gibt es genau ein W-Maß* P *auf* I×J, *für das* f *die* Z-*Dichte von* X *und* q *eine bedingte* Z-*Dichte von* Y *bzgl.* X *ist.* P *hat die* Z-*Dichte* fq *und heißt* das durch f und q bestimmte W-Maß.

Nach 7.1 hat jedes W-Maß P auf I×J eine Z-Dichte der Gestalt fq. Hier bei ist f eindeutig als Z-Dichte von X bestimmt, während man für q irgendeine bedingte Z-Dichte von Y bzgl. X wählen kann.

Beispiel 7.1. Gegeben sind $n+1$ Urnen $U_0,U_1,U_2,\dots,U_n$, wobei Urne U_ν ν^k schwarze und $n^k-\nu^k$ weiße Kugeln enthält, $k\in\mathbb{N}$ fest. Man wählt rein zufällig eine Urne und aus dieser rein zufällig eine Kugel. Wie groß ist die Wahrscheinlichkeit p_{nk}, eine schwarze Kugel zu ziehen?

Wir verwenden $\Omega:=I\times J$ mit $I:=\{0,1,\dots,n\}$, $J:=\{s,w\}$, und die Koordinatenvariablen $X:=$Nummer der gewählten Urne, $Y:=$Farbe der gezogenen Kugel. Man wird für P_X die Gleichverteilung auf I und außerdem $P(Y=s\,|\,X=\nu)=\nu^k/n^k$ annehmen. Nach 7.2 gibt es genau ein W-Maß P auf Ω mit diesen Eigenschaften. Die gesuchte Wahrscheinlichkeit $P(Y=s)$ ist dann wegen (6.9)

$$p_{nk} = P(Y=s) = \sum_{\nu=0}^{n} P(X=\nu)\cdot P(Y=s\,|\,X=\nu) = \frac{1}{n^k(n+1)} \sum_{\nu=0}^{n} \nu^k.$$

Es ergibt sich $p_{n1}=1/2$, $p_{n2}=1/3+1/6n$, $p_{n3}=1/4+1/4n$. Wegen

$$\sum_{\nu=0}^{n} \nu^k \sim n^{k+1}/(k+1) \quad \text{für } n\to\infty$$

(s.KNOPP (47),S.78), gilt

$$p_{nk} \sim 1/(k+1) \quad \text{für } n\to\infty.$$

Für das Arbeiten mit W-Maßen P auf dem Produktraum I×J ist der folgende Sonderfall von 5.3 von Interesse.

Satz 7.3. X *und* Y *seien* I- *bzw.* J-*Zva,* f *sei die* Z-*Dichte von* X *und* q *eine bedingte* Z-*Dichte von* Y *bzgl.* X. *Dann gilt*

(7.5) $$P((X,Y)\in A) = \sum_{i\in I} f(i) \sum_{j\in A_i} q(i,j), \quad A\subset I\times J,$$

wobei $A_i:=\{j\in J:(i,j)\in A\}$ *der sog.* i-*Schnitt von* A *ist. Speziell gilt*

(7.6) $$P(X\in B,Y\in C) = \sum_{i\in B} f(i) \sum_{j\in C} q(i,j), \quad B\subset I, C\subset J.$$

Beispiel 7.2. Es wird ein echter Würfel geworfen. Zeigt dieser die Augenzahl i, so werden i gleiche Münzen geworfen. Wie groß ist die Wahrscheinlichkeit, daß höchstens die Hälfte der Münzen Wappen zeigt? - Wir verwenden $\Omega:=I\times J$ mit $I:=\{1,2,\dots,6\}$, $J:=\{0,1,\dots,6\}$, wobei $i\in I$ die geworfene Augenzahl des Würfels und $j\epsilon J$ die Anzahl der geworfenen Wappen angibt. X und Y seien die Koordinatenvariablen. Zunächst wird man $P(X=i)=1/6$, $i\epsilon I$, fordern. Um $P(Y=j\mid X=i)$ festzulegen, beachten wir, daß es bei i Münzen 2^i Möglichkeiten für das Resultat der Münzenwürfe gibt, von denen $\binom{i}{j}$ "günstig" sind. Man wird also $P(Y=j\mid X=i)=\binom{i}{j}2^{-i}$ fordern. Nach 7.2 ist dann P eindeutig bestimmt. Wir suchen $P(2Y\leq X)=P((X,Y)\epsilon A)$ mit $A:=\{(i,j)\epsilon I\times J:2j\leq i\}$. Es ist dann $A_i=\{0,1,\ldots,[i/2]\}$. Aus (7.5) folgt

$$P(2Y\leq X) = \sum_{i=1}^{6} \sum_{j=0}^{[i/2]} \frac{1}{6} \binom{i}{j} 2^{-i} = 115/192 \approx 0,599.$$

Es ist nun nicht schwierig, W-Maße auf Produktmerkmalräumen mit mehr als zwei Faktoren durch ÜZ-Dichten festzulegen. Sei beispielsweise $\Omega=I\times J\times K$. Dann muß zusätzlich angegeben werden, mit welcher Wahrscheinlichkeit beim dritten Schritt die Elemente $k\epsilon K$ auftreten unter der Bedingung, daß bei den beiden ersten Schritten $(i,j)\epsilon I\times J$ aufgetreten war. So erhält man leicht folgende Verallgemeinerung von 7.2.

Satz 7.4. Seien $X_1,\ldots,X_n$ _die Koordinatenvariablen auf_ $\Omega:=\underset{1}{\overset{n}{\times}}\Omega_\nu$. _Sei_ f _eine Z-Dichte auf_ Ω_1 _und_ q_ν _eine ÜZ-Dichte von_ $\underset{1}{\overset{\nu}{\times}}\Omega_i$ _nach_ $\Omega_{\nu+1}$, $1\leq\nu<n$. _Dann gibt es genau ein W-Maß P auf_ Ω, _so daß_ f _die Z-Dichte von_ X_1 _und_ q_ν _eine bedingte Z-Dichte von_ $X_{\nu+1}$ _bzgl._ $(X_1,\ldots,X_\nu)$, $1\leq\nu<n$, _ist._ P _hat die Z-Dichte_

(7.7) $\qquad (x_1,\ldots,x_n)\rightarrow f(x_1)q_1(x_1,x_2)\ldots q_{n-1}(x_1,\ldots,x_n)$

und heißt das durch f _und_ $q_1,\ldots,q_{n-1}$ _bestimmte W-Maß._

Aus (5.2) leitet man leicht eine zu (7.5) analoge Formel zur Berechnung von P aus der Z-Dichte f und den ÜZ-Dichten q_ν her. Es ist zu bemerken, daß man hierbei für q_ν eine beliebige bedingte Z-Dichte von $X_{\nu+1}$ bzgl. $(X_1,\ldots,X_\nu)$ nehmen darf.

Wie man aus (7.7) sieht, kann man nur dann eine "einfache Struktur" des W-Maßes P erwarten, wenn es bedingte Z-Dichten von "einfacher Gestalt" hat. Hier sind die folgenden _Sonderfälle_ bedeutsam:

a) q_ν hängt nicht von $x_1,\ldots,x_\nu$ ab, d.h. q_ν hat die Gestalt

$$q_\nu(x_1,\ldots,x_{\nu+1}) =: g_{\nu+1}(x_{\nu+1}), \quad 1\leq\nu<n.$$

Aus (7.7) und (5.4) folgt dann $P(X_\nu=x_\nu)=g_\nu(x_\nu)$, $2\leq\nu\leq n$, d.h. g_ν ist gerade die Z-Dichte von X_ν. Aus (7.7) erhält man dann

(7.8) $\qquad P(\overset{n}{\underset{1}{\cap}}[X_\nu=x_\nu]) = \overset{n}{\underset{1}{\prod}} P(X_\nu=x_\nu)$, $x_\nu\epsilon\Omega_\nu$, $1\leq\nu\leq n$,

und man sagt, die Zva $X_1,\ldots,X_n$ seien stochastisch unabhängig. Diesen wichtigen Begriff werden wir in §8 behandeln.

b) Der nächst einfache Fall nach der stochastischen Unabhängigkeit ist derjenige, bei dem q_ν nicht von $x_1,x_2,\ldots,x_{\nu-1}$ abhängt, d.h.

$$q_\nu(x_1, x_2, \ldots, x_{\nu+1}) =: p_\nu(x_\nu, x_{\nu+1}), \quad 1 \leq \nu < n.$$

Man sagt dann, daß die Zva $X_1, X_2, \ldots, X_n$ eine <u>Markoffsche Kette</u> bilden. Ist p_ν auch noch von ν unabhängig, d.h. $p_\nu =: p$ für $1 \leq \nu < n$, so ist also P, die gemeinsame Verteilung der X_i, allein durch $\mathcal{W}(X_1)$ und p bestimmt. In §29 findet man einiges über Markoffsche Ketten; s.auch Beispiel 7.4.

c) Man kann hoffen, über P auch dann noch informative Aussagen zu erhalten, wenn die q_ν zwar von der ganzen "Vorgeschichte" $x_1, x_2, \ldots, x_\nu$, aber nur über "einfache" Funktionen t_ν abhängen. Im folgenden Beispiel ist dies für $t_\nu(x_1, \ldots, x_\nu) := \sum_1^\nu x_i$ erfüllt.

<u>Beispiel 7.3</u> (Pólyasches Urnenschema). Eine Urne enthalte $r \in \mathbb{N}$ rote und $s \in \mathbb{N}$ schwarze Kugeln. Es werden nacheinander rein zufällig $n \in \mathbb{N}$ Kugeln gezogen, wobei nach jeder Ziehung die entnommene Kugel sowie $c \in \{-1, 0, 1, \ldots\}$ weitere Kugeln derselben Farbe zurückgelegt werden. Dabei bedeutet $c = -1$, daß keine Kugel zurückgelegt wird. In diesem Falle muß, damit die Ziehungen stets durchführbar sind, $n \leq r+s$ sein. Die Verteilung $H(n, r, s, c)$ der Anzahl T der gezogenen roten Kugeln heißt <u>Pólya-Verteilung</u>. Zu deren Bestimmung wählen wir den Merkmalraum $\Omega := \{0, 1\}^n$, wobei 1 bzw. 0 das Ziehen einer roten bzw. schwarzen Kugel bedeutet. $X_1, X_2, \ldots, X_n$ seien die Koordinatenvariablen, also $T = \sum_1^n X_\nu$. Haben die ν ersten Ziehungen $y_\nu := (x_1, x_2, \ldots, x_\nu)$ ergeben, so ist $t_\nu := \sum_1^\nu x_j$ die Anzahl der darin enthaltenen roten Kugeln. Vor der $(\nu+1)$-ten Ziehung befinden sich also $r + c t_\nu$ rote und $s + c(\nu - t_\nu)$ schwarze Kugeln in der Urne. Von dem zu konstruierenden W-Maß P auf Ω wird man also verlangen, daß

$$P(X_1 = 1) = r/(r+s) =: f(1),$$
$$P(X_1 = 0) = s/(r+s) =: f(0),$$
$$P(X_{\nu+1} = 1 \mid X_i = x_i, \ 1 \leq i \leq \nu) = (r + c t_\nu)/(r+s+c\nu) =: q_\nu(y_\nu, 1),$$
$$P(X_{\nu+1} = 0 \mid X_i = x_i, \ 1 \leq i \leq \nu) = (s + c(\nu - t_\nu))/(r+s+c\nu) =: q_\nu(y_\nu, 0)$$

gilt, falls $P(X_i = x_i, \ 1 \leq i \leq \nu) > 0$ ist. Da f eine Z-Dichte auf $\{0, 1\}$ und q_ν eine ÜZ-Dichte von $\{0, 1\}^\nu$ nach $\{0, 1\}$ ist, $1 \leq \nu < n$, gibt es nach 7.4 genau ein W-Maß P mit den angegebenen Eigenschaften und für jedes $y_n = (x_1, x_2, \ldots, x_n)$ gilt dann

$$(7.9) \quad P(X_\nu = x_\nu, \ 1 \leq \nu \leq n) = f(x_1) q_1(y_1, x_2) \cdot q_2(y_2, x_3) \ldots q_{n-1}(y_{n-1}, x_n).$$

Auf der rechten Seite von (7.9) steht im Nenner $\prod\limits_{\nu=0}^{n-1} (r+s+\nu c)$. Ist nun speziell $y_n \in [T=k]$, $0 \leq k \leq n$, also $\sum\limits_1^n x_\nu = k$, so wurden die k roten Kugeln gezogen, als $r, r+c, r+2c, \ldots, r+(k-1)c$ rote Kugeln in der Urne lagen, und die n-k schwarzen Kugeln wurden gezogen, als $s, s+c, \ldots, s+(n-k-1)c$ schwarze Kugeln in der Urne waren. Auf der rechten Seite von (7.9) steht also im Zähler $\prod\limits_{\nu=0}^{k-1} (r+\nu c) \cdot \prod\limits_{\nu=0}^{n-k-1} (s+\nu c)$, und zwar unabhängig davon, welches $y_n \in [T=k]$ vorliegt. Wegen $\big|[T=k]\big| = \binom{n}{k}$ ergibt sich für die Z-Dichte

der Pólya-Verteilung

$$(7.10) \qquad P(T=k) = \binom{n}{k} \frac{\prod\limits_{\nu=0}^{k-1} (r+\nu c) \prod\limits_{\nu=0}^{n-k-1} (s+\nu c)}{\prod\limits_{\nu=0}^{n-1} (r+s+\nu c)} \qquad , \qquad \begin{array}{l} r,s,n \in \mathbb{N}, \\ c \in \{-1,0,1,\dots\}, \\ n \le r+s, \text{ falls } c=-1, \\ 0 \le k \le n . \end{array}$$

Zwei *Sonderfälle der Pólya-Verteilung* sind von besonderem Interesse:
1) Der Fall c=-1 (d.h. kein Zurücklegen der gezogenen Kugel) führt auf
die Verteilung H(n,r,s):=H(n,r,s,-1), welche <u>hypergeometrische</u>[1] Ver-
<u>teilung</u> heißt. Ihre Z-Dichte auf $\{0,1,\dots,n\}$ ergibt sich aus (7.10)
nach einfacher Umformung als

$$(7.11) \qquad H(n,r,s;k) = \frac{\binom{r}{k}\binom{s}{n-k}}{\binom{r+s}{n}} \qquad , \qquad \begin{array}{l} r,s,n \in \mathbb{N}, \\ 0 \le k \le n \le r+s. \end{array}$$

(H(n,r,s;k) ist genau dann >0, falls $0 \le k \le r$ und $0 \le n-k \le s$ gilt, was auch
durch $\max(0,n-s) \le k \le \min(n,r)$ ausgedrückt werden kann.) Die hypergeometrische Verteilung ist u.a. für die Qualitätskontrolle von Bedeutung.
b) Der Fall c=0 (d.h. Zurücklegen der gezogenen Kugel) ist von beson-
derer Wichtigkeit. In diesem Falle ergibt sich für die bedingten Z-
Dichten von $X_{\nu+1}$ bzgl. $(X_1,X_2,\dots,X_\nu)$

$$q_\nu(y_\nu,1) = r/(r+s),$$
$$q_\nu(y_\nu,0) = s/(r+s).$$

Diese hängen nicht von der "Vergangenheit" $y_\nu = (x_1,x_2,\dots,x_\nu)$ ab; es
liegt also der oben erwähnte Fall der stochastischen Unabhängigkeit
von $X_1,\dots,X_n$ vor. Die Verteilung b(n,r/(r+s)):=H(n,r,s,0) ist eine
sog. <u>Binomialverteilung</u> (s.§11), deren Z-Dichte auf $\{0,1,\dots,n\}$ sich
aus (7.10) zu

$$(7.12) \qquad b(n,r/(r+s);k) := \binom{n}{k}\left(\frac{r}{r+s}\right)^k \left(1-\frac{r}{r+s}\right)^{n-k}, \qquad n,r,s \in \mathbb{N}, \ 0 \le k \le n,$$

ergibt.

Beispiel 7.4. Ein Spieler führt nacheinander Spiele durch. Zu Beginn
besitzt er b DM, $b \in \mathbb{N}$. Bei jedem Spiel gewinnt er eine DM mit Wahrscheinlichkeit $p \in (0,1)$, mit Wahrscheinlichkeit q:=1-p verliert er eine
DM. Wie groß ist die Wahrscheinlichkeit, daß der Spieler nach n Spielen
noch nicht ruiniert ist (d.h. noch positives Kapital hat)? Wir wählen
$\Omega := \mathbb{Z}^n$ und die Koordinatenvariablen X_ν = Kapital des Spielers nach dem
ν-ten Spiel, $1 \le \nu \le n$. Hierbei denken wir uns das Spiel auch nach einem
eventuellen Ruin des Spielers fortgesetzt. Wir werden an das (von n

---

[1] Der Name rührt daher, daß die erzeugende Funktion (s.§10) der Verteilung durch sog. hypergeometrische Funktionen dargestellt werden kann;
s.etwa JOHNSON/KOTZ (69).

und b abhängige) W-Maß P die folgenden Forderungen stellen:

(7.13) $\qquad P(X_1=b+1)=p, \quad P(X_1=b-1)=q,$

(7.14) $\qquad P(X_{\nu+1}=j \mid X_1=x_1,\ldots,X_\nu=x_\nu) = \begin{cases} p, & \text{falls } j=x_\nu+1, \\ q, & \text{falls } j=x_\nu-1, \\ 0, & \text{sonst,} \end{cases}$

$\qquad$ falls $P(X_1=x_1,\ldots,X_\nu=x_\nu)>0.$

Durch (7.14) definieren wir ÜZ-Dichten $q_\nu=:h$ von $\mathbb{Z}^\nu$ nach $\mathbb{Z}$, die nicht von $x_1,x_2,\ldots,x_{\nu-1}$ und nicht von ν abhängen (Markoffsche Abhängigkeit!) Nach 7.4 ist P durch (7.13) und (7.14) eindeutig bestimmt.

$\qquad$ Die gesuchte Wahrscheinlichkeit ist $g(n,b):=P(X_\nu>0,\ 1\leq\nu\leq n)$, $n,b \in \mathbb{N}$. Die Bestimmung von $g(n,b)$ geschieht nach der in ähnlichen Situationen oft anwendbaren Methode der Aufstellung von Rekursionsformeln. Aus (5.3) folgt zunächst die Rekursion

(7.15) $\qquad g(n,b) = \sum_{x_1>0} h(b,x_1) \sum_{x_2>0} h(x_1,x_2) \ldots \sum_{x_n>0} h(x_{n-1},x_n) =$

$\qquad\qquad\quad = \sum_{x_1>0} h(b,x_1)g(n-1,x_1), \quad n>1, \ b \in \mathbb{N}.$

Ferner gilt

$$g(1,b) = \begin{cases} p \ \text{für } b=1, \\ 1 \ \text{für } b>1. \end{cases}$$

Setzen wir noch

(7.16) $\qquad g(n,0) := 0, \quad g(0,b) := 1, \quad n \in \mathbb{N}_0, \ b \in \mathbb{N},$

so erhält man aus (7.14) und obiger Rekursion für die Funktion $g:\mathbb{N}_o^2 \to \langle 0,1\rangle$ die partielle Differenzengleichung

(7.17) $\qquad g(n,b) = pg(n-1,b+1)+qg(n-1,b-1), \quad n,b \in \mathbb{N}$

mit der Randbedingung (7.16). (Wir bemerken, daß man (7.17) auch auf einem anschaulicheren, formal aber etwas komplizierteren Weg herleiten kann. Es ist nämlich sehr plausibel, daß sich die nach dem ersten Schritt - der etwa nach k führe - entstandene Situation vom ursprünglichen zufälligen Experiment nur dadurch unterscheidet, daß man nun k DM als Startkapital besitzt und noch n-1 Spiele vor sich hat. Wir werden auf diese Beweismethode in §29 zurückkommen.)

$\qquad$ Durch eine Skizze im (n,b)-Zahlengitter sieht man sofort, daß es genau eine Lösung von (7.16) und (7.17) gibt. Diese ist jedoch nicht einfach darstellbar; vgl.W.VOGEL (70),S.221. Wir begnügen uns mit dem Hinweis, daß man durch Rekursion z.B. leicht $g(4,2)=1-q^2-q^3-q^4$ erhalten kann. Auch $g(n,n)=1-q^n$ ist einfach zu beweisen.

$\qquad$ Aus (7.16) und (7.17) wollen wir noch eine interessante Folgerung ziehen. Wegen $\sum_{x_n>0} h(x_{n-1},x_n)\leq 1$ folgt aus (7.15), daß $g(\cdot,b)$ für jedes feste b antiton ist. Da auch $g(\cdot,b)\geq 0$ ist, existiert also $g_b:=\lim g(n,b)$. Diese Größe wird man intuitiv als Wahrscheinlichkeit

dafür deuten, daß der Spieler mit Anfangskapital b bei beliebig langem
Spiel nie ruiniert wird. (Diese Interpretation ist streng genommen nur
in dem überabzählbaren Merkmalraum $\mathbb{Z}^{\mathbb{N}}$ möglich; s.§29.) Wenn wir in
(7.17) und (7.16) den Grenzübergang n→∞ machen, gelangen wir zu

$$(7.18) \qquad g_b = p\, g_{b+1} + q\, g_{b-1}, \quad b \in \mathbb{N},$$

$$(7.19) \qquad g_0 = 0.$$

Zur Lösung von (7.18) schreiben wir die linke Seite in der Form
$p\, g_b + q\, g_b$, wodurch (7.18) in

$$(7.20) \qquad g_{b+1} - g_b = \frac{q}{p}(g_b - g_{b-1}), \quad b \in \mathbb{N},$$

übergeht. Durch Induktion folgt dann

$$g_{b+1} - g_b = \left(\frac{q}{p}\right)^b g_1, \quad b \in \mathbb{N},$$

und durch nochmalige Induktion

$$g_{b+1} = g_1 \cdot \sum_{\nu=0}^{b} \left(\frac{q}{p}\right)^{\nu}.$$

Wegen $g_b \leq 1$ muß im Falle $q \geq p$ $g_1=0$ und also auch $g_b=0$ für alle $b \in \mathbb{N}$
sein, was zumindest im Fall $q>p$ recht plausibel ist. Den Fall $q<p$
können wir mit der bisherigen Methode nicht diskutieren, wir werden
darauf in §29 zurückkommen.

Aufgaben

7.1. Bei der Untersuchung wild lebender Tiere wird in Zeitabständen
von einer Stunde aus einer Herde von n=5 Tieren jeweils eines zufällig
eingefangen, untersucht und nach Einfangen des nächsten Tieres (also
eine Stunde später) wieder freigelassen. Wie groß ist die Wahrscheinlichkeit, daß nach r=8 Stunden jedes der Tiere untersucht ist? (Hinweis: Ist X_i die Nummer des i-ten gefangenen Tieres, so bilden
$X_1, X_2, \ldots, X_r$ eine Markoffsche Kette. Für große r und n gibt es numerische Approximationen (s. FELLER (68), S.105).

7.2. Die Familie $(Y_i, 1 \leq i \leq n)$ von I-Zva über demselben W-Raum heißt
austauschbar, wenn es bei der gemeinsamen Verteilung der Y_i auf die
Reihenfolge der Zva nicht ankommt, d.h. wenn $(Y_{\pi(1)}, Y_{\pi(2)}, \ldots, Y_{\pi(n)})$
für jede Permutation π auf $\{1, 2, \ldots, n\}$ dieselbe Verteilung hat. Man
zeige:
a) Ist die Familie $(Y_i, 1 \leq i \leq n)$ austauschbar, so ist auch jede Teilfamilie austauschbar und alle Y_i haben dieselbe Verteilung.
b) Die Familie $(X_i, 1 \leq i \leq n)$ der Zva X_i in Beispiel 7.3, die das Ergebnis
der i-ten Kugelentnahme im Pólyaschen Urnenschema beschreiben, ist
austauschbar.

7.3. In Beispiel 7.1 berechne man die (bedingte) Wahrscheinlichkeit, daß eine gezogene schwarze Kugel aus der Urne U_ν stammt.

7.4. In Beispiel 7.2 berechne man eine bedingte Z-Dichte von X bzgl. Y.

§ 8. Stochastische Unabhängigkeit

In §7 haben wir gesehen, daß die gemeinsame Verteilung von Zva $X_1, X_2, \ldots, X_n$ bestimmt ist durch die Verteilung von X_1 und durch bedingte Z-Dichten q_ν von $X_{\nu+1}$ bzgl. $(X_1, X_2, \ldots, X_\nu)$, $1 \leq \nu < n$. Als einfachster Fall ist hierbei derjenige ausgezeichnet, bei dem die q_ν so gewählt werden können, daß sie gar nicht von den Werten abhängen, die $(X_1, X_2, \ldots, X_\nu)$ annehmen.

<u>Definition.</u> *Sei* X_i *eine* Ω_i-*Zva auf* (Ω, P), $1 \leq i \leq n$, $n \in \mathbf{N}$. *Die endliche Familie* $(X_i, 1 \leq i \leq n)$ *heißt (<u>stochastisch</u>) <u>unabhängig</u>, falls es für jedes* ν *mit* $1 \leq \nu < n$ *eine von* $(x_1, x_2, \ldots, x_\nu)$ *unabhängige bedingte Z-Dichte*

$$(x_1, x_2, \ldots, x_{\nu+1}) \to q_\nu(x_1, x_2, \ldots, x_{\nu+1})$$

von $X_{\nu+1}$ *bzgl.* $(X_1, X_2, \ldots, X_\nu)$ *gibt.*

Die Unabhängigkeit von $(X_1, X_2, \ldots, X_n)$ bedeutet anschaulich, daß für $1 \leq \nu < n$ das stochastische Verhalten von $Y_\nu := (X_1, X_2, \ldots, X_\nu)$ auf das stochastische Verhalten von $X_{\nu+1}$ ohne Einfluß ist in folgendem Sinne: Führt man das durch (Ω, P) beschriebene zufällige Experiment mehrfach durch, so ist für beliebiges $x \in \Omega_{\nu+1}$ und $y \in \overset{\nu}{\underset{1}{\times}} \Omega_i$ die relative Häufigkeit von $[X_{\nu+1} = x]$ gleich der durch $[Y_\nu = y]$ bedingten relativen Häufigkeit von $[X_{\nu+1} = x]$.

Wenn die Familie $(X_i, 1 \leq i \leq n)$ unabhängig ist, sagt man auch häufig, die Zva $X_1, X_2, \ldots, X_n$ seien *voneinander* unabhängig oder auch nur, sie seien unabhängig. Die letzte Sprechweise ist nicht ganz korrekt, da die Eigenschaft der Unabhängigkeit für eine einzelne Zva keinen Sinn hat. In unsere Definition der Unabhängigkeit scheint die Indizierung der Zva einzugehen. In Wirklichkeit liegt jedoch keine Abhängigkeit von der Indizierung vor, wie der folgende Satz zeigt, dessen Bedingung (8.1) häufig als Definition für die Unabhängigkeit genommen wird.[1]

<u>Satz 8.1.</u> *Die Familie* $(X_i, 1 \leq i \leq n)$ *von* Ω_i-*Zva auf* (Ω, P) *ist genau dann unabhängig, wenn gilt*

$$(8.1) \qquad P(X_i = x_i, 1 \leq i \leq n) = \prod_{i=1}^{n} P(X_i = x_i), \qquad (x_1, x_2, \ldots, x_n) \in \overset{n}{\underset{1}{\times}} \Omega_i \, ,$$

---

[1] Unsere Definition der Unabhängigkeit ist zwar formal komplizierter, aber wohl intuitiv naheliegender als (8.1).

d.h. wenn die gemeinsame Z-Dichte der X_i das Produkt der Z-Dichten der X_i ist.

Beweis. Sei $Y_\nu := (X_1, X_2, \ldots, X_\nu)$, $y_\nu := (x_1, x_2, \ldots, x_\nu) \in \overset{\nu}{\underset{1}{\times}} \Omega_i$, $1 \leq \nu \leq n$.

a) Gilt (8.1), so folgt nach 5.3 für $1 \leq \nu < n$

$$P(Y_{\nu+1} = y_{\nu+1}) = \prod_{i=1}^{\nu+1} P(X_i = x_i) = P(Y_\nu = y_\nu) \cdot P(X_{\nu+1} = x_{\nu+1}).$$

Daher ist $y_{\nu+1} \to P(X_{\nu+1} = x_{\nu+1})$ eine bedingte Z-Dichte von $X_{\nu+1}$ bzgl. Y_ν, welche die verlangte Gestalt hat.

b) Sei $(X_1, X_2, \ldots, X_n)$ unabhängig und q_ν eine von y_ν unabhängige bedingte Z-Dichte von $X_{\nu+1}$ bzgl. Y_ν, $1 \leq \nu < n$. Dann gilt für $1 \leq \nu < n$

$$P(X_{\nu+1} = x_{\nu+1}) = \sum_{y_\nu} P(Y_\nu = y_\nu, X_{\nu+1} = x_{\nu+1})$$

$$= \sum_{y_\nu} P(Y_\nu = y_\nu) \cdot q_\nu(x_{\nu+1}) = q_\nu(x_{\nu+1}).$$

Aus $P(X_i = x_i, 1 \leq i \leq n) = P(X_1 = x_1) \prod_{\nu=1}^{n-1} q_\nu(x_{\nu+1})$ folgt dann (8.1). $\square$

Bemerkungen. 1. Aus 8.1 ergibt sich die wichtige Tatsache, daß die gemeinsame Verteilung von endlich vielen unabhängigen Zva schon durch die Verteilungen der einzelnen Zva bestimmt ist. 2. Der zweite Teil des Beweises von 8.1 zeigt, daß die Familie $(X_1, \ldots, X_n)$ bereits dann unabhängig ist, falls die gemeinsame Dichte der X_i das Produkt von beliebigen Z-Dichten g_i auf Ω_i, $1 \leq i \leq n$, ist, da dann notwendig g_i die Z-Dichte von X_i ist. 3. Aus 5.3 folgt leicht, daß die Bedingung (8.1) äquivalent ist mit der Bedingung

$$(8.2) \qquad P(X_i \in A_i, 1 \leq i \leq n) = \prod_1^n P(X_i \in A_i), \quad A_i \subset \Omega_i, \quad 1 \leq i \leq n.$$

4. Setzt man in (8.2) $A_i = \Omega_i$ für i aus einer Teilmenge von $\{1, \ldots, n\}$, so sieht man, daß jede Teilfamilie einer unabhängigen Familie von Zva wieder unabhängig ist. Diese Tatsache motiviert die Definition der (stochastischen) Unabhängigkeit für eine beliebige (nicht notwendig endliche) Familie von Zva, nämlich durch die Forderung der Unabhängigkeit jeder endlichen Teilfamilie. 5. Jede konstante Zva ist von jeder Zva unabhängig.

Der Unabhängigkeitsbegriff ist vor allem deswegen von großer Wichtigkeit, weil man oft kompliziertere stochastische Modelle auf unabhängige Familien von Zva zurückführen kann, indem man etwa Funktionen von unabhängigen Zva betrachtet. Hierbei ist es vielfach üblich, den zugrundeliegenden W-Raum und die als unabhängig vorausgesetzten Zva nicht explizit anzugeben, sondern nur die Verteilungen der Zva und damit die gemeinsame Verteilung der Zva. Dieses Vorgehen wurde bereits in §5 gerechtfertigt. Beispiele für unabhängige Zva sind uns schon mehrfach begegnet, z.T. explizit wie in Beispiel 7.3 im Fall c=0 oder implizit wie in Bei-

spiel 1.1, in welchem die Augenzahlen der beiden Würfel unabhängig sind.
Ganz allgemein sieht man leicht ein: Ist P die Gleichverteilung auf ei-
nem Produktraum $\Omega := \underset{1}{\overset{n}{\bigtimes}} \Omega_i$, so sind die Koordinatenvariablen unabhängig
(und gleichverteilt).

Bei der Konstruktion von Modellen, ausgehend von unabhängigen Zva,
ist wichtig, daß die Unabhängigkeit bei "Zusammenfassung" von Zva zu
"Gruppen" und beim Übergang zu Funktionen von Zva erhalten bleibt. Aus
8.1 und (8.2) folgt nämlich leicht

<u>Satz 8.2</u>. *Sei* $(X_i, i \in I)$ *eine endliche unabhängige Familie von* Ω_i*-Zva.*
Dann gilt

a) *Ist* $I = \sum_{j \in J} I_j$, $I_j \neq \emptyset$, *und ist* Y_j *die Produktabbildung* $\underset{i \in I_j}{\bigtimes} X_i$, *so ist*
auch die Familie $(Y_j, j \in J)$ *unabhängig.*

b) *Sind* $g_i: \Omega_i \to \Omega_i'$ *beliebige Funktionen, dann ist* $(g_i \circ X_i, i \in I)$ *eine un-*
abhängige Familie von Ω_i'*-Zva.*

<u>Beispiel 8.1</u>. Sind X_1, X_2, X_3 unabhängige reelle Zva, so sind auch X_2
und (X_1, X_3) unabhängige Zva und daher auch X_2^2 und $|X_1 - X_3|$ unabhängig.

In §5 sahen wir, daß die Verteilung einer Funktion g einer Zva
$(X_1, X_2, \ldots, X_n)$ durch die gemeinsame Verteilung der X_i bestimmt ist.
Wenn die X_i unabhängig sind, ist also die Verteilung von $g \circ (X_1, X_2, \ldots, X_n)$
schon durch die Verteilungen der X_i bestimmt. Ein besonders häufiger
Fall ist derjenige der Summe von reellen unabhängigen Zva. Aus (5.8)
und 8.1 folgt der oft benützte

<u>Satz 8.3</u>. *X und Y seien unabhängige* $\mathbb{Z}$*-Zva mit* $\mathbb{Z}$*-Dichten f bzw. g.*
Dann hat X+Y die $\mathbb{Z}$*-Dichte*

$$(8.3) \qquad\qquad k \to \sum_{\nu} f(\nu) g(k-\nu) = \sum_{\nu} f(k-\nu) g(\nu).$$

Man bezeichnet die $\mathbb{Z}$-Dichte $k \to \sum_{\nu} f(k-\nu) g(\nu)$ als <u>Faltung f $*$ g</u> <u>der Z-</u>
<u>Dichten</u> f und g; ferner heißt das zu f $*$ g gehörige W-Maß die <u>Faltung</u>
der zu f und g gehörigen <u>W-Maße</u>. Die Faltung ist eine kommutative und
assoziative Operation; vgl. §24. Man beachte, daß auch für nicht unabhängige Z-Zva X und Y die Faltung ihrer Z-Dichten definiert und eine
Z-Dichte ist, jedoch i.a. nicht mit der Z-Dichte von X+Y übereinstimmt;
s. auch Aufg. 8.5. Die Faltung zweier Z-Dichten bzw. Maße auf $\mathbb{Z}^d$ ist analog zu (8.3) definiert. Die Z-Dichte der Summe von mehr als zwei unabhängigen $\mathbb{Z}^d$-Zva erhält man nach 8.2 und 8.3 durch iterierte Faltung.
Hierbei ist besonders der Fall von Interesse, daß die Zva <u>identisch</u>
<u>verteilt</u> sind, d.h. dieselbe Verteilung besitzen.

Wir kommen zu dem sehr wichtigen

<u>Beispiel 8.2</u>. $(X_i, 1 \leq i \leq n)$ sei eine unabhängige Familie identisch ver-
teilter Zva mit $P(X_1 = 1) =: p$, $P(X_1 = 0) =: q$, $0 \leq p \leq 1$, $p + q = 1$. Die Familie der
X_i beschreibt eine Folge von Versuchen, bei denen keine gegenseitige

Beeinflussung vorliegt und bei denen jeweils eine der beiden Alternativen ("1") mit von i unabhängiger Wahrscheinlichkeit p und die andere Alternative ("0") mit Wahrscheinlichkeit 1-p auftritt. Man spricht hier von einer Folge von <u>Bernoulli-Versuchen</u>. Solche Folgen sind der einfachste Typ von stochastischen Modellen, aus dem viele kompliziertere Modelle durch Transformationen und Grenzübergänge gewonnen werden. Von besonderem Interesse ist die Zva $\sum_{i}^{n} X_i$, die die Anzahl der Einsen (oft als Anzahl der "Erfolge" gedeutet) in der Bernoulli-Folge angibt und deren Verteilung auf $\{0,1,\ldots,n\}$ konzentriert ist.

 <u>Definition</u>. *Die Verteilung b(n,p) der Summe von n unabhängigen identisch verteilten Zva, die die Werte 1 bzw. 0 mit Wahrscheinlichkeit p bzw. 1-p, $0 \le p \le 1$, annehmen, heißt die <u>Binomialverteilung</u> mit Parametern n und p.*

 Eine spezielle Binomialverteilung war uns schon in (7.12) begegnet.

 <u>Satz 8.4</u>. *Die Binomialverteilung b(n,p) hat die Z-Dichte*

$$(8.4) \qquad k \to \binom{n}{k} p^k (1-p)^{n-k}, \qquad k \in \{0,1,\ldots,n\}.$$

Man kann (8.4) entweder mit 8.2 und 8.3 durch Induktion nach n oder (methodisch informativer) auf folgende Art beweisen. Sei $\mathfrak{K}$ das System der k-elementigen Teilmengen von $\{1,2,\ldots,n\}$. Genau dann ist $\sum_{1}^{n} X_\nu = k$, wenn k der X_ν den Wert 1 und n-k der X_ν den Wert 0 annehmen. Daher gilt

$$P(\sum_{1}^{n} X_\nu = k) = P(\sum_{K \in \mathfrak{K}} [X_\nu = 1 \text{ für } \nu \in K, \ X_\nu = 0 \text{ für } \nu \notin K])$$

$$= \sum_{K} P(X_\nu = 1 \text{ für } \nu \in K, \ X_\nu = 0 \text{ für } \nu \notin K)$$

$$= \sum_{K} \prod_{\nu \in K} P(X_\nu = 1) \cdot \prod_{\nu \notin K} P(X_\nu = 0) = \sum_{K} p^k (1-p)^{n-k} =$$

$$= \binom{n}{k} p^k (1-p)^{n-k}. \ \square$$

 <u>Beispiel 8.3</u>. Bei der radioaktiven Bestrahlung von n Chromosomen zerfällt jedes derselben mit Wahrscheinlichkeit p. Für jedes der zerfallenen Chromosomen besteht eine $\alpha\%$-ige Chance auf Heilung. Unter geeigneten Unabhängigkeitsannahmen berechne man die Verteilung der Anzahl T der insgesamt überlebenden Chromosomen. Lösung: Es sei $X_\nu = 1$ oder 0, je nachdem, ob das ν-te Chromosom zerfällt oder nicht zerfällt. Nun stellen wir uns vor, daß alle nicht zerfallenen Chromosomen nachträglich zerbrochen werden und setzen $Y_\nu = 0$ oder 1, je nachdem, ob das ν-te Chromosom heilt oder nicht heilt. Dann ist $N := \sum_{1}^{n} X_\nu \cdot Y_\nu$ die Anzahl der nicht überlebenden Chromosomen. Eine natürliche Annahme wird sein, daß die Familie $(X_1, X_2, \ldots, X_n, Y_1, Y_2, \ldots, Y_n)$ unabhängig ist. Dann gilt $\mathfrak{W}(N) = b(n, \gamma)$ mit $\gamma := P(X_1 Y_1 = 1) = P(X_1 = 1) P(Y_1 = 1) = p(1-\alpha)$, und für die Anzahl $T := n - N$ der überlebenden Chromosomen ergibt sich leicht die Verteilung $b(n, 1-(1-\alpha)p) =$

=b(n,q+αp) mit q:=1-p.

Zum Schluß dieses Paragraphen betrachten wir noch den Sonderfall einer unabhängigen Familie von Zva, welche Indikatorfunktionen von Ereignissen sind.

Definition. *Das System* $(A_i, 1 \leq i \leq n)$ *von Ereignissen in einem W-Raum* (Ω, P) *heißt (stochastisch) unabhängig, falls die Familie* $(1_{A_i}, 1 \leq i \leq n)$ *der zugehörigen Indikatorfunktionen unabhängig ist.*

Da jede Indikatorfunktion höchstens die Werte 0 und 1 annimmt und $[1_A = 1] = A$ und $[1_A = 0] = A^c$ gilt, haben wir: Das System $(A_i, 1 \leq i \leq n)$ ist genau dann unabhängig, wenn gilt:

(8.5) $$P(\bigcap_1^n B_i) = \prod_1^n P(B_i) \ , \qquad B_i \in \{A_i, A_i^c\}, \ 1 \leq i \leq n.$$

In der Literatur wird fast ausschließlich die im folgenden Satz gegebene Charakterisierung der Unabhängigkeit eines Ereignissystems als Definition genommen. Wir haben uns für die andere Definition entschieden, da die Unabhängigkeit von Zva der weitaus wichtigere Begriff ist.

Satz 8.5. *Das System* $(A_i, 1 \leq i \leq n)$ *von Ereignissen ist genau dann unabhängig, wenn für jede Teilmenge* $I \subset \{1, 2, \ldots, n\}$ *gilt*

(8.6) $$P(\bigcap_{i \in I} A_i) = \prod_{i \in I} P(A_i).$$

Beweis. Daß die Unabhängigkeit (8.6) impliziert, ist trivial. Die Umkehrung folgt durch Induktion nach der Anzahl k der Indizes i, für die in der zu beweisenden Formel (8.5) $B_i = A_i^c$ gilt; vgl. Aufg.8.3. ☐

Man beachte, daß aus der Gültigkeit von

$$P(\bigcap_1^n A_i) = \prod_1^n P(A_i)$$

noch nicht die Unabhängigkeit der A_i zu folgen braucht. Ebenso ist $(A_i, 1 \leq i \leq n)$ nicht notwendig unabhängig, falls alle Paare (A_i, A_j), $1 \leq i \leq j \leq n$, unabhängig sind. Schließlich bemerken wir noch, daß A und B im Falle $P(B) > 0$ genau dann unabhängig sind, wenn $P(A) = P(A|B)$ gilt.

Aufgaben

8.1 (Teilungsproblem des LUCA PACCIOLI, s.Erg.§3). Sie verabreden mit einem Gegner ein aus mehreren Runden bestehendes Spiel (nicht notwendig ein reines Glücksspiel), bei dem jeder zu Beginn den gleichen Einsatz bezahlt. Wer zuerst n=10 Runden gewonnen hat, erhält den ganzen Einsatz. Erfahrungsgemäß gewinnen Sie eine einzelne Runde mit Wahrscheinlichkeit p=1/2. Infolge widriger Umstände muß das Spiel vorzeitig abgebrochen werden, wobei Ihnen noch i=3 Runden und Ihrem Gegner j=2 Runden zum Gewinn fehlen. Werden Sie das Angebot Ihres Gegners, Ihnen 2/5 des

Einsatzes zu überlassen, annehmen? Wie stehen Sie zu LUCA PACCIOLI's
Vorschlag, den Einsatz proportional zur Anzahl der bereits gewonnenen
Partien zu verteilen?

8.2. Zwischen zwei Punkten befindet sich eine elektrische Leitung
der in Fig. 8.1 angegebenen Art. Die Leitung fällt genau dann aus, wenn
"L_1 oder L_2" und "L_3 oder L_4" ausfällt. Für die Elemente L_i stehen je
drei Ausführungen A_1, A_2 und A_3 zur Verfügung, welche x_1, x_2 bzw. x_3 DM
($x_1 < x_2 < x_3$) kosten.

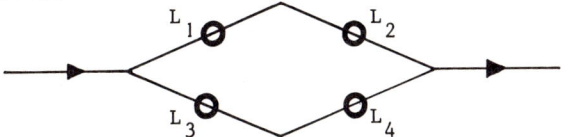

Fig. 8.1

Die Ausführung A_i fällt in der Zeiteinheit mit Wahrscheinlichkeit p_i
($p_1 = 0,1$; $p_2 = 0,05$; $p_3 = 0,01$) aus, und die einzelnen Elemente sind voneinander unabhängig. Welches ist die billigste Leitung, wenn 0,005 als
obere Schranke für die Wahrscheinlichkeit des Ausfalls der Leitung in
der Zeiteinheit vorgeschrieben ist?

8.3. Man beweise Satz 8.5 im Detail.

8.4. Sei Q_n ein W-Maß auf der abzählbaren Menge I_n, $n \in \mathbb{N}$. Man gebe
eine notwendige und hinreichende Bedingung dafür an, daß es einen diskreten W-Raum (Ω, P) und eine unabhängige Folge (X_n) von Zva auf (Ω, P)
mit $\mathcal{V}(X_n) = Q_n$, $n \in \mathbb{N}$, gibt.

8.5. Man gebe ein Beispiel für zwei abhängige $\mathbb{N}_0$-Zva X und Y, bei
denen $\mathcal{V}(X+Y)$ die Faltung von $\mathcal{V}(X)$ mit $\mathcal{V}(Y)$ ist. Hinweis: Man gehe von
der Gleichverteilung auf $\{0,1,2\}^2$ aus und verschiebe einige "Massen-
punkte" längs der Geraden x+y=const.

§ 9. Erwartungswert und Varianz

Bei vielen Anwendungen ergibt sich die Notwendigkeit, mehrere (erweitert) *reelle* Zva aufgrund ihrer Verteilungen miteinander verglei-
chen zu müssen. Solche Situationen treten z.B. bei ökonomischen
Überlegungen auf. Man versucht dann, jeder Verteilung eine sie "möglichst gut charakterisierende" (erweitert) reelle Zahl als Vergleichsgröße zuzuordnen. Die gebräuchlichste solche Zahl ist der sog. Erwartungswert, den wir durch folgendes Beispiel motivieren.

Beispiel 9.1. In einem aus vier in Serie geschalteten Elementen be-
stehenden elektrischen System sei genau eines der gleich störanfälli-
gen Elemente ausgefallen. Zur Identifizierung des defekten Elementes

möchte man eines der beiden folgenden Verfahren verwenden: V_1: Es werden die Elemente nacheinander einzeln geprüft. V_2: Es werden zuerst die beiden ersten Elemente in Serie geschaltet überprüft, was das 1,5-fache der Prüfung eines einzelnen Elementes kostet. Welches der Verfahren ist das günstigere?

Wir verwenden $\Omega := \{1,2,3,4\}$, wobei ω die Nummer des ausgefallenen Elementes bezeichne, und als W-Maß P die Gleichverteilung auf Ω. Die mit V_i verbundenen Kosten definieren eine Zva K_i, nämlich $K_1(1):=1, K_1(2):=2$, $K_1(3):=K_1(4):=3$ und $K_2:\equiv 2,5$. Wird nun das zufällige Experiment n-mal wiederholt, d.h. ergibt sich immer wieder das Problem der Identifizierung des defekten Elementes, so kann man erwarten, daß beim Verfahren V_i die Kosten der Höhe $x \in K_i(\Omega)$ etwa $n \cdot P(K_i=x)$-mal auftreten, so daß die Gesamtkosten etwa $\sum_x x \cdot n \cdot P(K_i=x)$ betragen. Es liegt daher nahe, die mittleren Kosten pro Versuch, also die nur von $\mathcal{W}(K_i)$ abhängige Zahl

$$EK_i := \sum_x x \cdot P(K_i=x),$$

welche der Erwartungswert der Zva K_i heißt, als Vergleichsgröße für das Verfahren V_i zu verwenden. In unserem Falle ergibt sich $EK_1 = 1 \cdot \frac{1}{4} + 2 \cdot \frac{1}{4} + 3 \cdot \frac{1}{2} = 2,25$ und $EK_2 = 1 \cdot 2,5 = 2,5$. Ist man also gewillt, den Erwartungswert als Vergleichsgröße für die Verteilungen der Zva K_i anzusehen, so wird man dem Verfahren V_1 den Vorzug geben.

Es sei darauf hingewiesen, daß die eben gegebene Begründung für die Verwendung des Erwartungswertes nicht völlig befriedigend ist. Man kann z.B. folgendes einwenden: a) Wird, was in der Praxis nicht selten vorkommt, das zufällige Experiment nur einmal ausgeführt, so wird man vielleicht geneigt sein, nur auf denjenigen Wert von K_i - den sog. Modalwert der Z-Dichte von K_i - zu achten, der mit größter Wahrscheinlichkeit auftritt. Bei V_1 ist der Modalwert 3, bei V_2 ist er 2,5. Also würde man, wenn man den Modalwert zum Vergleich heranzieht, das zweite Verfahren als das günstigere ansehen. b) Bei einem Spielautomaten gewinne man mit Wahrscheinlichkeit $1-10^{-6}$ zwei DM und mit Wahrscheinlichkeit 10^{-6} verliere man 10^6 DM. Obwohl der Erwartungswert des Gewinns $2(1-10^{-6})-10^6 \cdot 10^{-6}>0$ ist, werden - wenn man nur einmal spielen darf - nur wenige Spieler mit diesem Automaten ihr Glück versuchen wollen. - Die in diesem Beispiel aufgezeigte Problematik wird in der sog. Nutzentheorie (s. etwa DE GROOT (70)) untersucht. c) Aufgrund von "Konvergenzschwierigkeiten" (s.u.) bei unendlichen Reihen läßt sich nicht für jede reelle Zva X ein Erwartungswert definieren. Wenn EX nicht existiert, verwendet man als eine die Verteilung von X "charakterisierende" Größe oft einen[1] der Mediane von $\mathcal{W}(X)$, worunter man

---

[1] Daß eine Verteilung mehr als einen Median besitzen kann, ist für die Praxis i.a. ohne Belang.

jede reelle Zahl t mit den Eigenschaften $P(X \leq t) \geq 1/2$ und $P(X \geq t) \geq 1/2$ versteht. Jeder Median von $\mathfrak{W}(X)$ teilt also - grob gesprochen - die "Massenverteilung" $\mathfrak{W}(X)$ in zwei gleich große Teile; s. auch §25. Es existiert auch stets mindestens ein Modalwert, aber man benutzt ihn selten (und höchstens dann, wenn es nicht mehr als einen Modalwert gibt) als eine $\mathfrak{W}(X)$ "charakterisierende" Größe. Manchmal werden Erwartungswerte, Mediane und Modalwerte gemeinsam als <u>Lageparameter</u> bezeichnet.

Daß man trotz obiger Einwände den Erwartungswert - sofern er existiert - in der Regel den Medianen und den Modalwerten als eine die Verteilung "charakterisierende " Größe vorzieht, liegt nicht nur an seiner größeren (?) Plausibilität, sondern auch daran, daß er im Gegensatz zu den Medianen und den Modalwerten die folgenden angenehmen Eigenschaften besitzt: 1. Die Zuordnung $X \to EX$ ist linear; s.9.6. 2. Wenn $\mathfrak{W}(X)$ auf eine beschränkte Menge konzentriert ist, so ist EX "gegen kleine Schwankungen von $\mathfrak{W}(X)$ unempfindlich", d.h. es liegt eine Art von Stetigkeit vor; s.Aufg.9.4. 3. EX ist im Falle der Existenz eindeutig definiert.

Wenn man den Erwartungswert einer erweitert reellen I-Zva X durch

$$(9.1) \qquad\qquad EX := \sum_{i \in I} i \cdot P(X=i)$$

definieren will, stößt man auf die schon in §3 angesprochene Schwierigkeit, daß für formale Reihen $\sum_{i \in I} a_i$, $a_i \in \overline{\mathbb{R}}$, höchstens dann ein Reihenwert sinnvoll definiert werden kann, wenn die Reihe unbedingt konvergiert, d.h. wenn das allgemeine Kommutativgesetz gilt. Nach 3.1 ist dies z.B. bei Reihen mit nicht-negativen Gliedern der Fall. Für eine beliebige Reihe sind daher $\sum |a_i|$, $\sum a_i^+$ und $\sum a_i^-$ in $\overline{\mathbb{R}}$ unbedingt konvergent, so daß z.B. (9.2) einen Sinn hat. Natürlich kann $\sum a_i$ höchstens dann unbedingt konvergieren, falls (a_i) höchstens einen der Werte $\pm\infty$ enthält. Wir verallgemeinern zunächst 3.1 zu

<u>Lemma 9.1.</u> *Sei* $(a_i, i \in I)$ *eine abzählbare Familie erweitert reeller Zahlen mit*

$$(9.2) \qquad\qquad \sum a_i^+ < \infty \ \ oder \ \sum a_i^- < \infty$$

Dann ist $\sum a_i$ *unbedingt konvergent zum Wert* $\sum a_i^+ - \sum a_i^-$ *und es gilt*

$$(9.3) \qquad\qquad \left(\sum a_i\right)^{\pm} \leq \sum a_i^{\pm}.$$

Den Beweis findet man in Anhang 3. - Von den bei der Definition des Erwartungswertes auftretenden formalen Reihen $\sum a_i$ fordert man sinnvollerweise (vgl.z.B. den Beweis von 9.5) nicht nur die allgemeine Kommutativität, sondern auch die allgemeine Assoziativität, welche grob folgendes besagt: Man darf zur Berechnung von $\sum_{i \in I} a_i$ die Indexmenge I in beliebige Teilmengen I_j, $j \in J$ zerlegen, die Teilsummen über die Mengen I_j bilden und die Resultate aufsummieren. Genauer:

Definition. *Eine formale Reihe* $\sum_{i \in I} a_i$, $a_i \in \overline{\mathbb{R}}$, *genügt dem* _allgemeinen_
Assoziativgesetz, *falls gilt:*

a) *Für jede Zerlegung* $(I_j, j \in J)$ *von* I *konvergiert jede der Reihen*
$\sum_{i \in I_j} a_i$, $j \in J$, *unbedingt, und es konvergiert auch* $\sum_{j \in J} \sum_{i \in I_j} a_i$ *unbedingt.*
b) *Für jede Zerlegung* $(I_j, j \in J)$ *hat* $\sum_{j \in J} \sum_{i \in I_j} a_i$ *denselben Wert.*

Bemerkungen. 1. Aus dem Beweis von 9.2 ergibt sich, daß b) eine Folgerung aus a) ist.   2. Gilt für $\sum a_i$ das Assoziativgesetz, so gilt auch
das Kommutativgesetz: Man wähle für I_j Einpunktmengen. Die Umkehrung
gilt jedoch nicht, wie man an jeder Reihe $\sum a_i$ sieht, für die $\sum a_i^+ = \sum a_i^- = \infty$
gilt und bei der (a_i) genau einen der beiden Werte $\pm\infty$ enthält. (Aus 9.2
folgt übrigens leicht, daß sich Kommutativität und Assoziativität nur
in diesem Fall unterscheiden.)

Wichtig ist die folgende Verschärfung von 9.1, deren Beweis in Anhang
3 gegeben wird.

Satz 9.2. *Eine formale Reihe* $\sum_{i \in I} a_i$, $a_i \in \overline{\mathbb{R}}$, *genügt genau dann dem all-*
gemeinen Assoziativgesetz, wenn gilt:

(9.2) $$\sum a_i^+ < \infty \quad oder \quad \sum a_i^- < \infty .$$

In diesem Falle hat jede der Reihen $\sum_{j \in J} \sum_{i \in I_j} a_i$ *den Wert* $\sum a_i^+ - \sum a_i^-$.

Satz 9.2 motiviert die folgende

Definition. *Wir sagen, die formale Reihe* $\sum_{i \in I} a_i$, $a_i \in \overline{\mathbb{R}}$, *sei* _assozia-_
tiv-konvergent [1] *(kurz: a-konvergent), falls* (9.2) *gilt.*

Alle a-konvergenten Reihen sind unbedingt konvergent, und es gelten
für sie die zu Beginn von §3 angegebenen Rechenregeln. Sind alle a_i
reell, so ist die a-Konvergenz äquivalent mit der unbedingten Konvergenz; vgl. obige Bemerkung 2. Jede in $\mathbb{R}$ absolut konvergente Reihe und
jede Reihe mit nichtnegativen erweitert reellen Gliedern ist a-konvergent. Als Beispiele, bei denen a-konvergente, aber nicht in $\mathbb{R}$ absolut
konvergente Reihen auftreten, nennen wir die Erwartungswerte von Wartezeiten (die oft auch den Wert ∞ annehmen) und Reihen bei nicht-end-
lichen Maßen; s.§15. Bei einer a-konvergenten Reihe $\sum a_i$ genügen die
Reihen $b_j := \sum_{i \in I_j} a_i$, $j \in J$, und $\sum_j b_j$ nicht nur dem Kommutativgesetz, sondern
sogar dem Assoziativgesetz (d.h. diese Reihen sind selbst auch a-kon-
vergent): Wegen $I_j \subset I$ gilt $\sum_{I_j} a_i^\pm \le \sum_I a_i^\pm$ und $b_j^\pm \le \sum_{I_j} a_i^\pm$, also ist die
Bedingung (9.2) für $\sum_{I_j} a_i$ und $\sum_J b_j$ erfüllt.

---

[1] Dieser in der Literatur sonst wohl nicht vorkommende Begriff ist
     völlig analog zum Begriff der Existenz des Integrals im allgemein-
     sten Fall (vgl. §18).

Oft treten a-konvergente Reihen auf, bei denen die Indexmenge I das kartesische Produkt zweier Mengen J und K ist. Wegen $J \times K = \sum_j \{j\} \times K = \sum_k J \times \{k\}$ folgt dann sofort

Satz 9.3 (Diskrete Version des Satzes von Fubini). *Ist* $\sum\limits_{(j,k) \in J \times K} a_{jk}$ *a-konvergent, so gilt*

$$(9.4) \qquad \sum_{(j,k) \in J \times K} a_{jk} = \sum_{j \in J} \sum_{k \in K} a_{jk} = \sum_{k \in K} \sum_{j \in J} a_{jk} \ ,$$

wobei alle auftretenden Reihen a-konvergent sind.

Nun kommen wir zur Definition des Erwartungswertes einer Zva.

Definition. a) *Eine erweitert reelle I-Zva X auf* (Ω, P) *heißt* quasi-integrierbar [1]*, falls* $\sum\limits_{i \in I} i \cdot P(X=i)$ *a-konvergent ist. Die erweitert reelle Zahl*

$$(9.5) \qquad EX := \sum_{i \in I} i \cdot P(X=i) = \sum_{i > 0} i \cdot P(X=i) - \sum_{i < 0} |i| \cdot P(X=i)$$

heißt dann der Erwartungswert von X. *Man sagt dann auch "EX existiert".* b) *Eine erweitert reelle Zva X heißt* integrierbar*, falls X quasi-integrierbar und EX reell ist.* c) *Sind die Komponenten* X_i *des Zve* $X = (X_1, X_2, \ldots, X_n)$ *quasi-integrierbar, so heißt* $EX := (EX_1, EX_2, \ldots, EX_n)$ *der* Erwartungsvektor von X.

Bemerkungen. 1. EX ist eine gewichtete Summe der Funktionswerte, wobei die Gewichte die Wahrscheinlichkeiten für das Auftreten der einzelnen Funktionswerte sind. (Offensichtlich kann in (9.5) anstelle von I jede abzählbare Menge $J \subset \overline{\mathbb{R}}$ mit $J \supset X(\Omega)$ verwendet werden.) 2. EX hängt nur von $\mathcal{W}(X)$ ab. Wir können also auch vom Erwartungswert $\sum\limits_i i \cdot Q(i)$ einer W-Verteilung Q auf einer abzählbaren Menge $I \subset \overline{\mathbb{R}}$ sprechen. Den Erwartungswert nennt man dann oft den Mittelwert von Q. Interpretiert man Q als eine Aufteilung von Massenpunkten, so ist der Mittelwert von Q der Schwerpunkt dieser Massenverteilung. 3. EX braucht mit keinem der von X angenommenen Werte übereinzustimmen. Ist z.B. X die Augenzahl beim Werfen mit einem echten Würfel, so gilt $EX = \sum\limits_1^6 i/6 = 3,5$. Ist X integrierbar und $\mathcal{W}(X)$ nicht auf einen Punkt konzentriert, so liegt EX im Innern des kleinsten abgeschlossenen Intervalls von $\overline{\mathbb{R}}$, das den Träger von $\mathcal{W}(X)$, d.h. alle Punkte enthält, die X mit positiver Wahrscheinlichkeit annimmt. Existiert EX und gilt $P(X = \pm\infty) > 0$, so ist $EX = \pm\infty$. Es kann jedoch auch dann $|EX| = \infty$ sein, wenn $P(|X| = \infty) = 0$ ist. Gilt $P(|X| = \infty) = 0$, so kann man $X \propto$ für die Berechnung von EX als reellwertig annehmen. 4. Es ist nicht schwierig, ein Beispiel für eine reelle Zva anzugeben, für die EX nicht existiert. Sei

$$p_i := \begin{cases} i^{-2}, & i \in \mathbb{Z} - \{0\} \ , \\ 0 \ , & i = 0. \end{cases}$$

Wegen $\sum\limits_i p_i < \infty$ gibt es eine Konstante $c > 0$, so daß $\sum\limits_i c p_i = 1$, also $(c p_i, i \in \mathbb{Z})$

---

[1] Diese Bezeichnung wird in §18 verständlich.

eine Z-Dichte ist. Für die Zva $X:=id_Z$ gilt dann $EX^{\pm}=\sum_{i\in\mathbb{N}} ic p_i=\infty$.

Alle im Rest dieses Paragraphen vorkommenden Zva werden, wenn nichts anderes gesagt wird, als erweitert reell vorausgesetzt.

Einige elementare Eigenschaften von EX, die direkt aus der Definition folgen, fassen wir zusammen in

Lemma 9.4. *Es gilt:*

a) X *integrierbar* <=> $|X|$ *integrierbar* <=> X^+ *und* X^- *integrierbar*.

b) X *quasi-integrierbar* => $EX = EX^+ - EX^-$ *und*

(9.6) $$|EX| \leq E|X|.$$

c) X *beschränkt* => $|X|^k$ *integrierbar*, $k\in\mathbb{N}$.

d) $$E1_A = P(A), \quad A\subset\Omega.$$

e) $$E\alpha = \alpha \text{ *für jede konstante Zva* } X\equiv\alpha, \alpha\in\overline{\mathbb{R}}.$$

Da $E|X|$ stets existiert, gleichgültig ob EX existiert oder nicht, wird der Nachweis der Existenz von EX in vielen praktischen Fällen so erbracht, daß man $E|X|<\infty$, d.h. die Integrierbarkeit von X nachzuweisen versucht. Von Nutzen ist, daß alle für quasi-integrierbare Zva gültigen Aussagen, z.B. diejenigen in 9.5 und 9.6, für $|X|$ richtig sind, selbst wenn X nicht quasi-integrierbar ist.

Satz 9.5. *Sei* X *eine* I-*Zva, sei* $g:I\to\overline{\mathbb{R}}$ *beliebig. Dann gilt:* Es existiert E goX <=> $\sum_i g(i)\cdot P(X=i)$ a-*konvergent* =>

(9.7) $$E\ goX = \sum_i g(i)\cdot P(X=i).$$

Beweis. a) Sei $g\geq 0$. Dann ist die Äquivalenzaussage trivialerweise richtig. Sei $J:=g(I)$ und $I_j:=g^{-1}(j)$, $j\in J$, also $I=\sum_j I_j$. Dann folgt

$$E\ goX = \sum_j j\cdot P(goX=j) = \sum_j \sum_{i\in I_j} j\cdot P(X=i) = \sum_j \sum_{i\in I_j} g(i)\cdot P(X=i)$$

$$= \sum_i g(i)\cdot P(X=i).$$

b) Ist g beliebig, so gilt nach Teil a)

$$E(goX)^{\pm} = E\ g^{\pm}oX = \sum_i g^{\pm}(i)\cdot P(X=i).$$

Hieraus folgt leicht die Behauptung. $\square$

Satz 9.5 ist u.a. deshalb von Interesse, weil man mit seiner Hilfe oft E goX auch in den Fällen berechnen kann, in denen die Z-Dichte von goX eine komplizierte Gestalt hat.

Ersetzt man in 9.5 die Zva X durch id_Ω und g durch X, so erhält man:

$$\exists EX <=> \sum_{\omega\in\Omega} X(\omega)\cdot P(\omega) \quad a\text{-konvergent} =>$$

(9.8) $$EX = \sum_{\omega\in\Omega} X(\omega)\cdot P(\omega).$$

Diese Beziehung wird oft zur Definition von EX herangezogen. Sie ist für manche theoretische Überlegungen geeigneter als die oben gegebene Definition. Aus ihr folgt z.B. unter Beachtung der zu Beginn von §3 angegebenen Regeln für unbedingt konvergente Reihen der wichtige

Satz 9.6. *Seien X und Y quasi-integrierbare Zva. Dann gilt:*

a) *Für* $\alpha \in \mathbb{R}$ *ist* αX *quasi-integrierbar, und es gilt*

$$E(\alpha X) = \alpha \cdot EX;$$

b) $$X \leq Y \implies EX \leq EY;$$

c) *Sind X+Y und EX+EY definiert, so ist X+Y quasi-integrierbar, und es gilt*

$$E(X+Y) = EX + EY.$$

Ersetzt man in 9.5 die Zva X durch (X,Y), so erhält man unter Verwendung von 9.3 den

Satz 9.7. X *und* Y *seien* I- *bzw.* J-*Zva,* $g: I \times J \to \overline{\mathbb{R}}$ *sei beliebig. Existiert* E g∘(X,Y), *so gilt*

(9.9)
$$E\ g \circ (X,Y) = \sum_i \sum_j g(i,j) \cdot P(X=i, Y=j)$$

$$= \sum_j \sum_i g(i,j) \cdot P(X=i, Y=j),$$

wobei alle auftretenden Reihen a-konvergent sind.

Man beachte, daß aus der a-Konvergenz einer der beiden rechten Seiten von (9.9) nicht die Existenz der linken Seite zu folgen braucht.

Gegenbeispiel: Es sei $I:=\mathbb{Z}$, $J:=\{1,-1\}$, $g(i,j):=j|i|$, $P(X=i,Y=j)=cp_i/2$, wobei p_i und c wie in obiger Bemerkung 4 bestimmt seien. Dann ist $\sum_j g(i,j) \cdot P(X=i,Y=j)=0$, aber E $g^{\pm} \circ (X,Y)=\infty$. — Durch Induktion erhält man aus 9.6c: $X_1, X_2, \ldots, X_n$ reelle integrierbare Zva $\implies \sum_1^n X_i$ integrierbar und

(9.10)
$$E(\sum_1^n X_\nu) = \sum_1^n EX_\nu.$$

Satz 9.8. *Sind X und Y* unabhängige *integrierbare Zva, so ist XY integrierbar, und es gilt*

(9.11)
$$E(XY) = EX \cdot EY.$$

Beweis. Aus (9.7) folgt zunächst
$$E|XY| = \sum_i \sum_j |ij| P(X=i) \cdot P(Y=j) = \sum_i |i| \cdot P(X=i) \sum_j |j| \cdot P(Y=j)$$

$$= E|X| \cdot E|Y| < \infty, \text{d.h. XY ist integrierbar.}$$

Eine erneute Anwendung von (9.7) ergibt die Behauptung. ☐

Der Erwartungswert einer Zva X gibt insofern eine grobe Charakterisierung der Verteilung von X, als er einen Wert darstellt, um den die Werte der Zva "schwanken". Der Erwartungswert sagt jedoch nichts über die *Größe* der Schwankung aus. So haben z.B. zwei Zva X und Y mit P(X=-1) = P(X=1) = 1/2 und P(Y=-1000) = P(Y=1000) = 1/2 beide den Erwartungswert 0. Aber man wird der Zva Y eine stärkere Schwankung als der Zva X zuschreiben. Das gebräuchlichste Schwankungsmaß für eine Zva X ist der Erwartungswert des Quadrats der Abweichung der Zva X von ihrem

Erwartungswert, ihre sog. Varianz.

Definition. *Sei X eine erweitert reelle integrierbare I-Zva. Dann heißt*

$$(9.12) \qquad V(X) := E(X-EX)^2 = \sum_{i \in I} (i-EX)^2 \cdot P(X=i) \quad \textit{die } \underline{\textit{Varianz}} \textit{ von X}$$

und $+\sqrt{V(X)}$ *heißt die* <u>*Streuung*</u> *von X.*

<u>Bemerkungen.</u> 1. Da $V(X)$ nur von $\mathcal{W}(X)$ abhängt, kann man auch von der Varianz eines W-Maßes auf $I \subset \overline{\mathbb{R}}$ sprechen, falls dieses einen endlichen Mittelwert besitzt. 2. Es ist $0 \leq V(X) \leq \infty$, und $V(X)=0$ genau dann, wenn $P(X=EX)=1$ ist, wie sofort aus (9.12) folgt. 3. Ist X beschränkt, so ist X integrierbar und $V(X)$ ist endlich. 4. Interpretiert man $\mathcal{W}(X)$ als eine Aufteilung von Massenpunkten, so ist $V(X)$ das Trägheitsmoment von $\mathcal{W}(X)$ bzgl. einer Achse, die die reelle Achse im Mittelwert von $\mathcal{W}(X)$ senkrecht schneidet. Teil a) von 9.10 ist dann der aus der Mechanik bekannte Steinersche Satz.

<u>Lemma 9.9.</u> *Für jede Zva X gilt:*

a) $E|X|^2 < \infty \Rightarrow E|X| < \infty$.

b) $E(X-a)^2 < \infty$ *für ein* $a \in \mathbb{R}$ $\Rightarrow E(X-b)^2 < \infty$ *für alle* $b \in \mathbb{R}$.

Beweis. a) Für $x \in \mathbb{R}$ gilt $|x| \leq |x|^2+1$, wie man durch die Fallunterscheidung $|x| \leq 1$ und $|x| > 1$ erkennt. Wegen $|X| \leq |X|^2+1$ folgt dann aus 9.6 die Behauptung. b) Ist $E(X-a)^2 < \infty$, so folgt aus a) und aus 9.6

$$E(X-b)^2 = E((X-a)-(b-a))^2 = E((X-a)^2-2(X-a)(b-a)+(b-a)^2)$$
$$= E(X-a)^2-2(EX-a)(b-a)+(b-a)^2 < \infty. \ \Box$$

<u>Satz 9.10.</u> *Für jede integrierbare Zva X gilt:*

a) $V(X) = E(X-a)^2-(EX-a)^2 = EX^2-(EX)^2$, $a \in \mathbb{R}$.

b) $V(bX+a) = b^2 V(X)$, $a,b \in \mathbb{R}$.

Beweis. a) folgt im Fall $V(X)=\infty$ aus 9.9a und im Fall $V(X) < \infty$ aus dem Beweis von 9.9b, wenn man dort $b:=EX$ setzt. b) Ersetzt man X in a) durch $bX+a$, so erhält man mit 9.6

$$V(bX+a) = E(bX)^2-(bEX)^2 = b^2(EX^2-(EX)^2) = b^2 V(X). \Box$$

Manchmal ist 9.10a nützlich für die numerische Berechnung von $V(X)$; nimmt etwa X nur ganze Werte an und ist EX nicht ganzzahlig, so wähle man für a eine in der Nähe von EX liegende ganze Zahl. Nach 9.10b haben zwei integrierbare Zva, die sich nur um eine Konstante unterscheiden, dieselbe Varianz. Daher kann man beim Beweis von Sätzen über die Varianz oft $\mathbb{Œ}$ annehmen, daß die auftretenden Zva den Erwartungswert Null haben.

Man nennt jede Zva X mit $E|X|^2 < \infty$ <u>quadratisch integrierbar</u>. Sind X und Y reelle quadratisch integrierbare Zva mit $EX=EY=0$, so ist $X+Y$ integrierbar, und es gilt

$$V(X+Y) = E(X+Y)^2 = E(X^2+2XY+Y^2).$$

Wegen $(|X|-|Y|)^2 \geq 0$, also $|XY| \leq (|X|^2+|Y|^2)/2$ ist XY nach 9.6b integrierbar; also erhält man mit 9.6

$$(9.13) \qquad V(X+Y) = EX^2+2EXY+EY^2$$
$$= V(X)+V(Y)+2EXY.$$

Ohne die Voraussetzung EX=EY=O ergibt sich, wenn man in (9.13) X und Y durch X-EX bzw. Y-EY ersetzt,

$$(9.14) \qquad V(X+Y) = V(X)+V(Y)+2E\big[(X-EX)\cdot(Y-EY)\big].$$

Der letzte Ausdruck in (9.14) hat einen besonderen Namen:

Definition. a) X *und* Y *seien reelle quadratisch integrierbare Zva.* *Dann heißt*

$$Kov(X,Y) := E\big[(X-EX)\cdot(Y-EY)\big] = EXY-EX\cdot EY$$

die _Kovarianz_ *von* X *und* Y. b) *Ist* $Z=(Z_1,Z_2,\ldots,Z_n)$ *ein n-dimensionaler reeller Zve mit* $E|Z_i|^2<\infty$, $1\leq i\leq n$, *so heißt* $(Kov(Z_i,Z_j))$ *die* _Kovarianz-matrix_ K(Z) *von* Z.

Kov(X,Y) mißt im gewissen Sinne die stochastische Abhängigkeit zwischen X und Y, und K(Z) ist das n-dimensionale Analogon zur Varianz. Dies wird in §25 näher ausgeführt. Sind X und Y unabhängig, so folgt aus 9.8, daß Kov(X,Y)=0 ist. Ferner ist Kov(X,X)=V(X). Aus (9.14) ergibt sich durch Induktion

Satz 9.11. *Seien* X_i, $1\leq i\leq n$, *reelle quadratisch integrierbare Zva.* *Dann gilt:*

$$(9.15) \qquad V(\sum_1^n X_i) = \sum_1^n V(X_i)+2\sum_{1\leq i<j\leq n} Kov(X_i,X_j).$$

Ist die Familie $(X_i,\ 1\leq i\leq n)$ *unabhängig, so gilt die Gleichung von Bienaymé*

$$(9.16) \qquad V(\sum_1^n X_i) = \sum_1^n V(X_i).$$

Beispiel 9.2. Es sei T die Anzahl der bei n Ziehungen im Pólyaschen Urnenschema (Beispiel 7.3) erhaltenen roten Kugeln. Wir wollen zeigen, daß mit den Abkürzungen

$$p := r/(r+s), \quad q := 1-p = s/(r+s)$$

gilt:

$$(9.17) \qquad ET = np, \quad V(T) = npq(r+s+nc)/(r+s+c).$$

Sei $X_i=1$ oder $=0$, je nachdem, ob man beim i-ten Versuch eine rote oder eine schwarze Kugel erhält. Nach Aufg.7.2 ist die Familie $(X_i,\ 1\leq i\leq n)$ austauschbar, und es gilt $\mathfrak{W}(X_i)=\mathfrak{W}(X_1)$, $\mathfrak{W}((X_i,X_j))=\mathfrak{W}((X_1,X_2))$ für $i\neq j$. Wegen $T=\sum_1^n X_i$ gilt dann nach 9.6 $ET=\sum_1^n EX_i=nEX_1$. Aus (9.15) ergibt sich $V(T)=nV(X_1)+2\binom{n}{2}Kov(X_1,X_2)$. Nun ist $EX_1=p$ und $V(X_1)=EX_1^2-(EX_1)^2=p-p^2=pq$. Ferner gilt im Fall $n>1$

$$EX_1X_2 = P(X_1=1, X_2=1) = \frac{r}{r+s} \cdot \frac{r+c}{r+s+c} ,$$

also $Kov(X_1, X_2) = EX_1X_2 - EX_1 \cdot EX_2 = pqc/(r+s+c)$, woraus die Behauptung durch Einsetzen folgt.

Für $c = -1$ besitzt T die hypergeometrische Verteilung $H(n,r,s)$; dann ist

$$(9.18) \qquad ET = nr/(r+s), \quad V(T) = \frac{nrs}{(r+s)^2}(1-\frac{n-1}{r+s-1}) .$$

Für $c=0$ besitzt T die Binomialverteilung $b(n,p)$; dann gilt

$$(9.19) \qquad ET = np, \quad V(T) = npq.$$

Man rechnet leicht nach, daß (9.19) für beliebiges $p \in \langle 0,1 \rangle$ und nicht nur für $p=r/(r+s)$ gilt.

Aufgaben

9.1. Bei einem Spiel werden zwei echte Würfel unabhängig voneinander verdeckt ausgespielt und danach die Augenzahl des ersten Wurfes bekanntgegeben. Wenn man nun das Maximum der beiden Augenzahlen errät, erhält man eine DM, im anderen Falle muß man $c>0$ DM bezahlen. Nach welcher Strategie würden Sie spielen? Für welche Werte von c ist das Spiel für Sie vorteilhaft?

9.2. Ein aus drei in Serie geschalteten Elementen bestehendes elektrisches System soll nach längerer Lagerzeit in Betrieb genommen werden. Unabhängig voneinander besteht für jedes der Elemente die Wahrscheinlichkeit $\alpha \in (0,1)$, daß es noch funktionsfähig ist. Zum Zweck der Identifizierung der nicht funktionsfähigen Elemente können diese entweder einzeln oder in Serie geschaltet untersucht werden. Nach welcher Methode soll die Überprüfung vorgenommen werden, wenn die Untersuchung von k in Serie geschalteten Elementen C_k DM kostet und $0<C_1<C_2<C_3<\infty$ gilt? Was ergibt sich speziell für
a) $C_2 = 2C_1$, $C_3 = 3C_1$;
b) $C_1 = 1$, $C_2 = 1,5$, $C_3 = 2$; $\alpha = 0,5$ oder $\alpha = 0,9$?

9.3. Bei einer Zahlenlotterie werden a_i Gewinne in Höhe von h_i DM nacheinander (geordnet nach fallender Gewinnhöhe) ausgespielt, $1 \leq i \leq M$. Jede Zahl nimmt an jeder der $\sum_1^M a_i$ Ausspielungen teil. Wie groß ist der Erwartungswert x des auf eine bestimmte Zahl entfallenden Gewinns, falls diese Zahl bei jeder Ausspielung die Gewinnchance $p \in (0,1)$ besitzt und falls bei Mehrfachgewinnen dieser Zahl
a) alle erzielten Gewinne,
b) nur der erste erzielte Gewinn
ausgezahlt werden? Man leite im Fall b) eine für kleine p brauchbare

Näherungsformel für x her. Was ergibt sich speziell bei der in Aufg.4.5 geschilderten Lotterie für eine "beste" bzw. eine "schlechteste" Zahl, falls man dort $a_1=5$, $a_2=20$, $a_3=100$, $h_1=10^6$ DM, $h_2=10^5$ DM, $h_3=10^4$ DM voraussetzt? (Diese Daten sind willkürlich angenommen.)

9.4. Seien Q und Q_n W-Maße auf der abzählbaren Menge $I \subset \mathbb{R}$ mit den Z-Dichten f bzw. f_n, $n \in \mathbb{N}$. Man zeige:

a) $f_n \to f$ <=> $Q_n(B) \to Q(B)$ für alle $B \subset I$ <=> $f_n \to f$ gleichmäßig.

b) Ist I beschränkt und konvergiert (f_n) gegen f, so gilt:

b_1) Die Folge der Mittelwerte von Q_n konvergiert gegen den Mittelwert von Q.

b_2) Es kann vorkommen, daß jede Folge von Medianen m_n von Q_n divergiert.

b_3) Es kann vorkommen, daß jede Folge von Modalwerten M_n von Q_n divergiert.

Gelten b_2) und b_3) auch dann noch, wenn Q nur einen Median bzw. nur einen Modalwert besitzt?

§ 10. Erzeugende Funktionen

Wir wollen ein methodisches Hilfsmittel zur Untersuchung von W-Maßen auf $\overline{\mathbb{N}}_0$ kennenlernen, das auch ein effektives Hilfsmittel für andere Probleme, z.B. für das Lösen von Differenzengleichungen ist.

<u>Definition</u>. a) *Sei* $(b_n, n \in \mathbb{N}_0)$ *eine Folge reeller Zahlen mit* $r := (\overline{\lim} |b_n|^{1/n})^{-1} > 0$. *Dann heißt die Potenzreihe*

$$(10.1) \qquad b(s) := \sum_{n=0}^{\infty} b_n s^n \,, \qquad 0 \le s < \min(1,r),$$

die <u>erzeugende Funktion</u> von (b_n).

b) *Ist Q ein W-Maß auf* $\overline{\mathbb{N}}_0$ *mit der Z-Dichte f, so heißt die (auf <0,1> definierte) erzeugende Funktion von* $(f(n)$, $n \in \mathbb{N}_0)$ *auch <u>erzeugende Funktion</u> von Q.*

c) *Ist X eine* $\overline{\mathbb{N}}_0$*-Zva, so heißt die erzeugende Funktion g von* $\mathcal{W}(X)$ *auch die erzeugende Funktion von X. Es gilt dann*[1]

$$(10.2) \qquad g(s) = E s^X = \sum_{n \in \mathbb{N}_0} P(X=n) s^n \,, \qquad 0 \le s < 1.$$

Wir beschränken uns bei b nur deswegen auf den Definitionsbereich <0,min(1,r)), um einfache Formulierungen von Sätzen zu erhalten. Bei Bedarf kann b durch (10.1) fortgesetzt werden.

[1] Hier und im folgenden sei $s^\infty := 0$ für $0 \le s < 1$.

Die erzeugende Funktion (10.1) ist bekanntlich beliebig oft differenzierbar, und es gilt

(10.3) $$b^{(k)}(s) = \sum_{n=k}^{\infty} (n)_k b_n s^{n-k}, \quad 0 \le s < \min(1,r).[1]$$

Der Identitätssatz für Potenzreihen liefert

Satz 10.1 (Eindeutigkeitssatz für erzeugende Funktionen).
Besitzen (a_n) *und* (b_n) *dieselbe erzeugende Funktion, so gilt* $a_n = b_n, n \in \mathbb{N}_0$
Ferner gilt die "Umkehrformel"

(10.4) $$b_n = b^{(n)}(0)/n! , \quad n \in \mathbb{N}_0 ,$$

wenn b die erzeugende Funktion von (b_n) *ist.*

Es besteht also eine Bijektion zwischen der Menge aller W-Maße auf
$\mathbb{N}_0$ und der Menge der erzeugenden Funktionen solcher W-Maße. Die Menge
dieser Funktionen g kann übrigens dadurch charakterisiert werden, daß
g beliebig oft differenzierbar ist und daß $g^{(k)} \ge 0$, $k \in \mathbb{N}_0$, und $g(1-) = 1$
gilt (s.FELLER (71),S.223).

Lemma 10.2 (Diskrete Version des Satzes von der monotonen Konvergenz)
Sei $(a_{nk}, (n,k) \in \mathbb{N}_0^2)$ *eine Familie erweitert reeller Zahlen. Gilt*
$0 \le a_{nk} \uparrow a_n \ (k \to \infty)$, *so gilt*

$$\sum_n a_{nk} \uparrow \sum_n a_n \quad (k \to \infty).$$

Beweis. Wir nehmen $\mathfrak{C}$ an, daß jede der Zahlen $b_k := \sum_n a_{nk}$, $k \in \mathbb{N}_0$, reell
ist, da im andern Falle die Behauptung trivialerweise richtig ist. Offen
sichtlich ist (b_k) isoton. Es gilt

$$\lim_k b_k = b_0 + \sum_k (b_{k+1} - b_k) = b_0 + \sum_k \sum_n (a_{n,k+1} - a_{nk}) =$$
$$= b_0 + \sum_n \sum_k (a_{n,k+1} - a_{nk}) = b_0 + \sum_n (a_n - a_{no}) = \sum_n a_n,$$

wobei wegen $a_{n,k+1} - a_{nk} \ge 0$ Satz 9.3 benützt werden konnte. $\square$

Aus 10.2 ergibt sich die folgende Variante des Abelschen Grenzwert-
satzes: Ist $0 \le c_n \le \infty$, $n \in \mathbb{N}_0$, so gilt für die in $\overline{\mathbb{R}}$ konvergente Potenzreihe $\sum_n c_n s^n$, $s \in \langle 0,1 \rangle$,

$$\lim_{s \uparrow 1} \sum_n c_n s^n = \sum_n c_n.$$

Als Anwendung vermerken wir: Sei (b_n) eine Folge reeller Zahlen mit
$0 \le b_n \le 1$, $n \in \mathbb{N}_0$. Sei b die erzeugende Funktion von (b_n). Genau dann ist
(b_n) die Z-Dichte eines W-Maßes auf $\mathbb{N}_0$, wenn $b(1-) = 1$ gilt.

Satz 10.3. *Für die erzeugende Funktion g einer* $\mathbb{N}_0$-*Zva X gilt:*
a) $P(X=0) = 1 \iff g \equiv 1$. $P(X=0) < 1 \implies g$ *streng isoton und*
$P(X=0) = g(0) < g(s) < 1$, $0 < s < 1$.

---

[1] $(n)_k := n(n-1) \ldots (n-k+1)$, s.§4; $b^{(k)}(0)$ ist die rechtsseitige Ableitung

b) g *ist beliebig oft differenzierbar, und es gilt*

(10.5) $\qquad g^{(k)}(1-) = E(X)_k := E[X(X-1)...(X-k+1)], \quad k \in \mathbb{N}.$ [1]

Speziell ist g'(1-)=EX.

c) $EX < \infty \Rightarrow V(X) = g''(1-) + g'(1-) - (g'(1-))^2.$

d) *Ist Y eine von X unabhängige* $\mathbb{N}_0$-*Zva mit erzeugender Funktion h, so ist* g·h *die erzeugende Funktion von X+Y.*

Bemerkung. d) läßt sich wegen 8.3 auch so formulieren: Die erzeugende Funktion der Faltung zweier Z-Dichten auf $\mathbb{N}_0$ ist gleich dem Produkt der erzeugenden Funktionen der Z-Dichten.

Beweis. a) folgt leicht aus der Definition von g. b) ist eine Folgerung aus (10.3) und 10.2. c) ergibt sich aus b) durch einfache Rechnung, wobei der Fall $V(X)=\infty$ gesondert behandelt werden muß. d) Die erzeugende Funktion von X+Y ist

$$s \to Es^{X+Y} = Es^X \cdot s^Y = Es^X \cdot Es^Y = g(s)h(s),$$

wobei 8.2b und 9.8 benützt werden. □

Beispiel 10.1. Die Binomialverteilung b(n,p) hat die erzeugende Funktion

$$g(s) = (q+ps)^n,$$

denn b(1,p) hat die erzeugende Funktion $s \to q+ps$, und b(n,p) ist die n-fache Faltung von b(1,p) mit sich. Wegen $(q+ps)^n = \sum_{i=0}^{n} \binom{n}{i} p^i q^{n-i} s^i$ folgt aus 10.1, daß b(n,p) die schon in 8.4 angegebene Z-Dichte hat. Aus 10.3 ergibt sich, wie schon in (9.19) gezeigt wurde, daß np bzw. npq Erwartungswert bzw. Varianz von b(n,p) ist.

Weitere Beispiele für die Berechnung von EX mit Hilfe der erzeugenden Funktion von X werden in §11 gegeben. Für die Berechnung von EX und V(X) ist oft auch nützlich der

Satz 10.4. *Sei X eine* $\mathbb{N}_0$-*Zva mit erzeugender Funktion g. Sei h die auf* <0,1) *definierte erzeugende Funktion der Folge* $(P(X>n), n \in \mathbb{N}_0)$. *Dann gilt:*

a) $h(s) = \dfrac{1-g(s)}{1-s}, \quad 0 \le s < 1.$

b) $EX = h(1-) = \displaystyle\sum_{n=0}^{\infty} P(X>n).$

c) $EX < \infty \Rightarrow V(X) = 2h'(1-)+h(1-)-(h(1-))^2.$

Beweis. Zunächst gilt $(1-s)h(s) = \sum_{0}^{\infty} P(X>n)s^n - \sum_{0}^{\infty} P(X>n)s^{n+1} =$

$= P(X>0) + \sum_{1}^{\infty} [P(X>n)-P(X>n-1)]s^n$, also

---

[1] $E(X)_k$ heißt das <u>k-te faktorielle Moment</u> von X. - Definiert man g(1) vermöge (10.2), so existiert die <u>linksseitige Ableitung</u> $g^{(k)}(1)$ für jedes $k \in \mathbb{N}$, und es gilt $g^{(k)}(1) = g^{(k)}(1-) \le \infty$. Es ist jedoch in der Regel einfacher, $g^{(k)}(1-)$ zu berechnen.

(10.6)
$$(1-s)h(s) = P(X>0) - \sum_{1}^{\infty} P(X=n)s^n.$$

Hieraus folgt a) wegen $P(X>0)=1-P(X=0)$.

b) Aus (10.6) folgt
$$(1-s)h(s) = \sum_{1}^{\infty} P(X=n) \cdot (1-s^n), \text{ also}$$

(10.7)
$$\sum_{0}^{\infty} P(X>n)s^n =: h(s) = \sum_{1}^{\infty} P(X=n) \sum_{\nu=0}^{n-1} s^\nu.$$

Lemma 10.2 liefert nun $\sum_{0}^{\infty} P(X>n)=h(1-)=\sum_{1}^{\infty} nP(X=n)=EX$.

c) Aus (10.7) folgt $h'(s)=\sum_{1}^{\infty} P(X=n) \sum_{\nu=0}^{n-1} \nu s^{\nu-1}$. 10.2 und 9.5 ergeben

$h'(1-)=\sum_{1}^{\infty} P(X=n) \frac{n(n-1)}{2} = \frac{1}{2}E[X(X-1)] = \frac{1}{2}g''(1-)$; wegen 10.3c ist also die Behauptung bewiesen.$\square$

　　Beispiel 10.2. Wie lange muß man im Mittel mit einem echten Würfel
werfen, bis die Summe der Augenzahlen mindestens n beträgt? Lösung:
Mit X_i bezeichnen wir die Augenzahl des i-ten Wurfes, $1\leq i\leq n$. Die Familie $(X_i, 1\leq i\leq n)$ wird als unabhängig und $\mathfrak{W}(X_i)$ als Gleichverteilung auf
$\{1,2,\ldots,6\}$ vorausgesetzt. Es ist $S_i:=\sum_{1}^{i} X_\nu$, $0\leq i\leq n$, die Summe der Augenzahlen der ersten i Würfe, und $T_i:=\min\{\nu\in\{1,2,\ldots,i\}:S_\nu\geq i\}$ ist die Anzahl der Würfe, bis die Summe der Augenzahlen mindestens i ist, $1\leq i\leq n$.
Ferner setzen wir $T_i:\equiv 0$ für $i\leq 0$. Wir gewinnen eine Rekursionsformel für
ET_n auf folgende Weise: Ist $b:=\min(6,n-1)$, so gilt für $1\leq i<n$

$$P(T_n>i) = P(S_i<n) = \sum_{k=1}^{b} P(X_1=k,S_i<n) = \sum_{k=1}^{b} P(X_1=k, \sum_{j=2}^{i} X_j<n-k)$$

$$= \sum_{k=1}^{b} P(X_1=k) \cdot P(\sum_{j=2}^{i} X_j<n-k) = \frac{1}{6}\sum_{k=1}^{b} P(S_{i-1}<n-k)$$

$$= \frac{1}{6}\sum_{k=1}^{b} P(T_{n-k}>i-1).$$

Aus 10.4 folgt dann für $n>1$

$$ET_n = \sum_{i=0}^{n-1} P(T_n>i) = 1+\frac{1}{6}\sum_{k=1}^{b} \sum_{i=1}^{n-1} P(T_{n-k}>i-1)$$

$$= 1+\frac{1}{6}\sum_{k=1}^{b} \sum_{m=0}^{n-k-1} P(T_{n-k}>m), \text{ also}$$

(10.8)
$$ET_n = 1 + \frac{1}{6}\sum_{k=1}^{6} ET_{n-k}, \quad n\in\mathbb{N}. \text{ [1]}$$

----

[1] Solange wir noch nicht die Existenz einer abzählbar unendlichen unabhängigen Familie von auf $\{1,\ldots,6\}$ gleichverteilten Zva bewiesen haben,
müssen wir streng genommen für jedes $n\in\mathbb{N}$ eine Familie von Zva T_{in},
$1\leq i\leq n$, betrachten. Man sieht jedoch leicht, daß ET_{in} für alle $n\geq i$ denselben Wert hat, der oben mit ET_i bezeichnet wurde.

Rekursiv erhält man dann z.B. $ET_n = (\frac{7}{6})^{n-1}$ für $1 \le n \le 7$; $ET_8 = (\frac{7}{6})^7 - \frac{1}{6}$; $ET_9 = (\frac{7}{6})^8 - \frac{14}{36}$. Eine einfache Darstellung von ET_n für alle $n \in \mathbb{N}$ gibt es wohl nicht;s. jedoch Beispiel 10.3 und Aufg.10.1.

Die Bedeutung des Begriffs der erzeugenden Funktion liegt darin, daß manchmal Eigenschaften einer Folge (b_n), die sich direkt nur schwer nachweisen lassen, relativ einfach aus der zugehörigen erzeugenden Funktion b erschlossen werden können. Tiefliegende und wichtige Sätze in dieser Richtung sind die sog. <u>Taubersätze</u>, die einen Schluß von b auf das asymptotische Verhalten von b_n für $n \to \infty$ erlauben.

Wir beweisen nun einen einfachen aber nützlichen Satz dieser Art, den man in etwas anderer Form bei FELLER (68), S.277 und 285, findet. Wegen tieferliegender Taubersätze s.etwa FELLER (71),S.447.

<u>Satz 10.5.</u> *Die komplexe Potenzreihe* $\sum_{n=0}^{\infty} a_n z^n, a_n \in \mathbb{C}$, *mit positivem Konvergenzradius sei im Innern ihres Konvergenzkreises darstellbar in der Form* $\sum_n a_n z^n = U(z)/V(z)$, *wobei* U *und* V *Polynome seien. Es sei* $z=1$ *die einzige betragskleinste Nullstelle von* V *und deren Vielfachheit sei* ρ. *Dann gilt*

$$(10.9) \qquad n^{1-\rho} \cdot a_n \to \frac{(-1)^\rho \rho U(1)}{V^{(\rho)}(1)} \qquad (n \to \infty) \ .$$

Beweis. a) Zunächst werde grad $U <$ grad V vorausgesetzt. Sind dann $1 =: z_1, z_2, \ldots, z_M$ die verschiedenen Nullstellen von V mit den Vielfachheiten $\rho =: r_1, r_2, \ldots, r_M$, so existiert bekanntlich eine Partialbruchzerlegung der Gestalt

$$(10.10) \qquad \frac{U(z)}{V(z)} = \sum_{m=1}^{M} \sum_{j=1}^{r_m} \frac{a_{mj}}{(z_m - z)^j} = \sum_m \sum_j a_{mj} z_m^{-j} (1 - \frac{z}{z_m})^{-j}, \quad |z| < 1.$$

Entwickelt man nun $(1 - \frac{z}{z_m})^{-j}$ nach der Formel

$$(1-w)^{-j} = \sum_n \binom{n+j-1}{j-1} w^n, \quad j \in \mathbb{N}, \ |w| < 1,$$

so ergibt der Koeffizientenvergleich mit $\sum_n a_n z^n$

$$a_n = \sum_m \sum_j \binom{n+j-1}{j-1} a_{mj} z_m^{-j-n}, \quad n \in \mathbb{N}.$$

Hieraus folgt, wenn man $c_{nj} := n^{1-\rho} \binom{n+j-1}{j-1}$ setzt,

$$(10.11) \qquad n^{1-\rho} a_n = \sum_{j=1}^{\rho-1} c_{nj} a_{1j} + c_{n\rho} a_{1\rho} + \sum_{m=2}^{M} \sum_{j=1}^{r_m} c_{nj} a_{mj} z_m^{-j-n}.$$

Wegen $|z_m| > 1$ für $2 \le m \le M$ und wegen

$$c_{nj} = n^{1-\rho} \frac{(n+j-1) \cdots j}{(j-1)!} \sim \frac{n^{j-\rho}}{(j-1)!} \qquad (n \to \infty), \ j \in \mathbb{N},$$

folgt, daß die Summen auf der rechten Seite von (10.11) gegen Null und $(c_{n\rho} a_{1\rho})$ gegen $a_{1\rho}/(\rho-1)!$ konvergieren. Für $a_{1\rho}$ erhalten wir aber aus

(10.10), da $V(z) = d \prod_1^M (z-z_m)^{r_m}$ mit einer Konstanten $d \neq 0$ gilt,

$$a_{1\rho} = \lim_{z \to 1} (1-z)^\rho U(z)/V(z) = \frac{(-1)^\rho U(1)}{d \prod_2^M (1-z_m)^{r_m}} = \frac{\rho!(-1)^\rho U(1)}{V^{(\rho)}(1)}.$$

b) Ist grad $U \geq$ grad V, so gibt es bekanntlich Polynome W und U_1 mit grad $U_1 <$ grad V, so daß $U/V = W + U_1/V$ gilt. Da W nur auf endlich viele der Zahlen a_n einen Einfluß hat und da $U(1) = V(1)W(1) + U_1(1) = U_1(1)$ ist, bleibt (10.9) auch im allgemeinen Fall richtig. □

Ist nicht $z=1$, sondern eine beliebige komplexe Zahl $x \neq 0$ die einzige betragskleinste Nullstelle von V, so kann man diesen Fall durch die Abbildung $z \to z/x$ leicht auf 10.5 zurückführen.

Beispiel 10.3. Wir untersuchen das asymptotische Verhalten der mittleren Anzahl b_n von Würfen mit einem echten Würfel, die nötig sind, damit die Summe der Augenzahlen mindestens n ist. Da man bei jedem Wurf im Mittel 3,5 Augen erzielt, wird man vermuten, daß $b_n \sim \frac{n}{3,5}$ gilt. Dies können wir nun mit Hilfe von 10.5 bestätigen. Zunächst wissen wir aus Beispiel 10.2, daß (b_n) der Rekursion

$$(10.12) \qquad b_n = 1 + \frac{1}{6} \sum_{k=1}^6 b_{n-k}, \quad n \in \mathbb{N}, \quad b_n := 0 \text{ für } n \leq 0,$$

genügt. Wegen $b_n \leq n$ ist die erzeugende Funktion b von (b_n) in $<0,1>$ definiert. Wir setzen b in den offenen Einheitskreis der komplexen Zahlenebene fort. Multipliziert man beide Seiten von (10.12) mit z^n, $|z| < 1$, und summiert man über alle n, so erhält man

$$b(z) = \sum_1^\infty b_n z^n = \sum_1^\infty z^n + \frac{1}{6} \sum_{k=1}^6 \sum_{n=1}^\infty b_{n-k} z^n = \frac{z}{1-z} + \frac{1}{6} \sum_{k=1}^6 z^k \sum_{m=1}^\infty b_m z^m$$

$$= \frac{z}{1-z} + \frac{b(z)}{6} \sum_1^6 z^k.$$

Hieraus ergibt sich

$$b(z) = \frac{z}{(1-z)(1-\frac{1}{6}\sum_1^6 z^k)} =: \frac{U(z)}{V(z)}.$$

V hat die zweifache Nullstelle $z=1$, welche nicht Nullstelle von U ist. Wegen $|\sum_1^6 z^k| \leq \sum_1^6 |z|^k < 6$ für $|z| < 1$ hat V im Innern des Einheitskreises keine Nullstelle. Ist $|z| = 1$ und $z \notin \{1,-1\}$, so ist $\alpha := \frac{1}{6}\sum_1^6 z^k$ der Erwartungsvektor einer zweidimensionalen Verteilung, bei der die (mindestens drei) Punkte des Trägers auf dem Rand des Einheitskreises liegen. Nach 25.10 liegt dann - was anschaulich einleuchtet - α im Innern des Einheitskreises. Auf ähnliche Weise sieht man dies auch für $z=-1$ ein. Somit ist $z=1$ die einzige betragskleinste Nullstelle von V. Aus 10.5 folgt dann mit

$V''(1) = 7$

(10.14)
$$b_n \sim \frac{2 \cdot 1 \cdot n}{7} = \frac{n}{3,5} \; .$$

Wegen einer Verschärfung dieser Aussage s.Aufg.10.1. Unser Resultat ist nur ein Spezialfall eines viel allgemeineren Satzes aus der sog.Erneuerungstheorie; s.z.B.FELLER (68),S.321 und FELLER (71),S.366.

Zum Abschluß dieses Paragraphen weisen wir darauf hin, daß sich der Begriff der erzeugenden Funktion auch auf W-Maße auf $\mathbb{N}_o^d$ verallgemeinern läßt:

Definition. *Sei* $X = (X_1, \ldots, X_d)$ *eine* $\mathbb{N}_o^d$-*Zva. Die auf* $<0,1)^d$ *absolut konvergente* d-*dimensionale Potenzreihe*

$$g(s_1, \ldots, s_d) := \sum_{(k_1, \ldots, k_d) \in \mathbb{N}_o^d} P(X_1 = k_1, \ldots, X_d = k_d) s_1^{k_1} \ldots s_d^{k_d}$$

$$= E s_1^{X_1} \ldots s_d^{X_d}$$

heißt die <u>*erzeugende Funktion*</u> *des Zve* X.

Es gilt das Analogon zum Eindeutigkeitssatz 10.1; s.etwa DIEUDONNÉ (60),S.195. Ohne Beweis formulieren wir für d=2 den

Satz 10.6. *Seien* X *und* Y $\mathbb{N}_o$-*Zva und sei* g *die erzeugende Funktion von* $Z_1 := (X,Y)$. $\bar{g}$ *sei die zweite gemischte partielle Ableitung von* g. *Dann gilt:*

a) $g(\cdot, 1-)$ *bzw.* $g(1-, \cdot)$ *ist die erzeugende Funktion* g_X *bzw.* g_Y *von* X *bzw.* Y.

b) $E(XY) = \bar{g}(1-,1-) := \displaystyle\lim_{\substack{(s_1,s_2) \to (1,1) \\ (s_1,s_2) < (1,1)}} \bar{g}(s_1,s_2) = \lim_{s_1 \uparrow 1} \lim_{s_2 \uparrow 1} \bar{g}(s_1,s_2).$

c) *Sind* X *und* Y *quadratisch integrierbar, so gilt*

$$\text{Kov}(X,Y) = \bar{g}(1-,1-) - g_X'(1-) \cdot g_Y'(1-).$$

d) *Ist* Z_2 *eine von* Z_1 *unabhängige* $\mathbb{N}_o^2$-*Zva mit erzeugender Funktion* h, *so ist* $g \cdot h$ *die erzeugende Funktion von* $Z_1 + Z_2$.

Die Verallgemeinerung von 10.6 auf beliebiges $d \in \mathbb{N}$ ist möglich.

Beispiel 10.4. Sei $p_i \geq 0$, $i=1,2,3$, und $\sum_1^3 p_i = 1$. Dann ist $f((1,0)) := p_1$, $f((0,1)) := p_2$, $f((0,0)) := p_3$, $f((i,j)) = 0$ sonst, eine Z-Dichte auf $\mathbb{N}_o^2$. Die n-fache Faltung des zugehörigen W-Maßes ist nach 10.6d ein W-Maß Q mit der erzeugenden Funktion $(s_1,s_2) \to (1-p_1-p_2+p_1 s_1+p_2 s_2)^n$. Q ist eine sog. Multinomialverteilung (s. §11). Ist (Y_1,Y_2) eine Zva mit $\mathcal{W}(Y_1,Y_2) = Q$, so ist nach 10.6a die Abbildung $s \to (1-p_i+p_i s)^n$ die erzeugende Funktion von Y_i. Nach 10.1 und Beispiel 10.1 ist $\mathcal{W}(Y_i) = b(n,p_i)$. Aus 10.6c folgt schließlich

$$\text{Kov}(Y_1,Y_2) = n(n-1)p_1 p_2 - n^2 p_1 p_2 = -n p_1 p_2 \; .$$

Aufgaben

10.1. Man zeige, daß in Beispiel 10.3 die Folge der Zahlen $b_n - \frac{n}{3,5}$ für $n\to\infty$ gegen eine Konstante konvergiert und berechne diese.

10.2. Sei Q ein W-Maß auf $\mathbb{N}_0$, welches die Z-Dichte (f_n), die erzeugende Funktion g und die __Momente__ $m_k := \sum_{n=0}^{\infty} n^k f_n$, $k\in\mathbb{N}_0$, besitze. Man beweise:

a) Es gilt $\sum_n f_n e^{nt} = \sum_k \frac{m_k}{k!} t^k$ $(\le\infty)$, $t\in\mathbb{R}_+$.

b) Die folgenden Aussagen sind äquivalent:

$b_1)$ $r := \left(\overline{\lim_n} f_n^{1/n}\right)^{-1} > 1$, d.h. g ist über $s=1$ hinaus fortsetzbar.

$b_2)$ $m_k < \infty$, $k\in\mathbb{N}_0$, und $\overline{\lim_k}(\frac{m_k}{k!})^{\frac{1}{k}} < \infty$, d.h. die Folge $(\frac{m_k}{k!}$, $k\in\mathbb{N}_0)$ besitzt eine erzeugende Funktion, die sog. __momentenerzeugende Funktion__ von Q.

c) Ist $r > 1$, so ist

$$M(t) := g(e^t), \quad 0\le t < \min(1, \log r),$$

die momentenerzeugende Funktion von Q, und es gibt außer Q keine weitere Verteilung auf $\mathbb{N}_0$, welche die Momente m_k, $k\in\mathbb{N}_0$, besitzt.

(Es kann vorkommen, daß zwei verschiedene (diskrete) Verteilungen auf $\mathbb{N}_0$ dieselbe Folge endlicher Momente besitzen; s.WINTNER (49); vgl.Aufgabe 25.4.)

Ergänzungen

1.) Eine gute Übersicht über erzeugende Funktionen gibt CARLITZ (69).
2.) Man kann für Folgen (b_n) reeller Zahlen, für welche $\sum b_n z^n$ keinen positiven Konvergenzradius besitzt, einen nützlichen verallgemeinerten Begriff der erzeugenden Funktion einführen.Man spricht dann von "formalen Potenzreihen"; s.NIVEN (69).

§ 11. Die wichtigsten diskreten Verteilungen

Man kann jede Z-Dichte auf $\mathbb{N}_0$ so erhalten, daß man eine in $\mathbb{R}$ konvergente Reihe $a := \sum_0^{\infty} a_n$ mit reellen Gliedern $a_n\ge 0$ und $a>0$ betrachtet und zu der "normierten" Folge (a_n/a) übergeht, die dann eine Z-Dichte auf $\mathbb{N}_0$ darstellt. Wesentlich ist die Abhängigkeit der Folgenglieder von n (etwa die Geschwindigkeit, mit der sie gegen Null gehen), während die Normierungskonstante a unwesentlich ist. Wir werden jedoch im folgenden die wichtigsten diskreten Verteilungen i.a. nicht durch Vorgabe von Z-Dichten definieren, sondern als Verteilungen, die bei gewissen typischen stochastischen Modellen auftreten. Hierbei werden wir Verteilungen auf einer Menge $B \subset \mathbb{Z}^d$ bei Bedarf stillschweigend als Verteilung auf $\mathbb{Z}^d$ auffassen, indem wir ihre Z-Dichte auf $\mathbb{Z}^d - B$ zu Null definieren.

1. Die sog. Einheitsmasse δ_a im Punkt a einer beliebigen abzählbaren Menge I beschreibt ein (deterministisches) Experiment, das nur den Ausgang a hat. Das Experiment wird auch beschrieben durch die I-Zva $X \equiv a$ auf einem beliebigen W-Raum (Ω, P). P_X hat die Z-Dichte $f(i) := \delta_{ia}$, $i \in I$. In diesem Sinne sind alle deterministischen Vorgänge Spezialfälle stochastischer Vorgänge. Ist speziell $I \subset \mathbb{R}$, so gilt $E|X|^k = |a|^k < \infty$, $k \in \mathbb{N}$, $EX = a$, $V(X) = 0$. Ist umgekehrt Y eine reelle Zva mit $E|Y| < \infty$, $V(Y) = 0$, so gilt $\mathcal{W}(Y) = \delta_{EY}$.

2. Die Null-Eins-Verteilung $b(1, p)$, $p \in \langle 0, 1 \rangle$.

Bei einem zufälligen Experiment seien nur die beiden Ausgänge 1 mit Wahrscheinlichkeit $p \in \langle 0, 1 \rangle$ und 0 mit Wahrscheinlichkeit $q := 1-p$ möglich, wobei oft "1" als "Erfolg" und "0" als "Mißerfolg" interpretiert wird. Man spricht von einem Alternativversuch. Das Experiment wird auch beschrieben durch die reelle Zva X auf einem beliebigen W-Raum (Ω, P), falls $P(X=1) = p$, $P(X=0) = q$ gilt. Oft tritt X in der Gestalt einer Indikatorfunktion 1_A mit $P(A) = p$ auf. $\mathcal{W}(X)$ heißt die Null-Eins-Verteilung $b(1, p)$ mit Parameter p. Es gilt:
a) $b(1, p)$ hat die Z-Dichte $f(0) = 1-p$, $f(1) = p$.
b) $EX = p$, $V(X) = pq$.
c) $b(1, p)$ hat die erzeugende Funktion $s \rightarrow q + ps$.

Alternativversuche sind die Grundbausteine vieler komplizierterer Modelle.

3. Die Binomialverteilung $b(n, p)$, $n \in \mathbb{N}$, $p \in \langle 0, 1 \rangle$, wurde schon in Beispiel 8.2 eingeführt durch die

Definition. *Sind* X_i, $1 \leq i \leq n$, *unabhängige Zva auf einem beliebigen W-Raum, und gilt* $\mathcal{W}(X_i) = b(1, p)$, $1 \leq i \leq n$, *so heißt* $\mathcal{W}(\sum_1^n X_i)$ *die Binomialverteilung* $b(n, p)$.

Die Folge $(X_1, X_2, \ldots, X_n)$ beschreibt die n-malige Durchführung eines Alternativversuches mit "Erfolgswahrscheinlichkeit" p. Also ist $b(n, p)$ die Verteilung der Anzahl der Erfolge bei n solchen Alternativversuchen. Die "Entartungen" $p=0$ und $p=1$ führen zu $b(n, 0) = \delta_0$ und $b(n, 1) = \delta_n$.

Satz 11.1. *Es gilt:*
a) $b(n, p)$ *hat die Z-Dichte*

$$(11.1) \qquad k \rightarrow b(n, p; k) := \binom{n}{k} p^k q^{n-k}, \quad k \in \{0, 1, \ldots, n\}.$$

b) $b(n, p)$ *hat die erzeugende Funktion* $s \rightarrow (q + ps)^n$.

c) *Für jede Zva Y mit* $\mathfrak{W}(Y)=b(n,p)$ *ist* EY=np, V(Y)=npq.

d) $b(n,p) * b(m,p)=b(n+m,p)$ *oder anders ausgedrückt: Sind X und Y unabhängige Zva mit* $\mathfrak{W}(X)=b(n,p)$ *und* $\mathfrak{W}(Y)=b(m,p)$, *so gilt* $\mathfrak{W}(X+Y)=b(n+m,p)$.

Die Teile a) - c) wurden schon in den §§ 8 bis 10 bewiesen, während d) aus 10.3d oder direkt gefolgert werden kann.

Die Modalwerte, d.h. die Maximumstellen der Z-Dichte von $b(n,p)$ differieren vom Erwartungswert um weniger als Eins. Betrachtet man nämlich für $0<p<1$ die Abbildung $k \rightarrow b(n,p;k+1)/b(n,p;k)$, so findet man, daß $[(n+1)p]$ einziger Modalwert ist, falls $(n+1)p \notin \mathbb{N}$, und daß $(n+1)p$ und $(n+1)p-1=np-q$ die einzigen Modalwerte sind, falls $(n+1)p \in \mathbb{N}$ ist.

Bei praktischen Aufgaben muß oft der Ausdruck $\sum_{\nu=k}^{n} \binom{n}{\nu}p^{\nu}q^{n-\nu}$ numerisch bestimmt werden. Für kleine Werte von n können Tafeln für die Binomialkoeffizienten benützt werden (s. Literaturverzeichnis), für große n kann man unter Umständen die Approximation durch die Normalverteilung verwenden (s. §29). Manchmal ist auch die im folgenden Lemma angegebene Darstellung nützlich, bei der die tabellierte[1] sog. unvollständige Betafunktion $B(\alpha,\beta,\cdot)$ definiert ist durch das Integral

(11.2) $B(\alpha,\beta,x) := \int_{0}^{x} t^{\alpha-1}(1-t)^{\beta-1}dt$, $\alpha \in \mathbb{R}^{+}$, $\beta \in \mathbb{R}^{+}$, $x \in <0,1>$.

Man nennt $(\alpha,\beta) \rightarrow B(\alpha,\beta) := B(\alpha,\beta,1)$ die (vollständige) Betafunktion.

Lemma 11.2. *Es gilt:*

$$\sum_{\nu=k}^{n} \binom{n}{\nu}p^{\nu}q^{n-\nu} = B(k,n-k+1,p)/B(k,n-k+1), \quad 0<k\leq n, \quad p \in (0,1).$$

Beweis. Die Funktion $p \rightarrow F(p) := \sum_{\nu=k}^{n} \binom{n}{\nu}p^{\nu}(1-p)^{n-\nu}$ ist in $(0,1)$ differenzierbar, und es gilt

$$F'(p) = \sum_{\nu=k}^{n} \binom{n}{\nu}\nu p^{\nu-1}q^{n-\nu} - \sum_{\nu=k}^{n-1} \binom{n}{\nu}p^{\nu}(n-\nu)q^{n-\nu-1} = n\binom{n-1}{k-1}p^{k-1}q^{n-k}.$$

Wegen $F(0)=0$ folgt durch Übergang zur Stammfunktion $F(p)=n\binom{n-1}{k-1}B(k,n-k+1,p)$. Aus $F(1)=1$ folgt $n\binom{n-1}{k-1}=1/B(k,n-k+1)$ und damit die Behauptung. $\square$

4. Die d-dimensionale Verallgemeinerung der Binomialverteilung wird eingeführt durch folgende

Definition. *Seien* $X_1, X_2, \ldots, X_n$ *unabhängige identisch verteilte Zva, welche die* $d+1$ *Werte* α_i *mit Wahrscheinlichkeit* p_i *annehmen,* $1 \leq i \leq d+1$.

$Y_i(\omega) := \sum_{\nu=1}^{n} 1_{[X_\nu=\alpha_i]}(\omega)$ *ist also die Anzahl der* α_i, *die in der Folge* $(X_1(\omega), X_2(\omega), \ldots, X_n(\omega))$ *vorkommen. Die Verteilung des Zve* $Y := (Y_1, Y_2, \ldots, Y_d)$ *heißt die* Multinomialverteilung *(oder auch* Polynomialverteilung*)* $b(n,(p_1,\ldots,p_d))$.

---

[1] s. PEARSON (56)

) ist konzentriert auf die Menge $S_{dn} := \{(k_1, \ldots, k_d) \in \mathbb{N}_o^d : \sum_1^d k_i \le n\}$

erpunkte eines d-dimensionalen Simplex.

<u>Satz 11.3.</u> *Es gilt:*

a) $b(n, (p_i))$ *hat die Z-Dichte*

(11.3) $(k_1, k_2, \ldots, k_d) \to n! \cdot \prod\limits_{i=1}^{d+1} \dfrac{p_i^{k_i}}{k_i!}$, $(k_1, \ldots, k_d) \in S_{dn}$ *und* $k_{d+1} := n - \sum\limits_1^d k_i$.

b) $b(n, (p_i))$ *hat die erzeugende Funktion*

$$(s_1, s_2, \ldots, s_d) \to (p_{d+1} + \sum\limits_1^d p_i s_i)^n.$$

c) *Hat der Zve* $(Y_1, Y_2, \ldots, Y_d)$ *die Verteilung* $b(n, (p_i))$, *so gilt*

$$\mathfrak{W}(Y_i) = b(n, p_i), \quad EY_i = np_i \quad und$$
$$Kov(Y_i, Y_j) = np_i(\delta_{ij} - p_j), \quad 1 \le i, j \le d.$$

d) $b(n, (p_i)) * b(m, (p_i)) = b(n+m, (p_i))$.

Beweis. a) Sei $k := (k_1, \ldots, k_d)$ ein fester Punkt aus S_{dn} und $\mathfrak{K}$ die Familie aller Zerlegungen $K = (K_1, K_2, \ldots, K_{d+1})$ von $A := \{1, 2, \ldots, n\}$ in $d+1$ Mengen K_i mit $|K_i| = k_i$, $1 \le i \le d+1$. Dann gilt, da die Familie $(X_1, X_2, \ldots, X_n)$ unabhängig ist,

$$\begin{aligned}
P(Y=k) &= P(\sum\limits_{K \in \mathfrak{K}} [X_\nu = \alpha_i \text{ für } \nu \in K_i, \; 1 \le i \le d+1]) \\
&= \sum\limits_K P(\bigcap\limits_{i=1}^{d+1} \bigcap\limits_{\nu \in K_i} [X_\nu = \alpha_i]) \\
&= \sum\limits_K \prod\limits_{i=1}^{d+1} p_i^{k_i} = |\mathfrak{K}| \cdot \prod\limits_{i=1}^{d+1} p_i^{k_i}.
\end{aligned}$$

Zur Berechnung von $|\mathfrak{K}|$ beachten wir, daß zwischen $\mathfrak{K}$ und der Menge jener n-Permutationen π aus $\{1, 2, \ldots, d+1\}$, in denen das Element i genau k_i-mal vorkommt, $1 \le i \le d+1$, vermöge $K_i := \{\nu \in A : \pi(\nu) = i\}$, $1 \le i \le d+1$, eine Bijektion besteht. Daher folgt aus 4.2

$$|\mathfrak{K}| = n! / \prod\limits_1^{d+1} k_i! .$$

b) ist eine direkte Folge des polynomischen Lehrsatzes. c) Aus der Definition der Zva Y_i folgt $\mathfrak{W}(Y_i) = b(n, p_i)$ und $\mathfrak{W}(Y_i, Y_j) = b(n, p_i, p_j)$ für $i \neq j$. Der Rest der Behauptung ergibt sich dann im Fall $i \neq j$ aus Beispiel 10.4 und im Fall $i = j$ aus (9.19). d) folgt aus b) mit 10.1 und 10.6d. □

Aus 11.3c ersieht man, daß die Familie $(Y_i, 1 \le i \le d+1)$ - abgesehen vom Sonderfall $p_i = 1$ für ein i - nicht unabhängig ist, was wegen $\sum\limits_1^d Y_i = n - Y_{d+1}$ nicht überrascht.

Manchmal wird auch $\mathfrak{W}(Y_1, Y_2, \ldots, Y_{d+1})$ als (d+1)-dimensionale Multinomialverteilung bezeichnet. Diese ist wegen $Y_{d+1} = n - \sum\limits_1^d Y_i$ aus $\mathfrak{W}(Y_1, Y_2, \ldots, Y_d)$ herleitbar. Letztere unterscheidet sich von der ersteren insbesondere dadurch, daß sie i.a. nicht <u>degeneriert</u> ist, d.h. nicht auf eine Hyperebene des entsprechenden Raumes konzentriert ist.

5. Die Pólya-Verteilung H(n,r,s,c) und deren Spezialfall, die hyper-geometrische Verteilung H(n,r,s):=H(n,r,s,-1) wurden bereits in den §§ 7 und 9 behandelt. Eine d-dimensionale Verallgemeinerung wird in Aufg.11.5 gegeben.

6. Bei stochastischen Modellen, welche durch eine unabhängige Folge von identisch verteilten Zva beschrieben werden, tritt häufig die im folgenden angegebene Verteilung auf.

Definition. *Sei* (X_n) *eine unabhängige Folge von* $b(1,p)$-*verteilten Zva auf einem Merkmalraum* Ω, *so daß also die erweitert reelle Zva* $T_r:=\inf\{n \in \mathbb{N} : \sum_1^n X_\nu = r\}$ *an der Stelle* $\omega \in \Omega$ *die 'Wartezeit' bis zum r-ten Auftreten der Eins in der Folge* $(X_n(\omega))$ *angibt. Im Fall* $p \in (0,1)$ *heißt die Verteilung von* T_r-r *die* negative Binomialverteilung $Nb(r,p)$ *mit Parametern r und p. Speziell heißt* $Nb(1,p)$ *die* geometrische Verteilung *mit Parameter p.*

Bemerkungen. 1. Obige Definition bekommt streng genommen erst in Kap.II einen Sinn, wenn wir dort die Existenz einer unabhängigen Folge von $b(1,p)$-verteilten Zva gezeigt haben. Auf einem diskreten W-Raum kann es nämlich eine solche Folge nicht geben; vgl.Aufg.8.4. - Natürlich könnte man $Nb(r,p)$ unabhängig von Kap.II durch die Z-Dichte (11.4) definieren. 2. T_r-r ist die Anzahl der "Mißerfolge" bis zum Auftreten des r-ten Erfolges. Manchmal wird auch $\mathcal{W}(T_r)$ als negative Binomialver-teilung bezeichnet. Die obige Definition hat den Vorteil, daß die Menge der $i \in \mathbb{N}_0$, in denen die Z-Dichte von $Nb(r,p)$ positiv ist - der sog. Träger der Verteilung $Nb(r,p)$ - für alle r mit $\mathbb{N}_0$ übereinstimmt. Ist f die Z-Dichte von $Nb(r,p)$, so hat $\mathcal{W}(T_r)$ die Z-Dichte

$$k \to f(k-r), \quad k \in \{r,r+1,\ldots\}.$$

Satz 11.4. *Es gilt:*

a) $Nb(r,p)$ *ist auf* $\mathbb{N}_0$ *konzentriert und hat dort die Z-Dichte*

(11.4) $$k \to \binom{r+k-1}{k}p^r q^k.$$

b) $Nb(r,p)$ *hat die erzeugende Funktion*

$$s \to p^r(1-qs)^{-r}.$$

c) *Für jede Zva Y mit* $\mathcal{W}(Y)=Nb(r,p)$ *gilt* $EY=rq/p$, $V(Y)=rq/p^2$.

d) $Nb(r_1,p) * Nb(r_2,p) = Nb(r_1+r_2,p)$.

Beweis. Sei $\mathfrak{K}$ das System aller k-elementigen Teilmengen von $A:=\{1,2,\ldots,r+k-1\}$. Dann gilt

$$P(T_r-r=k) = P([X_\nu=0 \text{ für genau } k \text{ der Indizes } \nu \in A] \cap [X_{r+k}=1])$$

$$= \sum_{K \in \mathfrak{K}} P(X_\nu=0 \text{ für } \nu \in K, X_\nu=1 \text{ für } \nu \in A-K) \cdot P(X_{r+k}=1)$$

$$= p \cdot \sum_{K \in \mathfrak{K}} q^k p^{r-1} = \binom{r+k-1}{k}p^r q^k.$$

Es ist $\binom{r+k-1}{k} = \binom{-r}{k}(-1)^k$ und

$$\sum_k \binom{-r}{k} p^r (-qs)^k = p^r (1-qs)^{-r}.$$

Wegen $\lim_{s \uparrow 1} p^r (1-qs)^{-r} = 1$ gilt $P(T_r - r = \infty) = 0$, d.h. $Nb(r,p)$ ist auf $\mathbb{N}_0$ konzentriert. Schließlich folgen c) und d) aus 10.3 und 10.1. □

7. Die <u>Poisson-Verteilung</u> $\pi(\alpha)$, $\alpha \in \mathbb{R}^+$.

Viele praktische Problemstellungen können beschrieben werden als rein zufällige Aufteilung einer großen Anzahl n von Teilchen auf m gleichgroße 'Zellen' des $\mathbb{R}^d$. (Beispiele: für d=1: n Gespräche, die in einer Telefonzentrale während der m Zeiteinheiten eines Tages eingehen; für d=2: n weiße Blutkörperchen unter einem Mikroskop, dessen Objektträger in m Quadrate geteilt ist; für d=3: n Rosinen in einer Teigmasse, aus welcher m Gebäckstücke hergestellt werden.) Für jedes der n Teilchen ist die Wahrscheinlichkeit, daß es in eine vorgegebene Zelle fällt, gleich m^{-1}, so daß also $b(n,m^{-1})$ die Verteilung der Anzahl der Teilchen ist, die sich nach der Aufteilung in einer vorgegebenen Zelle befinden. Den Mittelwert nm^{-1} wird man als 'Belegungsintensität' der einzelnen Zellen ansehen. Wenn, was in der Praxis oft der Fall ist, m und n sehr groß sind, ist die analytische und numerische Behandlung der Z-Dichte von $b(n,m^{-1})$ nicht ganz einfach. Man wird sich daher überlegen, ob man vielleicht aus $b(n,m^{-1})$ durch den Grenzübergang $n \to \infty$ eine Verteilung mit einfacherer Z-Dichte erhalten kann, sofern man m so gegen ∞ gehen läßt, daß die 'Belegungsintensität' gegen eine positive Konstante konvergiert. Daß diese Überlegung zum Erfolg führt, ergibt sich aus

<u>Satz 11.5.</u> *Ist* $(b(n,p_n))$ *eine Folge von Binomialverteilungen, für welche* $\alpha_n := np_n$ *für* $n \to \infty$ *gegen eine positive Konstante* α *konvergiert, so konvergiert die Folge der Z-Dichten von* $b(n,p_n)$ *gleichmäßig gegen die Z-Dichte*

$$(11.5) \qquad \pi(\alpha;k) := e^{-\alpha} \frac{\alpha^k}{k!}, \quad k \in \mathbb{N}_0,$$

deren Verteilung die <u>Poisson-Verteilung</u> $\pi(\alpha)$ *mit Parameter* α *heißt.*

Beweis. Wegen $\sum_0^\infty e^{-\alpha} \alpha^k / k! = 1$ ist zunächst die in (11.5) angegebene Funktion eine Z-Dichte. Nach dem in Teil a) von Aufg.9.4 angegebenen Resultat ist nur noch die punktweise Konvergenz der Z-Dichten $b(n,p_n;\cdot)$ gegen die Z-Dichte $\pi(\alpha;\cdot)$ zu zeigen. Dies kann etwa durch Induktion nach k erfolgen: Zunächst gilt für k=0

$$b(n,p_n;0) = q_n^n = \left[(1-p_n)^{\frac{1}{p_n}}\right]^{\alpha_n} \to e^{-\alpha}.$$

Für $k \in \mathbb{N}_0$ gilt

$$\frac{b(n,p_n;k+1)}{b(n,p_n;k)} = \frac{n-k}{k+1} \frac{p_n}{q_n} = \frac{1}{k+1} \cdot \frac{n-k}{n} \cdot \frac{\alpha_n}{1-p_n} \to \frac{\alpha}{k+1} \quad (n \to \infty)$$

woraus die Behauptung folgt.▯

Fehlerabschätzungen für die Approximation von b(n,p) durch π(α) findet man bei FELLER (68), S.172 und RICHTER (66), S.356.

Die Poisson-Verteilungen sind neben den Binomialverteilungen wohl die wichtigsten diskreten Verteilungen. Wir werden ihnen wieder in Kap. III im Zusammenhang mit den Exponentialverteilungen begegnen.

Satz 11.6. *Es gilt:*

a) π(α) *hat die erzeugende Funktion*

$$s \rightarrow e^{\alpha(s-1)}.$$

b) $\pi(\alpha) * \pi(\beta) = \pi(\alpha+\beta)$.

c) *Für jede Zva* Y *mit* 𝔚(Y)=π(α) *ist*

$$EY = V(Y) = \alpha.$$

Der Beweis ist einfach und wird übergangen. Ebenso leicht zeigt man: Ist $\alpha \notin \mathbb{N}$, so ist $[\alpha]$ einziger Modalwert; ist $\alpha \in \mathbb{N}$, so sind α und $\alpha-1$ die einzigen Modalwerte von π(α). Ähnlich wie bei der Binomialverteilung kann man die folgende Integraldarstellung gewinnen:

$$\sum_{\nu=k+1}^{\infty} e^{-\alpha}\frac{\alpha^\nu}{\nu!} = \int_0^\alpha \frac{t^k e^{-t}}{k!} dt, \quad k \in \mathbb{N}_0.$$

Die Poisson-Verteilung ist nicht nur "Grenzverteilung" von Binomialverteilungen, sondern auch vieler anderer diskreter Verteilungen. Z.B. konvergieren die Z-Dichten von Nb(n,p_n) und H(n,r_n,s_n) gegen die Z-Dichte von π(α), falls $n(1-p_n) \rightarrow \alpha$ bzw. $nr_n/(r_n+s_n) \rightarrow \alpha$ $(n \rightarrow \infty)$ gilt.

Aufgaben

11.1. Man verfertige Skizzen der Z-Dichten der Verteilungen b(n,p), H(n,r,s), Nb(r,p) und π(α) für verschiedene Werte der Parameter. Ferner bestimme man die Modalwerte von H(n,r,s) und Nb(r,p).

11.2. Eine Gesamtheit von n gleichartigen Bakterienkolonien wird zuerst mit dem Antibiotikum A_1, dann mit dem Antibiotikum A_2,... behandelt. A_i tötet eine einzelne Kolonie mit Wahrscheinlichkeit α_i ab. Y_i sei die Anzahl der durch A_i abgetöteten Kolonien. Unter der Annahme, daß alle Antibiotika unabhängig voneinander wirken, berechne man 𝔚(Y_1,Y_2,...,Y_d). Wie groß ist die Wahrscheinlichkeit w, daß nach Anwendung von A_1,A_2,... alle Kolonien abgetötet sind? Wann ist w=1? Für den Fall w=1 stelle man den Erwartungswert der Anzahl der anzuwendenden Antibiotika durch eine unendliche Reihe dar.

11.3. Die Anzahl X der auf einer Safari gefangenen Tiere einer bestimmten Sorte besitze die Verteilung π(α). Für jedes der Tiere bestehe

die Wahrscheinlichkeit $p\in(0,1)$, daß es den Transport zum Bestimmungsort
überlebt. Unter geeigneten Unabhängigkeitsannahmen bestimme man die Verteilung der Anzahl Y der im Bestimmungsort lebend ankommenden Tiere sowie $E(Y/X)$. Gilt $E(Y/X)=EY/EX$? Welches ist der Träger von $\mathcal{W}(Y/X)$?

11.4. Man zeige, daß die geometrischen Verteilungen $Nb(1,p)$, $p\in(0,1)$,
die einzigen W-Maße Q auf $\mathbb{N}_0$ sind, die in folgendem Sinne "gedächtnis-
los" sind: Ist $\mathcal{W}(X)=Q$, so gilt $P(X=k+n\mid X\geq n)=P(X=k)$, $n\in\mathbb{N}_0$, $k\in\mathbb{N}_0$.

11.5. Man betrachte folgende mehrdimensionale Verallgemeinerung der
Pólya-Verteilung: In einer Urne befinden sich N Kugeln von $d+1$ Sorten,
wobei von der i-ten Sorte r_i Kugeln vorhanden sind, $r_i\in\mathbb{N}$, $\sum_1^{d+1}r_i=N$. Aus
der Urne werden nacheinander n Kugeln herausgegriffen und jeweils die
gezogene Kugel sowie $c\in\mathbf{Z}$ Kugeln derselben Sorte zurückgelegt. (Damit
bei allen n Ziehungen noch Kugeln in der Urne sind, muß $-(n-1)c<N$ sein.)
Sei Y_i die Anzahl der gezogenen Kugeln der i-ten Sorte. $\mathcal{W}(Y_1,Y_2,\ldots,Y_d)$
heißt die _d-dimensionale Pólya-Verteilung_ $H(n,(r_i),c)$. $H(n,(r_i),-1)$
heißt die _poly-hypergeometrische Verteilung_. Offensichtlich ist
$H(n,(r_i),0)$ die Multinomialverteilung $b(n,(p_i))$ mit $p_i:=r_i/N$. Man lasse
im folgenden diesen Sonderfall außer Betracht, setze $\gamma:=c/N$ und beweise:

a) $\mathcal{W}(Y_i) = H(n,r_i,N-r_i,c)$.

b) $EY_i = np_i$, $Kov(Y_i,Y_j) = np_i(\delta_{ij}-p_j)\cdot(1+n\gamma)/(1+\gamma)$.

c) $\mathcal{W}(Y_1,Y_2,\ldots Y_d)$ hat die Z-Dichte

$$(k_1,k_2,\ldots,k_d) \rightarrow \frac{1}{\binom{-1/\gamma}{n}} \prod_{i=1}^{d+1}\binom{-p_i/\gamma}{k_i}, \quad k_i\in\mathbb{N}_0, \sum_1^d k_i\leq n, \ k_{d+1}:=n-\sum_1^d k_i.$$

11.6. Der d-dimensionale Zve $Y=(Y_1,Y_2,\ldots,Y_d)$ besitze die Multinomialverteilung $b(n,(p_i))$ mit $p_i>0$, $1\leq i\leq d+1$. Die Indexmenge $\{1,2,\ldots,d\}$
sei zerlegt in die beiden fremden Mengen $I\neq\emptyset$, $J\neq\emptyset$. Man bestimme eine
bedingte Z-Dichte von $U:=(Y_i,i\in I)$ bzgl. $V:=(Y_j,j\in J)$.

11.7. Paul, welcher a DM Vermögen besitzt, $a\in\mathbb{R}^+$, ist leichtsinnig
genug, mit Peter folgendes Spiel zu verabreden: Peter wirft so oft eine
echte Münze, bis zum ersten Mal 'Wappen' erscheint. Ist dies beim n-ten
Wurf der Fall, so zahlt Paul an Peter 2^{n-1} DM oder - falls dieser Betrag sein Vermögen übersteigt - sein ganzes Vermögen. Welchen Spielein-
satz x müßte Peter an Paul vor Spielbeginn zahlen, damit das Spiel
'fair' ist? Was ergibt sich, falls der Einsatz x zu Pauls Vermögen
hinzugerechnet wird? Man schätze und berechne x für $a=10^6$. (Der histo-
risch zuerst betrachtete Fall $a=\infty$ bereitete in früheren Zeiten als sog.
Petersburger 'Paradoxon' (s. Erg.§3) von der Interpretation des Ergeb-
nisses her viel Kopfzerbrechen. Poisson schlug dann vor, in Übereinstimmung mit der Realität nur endliche Werte von a zu betrachten.)

Ergänzungen

1.) JOHNSON/KOTZ (69) und PATIL/JOSHI (68) sind enzyklopädische Darstellungen über diskrete Verteilungen. HAIGHT (67) befaßt sich speziell mit der Poisson-Verteilung. Viele Informationen über diskrete Verteilungen findet man auch in KENDALL/STUART (63). Bei der Benutzung von Tabellen ist der Index von GREENWOOD/HARTLEY (62) nützlich.   2.) Man sieht leicht ein, daß die in (11.4) angegebene Funktion auch dann noch eine Z-Dichte ist, wenn r beliebig reell und >0 ist. Ist $r \in \mathbb{N}$, so bezeichnet man $Nb(r,p)$ auch als Pascal-Verteilung.   3.) Die in Aufgabe 11.5 angegebene Z-Dichte von $(Y_1, Y_2, \ldots, Y_d)$ bleibt eine Z-Dichte, wenn p_i und Y reelle Zahlen sind mit $p_i > 0$, $\sum_1^{d+1} p_i = 1$, $\gamma > -1/n$, $\gamma \neq 0$. Man kann dies etwa folgendermaßen beweisen: Für $\alpha_i = -p_i/\gamma$, $0 \leq i \leq d+1$, und $t \in (0,1)$ gilt

$$(11.6) \qquad (1+t)^{\sum \alpha_i} = \prod_1^{d+1} (1+t)^{\alpha_i}.$$

Nun entwickle man $(1+t)^{\sum \alpha_i}$ und $(1+t)^{\alpha_i}$ in Potenzreihen, multipliziere auf der rechten Seite von (11.6) aus und mache Koeffizientenvergleich. 4.) Die Überlegungen bei der Einführung der d-dimensionalen Multinomialverteilung übertragen sich in natürlicher Weise auf den Fall, daß die Zva X_ν, von denen man ausgeht, nicht nur d+1 Werte, sondern abzählbar unendlich viele Werte α_i, $i \in \mathbb{N}$, mit Wahrscheinlichkeit p_i annehmen. Hierbei ist es vorteilhaft, nur $\sum_1^\infty p_i \leq 1$ zu fordern und zuzulassen, daß X_ν den Wert ∞ mit Wahrscheinlichkeit $p_\infty := 1 - \sum_1^\infty p_i$ annimmt. $Y_i(\omega) := \sum_{\nu=1}^n 1_{[X_\nu = \alpha_i]}(\omega)$, $i \in \mathbb{N}$, ist dann wieder die Anzahl der in der Folge $(X_1(\omega), X_2(\omega), \ldots, X_n(\omega))$ vorkommenden α_i. Es ist dann $Y := (Y_i, i \in \mathbb{N})$ eine ∞-dimensionale Zva, die nur Werte in der abzählbaren Menge $K := \{k \in \mathbb{N}_0^\mathbb{N} : \sum_1^\infty k_i \leq n\}$ annimmt. Man könnte $\mathcal{W}(Y)$ als ∞-dimensionale Multinomialverteilung $b(n, (p_i))$ bezeichnen. Diese hat auf K die Z-Dichte

$$k \rightarrow n! \prod_{i=1}^\infty \frac{p_i^{k_i}}{k_i!} \cdot \frac{p_\infty^{k_\infty}}{k_\infty!}, \qquad k_\infty := n - \sum_1^\infty k_i.$$

$(Y_i, i \in \mathbb{N})$ ist ein Beispiel eines sog. stochastischen Prozesses, d.h. einer unendlichen Familie von Zva auf demselben W-Raum.

Kapitel II. Hilfsmittel aus der Maß- und Integrationstheorie

§ 12. Die Konstruktion von nicht-diskreten wahrscheinlichkeitstheoretischen Modellen als Fortsetzungsproblem der Maßtheorie

Wir beginnen mit folgendem

Beispiel 12.1. An die Telefonzentrale eines Betriebes seien n Teilnehmer angeschlossen, von denen jeder (unabhängig von den anderen Teil-
nehmern) im Mittel alle c Minuten die Zentrale anruft, $c \in \mathbb{R}^+$. Will man
die Verteilung der Wartezeit T bis zum ersten Anruf nach Öffnung der Zentrale berechnen, so kann man argumentieren, daß aus technischen Gründen
Ankunfszeiten von Gesprächen, die um weniger als einen gewissen Bruch-
teil Δ einer Minute differieren, nicht voneinander unterschieden werden
können. Daher wird man Δ als Zeiteinheit für die Messung der Wartezeit
verwenden. Da jeder Teilnehmer in der Zeiteinheit mit Wahrscheinlichkeit
Δ/c anruft, ist die Wahrscheinlichkeit für mindestens einen Anruf in der
Zeiteinheit Δ gegeben durch $p_\Delta := 1-(1-\Delta/c)^n$. Nach §11 hat dann T (gemessen
in Anzahlen der Zeiteinheit Δ) die Z-Dichte $k \rightarrow f_\Delta(k-1)$, wobei f_Δ die
Z-Dichte der geometrischen Verteilung $Nb(1,p_\Delta)$ ist. Da Δ sehr klein sein
wird, erhebt sich die Frage, ob es nicht zweckmäßig ist, einen Grenzübergang $\Delta \rightarrow 0$ zu versuchen und damit T in einer kontinuierlichen Zeitskala
zu messen. Die Menge Ω der möglichen Ausgänge des zugehörigen zufälligen
Experiments (Messung der Wartezeit bis zum ersten Anruf) ist dann $\Omega := \mathbb{R}_+$,
und für T nimmt man id_Ω. Bei der Festlegung von Wahrscheinlichkeiten für
Ereignisse in diesem überabzählbaren Merkmalraum wird man folgende Überlegung anstellen: Wählen wir für die Zeitmessung die Minute als Einheit,
so hat die Restriktion von T auf $M_\Delta := \{\Delta, 2\Delta, \ldots\}$ für festes Δ die Z-Dichte

$$g_\Delta(x) := p_\Delta(1-p_\Delta)^{\frac{x-\Delta}{\Delta}}, \quad x \in M_\Delta.$$

Es liegt zunächst nahe, die Verteilung P von T bei Messung in der kontinuierlichen Zeitskala durch

$$(12.1) \qquad P(A) := \lim_{\Delta \rightarrow o} \sum_{x \in AM_\Delta} g_\Delta(x), \quad A \subset \mathbb{R}_+$$

zu definieren, vorausgesetzt, daß dieser Limes existiert und daß sich
die Abbildung $P:\mathcal{P}(\Omega) \rightarrow \mathbb{R}$ als ein W-Maß erweist, d.h. den Bedingungen
(3.6) bis (3.8) genügt. Man sieht leicht ein, daß man hier zuviel ver-
langt: Z.B. existiert für $A = \mathbb{R}_+ \cap \mathbb{Q}$ der Limes nicht, da die Summe in (12.1)

gleich Eins oder gleich Null ist, je nachdem, ob Δ rational oder irrational ist.[1] Ein Ausweg zeichnet sich insofern ab, als P(A) jedenfalls für A=$\emptyset$ und für alle Intervalle A=$<0,t>$, $t \in \mathbb{R}_+$, existiert; ferner gilt P($\emptyset$)=0 und

$$(12.2) \qquad P(<0,t>) = 1-e^{-\alpha t}, \ \alpha := n/c.$$

Um dies zu beweisen, setzen wir $q_\Delta := 1-p_\Delta$ und erhalten

$$(12.3) \qquad \sum_{x \in <0,t> M_\Delta} g_\Delta(x) = p_\Delta \sum_{k=1}^{[t/\Delta]} q_\Delta^{k-1} = 1-q_\Delta^{[t/\Delta]}.$$

Setzt man $q_\Delta = (1-\Delta/c)^n$ in (12.3) ein, so folgt leicht (12.2).

Die hierdurch gegebene Festlegung von P auf dem Mengensystem $\mathcal{L} := \{\emptyset\} + \{<0,t> : t \in \mathbb{R}_+\}$ wird man nur dann als vernünftig ansehen, wenn P auf $\mathcal{L}$ die Eigenschaften eines W-Maßes hat. Dies ist, wie aus 16.5 folgt, tatsächlich der Fall. Nun liegt es nahe, von den Werten von P auf $\mathcal{L}$ ausgehend, die Wahrscheinlichkeit "komplizierterer" Ereignisse in $\mathbb{R}_+$ durch Anwendung der in §3 und §6 angegebenen Regeln für das Rechnen mit W-Maßen zu "berechnen", d.h. konstruktiv zu definieren; es würde sich so z.B.

$$P((a,b>) = P(<0,b>)-P(<0,a>) = e^{-\alpha a}-e^{-\alpha b},$$

$0 \leq a < b$, ergeben. Man wird hoffen dürfen, auf diese Weise zu einer sinnvollen Zuordnung A $\to$ P(A) wenigstens für die bei praktischen Aufgaben interessierenden Mengen A $\subset \mathbb{R}_+$ zu kommen. Das entscheidende Problem besteht darin zu zeigen, daß man bei dieser konstruktiven Fortsetzung von P:$\mathcal{L} \to \mathbb{R}$ zu einer Funktion P_1 auf einem Obersystem $\mathcal{O}$ [2] von $\mathcal{L}$ zu keinem Widerspruch kommt, d.h. daß man für jede Menge A, für die sich P(A) mit verschiedenen Methoden "berechnen" läßt, jedesmal zu demselben Wert gelangt. Dieses Fortsetzungsproblem ist sicher dann gelöst, wenn es ein Obersystem $\mathcal{O}$ von $\mathcal{O}$ gibt, auf das P in genau einer Weise so zu einer Funktion $P_2: \mathcal{O} \to \mathbb{R}$ fortgesetzt werden kann, daß P_2 die Eigenschaften eines W-Maßes (auf $\mathcal{O}$) hat. Die Existenz eines solchen Systems ist aber durch den sog. Fortsetzungssatz der Maßtheorie (s. 16.5) gesichert: $\mathcal{O}$ ist das System der sog. Borelschen Mengen in $\mathbb{R}_+$ (s. §13) und P_2 ist die (Restriktion der) sog. exp(α)-Verteilung auf $\mathcal{O}$ (s. §16).

Wir können die an obigem Beispiel angestellten Überlegungen zusammenfassen und gleichzeitig verallgemeinern: Soll in einem beliebigen Merkmalraum Ω ein W-Maß P zur Beschreibung eines zufälligen Experimentes

---

[1] Diese Schwierigkeit hängt mit der topologischen Struktur von $\mathbb{R}$ zusammen und tritt wieder bei der sog. schwachen Konvergenz von W-Maßen auf; s.etwa BAUER (68), S.190.

[2] Die genaue Definition von $\mathcal{O}$ erfordert eine präzisere Definition des Begriffs "konstruktive Fortsetzung". Aufgrund unseres Vorgehens in § 14 können wir jedoch hierauf verzichten.

eingeführt werden, so lege man zunächst P für ein System $\mathcal{L}$ "einfacher" Mengen in verträglicher Weise fest. Die Zahlen P(C), C$\in\mathcal{L}$, wird man gemäß §3 als <u>Anfangswahrscheinlichkeiten</u> bezeichnen. Dann versuche man, ein Obersystem $\mathcal{O}\!\ell$ von $\mathcal{L}$ zu finden, das einerseits so groß ist, daß es alle im Zusammenhang mit dem zufälligen Experiment interessierenden Mengen enthält, und das andererseits so klein ist, daß man P von $\mathcal{L}$ auf $\mathcal{O}\!\ell$ in eindeutiger Weise fortsetzen kann. Wie dies in konkreten Fällen geschieht, wird in den folgenden Paragraphen gezeigt. Im allgemeinen kann man nicht $\mathcal{O}\!\ell = \mathcal{P}(\Omega)$ erreichen; s.Erg. §16.

§ 13. σ-Algebren

Wie soeben erwähnt, kann man für ein gegebenes zufälliges Experiment das beschreibende W-Maß i.a. nur auf einem echten Untersystem $\mathcal{O}\!\ell$ der Potenzmenge von Ω definieren. Wenn man die Elemente von $\mathcal{O}\!\ell$ als Ereignisse interpretiert, wird man von $\mathcal{O}\!\ell$ aber verlangen, daß man bei Anwendung der einfachen logischen Verknüpfungen auf die Elemente von $\mathcal{O}\!\ell$ wieder Elemente von $\mathcal{O}\!\ell$ erhält. Diese Forderung führt zu der folgenden wichtigen

<u>Definition</u>. α) *Ein System $\mathcal{O}\!\ell$ von Teilmengen einer nicht-leeren Menge Ω heißt eine <u>σ-Algebra</u> (oder ein <u>σ-Körper</u>) in Ω, falls gilt:*

a) $\emptyset \in \mathcal{O}\!\ell$,

b) $A \in \mathcal{O}\!\ell \Rightarrow A^c \in \mathcal{O}\!\ell$,

c) (A_n) *eine Folge von Mengen aus* $\mathcal{O}\!\ell$ $\Rightarrow \bigcup_n A_n \in \mathcal{O}\!\ell$.

β) *Ist $\mathcal{O}\!\ell$ eine σ-Algebra in Ω, so heißt $(\Omega,\mathcal{O}\!\ell)$ ein <u>Meßraum</u>. Die Elemente von $\mathcal{O}\!\ell$ heißen <u>$\mathcal{O}\!\ell$-meßbare Mengen</u> oder auch <u>Ereignisse</u>.*

<u>Bemerkungen</u>. 1. Der Begriff einer σ-Algebra weist gewisse Ähnlichkeiten zum Begriff einer Topologie auf, worauf wir gelegentlich hinweisen. 2. Ist aus dem Zusammenhang ersichtlich, welche σ-Algebra vorliegt, so nennen wir deren Elemente kurz "meßbare" Mengen. 3. Der Name "Meßraum" deutet darauf hin, daß man in diesem Raum Maße einführen und damit in gewissem Sinne messen kann. Man beachte aber, daß der allgemeine Begriff einer meßbaren Menge (im Gegensatz zum Begriff der Lebesgue-meßbaren Menge, s. §16) ohne Bezug auf ein Maß eingeführt wurde.

Wie das folgende leicht zu beweisende Lemma zeigt, ist jede σ-Algebra abgeschlossen gegenüber den üblichen abzählbaren Mengenoperationen.

<u>Lemma 13.1</u>. *Für jede σ-Algebra $\mathcal{O}\!\ell$ in Ω gilt:*

a) $\Omega \in \mathcal{O}\!\ell$;

b) $A, B \in \mathcal{O}\!\ell \Rightarrow A - B \in \mathcal{O}\!\ell$, $A \triangle B \in \mathcal{O}\!\ell$;

c) (A_n) *eine Folge von Mengen aus* $\mathcal{A}$ $\Rightarrow$ $\bigcap A_n \in \mathcal{A}$, $\overline{\lim} A_n \in \mathcal{A}$,

$\underline{\lim} A_n \in \mathcal{A}$;

d) $A_n \in \mathcal{A}$, $1 \leq n \leq m$ $\Rightarrow$ $\bigcup_1^m A_n \in \mathcal{A}$, $\bigcap_1^m A_n \in \mathcal{A}$.

Beispiele für σ-Algebren. 1. Es ist $\{\emptyset, \Omega\}$ die gröbste und $\mathcal{P}(\Omega)$ die feinste σ-Algebra in Ω. Dabei heißt ein Mengensystem $\mathcal{F}$ in Ω gröber als ein Mengensystem $\mathcal{G}$ in Ω (und $\mathcal{G}$ heißt feiner als $\mathcal{F}$), falls $\mathcal{F} \subset \mathcal{G}$ gilt. 2. Das System $\{\emptyset, \{1,2\}, \{3\}, \{1,2,3\}\}$ ist eine σ-Algebra in der Menge $\{1,2,3\}$. Dieses Beispiel zeigt, daß eine σ-Algebra nicht notwendig alle Einpunktmengen enthält.

Nur in den seltensten Fällen kann man σ-Algebren "explizit", d.h. durch Aufzählung der in ihnen enthaltenen Mengen angeben. Für die "implizite" Einführung von σ-Algebren sind die beiden im folgenden beschriebenen Methoden der Definition durch sog. Erzeugendensysteme (den Analoga zu den Subbasen von Topologien) bzw. als Urbilder von σ-Algebren unter Abbildungen bedeutsam.

Ist $\mathcal{E} \neq \emptyset$ ein Mengensystem in Ω, so ist $\mathcal{P}(\Omega)$ eine $\mathcal{E}$ enthaltende σ-Algebra in Ω. Ferner sieht man leicht ein, daß der Durchschnitt[1] aller $\mathcal{E}$ enthaltenden σ-Algebren in Ω wieder eine σ-Algebra in Ω ist. Daher existiert eine kleinste $\mathcal{E}$ enthaltende σ-Algebra in Ω, welche die von $\mathcal{E}$ in Ω erzeugte σ-Algebra heißt und mit $\sigma_\Omega(\mathcal{E})$ oder auch nur mit $\sigma(\mathcal{E})$ bezeichnet wird. Man nennt dann $\mathcal{E}$ ein Erzeugendensystem von $\sigma(\mathcal{E})$. Man könnte $\sigma(\mathcal{E})$ als "abgeschlossene Hülle" von $\mathcal{E}$ bzgl. der Menge der üblichen abzählbaren Mengenoperationen ansehen. Offensichtlich gilt

$$\mathcal{E} \subset \mathcal{E}' \Rightarrow \sigma(\mathcal{E}) \subset \sigma(\mathcal{E}'),$$
$$\mathcal{A} \text{ eine } \sigma\text{-Algebra} \Rightarrow \sigma(\mathcal{A}) = \mathcal{A} .$$

Wichtig ist folgende Regel:

(13.1) $\left.\begin{array}{l} \mathcal{E}' \subset \sigma(\mathcal{E}) \\ \mathcal{E} \subset \sigma(\mathcal{E}') \end{array}\right\} \Rightarrow \sigma(\mathcal{E}) = \sigma(\mathcal{E}') .$

Die vom System der (im üblichen Sinne) offenen Mengen in $\mathbb{R}^n$ erzeugte σ-Algebra heißt die σ-Algebra $\mathcal{B}_n$ der Borelschen Mengen in $\mathbb{R}^n$ [2]. Statt $\mathcal{B}_1$ schreiben wir einfach $\mathcal{B}$. Die σ-Algebren $\mathcal{B}_n$ sind wohl die wichtigsten σ-Algebren in der Stochastik, da man bei Wahl des Merkmalraumes $\Omega := \mathbb{R}^n$ in der Regel W-Maße gerade auf $\mathcal{B}_n$ einführt. $\mathcal{B}_n$ enthält alle abgeschlossenen Mengen (als Komplemente offener Mengen); insbesondere alle Einpunktmengen; alle abzählbaren Mengen; die sog. G_δ-Mengen (d.h. Mengen, die als Durchschnitt abzählbar vieler offener Mengen darstellbar sind); ferner die sog. F_σ-Mengen (d.h. Mengen, die als Vereinigung von abzählbar vielen abgeschlossenen Mengen darstell-

[1] Man beachte den Unterschied zwischen $\bigcap \mathcal{A}_i$ und $\{\bigcap A_i : A_i \in \mathcal{A}_i\}$.
[2] nach dem Mathematiker EMILE BOREL (1871-1956)

bar sind). Im $\mathbb{R}^n$, $n \geq 2$, gibt es <u>konvexe Mengen</u> (d.h. Mengen A mit $\alpha a + (1-\alpha)b \in A$ für $a, b \in A$ und $\alpha \in (0,1)$), welche nicht $\mathscr{L}_n$-meßbar sind sind; s. Beispiel 17.1. Die konvexen Mengen in $\mathbb{R}$ sind Intervalle, also $\mathscr{B}$-meßbar. Wie die Erfahrung zeigt, enthält $\mathscr{L}_n$ alle "bei prak-tischen Anwendungen auftretenden" Mengen. Diese Feststellung wird da-durch untermauert, daß man bisher die Existenz nicht-borelscher Men-gen nur so zeigen konnte, daß man mit Hilfe des Auswahlaxioms be-wies, daß $\mathscr{B}_n$ die Mächtigkeit des Kontinuums hat (s. etwa BAUER (68), S.41), also $\mathscr{B}_n \neq \mathscr{P}(\mathbb{R}^n)$ ist. - In Verallgemeinerung der Begriffsbil-dung in $\mathbb{R}^n$ versteht man unter der σ-Algebra der Borelschen Mengen eines topologischen Raumes $(E, \mathcal{O})$ die vom System $\mathcal{O}$ der offenen Mengen in E er-zeugte σ-Algebra.

Ist $\mathcal{A}$ eine σ-Algebra in Ω und R eine für alle Mengen eines Obersys-tems $\mathcal{O}$ von $\mathcal{A}$ definierte Eigenschaft, so kann man zum Nachweis dafür, daß alle Mengen in $\mathcal{A}$ die Eigenschaft R besitzen, oft folgendes <u>Beweis-prinzip für σ-Algebren</u> anwenden: Man betrachte das Mengensystem $\mathcal{F} := \{A \in \mathcal{O} : A \text{ hat die Eigenschaft } R\}$. Kann man nachweisen, daß
a) $\mathcal{F}$ ein Erzeugendensystem von $\mathcal{A}$ enthält,
b) $\mathcal{F}$ eine σ-Algebra in Ω ist,
dann ist ersichtlich der Beweis erbracht. (Dieses Beweisprinzip ist auch für andere Typen von Mengensystemen anwendbar; s. §14.)

Da man σ-Algebren in der Regel nicht "direkt-konstruktiv", sondern nur indirekt über Erzeugendensysteme in den Griff bekommt, ist es wich-tig, "einfache" Erzeugendensysteme zu kennen, zumal man gerade auf diesen gemäß §12 die Anfangswahrscheinlichkeiten vorgeben wird. In diesem Zusammenhang ist das folgende Lemma nützlich, in dem die Un-gleichung $a \leq b$, $a, b \in \mathbb{R}^n$, komponentenweise zu verstehen ist, und $(a, b>$ die Menge $\overset{n}{\underset{1}{\times}} (a_i, b_i>$ bezeichnet.

<u>Lemma 13.2.</u> $\mathscr{B}_n$ *wird vom System* $\mathcal{I}_n$ *der Intervalle* $(a, b>$, $a, b \in \mathbb{R}^n$, $a \leq b$, *erzeugt.*

Beweis. Sei $\mathcal{F}$ das System der offenen Mengen in $\mathbb{R}^n$.
α) Es gilt $(a, b> = \overset{\infty}{\underset{m=1}{\bigcap}} (a, b + \vec{1}/m) \in \mathscr{B}_n$, da $(a, b + \vec{1}/m) \in \mathscr{B}_n$.
Somit ist $\mathcal{I}_n \subset \sigma(\mathcal{F})$. β) Sei D offen. Zu jedem $d \in D$ gibt es dann ein Intervall $(a, b>$ mit $d \in (a, b> \subset D$ und $a_i \in \mathbb{Q}, b_i \in \mathbb{Q}$. D ist also die Ver-einigung von abzählbar vielen Intervallen aus $\mathcal{I}_n$. Daher gilt $D \in \sigma(\mathcal{I}_n)$, also $\mathcal{F} \subset \sigma(\mathcal{I}_n)$. Aus (13.1) und α) folgt $\sigma(\mathcal{I}_n) = \sigma(\mathcal{F}) = \mathscr{B}_n$. □

Wir bemerken, daß $\mathscr{B}_n$ noch viele andere Erzeugendensysteme hat, z.B. das System der abgeschlossenen Mengen, das System der kompakten Mengen, das System der offenen Intervalle, das System der abgeschlossenen In-tervalle und das System der Mengen $(-\vec{\infty}, a>, a \in \mathbb{R}^n$. Das System $\mathcal{I}_n$ ist deshalb für die Anwendungen besonders geeignet, weil sich $\mathbb{R}^n$ als abzählbare Summe von Intervallen aus $\mathcal{J}_n$ darstellen läßt. Das System der Intervalle aus $\mathcal{J}_n$ mit rationalen Endpunkten ist ein *abzählbares* Erzeugendensystem von $\mathcal{B}_n$ (Beweis!).

Wie schon in Kapitel I mehrfach gesagt wurde, sind die interessanteren zufälligen Experimente aus mehreren Stufen oder Teilexperimenten aufgebaut. Wird der Meßraum $(\Omega_i, \mathcal{O}_i)$ bei der Beschreibung der i-ten Stufe verwendet, $1 \leq i \leq n$, so wird man im Produktmerkmalraum $\Omega := \mathop{X}\limits_{1}^{n} \Omega_i$ eine σ-Algebra $\mathcal{O}$ verwenden wollen, die in möglichst natürlicher Weise mit den σ-Algebren $\mathcal{O}_i$ verknüpft ist. Es liegt nahe zu fordern, daß $\mathcal{O}$ mindestens das System [1]

$$\mathop{X}\limits_{1}^{n} \mathcal{O}_i := \{ \mathop{X}\limits_{1}^{n} A_i : A_i \in \mathcal{O}_i, \quad 1 \leq i \leq n \}$$

der sog. <u>meßbaren Rechtecke</u> enthält. $\mathop{X}\limits_{1}^{n} \mathcal{O}_i$ ist i.a. keine σ-Algebra in Ω. Die Erfahrung zeigt, daß in der Regel bereits die von $\mathop{X}\limits_{1}^{n} \mathcal{O}_i$ erzeugte σ-Algebra alle interessierenden Ereignisse enthält. Man nennt

$$\mathop{\bigotimes}\limits_{1}^{n} \mathcal{O}_i := \sigma_\Omega (\mathop{X}\limits_{1}^{n} \mathcal{O}_i)$$

die von den σ-Algebren $\mathcal{O}_i$ erzeugte <u>Produkt-σ-Algebra</u> und $(\mathop{X}\limits_{1}^{n} \Omega_i, \mathop{\bigotimes}\limits_{1}^{n} \mathcal{O}_i)$ den zu den Meßräumen $(\Omega_i, \mathcal{O}_i)$ gehörigen <u>Produktmeßraum</u>. (Produkte von unendlich vielen Meßräumen werden in §20 betrachtet.) Der wichtigste Sonderfall ist derjenige, in dem $(\Omega_i, \mathcal{O}_i) := (\mathbb{R}, \mathcal{B})$ ist. Die naheliegende Vermutung, daß $\mathop{\bigotimes}\limits_{1}^{n} \mathcal{B}$ mit $\mathcal{B}_n$ übereinstimmt, wird unten bewiesen.

Die zweite der oben erwähnten Methoden zur Bildung von σ-Algebren wird durch Teil a) des nachstehenden Satzes eingeführt. In ihm verstehen wir, wenn $f:\Omega \to \Omega'$ eine beliebige Abbildung und $\mathcal{L}'$ ein Mengensystem in Ω' ist, unter $f^{-1}(\mathcal{L}')$ das System

$$\{ f^{-1}(A') : A' \in \mathcal{L}' \}$$

von Teilmengen von Ω. (Zur Urbildfunktion f^{-1} s. §5.)

<u>Satz 13.3.</u> *Sei $f:\Omega \to \Omega'$ eine beliebige Abbildung und $\mathcal{O}'$ eine σ-Algebra in Ω'. Dann gilt:*

a) *Das Urbild $f^{-1}(\mathcal{O}')$ der σ-Algebra $\mathcal{O}'$ ist eine σ-Algebra in Ω, die sog. <u>von f (und $\mathcal{O}'$) induzierte σ-Algebra</u>.*

b) *Wird $\mathcal{O}'$ von $\mathcal{L}'$ erzeugt, so wird $f^{-1}(\mathcal{O}')$ von $f^{-1}(\mathcal{L}')$ erzeugt.*

c) *Für jede σ-Algebra $\mathcal{O}$ in Ω ist $\{ A' \subset \Omega' : f^{-1}(A') \in \mathcal{O} \}$ eine σ-Algebra in Ω'.*

Beweis. a) und c) folgen leicht aus den in §5 angegebenen Eigenschaften der Urbildfunktion. b) Wir schreiben abkürzend $\sigma := \sigma_\Omega, \sigma' := \sigma_{\Omega'}$

---

[1] Manche Autoren verwenden $\mathop{X}\limits_{1}^{n} \mathcal{O}_i$ als Symbol für die Produkt-σ-Algebra.

und müssen

(13.2) $$\sigma(f^{-1}(\mathcal{L}')) = f^{-1}(\sigma'(\mathcal{L}'))$$

zeigen. Wegen $\mathcal{L}' \subset \sigma'(\mathcal{L}')$ gilt $f^{-1}(\mathcal{L}') \subset f^{-1}(\sigma'(\mathcal{L}'))$, woraus nach a) $\sigma(f^{-1}(\mathcal{L}')) \subset f^{-1}(\sigma'(\mathcal{L}'))$ folgt. Die noch zu zeigende Inklusion in der anderen Richtung besagt, daß

(13.3) $$f^{-1}(A') \in \sigma(f^{-1}(\mathcal{L}')), \quad A' \in \sigma'(\mathcal{L}')$$

gilt. Da das System

$$\mathcal{F} := \{A' \subset \Omega' : f^{-1}(A') \in \sigma(f^{-1}(\mathcal{L}'))\}$$

nach c) eine σ-Algebra in Ω' ist, welche offensichtlich $\mathcal{L}'$ umfaßt, ist (13.3) aufgrund des oben erwähnten Beweisprinzips für σ-Algebren erfüllt. $\square$

Beispiel 13.1. Wir betrachten die Abbildung $x \to f(x) := \lfloor x \rfloor$ von $\mathbb{R}$ nach $\mathbb{R}$. Dann ist $f^{-1}(\mathcal{B})$ das System $\mathcal{F}$ der zum Nullpunkt spiegelbildlichen Borelschen Mengen. Ist nämlich $B \in \mathcal{F}$, so ist $A := B\mathbb{R}_+$ Borelsch und ersichtlich $B = f^{-1}(A)$. Alle Mengen in $f^{-1}(\mathcal{B})$ sind offensichtlich spiegelbildlich zum Nullpunkt. Um auch $f^{-1}(\mathcal{B}) \subset \mathcal{B}$ nachzuweisen, beachte man, daß $f^{-1}(\mathcal{B})$ nach 13.3b von $f^{-1}(\mathcal{J})$ erzeugt wird. Es gilt aber $f^{-1}(\mathcal{J}) \subset \mathcal{B}$, also $f^{-1}(\mathcal{B}) \subset \mathcal{B}$.

Ist $(\Omega, \mathcal{A})$ ein Meßraum, B eine nicht-leere beliebige Teilmenge von Ω, so können wir in "natürlicher" Weise eine σ-Algebra auf B definieren. Sei nämlich $f : B \to \Omega$ die natürliche Injektion, d.h. $f(\omega) = \omega$, $\omega \in B$; dann folgt wegen $f^{-1}(\mathcal{A}) = \{BA : A \in \mathcal{A}\}$ aus 13.3 der

Satz 13.4. *Sei* $(\Omega, \mathcal{A})$ *ein Meßraum,* $\emptyset \neq B \subset \Omega$. *Dann gilt:*
a) $B\mathcal{A} := \{BA : A \in \mathcal{A}\}$ *ist eine σ-Algebra in* B, *die sog.* Spur-σ-Algebra *von* $\mathcal{A}$ *in* B.
b) *Wird* $\mathcal{A}$ *von* $\mathcal{L}$ *erzeugt, so wird* $B\mathcal{A}$ *von* $B\mathcal{L}$ *erzeugt, d.h.*

(13.4) $$B\sigma_\Omega(\mathcal{L}) = \sigma_B(B\mathcal{L}).$$

Man überlegt sich leicht, daß $B\mathcal{A}$ im Falle $B \in \mathcal{A}$ aus den zu $\mathcal{A}$ gehörenden Teilmengen von B besteht.

Wir geben folgende Anwendung von 13.4. Ist $\emptyset \neq B \subset \mathbb{R}^n$, so gibt es zwei Möglichkeiten zur Einführung einer "natürlichen" σ-Algebra in B, nämlich die Spur $B\mathcal{B}_n = B\sigma_{\mathbb{R}^n}(\mathcal{J})$ von $\mathcal{B}_n$ in B ($\mathcal{J}$ die natürliche Topologie in $\mathbb{R}^n$), sowie die von der Spurtopologie $B\mathcal{J}$ erzeugte σ-Algebra $\sigma_B(B\mathcal{J})$ in B. Nach 13.4b stimmen diese beiden σ-Algebren überein. (Diese Überlegung gilt auch für beliebige topologische Räume anstelle von $(\mathbb{R}^n, \mathcal{J})$.) Ist $B \in \mathcal{B}_n$, so heißt $B\mathcal{B}_n$ das System der Borelschen Mengen in B.

Nun soll ein Zusammenhang zwischen Produkt-σ-Algebren und induzierten σ-Algebren dargelegt werden.

Lemma 13.5. *Sei* (Ω_i, α_i) *ein Meßraum*, $1 \leq i \leq n$. *Seien* $f_i : \Omega \to \Omega_i$ *beliebige Abbildungen und* $f := \overset{n}{\underset{1}{\times}} f_i$ *die Produktabbildung. Dann gilt:*

$$\sigma\left(\bigcup_1^n f_i^{-1}(\alpha_i)\right) = f^{-1}\left(\bigotimes_1^n \alpha_i\right).$$

Beweis. Aus 13.3 folgt, daß $f^{-1}(\bigotimes_1^n \alpha_i)$ von $\mathcal{L} := f^{-1}(\overset{n}{\underset{1}{\times}} \alpha_i) = \{\bigcap_1^n f_i^{-1}(A_i) : A_i \in \alpha_i, 1 \leq i \leq n\}$ erzeugt wird. Aufgrund von $\Omega_j \in \alpha_j$, $1 \leq j \leq n$, gilt $f_i^{-1}(\alpha_i) \subset \mathcal{L}$, also $\bigcup_1^n f_i^{-1}(\alpha_i) \subset \mathcal{L}$. Wegen $f_i^{-1}(A_i) \in \bigcup_1^n f_j^{-1}(\alpha_j)$ für alle $A_i \in \alpha_i$ ist $\mathcal{L} \subset \sigma(\bigcup_1^n f_j^{-1}(\alpha_j))$, woraus die Behauptung folgt. $\square$

Lemma 13.6. *Sei* $\mathcal{L}_i$ *ein Mengensystem in* Ω_i, *das eine Folge* $(C_{ki}, k \in \mathbb{N})$ *von Mengen mit* $C_{ki} \uparrow \Omega_i$ *enthält*, $1 \leq i \leq n$. *Sei* $\Omega := \overset{n}{\underset{1}{\times}} \Omega_i$. *Dann gilt*

$$\bigotimes_1^n \sigma_{\Omega_i}(\mathcal{L}_i) = \sigma_\Omega\left(\overset{n}{\underset{1}{\times}} \mathcal{L}_i\right).$$

Beweis. Sei $\sigma := \sigma_\Omega$, $\sigma_i := \sigma_{\Omega_i}$. Wir verwenden 13.5 mit $f_i := pr_i$, also $f = id_\Omega$, und $\alpha_i := \sigma_i(\mathcal{L}_i)$. Dann gilt mit 13.3 und 13.5

$$\bigotimes_1^n \sigma_i(\mathcal{L}_i) = \sigma\left(\bigcup_1^n pr_i^{-1}(\sigma_i(\mathcal{L}_i))\right) = \sigma\left(\bigcup_1^n \sigma(pr_i^{-1}(\mathcal{L}_i))\right). \text{ Da jede Menge aus}$$

$pr_i^{-1}(\mathcal{L}_i)$ aufgrund der Voraussetzung durch eine Folge von Mengen aus $\overset{n}{\underset{1}{\times}} \mathcal{L}_j$ von unten "approximiert" werden kann, gilt $pr_i^{-1}(\mathcal{L}_i) \subset \sigma(\overset{n}{\underset{1}{\times}} \mathcal{L}_j)$, und es folgt $\bigotimes_1^n \sigma_i(\mathcal{L}_i) \subset \sigma(\overset{n}{\underset{1}{\times}} \mathcal{L}_i)$. Die Inklusion in der anderen Richtung folgt sofort aus $\mathcal{L}_i \subset \sigma_i(\mathcal{L}_i)$. $\square$

Wir ziehen aus 13.6 zwei **Folgerungen**:

1.
$$\bigotimes_1^n \mathcal{B} = \mathcal{B}_n.$$

Mit 13.2 folgt nämlich wegen $\mathcal{J}_n = \overset{n}{\underset{1}{\times}} \mathcal{J}$

$$\bigotimes_1^n \mathcal{B} = \bigotimes_1^n \sigma(\mathcal{J}) = \sigma\left(\overset{n}{\underset{1}{\times}} \mathcal{J}\right) = \sigma(\mathcal{J}_n) = \mathcal{B}_n.$$

Ganz ähnlich zeigt man: Sind $(\Omega_i, \mathcal{J}_i)$ topologische Räume mit abzählbarer Basis, so fällt das System der Borelschen Mengen in $\overset{n}{\underset{1}{\times}} \Omega_i$ (definiert durch die Produkt-Topologie) mit $\bigotimes_1^n \sigma(\mathcal{J}_i)$ zusammen.

2. $\mathcal{B}_n$ wird vom System $\mathcal{J}'_n$ der Intervalle $(-\vec{\infty}, a\rangle$, $a \in \mathbb{R}^n$, erzeugt. Diese Behauptung ist zunächst richtig für n=1: Da $(-\infty, a\rangle$ als abgeschlossene Menge in $\mathcal{B}$ liegt, gilt $\mathcal{J}' \subset \sigma(\mathcal{J})$; andererseits ist $(a, b\rangle = (-\infty, b\rangle - (-\infty, a\rangle \in \sigma(\mathcal{J}'))$, also $\mathcal{J} \subset \sigma(\mathcal{J}')$. Nun folgt

$$\mathcal{B}_n = \bigotimes_1^n \mathcal{B} = \bigotimes_1^n \sigma(\mathcal{J}') = \sigma\left(\overset{n}{\underset{1}{\times}} \mathcal{J}'\right) = \sigma(\mathcal{J}'_n).$$

Neben der σ-Algebra $\mathcal{B}$ in $\mathbb{R}$ muß man häufig auch in $\overline{\mathbb{R}}$ eine "natürliche" σ-Algebra $\overline{\mathcal{B}}$ einführen. Es gibt mehrere Definitionsmöglichkeiten; wir wählen

$$\overline{\mathscr{B}} := \sigma_{\overline{\mathbb{R}}} \, (\mathscr{B} + \{\{\infty\}\}).$$

Man zeigt leicht, daß $\overline{\mathscr{B}}$ von der in Anhang 2 angegebenen Topologie $\overline{\mathscr{T}}$, von $\mathscr{J} + \{\{\infty\}\}$ sowie von $\mathscr{J}' + \{\{\infty\}\}$ erzeugt wird und daß $\overline{\mathscr{B}}$ aus allen Mengen der Gestalt B, $B \cup \{\infty\}$, $B \cup \{-\infty\}$, $B \cup \{\infty, -\infty\}$ mit $B \in \mathscr{B}$ besteht. Ferner ist $\mathscr{B} = \mathbb{R} \overline{\mathscr{B}}$. Unter $\overline{\mathscr{B}}_n$ verstehen wir die σ-Algebra $\overset{n}{\underset{1}{\bigotimes}} \overline{\mathscr{B}}$.

Für eine spätere Anwendung betrachten wir noch folgendes

Beispiel 13.2. Das System $\mathscr{L} := \{(\alpha, \infty > \subset \overline{\mathbb{R}} : \alpha \in \mathbb{R}\}$ ist ein Erzeugendensystem von $\overline{\mathscr{B}}$. Zunächst gilt nämlich $(\alpha, \infty > \underset{\infty}{=} (\alpha, \infty) + \{\infty\}$, also $\mathscr{L} \subset \overline{\mathscr{B}}$ und somit $\sigma(\mathscr{L}) \subset \overline{\mathscr{B}}$. Andererseits gehören $\{\infty\} = \overset{}{\underset{1}{\bigcap}}(n, \infty >$, $\{-\infty\} = \overline{\mathbb{R}} - \overset{}{\underset{1}{\bigcup}}(-n, \infty >$ und $(-\infty, \alpha > = \overline{\mathbb{R}} - ((\alpha, \infty > + \{-\infty\})$ zu $\sigma(\mathscr{L})$, so daß $\mathscr{J}' + \{\{\infty\}\} \subset \sigma(\mathscr{L})$ und daher auch $\overline{\mathscr{B}} = \sigma(\mathscr{J}' + \{\{\infty\}\}) \subset \sigma(\mathscr{L})$ gilt.

Aufgaben

13.1. Man beweise Lemma 13.1 sowie die Aussage, daß der Durchschnitt von beliebig vielen σ-Algebren eine σ-Algebra ist.

13.2. Man zeige, daß $\mathscr{B}_n$ vom System der kompakten Mengen in $\mathbb{R}^n$ erzeugt wird.

13.3. Man beweise die Teile a) und c) von Satz 13.3.

13.4. Man beweise die obigen Aussagen über die σ-Algebra $\overline{\mathscr{B}}$.

13.5. Sei Ω_1 abzählbar, Ω_2 beliebig, $\mathcal{O}_1 := \mathscr{P}(\Omega_1)$, $\mathcal{O}_2$ eine beliebige σ-Algebra in Ω_2. Man beschreibe $\mathcal{O}_1 \otimes \mathcal{O}_2$.

§ 14. Weitere Mengensysteme

Die σ-Algebren sind deshalb so wichtig für die Stochastik, weil sie "natürliche" Definitionsbereiche von W-Maßen sind. Die in §12 angesprochenen "Anfangswahrscheinlichkeiten" sind jedoch i.a. auf Mengensystemen vorgegeben, die nur einen Teil der mengenalgebraischen Eigenschaften von σ-Algebren haben. Will man z.B. W-Maße in $\mathbb{R}$ einführen, so sind die Anfangswahrscheinlichkeiten oft auf dem System $\mathscr{J}'$ der Intervalle $(-\infty, a >$, $a \in \mathbb{R}$, gegeben. (Dies ist etwa in Beispiel 12.1 der Fall, wenn man dort $\mathbb{R}_+$ durch $\mathbb{R}$ ersetzt.) Will man auch nicht-normierte Maße μ (wie etwa das Lebesgue-Maß, s.u.) betrachten, so ist $\mathscr{J}'$ nicht brauchbar, da oft $\mu((-\infty, x >) = \infty$ für alle $x \in \mathbb{R}$ gilt. Dagegen reicht das System $\mathscr{J}$ der Intervalle $(a, b >$, $a, b \in \mathbb{R}$, $a \leq b$, zur Festlegung der meisten Maße auf $\mathscr{B}$ aus. $\mathscr{J}$ ist der Standardtyp der folgenden Art von Mengensystemen.

Definition. *Ein System γ von Teilmengen einer Menge Ω heißt ein Semiring in Ω, falls gilt:*

a) $\emptyset \in \gamma$,

b) $A, B \in \gamma \Rightarrow AB \in \gamma$,

c) $A, B \in \gamma$, $B \subset A \Rightarrow A-B$ *ist darstellbar in der Form*

$$\sum_{i \in I} C_i \text{ für eine endliche Familie von Mengen } C_i \in \gamma.$$

Man zeigt leicht: Ist γ ein Semiring, so gilt:

d) $A_i \in \gamma$, $1 \le i \le n \Rightarrow \bigcap_i^n A_i \in \gamma$;

e) Aussage c) ist auch ohne die Voraussetzung $B \subset A$ richtig.

Beispiele. 1. Jede σ-Algebra ist ein Semiring. 2. γ ist ein Semiring. Dagegen ist γ' kein Semiring.

Lemma 14.1. γ_i *Semiring in Ω_i, $1 \le i \le n$,*

$$\Rightarrow \underset{1}{\overset{n}{\times}} \gamma_i \text{ Semiring in } \underset{1}{\overset{n}{\times}} \Omega_i.$$

Beweis. Im folgenden besitzen alle Produkte der Gestalt $\times A_i$ n Faktoren. Ferner sei $\gamma := \times \gamma_i$. a) $\emptyset \in \gamma_i \Rightarrow \emptyset \in \gamma$. b) $A = \times A_i \in \gamma$, $B = \times B_i \in \gamma \Rightarrow AB = \times (A_i B_i) \in \gamma$, da $A_i B_i \in \gamma_i$. c) Sei $A = \times A_i \in \gamma$, $B = \times B_i \in \gamma$ und $B \subset A$. OE sei $B \neq \emptyset$. Man überlegt sich leicht, daß dann $B_i \subset A_i$ gelten muß. Zu jedem ν, $1 \le \nu \le n$, existiert also eine endliche Familie $(C_{\nu j}, j \in I_\nu)$ von Mengen aus γ_ν mit $A_\nu - B_\nu = \sum_j C_{\nu j}$. Wegen $A-B = AB^C$ suchen wir eine Darstellung für $(\times B_i)^C$. Zu jedem $\omega = (\omega_1, \ldots, \omega_n) \notin \times B_i$ gibt es ein kleinstes $\nu \in \{1, 2, \ldots, n\}$ mit $\omega_i \in B_i$, $1 \le i < \nu$, und $\omega_\nu \notin B_\nu$. Hieraus folgt

$$(\times B_i)^C = \sum_{\nu=1}^n B_1 \times B_2 \times \ldots \times B_{\nu-1} \times B_\nu^C \times \Omega_{\nu+1} \times \ldots \times \Omega_n,$$

also $A-B = \sum_{\nu=1}^n B_1 \times B_2 \times \ldots \times B_{\nu-1} \times (A_\nu - B_\nu) \times A_{\nu+1} \times \ldots \times A_n$

$$= \sum_{\nu=1}^n \sum_{j \in I_\nu} B_1 \times B_2 \times \ldots \times B_{\nu-1} \times C_{\nu j} \times A_{\nu+1} \times \ldots \times A_n.$$

Somit hat $A-B$ eine Darstellung der verlangten Form. □

Anwendungen. 1. Das System γ_n der Intervalle $(a,b]$ in $\mathbb{R}^n$ ist ein Semiring. 2. Ist $\mathcal{U}_i$ eine σ-Algebra in Ω_i, so ist das Erzeugendensystem $\underset{1}{\overset{n}{\times}} \mathcal{U}_i$ der Produkt-σ-Algebra i.a. keine σ-Algebra, aber ein Semiring in $\Omega := \underset{1}{\overset{n}{\times}} \Omega_i$. Dieser enthält sogar Ω. Semiringe mit dieser letzteren Eigenschaft heißen **Semialgebren**.

Semiringe sind zwar praktisch als Definitionsbereiche der "Anfangswahrscheinlichkeiten" (s.16.5), aber mengenalgebraisch sind sie noch ziemlich weit von den Eigenschaften einer σ-Algebra entfernt. Den σ-Algebren "ähnlicher" sind die Mengenringe, welche beim Beweis des wichtigen Fortsetzungssatzes 16.3 eine Rolle spielen werden.

<u>Definition</u>. *Ein System $\mathcal{R}$ von Teilmengen einer Menge Ω heißt ein
(<u>Mengen-</u>)<u>Ring</u> in Ω, falls gilt:*

a) $\emptyset \in \mathcal{R}$,

b) $A, B \in \mathcal{R} \implies A \cup B \in \mathcal{R}$,

c) $A, B \in \mathcal{R} \implies A - B \in \mathcal{R}$.

<u>Beispiele</u>. 1. $\{\emptyset\}$ ist ein Ring. 2. Jede σ-Algebra ist ein Ring.
3. Zu jedem Mengensystem $\mathcal{L} \neq \emptyset$ gibt es einen kleinsten $\mathcal{L}$ enthaltenden
Ring in Ω, nämlich den Durchschnitt aller $\mathcal{L}$ enthaltenden Ringe in Ω.
Er heißt der von $\mathcal{L}$ <u>erzeugte Ring</u>. Hierbei gewinnt der Sonderfall, in
dem $\mathcal{L}$ ein Semiring ist, besondere Bedeutung, s.16.4.

Ohne Beweis geben wir

<u>Lemma 14.2</u>. *Für jedes Mengensystem $\mathcal{R}$ in Ω gilt:*

a) $\mathcal{R}$ *Ring* $\iff$ (A, B $\in \mathcal{R}$ $\implies$ AB, A $\triangle$ B $\in \mathcal{R}$) *und* $\mathcal{R}$ *nicht-leer.*

b) $\mathcal{R}$ *Ring* $\implies$ $\mathcal{R}$ *Semiring.*

c) $\mathcal{R}$ *Ring,* $A_i \in \mathcal{R}$, $1 \leq i \leq n$ $\implies$ $\bigcap_1^n A_i \in \mathcal{R}$, $\bigcup_1^n A_i \in \mathcal{R}$.

Mit Ausnahme der Komplementbildung ist also ein Ring gegenüber allen
üblichen endlichen Mengenoperationen abgeschlossen. Ringe, die auch gegenüber der Komplementbildung abgeschlossen sind (gleichbedeutend damit
ist $\Omega \in \mathcal{R}$), heißen (<u>Mengen-</u>)<u>Algebren</u>. Der Name "Ring" wird motiviert
durch die folgende Tatsache: Ist $\mathcal{R}$ ein Mengenring und definiert man
Addition und Multiplikation durch $A \oplus B := A \triangle B$ bzw. $A \cdot B := AB$, so ist
$(\mathcal{R}, \oplus, \cdot)$ ein Ring im algebraischen Sinne.

Die von einem Semiring $\mathcal{J}$ erzeugte σ-Algebra $\sigma(\mathcal{J})$ wurde schon als
das kleinste Obersystem von $\mathcal{J}$ erkannt, das Ω enthält und gegenüber den
üblichen abzählbaren Mengenoperationen abgeschlossen ist. Da $\mathcal{J}$ als
Semiring schon gewisse einfache mengenalgebraische Strukturen besitzt,
wird man vermuten, daß man aus $\mathcal{J}$ bereits dann $\sigma(\mathcal{J})$ erhält, wenn man
von $\mathcal{J}$ zu dem kleinsten Obersystem übergeht, das Ω enthält und gegenüber einigen wenigen weiteren abzählbaren Mengenoperationen abgeschlossen ist. Diese Vermutung ist - wie sich in 14.4 zeigen wird - richtig,
was beweistechnisch große Bedeutung hat. In der Literatur wird in diesem Zusammenhang meistens der Begriff der sog. <u>monotonen</u> <u>Klassen</u> (s.
etwa HALMOS (50)) eingeführt. H.BAUER hat die Möglichkeit erkannt,
stattdessen auch mit dem Begriff eines Dynkin-Systems [1] zu arbeiten.
Im Rest dieses Paragraphen halten wir uns eng an BAUER (68).

<u>Definition</u>. *Ein System ϑ von Teilmengen einer Menge Ω heißt ein*
<u>*Dynkin-System*</u> *in Ω, falls gilt:*

a) $\Omega \in \vartheta$,

b) A *und* B $\in \vartheta$, B $\subset$ A $\implies$ A-B $\in \vartheta$,

---

[1] nach dem Mathematiker E.B.DYNKIN

c) (A_i) *eine abzählbar unendliche Familie von paarweise fremden Mengen in* $\vartheta \Rightarrow \sum_i A_i \in \vartheta$.

Man sieht leicht ein, daß für jedes Mengensystem ϑ in Ω gilt:

a) ϑ Dynkin-System $\Rightarrow \emptyset \in \vartheta$,

b) ϑ Dynkin-System, $A \in \vartheta \Rightarrow A^c \in \vartheta$,

c) ϑ σ-Algebra $\Rightarrow \vartheta$ Dynkin-System.

Im folgenden nennen wir ein Mengensystem $\cap$-stabil, wenn es mit zwei Mengen auch deren Durchschnitt enthält. Das folgende Lemma zeigt, daß ein Dynkin-System schon "fast" eine σ-Algebra ist.

Lemma 14.3. *Jedes* $\cap$-*stabile Dynkin-System* ϑ *ist eine* σ-*Algebra.*

Beweis. Es bleibt nur zu zeigen, daß ϑ mit jeder Folge (A_n) auch deren Vereinigung enthält. Zunächst gilt $\bigcap_1^n A_\nu^c \in \vartheta$ für $n \in \mathbb{N}$. Mit (2.5) folgt dann $\bigcup_1^\infty A_n = \sum_1^\infty A_n \left(\bigcap_1^{n-1} A_\nu^c \right) \in \vartheta$. $\square$

Zu jedem Mengensystem $\mathcal{L} \neq \emptyset$ gibt es ein kleinstes $\mathcal{L}$ enthaltendes Dynkin-System in Ω, nämlich den Durchschnitt aller $\mathcal{L}$ enthaltenden Dynkin-Systeme in Ω. Es heißt das von $\mathcal{L}$ erzeugte Dynkin-System und wird mit $\delta(\mathcal{L})$ bezeichnet.

Der folgende Satz ist von besonderem Interesse, falls das Erzeugendensystem ein Semiring ist.

Satz 14.4. *Ist* $\mathcal{L}$ *ein* $\cap$-*stabiles Mengensystem in* Ω, *so gilt*
$$\sigma(\mathcal{L}) = \delta(\mathcal{L}),$$
d.h. die von $\mathcal{L}$ *erzeugte* σ-*Algebra stimmt mit dem von* $\mathcal{L}$ *erzeugten Dynkin-System überein.*

Beweis. Da jede σ-Algebra ein Dynkin-System ist, gilt $\delta(\mathcal{L}) \subset \sigma(\mathcal{L})$. Ist $\delta(\mathcal{L})$ $\cap$-stabil, so gilt nach 14.3 auch $\sigma(\mathcal{L}) \subset \delta(\mathcal{L})$. Wir zeigen also noch, daß $\delta(\mathcal{L})$ $\cap$-stabil ist. Hierzu setzen wir abkürzend $\delta := \delta(\mathcal{L})$ und für jede Menge $B \in \delta$
$$\delta_B := \{ Q \subset \Omega : QB \in \delta \}.$$
Man verifiziert leicht, daß δ_B ein Dynkin-System ist. Der Rest des Beweises verläuft folgendermaßen:

a) $B \in \mathcal{L} \Rightarrow QB \in \mathcal{L} \subset \delta$ für alle $Q \in \mathcal{L} \Rightarrow \mathcal{L} \subset \delta_B \Rightarrow \delta \subset \delta_B$.

b) Unter Beachtung von a) gilt: $D \in \delta \Rightarrow D \in \delta_B$ für alle $B \in \mathcal{L} \Rightarrow DB = BD \in \delta$ für alle $B \in \mathcal{L} \Rightarrow B \in \delta_D$ für alle $B \in \mathcal{L} \Rightarrow \mathcal{L} \subset \delta_D \Rightarrow \delta \subset \delta_D \Rightarrow QD \in \delta$ für alle $Q \in \delta$. Somit ist δ $\cap$-stabil. $\square$

Aufgaben

14.1. Man beweise Lemma 14.2.

14.2. Man zeige, daß $(\mathcal{R}, \oplus, \cdot)$ ein Ring im algebraischen Sinne ist.

14.3. Man zeige, daß ein Mengensystem $\mathcal{F}$ in Ω genau dann eine Algebra ist, falls gilt:

a) $\emptyset \in \mathcal{F}$,

b) $A \in \mathcal{F} \Rightarrow A^C \in \mathcal{F}$,

c) $A, B \in \mathcal{F} \Rightarrow A \cup B \in \mathcal{F}$.

Ergänzungen

1. Wenn man von einem W-Maß anstelle der σ-Addivität nur die Additivität fordert (s. §3 und §15), so sind nicht die σ-Algebren, sondern die Mengenalgebren die "natürlichen" Definitionsbereiche. 2. Wir verwenden "Ereignis" nur als einen anderen Namen für die Elemente von σ-Algebren (eine kurze Begründung kann man §1 entnehmen). Bei einem anderen Zugang zum Ereignisbegriff werden die Elemente von Booleschen Algebren oder - was der Wahrscheinlichkeitstheorie noch angemessener ist - die Elemente von Booleschen σ-Algebren als Ereignisse bezeichnet. Jede Mengenalgebra ist eine Boolesche Algebra, und nach einem tiefliegenden Satz von M.H. STONE ist jede Boolesche Algebra isomorph zu einer Mengenalgebra. Jede σ-Algebra ist eine Boolesche σ-Algebra, aber eine solche ist nicht notwendig isomorph zu einer σ-Algebra. Weitere Ausführungen und Literaturangaben findet man bei RÉNYI (70a).

§ 15. Maße

Wir werden uns im folgenden mit W-Maßen auf beliebigen σ-Algebren befassen. In Analogie zur Definition in Kapitel I verwenden wir die folgende von KOLMOGOROFF (33) stammende

Definition[1]. Sei α eine σ-Algebra in Ω. Eine Abbildung P: $\alpha \to \mathbb{R}$ heißt ein Wahrscheinlichkeitsmaß (kurz: W-Maß) auf α und (Ω, α, P) heißt ein Wahrscheinlichkeitsraum (kurz: W-Raum), falls gilt:

a) $P(A) \geq 0$, $A \in \alpha$,

b) $P(\Omega) = 1$,

c) $P(\sum A_i) = \sum P(A_i)$ für jede abzählbar unendliche Familie (A_i) von paarweise fremden Mengen aus α .

Die W-Maße in Kapitel I waren also W-Maße auf der σ-Algebra $\mathcal{P}(\Omega)$ des abzählbaren Merkmalraumes Ω.

Vielfach ergibt sich die Notwendigkeit, anstelle von σ-Algebren allgemeinere Mengensysteme $\mathcal{L}$ als Definitionsbereiche zuzulassen und darüber hinaus auch Abbildungen $\varphi \colon \mathcal{L} \to \overline{\mathbb{R}}$ zu betrachten, die nur einen Teil der

[1] Man nennt a)-c) auch die "Axiome" der W-Theorie. Wenn man jedoch - wie es üblich ist - von den Axiomen der Mengenlehre ausgeht, handelt es sich nicht um Axiome, sondern um eine Definition.

Eigenschaften eines W-Maßes besitzen.

Definition. *Sei $\mathcal{L}$ ein System von Teilmengen von Ω mit $\emptyset \in \mathcal{L}$. Eine Abbildung $\varphi: \mathcal{L} \to \overline{\mathbb{R}}$ mit $\varphi(\emptyset)=0$ heißt eine* Mengenfunktion.

Bemerkung. In der Literatur wird oft $\emptyset \in \mathcal{L}$ und $\varphi(\emptyset)=0$ nicht gefordert, doch gestattet unsere Definition gelegentlich einfachere Formulierungen.

Definition. *Eine Mengenfunktion $\varphi: \mathcal{L} \to \overline{\mathbb{R}}$ heißt*

a) *positiv, falls $\varphi(C) \geq 0$ für alle $C \in \mathcal{L}$ gilt;*

b) *isoton, falls gilt: $A, B \in \mathcal{L}$, $A \subset B \Rightarrow \varphi(A) \leq \varphi(B)$;*

c) *endlich, falls $\varphi(\mathcal{L}) \subset \mathbb{R}$ gilt;*

d) *(endlich)-additiv, falls gilt:*
   $A_1, A_2, \ldots, A_n$ paarweise fremde Mengen aus $\mathcal{L}$ mit $\sum_1^n A_i \in \mathcal{L} \Rightarrow \sum_1^n \varphi(A_i)$ ist definiert[1] und gleich $\varphi(\sum_1^n A_i)$;

e) *σ-additiv, falls gilt:*
   (A_n) eine Folge paarweise fremder Mengen aus $\mathcal{L}$ mit $\sum A_n \in \mathcal{L} \Rightarrow \sum \varphi(A_n)$ konvergiert[1] und ist gleich $\varphi(\sum A_n)$.

Ist $\mathcal{L}$ ein Ring, so ist φ bereits dann additiv, falls für jedes Paar A, B von fremden Mengen aus $\mathcal{L}$ die Summe $\varphi(A)+\varphi(B)$ definiert und gleich $\varphi(A+B)$ ist.

Man zeigt leicht die Gültigkeit von

Lemma 15.1. *Für jede Mengenfunktion $\varphi: \mathcal{L} \to \overline{\mathbb{R}}$ gilt:*

a) *φ isoton $\Rightarrow$ φ positiv.*

b) *φ σ-additiv $\Rightarrow$ φ additiv.*

c) *$\emptyset \in \vartheta \subset \mathcal{L}$ und φ additiv [σ-additiv] $\Rightarrow$ die Restriktion von φ auf ϑ ist additiv [σ-additiv].*

d) *φ σ-additiv und (A_n) eine Folge paarweise fremder Mengen aus $\mathcal{L}$ mit $\sum A_n \in \mathcal{L} \Rightarrow \sum \varphi(A_n)$ unbedingt konvergent. Ist φ endlich oder positiv oder ist $\mathcal{L}$ eine σ-Algebra, so ist $\sum \varphi(A_n)$ sogar a-konvergent im Sinne der Definition von §9.*

Wir übertragen nun einige der in Kapitel I angegebenen elementaren Eigenschaften von diskreten W-Maßen (s.z.B.3.4) auf allgemeinere Mengenfunktionen.

Lemma 15.2. *φ sei eine additive Mengenfunktion auf einem Ring $\mathcal{R}$. Dann gilt für $A, B \in \mathcal{R}$:*

a) *φ isoton $\Leftrightarrow$ φ positiv.*

b) *$B \subset A$, $\varphi(A) \in \mathbb{R} \Rightarrow \varphi(B) \in \mathbb{R}$.*

c) *φ ist subtraktiv, d.h. $B \subset A$, $\varphi(B) \in \mathbb{R} \Rightarrow \varphi(A-B) = \varphi(A) - \varphi(B)$.*

d) *φ nimmt höchstens einen der Werte $\pm\infty$ an; also ist $\varphi(A)+\varphi(B)$ stets definiert.*

e) *$\varphi(AB)+\varphi(A \cup B) = \varphi(A)+\varphi(B)$.*

---

[1] im Sinne der Definition im Anhang 2

Beweis. Ist $B \subset A$, so folgt aus $A-B \in \mathcal{R}$ und $A=B+(A-B)$

(15.1) $$\varphi(A) = \varphi(B) + \varphi(A-B).$$

Dies impliziert sofort a), b) und c). d) Angenommen, es sei $\varphi(A)=\infty$, $\varphi(B)=-\infty$. Aus $\infty=\varphi(A)=\varphi(AB+(A-B))=\varphi(AB)+\varphi(A-B)$ und $-\infty=\varphi(B)=\varphi(AB+(B-A))=\varphi(AB)+\varphi(B-A)$ folgt zunächst $\varphi(AB) \in \mathbb{R}$ und dann $\varphi(A-B)=\infty$, $\varphi(B-A)=-\infty$. Somit ist $\varphi(A-B)+\varphi(B-A)$ nicht definiert. Dies steht aber wegen $(A-B) \cap (B-A)=\emptyset$ im Widerspruch zur Additivität von φ. e) Da $\varphi(A)+\varphi(B)$ nach d) für beliebige Mengen $A,B \in \mathcal{R}$ definiert ist, folgt $\varphi(A \cup B)+\varphi(AB)= \varphi(A+(B-A))+\varphi(AB)=\varphi(A)+\varphi(B-A)+\varphi(AB)=\varphi(A)+\varphi((B-A)+AB)=\varphi(A)+\varphi(B).$ $\square$

Man beachte, daß man 15.2e i.a. nicht in der Form $\varphi(A \cup B)= \varphi(A)+\varphi(B)-\varphi(AB)$ schreiben kann, da hier die rechte Seite nicht definiert zu sein braucht.

Definition. *Eine additive [σ-additive] und positive Mengenfunktion* $\mu:\mathcal{L} \to \overline{\mathbb{R}}$ *heißt ein* <u>*Inhalt auf*</u> $\mathcal{L}$ *[*<u>*Maß auf*</u> $\mathcal{L}$*]. Ist* $\mathcal{O}$ *eine* σ-*Algebra und* μ *ein Maß auf* $\mathcal{O}$*, so heißt* $(\Omega, \mathcal{O}, \mu)$ *ein* <u>*Maßraum*</u>*.*

<u>Bemerkungen.</u> 1. In der Literatur wird häufig nur dann von Inhalten bzw. Maßen gesprochen, wenn $\mathcal{L}$ ein Ring bzw. eine σ-Algebra ist, da dann die Definition der Additivität bzw. σ-Additivität besonders einfach zu formulieren ist. In diesem Falle werden Maße auf Ringen gelegentlich als <u>Prämaße</u> bezeichnet. Man beachte, daß eine positive Mengenfunktion allein deswegen ein Maß in unserer Terminologie sein kann, weil es "zu wenige" Folgen (A_n) von paarweise fremden Mengen aus $\mathcal{L}$ gibt, für die $\sum A_n$ in $\mathcal{L}$ liegt. 2. Man nennt σ-additive (nicht notwendig positive) Mengenfunktionen auch <u>signierte Maße</u>. Diese deute man beispielsweise als eine Aufteilung elektrischer Ladungen. In der Funktionalanalysis werden die signierten Maße auch als Maße schlechthin bezeichnet. 3. Ein Maß auf $\mathcal{L}$ deute man beispielsweise als eine Aufteilung einer physikalischen Masse, wobei aber nur für die Mengen aus $\mathcal{L}$ festgelegt ist, welche Masse sie tragen. 4. Jedes Maß ist nach 15.1b ein Inhalt. Die Umkehrung hiervon ist falsch (s.Aufg.15.1). 5. Jedes W-Maß ist ein Maß.

<u>Beispiele.</u> 1. Auf jedem Mengensystem $\mathcal{L} \ni \emptyset$ existiert das "triviale" Maß $\mu \equiv 0$. Ist $\mathcal{L} \neq \{\emptyset\}$, so existiert ein weiteres "triviales" Maß, nämlich $\mu(A)=\infty$ für alle $A \in \mathcal{L}-\{\emptyset\}$, welches wir einfach kurz mit $\mu \equiv \infty$ bezeichnen. 2. Ist $(\Omega, \mathcal{O})$ ein beliebiger Meßraum und b ein fest gewähltes Element aus Ω, so ist

$$\delta_b(A) := 1_A(b), \quad A \in \mathcal{O},$$

ein W-Maß auf $\mathcal{O}$, die sog. <u>Einheitsmasse</u> in b. (Man beachte, daß hierbei $\{b\}$ nicht notwendig zu $\mathcal{O}$ gehört.) 3. Sei $\mathcal{O}$ eine σ-Algebra in Ω, welche die Einpunktmengen enthalte. Ferner sei $B \neq \emptyset$ eine abzählbare

Teilmenge von Ω und $(p_b, b \in B)$ eine Familie erweitert reeller Zahlen $p_b \geq 0$. Dann ist

$$\mu(A) := \sum_{b \in AB} p_b = \sum_{b \in B} p_b \delta_b(A), \qquad A \in \mathcal{O}\!\mathcal{L},$$

das einzige Maß auf $\mathcal{O}\!\mathcal{L}$ mit $\mu(\{b\}) = p_b$, $b \in B$, und $\mu(B^c) = 0$. Ein Maß dieser Art heißt ein $\underline{\text{diskretes Maß}}$. In Analogie zu §3 nennen wir $b \to p_b$ die $\underline{\text{Zähl-}}$ $\underline{\text{dichte}}$ von μ. Ist $p_b = 1$ für alle $b \in B$, also $\mu(A) = |AB|$, $A \in \mathcal{O}\!\mathcal{L}$, so heißt μ das $\underline{\text{B-Zählmaß}}$ auf $\mathcal{O}\!\mathcal{L}$. Ist $\sum_{b \in B} p_b = 1$, so ist μ ein W-Maß. 4. Ist μ ein Maß auf der σ-Algebra $\mathcal{O}\!\mathcal{L}$ und $\emptyset \neq B \in \mathcal{O}\!\mathcal{L}$, so ist die Restriktion von μ auf die Spur-σ-Algebra $B\mathcal{O}\!\mathcal{L}$ ein Maß auf $B\mathcal{O}\!\mathcal{L}$. 5. Ist $G: \mathbb{R} \to \mathbb{R}$ isoton, so ist - wie man leicht zeigt - $\mu((a,b\rangle) := G(b) - G(a)$, $a \leq b$, ein Inhalt auf dem Semiring $\mathcal{J}$. Schwieriger ist der Nachweis, daß μ sogar ein Maß ist, falls G rechtsseitig stetig ist (s. den Beweis von 16.5). 6. Besonders wichtig sind die W-Maße auf $\mathcal{B}$ bzw. $\mathcal{B}_n$, für die in späteren Paragraphen mehrere Beschreibungsmöglichkeiten ("Verteilungsfunktionen", "Dichten", "charakteristische Funktionen") und viele explizite Beispiele angegeben werden. 7. Sind μ_1 und μ_2 Maße auf der σ-Algebra $\mathcal{O}\!\mathcal{L}$, von denen mindestens eines endlich ist, so ist $\mu_1 - \mu_2$ ein signiertes Maß. Nach einem Satz von C. JORDAN (s. etwa HALMOS (50)) besitzt jedes signierte Maß eine derartige Darstellung.

Das folgende Lemma veranschauliche man sich an einer Skizze.

$\underline{\text{Lemma 15.3.}}$ *Sei μ ein Inhalt auf einem Ring $\mathcal{R}$ und $A_n \in \mathcal{R}$, $n \in \mathbb{N}$.*
Dann gilt:

a) *μ ist $\underline{\text{subadditiv}}$, d.h. $\mu(\bigcup_1^m A_n) \leq \sum_1^m \mu(A_n)$, $m \in \mathbb{N}$.*

b) *A_n paarweise fremd, $\sum A_n \in \mathcal{R} \implies \sum \mu(A_n) \leq \mu(\sum A_n)$.*

c) *Ist μ ein Maß, so ist μ $\underline{\sigma\text{-subadditiv}}$, d.h.*

$$\bigcup A_n \in \mathcal{R} \implies \mu(\bigcup A_n) \leq \sum \mu(A_n).$$

Beweis. a) Mit 15.2a und (2.5) ergibt sich

$$\mu(\bigcup_1^m A_n) = \mu(\sum_{n=1}^m (A_n - \bigcup_{\nu=1}^{n-1} A_\nu)) = \sum_{n=1}^m \mu(A_n - \bigcup_{\nu=1}^{n-1} A_\nu) \leq \sum_{n=1}^m \mu(A_n).$$

b) Für jedes $m \in \mathbb{N}$ gilt

$$\sum_1^m \mu(A_n) = \mu(\sum_1^m A_n) \leq \mu(\sum_1^\infty A_n),$$

woraus die Behauptung folgt. c) beweist man wie a). $\square$

Ist $(\Omega, \mathcal{O}\!\mathcal{L}, P)$ ein W-Raum und (A_n) eine konvergente (z.B. isotone) Folge von Ereignissen, so wird man erwarten, daß $P(A_n)$ gegen $P(\lim A_n)$ konvergiert. Es wird sogleich gezeigt werden, daß dies der Fall ist (und daß diese Eigenschaft eng mit dem Unterschied zwischen Inhalten und Maßen auf Ringen verknüpft ist). Bei nicht beschränkten Maßen ist dieses Konvergenzproblem etwas komplizierter: Ist z.B. μ das $\mathbb{N}$-Zählmaß auf $\mathcal{P}(\mathbb{N})$ und $A_n := \{n, n+1, \ldots\}$, so gilt $A_n \downarrow \emptyset$, aber $\mu(A_n) = \infty$ für alle $n \in \mathbb{N}$, also $\mu(A_n) \not\rightarrow \mu(\emptyset)$. Die folgende Definition ist nun so gewählt, daß nur solche Mengenfolgen (A_n) betrachtet werden, bei denen dann die gewünschte Konvergenz von $(\mu(A_n))$ vorliegt.

Definition. *Eine Mengenfunktion φ auf einem Mengensystem $\mathcal{L}$ heißt*

a) *stetig von unten, falls gilt:*
$$A_n \in \mathcal{L}, \ A_n \uparrow A \in \mathcal{L} \ \Rightarrow \ \varphi(A_n) \rightarrow \varphi(A);$$

b) *stetig von oben, falls gilt:*
$$A_n \in \mathcal{L}, \ A_n \downarrow A \in \mathcal{L}, \ \varphi(A_m) \in \mathbb{R} \ \text{für ein } m \in \mathbb{N} \ \Rightarrow \ \varphi(A_n) \rightarrow \varphi(A);$$

c) *$\emptyset$-stetig* [1], *falls gilt:*
$$A_n \in \mathcal{L}, \ A_n \downarrow \emptyset, \ \varphi(A_m) \in \mathbb{R} \ \text{für ein } m \in \mathbb{N} \ \Rightarrow \ \varphi(A_n) \rightarrow 0.$$

Aus der Stetigkeit von oben folgt ersichtlich die $\emptyset$-Stetigkeit.

Satz 15.4. *Sei φ eine additive Mengenfunktion auf einem Ring $\mathcal{R}$.*
Dann gilt:
$$\varphi \ \sigma\text{-additiv} \ \Longleftrightarrow \ \varphi \ \text{stetig von unten} \ \Rightarrow \ \varphi \ \text{stetig von oben.}$$

Beweis. a) Sei φ σ-additiv und $A_n \in \mathcal{R}$, $A_n \uparrow A \in \mathcal{R}$ gegeben. Dann gilt $A = \sum_1^\infty B_n$ mit $B_1 := A_1$ und $B_n := A_n - A_{n-1}$, $n > 1$. Wegen $B_n \in \mathcal{R}$ folgt

$$\varphi(A) = \sum \varphi(B_n) = \lim_{m \to \infty} \sum_1^m \varphi(B_n) = \lim_{m \to \infty} \varphi(\sum_1^m B_n) = \lim_{m \to \infty} \varphi(A_m).$$

b) Sei φ stetig von unten und (A_n) eine Folge paarweise fremder Mengen aus $\mathcal{R}$ mit $\sum A_n \in \mathcal{R}$. Wegen $\sum_1^m A_n \uparrow \sum A_n$ $(m \to \infty)$ folgt

$$\sum_1^m \varphi(A_n) = \varphi(\sum_1^m A_n) \rightarrow \varphi(\sum A_n),$$

d.h. φ ist σ-additiv. c) Sei φ stetig von unten. Ist $A_n \in \mathcal{R}$ mit $A_n \downarrow A \in \mathcal{R}$ und $\varphi(A_m) \in \mathbb{R}$ für ein $m \in \mathbb{N}$, so kann OE wegen 15.2b angenommen werden, daß $\varphi(A_n) \in \mathbb{R}$, $n \in \mathbb{N}$, gilt. Ebenso ist $\varphi(A) \in \mathbb{R}$ wegen $A \subset A_m$. Aus $A_n \downarrow A$ folgt $A_1 - A_n \uparrow A_1 - A$, also ergibt sich mit 15.2c

$$\varphi(A_1) - \varphi(A_n) = \varphi(A_1 - A_n) \rightarrow \varphi(A_1 - A) = \varphi(A_1) - \varphi(A)$$

und damit die Stetigkeit von oben. $\square$

Satz 15.5. *Sei P ein W-Maß auf einer σ-Algebra $\mathcal{A}$ und $A_n \in \mathcal{A}$, $n \in \mathbb{N}$.*
Dann gilt:
$$P(\underline{\lim} A_n) \leq \underline{\lim} P(A_n) \leq \overline{\lim} P(A_n) \leq P(\overline{\lim} A_n).$$
Konvergiert (A_n) gegen A, so konvergiert also $(P(A_n))$ gegen $P(A)$.

Beweis. Aus $\underline{\lim} A_n = \bigcup_m \bigcap_{n \geq m} A_n$ folgt $\bigcap_{n \geq m} A_n \uparrow \underline{\lim} A_n$ $(m \to \infty)$, so daß die Stetigkeit von unten und die Isotonie von P die Beziehung $P(\underline{\lim} A_n) = \lim_m P(\bigcap_{n \geq m} A_n) \leq \underline{\lim} P(A_m)$ implizieren. Analog beweist man die dritte Ungleichung, wobei die Endlichkeit von P ins Spiel kommt. $\square$

Aus dem Beweis wird übrigens ersichtlich, daß die ersten beiden Ungleichungen für beliebige Maße und der Rest der Aussage für endliche

---

[1] sprich: <u>Null-stetig</u>.

Maße (auf σ-Algebren) richtig ist. Der erste Teil von 15.5 erfährt in der Integrationstheorie eine Erweiterung zum sog. Lemma von Fatou; s. 19.5.

Vermutet man, daß eine endliche und additive Mengenfunktion auf einem Ring sogar σ-additiv ist, so kann die Entscheidung hierüber oft mit Hilfe folgenden Satzes getroffen werden.

<u>Satz 15.6.</u> *Eine endliche, additive und ∅-stetige Mengenfunktion φ auf einem Ring* $\mathcal{R}$ *ist σ-additiv.*

Beweis. Nach 15.4 genügt der Nachweis, daß φ stetig von unten ist. Sei also $A_n \in \mathcal{R}$, $A_n \uparrow A \in \mathcal{R}$. Es gilt dann $A - A_n \downarrow \emptyset$; da φ endlich ist, folgt also $\varphi(A) - \varphi(A_n) = \varphi(A - A_n) \to 0$. □

<u>Korollar 15.7.</u> *Ein endlicher und ∅-stetiger Inhalt auf einem Ring* $\mathcal{R}$ *ist ein Maß.*

Aus 15.4 und 15.6 folgt leicht, daß für eine endliche und additive Mengenfunktion auf einem Ring die Eigenschaften der σ-Additivität, der Stetigkeit von unten, der Stetigkeit von oben und der ∅-Stetigkeit äquivalent sind.

Aufgaben

15.1. Man zeige, daß $\mathcal{A} := \{A \subset \mathbb{N}: |A| < \infty \text{ oder } |A^c| < \infty\}$ eine Algebra, aber keine σ-Algebra in $\mathbb{N}$ ist. Ferner beweise man, daß

$$\mu(A) := \begin{cases} 0 & , \text{ falls } |A| < \infty \\ \infty & , \text{ sonst,} \end{cases}$$

ein ∅-stetiger Inhalt, aber kein Maß auf $\mathcal{A}$ ist. (Auf die Voraussetzung der Endlichkeit von φ in 15.6 kann also nicht verzichtet werden.)

15.2. Man beweise die in Beispiel 3 angegebene Aussage.

15.3. Sei $\mathcal{A}$ eine σ-Algebra in Ω, die alle Einpunktmengen enthalte. Ein Maß μ auf $\mathcal{A}$ heißt <u>stetig</u>, falls alle Einpunktmengen das μ-Maß Null tragen. In Beispiel 3 wurde der Begriff eines diskreten Maßes eingeführt. Man zeige, daß jedes W-Maß auf $\mathcal{A}$ entweder stetig oder diskret oder eindeutig darstellbar ist als echte konvexe Kombination eines stetigen und eines diskreten W-Maßes auf $\mathcal{A}$.

15.4. Man beweise die in Beispiel 5 angegebene Aussage.

§ 16.   <u>Eindeutigkeits- und Fortsetzungssatz für Maße</u>

Wir befassen uns zuerst mit der Frage, inwieweit ein Maß auf einer σ-Algebra $\mathcal{A}$ bereits durch seine Werte auf einem Teilsystem von $\mathcal{A}$ bestimmt ist. Diese Frage spielt nicht nur bei dem in §12 geschilderten und weiter unten behandelten Fortsetzungsproblem, sondern auch anderweitig in der Stochastik eine Rolle: Manchmal benötigt man den Nachweis, daß ein (etwa auf komplizierte Art definiertes) W-Maß μ_1 auf einer σ-Algebra $\mathcal{O}$ mit einem auf andere Weise definierten W-Maß μ_2 auf $\mathcal{O}$ übereinstimmt. Es ist dann wichtig zu wissen, daß μ_1 und μ_2 bereits dann übereinstimmen, wenn sie auf einem Erzeugendensystem $\mathcal{K}$ von $\mathcal{O}$ übereinstimmen (auf dem $\mu_1=\mu_2$ evtl. leicht verifizierbar ist), sofern $\mathcal{K}$ gewisse zusätzliche Eigenschaften besitzt. Wir betrachten zunächst folgendes __Beispiel__ (s. HALMOS (50), S.40, 57): Auf dem Meßraum $(\Omega, \mathbb{Q}\mathcal{X})$ sind $\mu_1:\equiv\infty$ sowie $A\rightarrow\mu_2(A):=\alpha|A|$ für eine Konstante $\alpha>0$ verschiedene Maße. Da jede nicht-leere Teilmenge von $\mathbb{Q}\mathcal{J}$ unendlich viele Elemente hat, stimmen μ_1 und μ_2 auf dem Erzeugendensystem $\mathbb{Q}\mathcal{J}$ von $\mathbb{Q}\mathcal{X}$ überein. Das System $\mathbb{Q}\mathcal{J}$ ist also "zu klein", um etwa die Werte von μ_1 auf ganz $\mathbb{Q}\mathcal{X}$ festzulegen. Der Ausdruck "zu klein" wird präzisiert durch "nicht σ-endlich auf $\mathbb{Q}\mathcal{J}$" im Sinne folgender

__Definition.__ *Sei $\emptyset \in \mathcal{J} \subset \mathcal{K} \subset \mathcal{P}(\Omega)$. Eine positive Mengenfunktion φ auf $\mathcal{K}$ heißt $\underline{\sigma\text{-endlich auf }\mathcal{J}}$, falls es eine Folge von Mengen A_n aus $\mathcal{J}$ gibt mit $A_n\uparrow\Omega$ und $\varphi(A_n)<\infty$ für alle $n\in\mathbb{N}$. Wir nennen φ $\underline{\sigma\text{-endlich}}$, falls φ σ-endlich auf $\mathcal{K}$ ist.*

Ohne Schwierigkeiten beweist man das

__Lemma 16.1.__ a) *Für jede positive Mengenfunktion φ auf einem System $\mathcal{K}\subset\mathcal{P}(\Omega)$ gilt:*

$$\varphi \ \sigma\text{-endlich auf } \mathcal{J}\subset\mathcal{J}'\subset\mathcal{K} \ \Rightarrow \ \varphi \ \sigma\text{-endlich auf } \mathcal{J}' \ .$$

b) *Für jeden Inhalt μ auf einem Ring $\mathcal{R}$ in Ω gilt:*

$$\mu \ \sigma\text{-endlich} \ \Longleftrightarrow$$

Ω wird überdeckt von einer Folge von Mengen $A_n\in\mathcal{R}$ mit $\mu(A_n)<\infty, n\in\mathbb{N}$.

Man beachte, daß eine endliche positive Mengenfunktion φ auf $\mathcal{K}\subset\mathcal{P}(\Omega)$ nur dann σ-endlich auf $\mathcal{J}$ ist, falls es eine Folge von Mengen $A_n\in\mathcal{J}$ mit $A_n\uparrow\Omega$ gibt.

Das oben erwähnte Eindeutigkeitsproblem wird nun gelöst durch

__Satz 16.2__ (Eindeutigkeitssatz). *Sei $\mathcal{K}$ ein $\cap$-stabiles System von Teilmengen von Ω. Sind μ_1 und μ_2 zwei Maße auf $\sigma(\mathcal{K})$, die auf $\mathcal{K}$ übereinstimmen und dort σ-endlich sind, so stimmen sie auf $\sigma(\mathcal{K})$ überein.*

Beweis. Sei $\mathcal{O}:=\sigma(\mathcal{K})$. a) Zu jedem $A\in\mathcal{K}$ mit $\mu_1(A)<\infty$ bilde man $\delta_A:=\{D\in\mathcal{O}: \mu_1(AD)=\mu_2(AD)\}$. Da $\mathcal{K}$ $\cap$-stabil ist und $\mu_1=\mu_2$ auf $\mathcal{K}$ gilt, folgt $\mathcal{K}\subset\delta_A$. Man prüft leicht nach, daß δ_A ein Dynkin-System ist. Nach 14.4 gilt also $\mathcal{O}\subset\delta_A$, was wegen $\delta_A\subset\mathcal{O}$ schließlich $\delta_A=\mathcal{O}$ impliziert. b) Nach Voraussetzung gibt es Mengen $A_n\in\mathcal{K}$, $n\in\mathbb{N}$, mit $A_n\uparrow\Omega$ und $\mu_1(A_n)<\infty$. Aufgrund von a) gilt $\mu_1(A_nD)=\mu_2(A_nD)$, $D\in\mathcal{O}$, $n\in\mathbb{N}$. Aus $A_nD\uparrow D$ und der Stetigkeit von unten von μ_1 und μ_2 folgt $\mu_1(D)=\mu_2(D)$, $D\in\mathcal{O}$. $\square$

__Beispiele.__ 1. Ein Maß μ auf $\mathcal{B}_d$, für welches $\mu(K)<\infty$ für jede kompakte

Menge $K \subset \mathbb{R}^d$ gilt, heißt ein <u>Borel-Maß</u>[1]) auf $\mathcal{X}_d$. Jedes Borel-Maß (also auch jedes W-Maß) auf $\mathcal{X}_d$ ist durch seine Werte auf dem Semiring $\mathcal{I}_d$ der Intervalle $(a,b> \subset \mathbb{R}^d$ festgelegt. 2. Jedes W-Maß μ auf $\mathcal{X}_d$ ist durch seine Werte auf dem System $\mathcal{I}_d'$ der Intervalle $(-\overrightarrow{\infty},b> \subset \mathbb{R}^d$, d.h. durch die reelle Funktion

(16.1) $$F(x) := \mu((-\overrightarrow{\infty},x>), \quad x \in \mathbb{R}^d,$$

bestimmt. Man nennt F die <u>zu μ gehörige Verteilungsfunktion</u> (kurz: <u>Vf</u>). Ist speziell μ ein diskretes W-Maß mit der Z-Dichte $f(n)$, $n \in \mathbb{N}$, so ist F eine Treppenfunktion, die genau in den Punkten $n \in \mathbb{N}$ mit $f(n) > 0$ Sprünge der Größe $f(n)$ hat. Man fertige Skizzen von F für $\mu = b(m,p)$ und $\mu = \pi(\alpha)$ a 3. Jedes W-Maß auf einer Produkt-σ-Algebra $\mathcal{O}_1 \otimes \mathcal{O}_2$ ist durch seine Werte auf der Semialgebra $\mathcal{O}_1 \times \mathcal{O}_2$ bestimmt. 4. Jedes auf $\mathbb{R}_+$ konzentrierte Borel-Maß auf $\mathcal{X}$ ist durch seine Werte auf $\mathcal{I}'$ bestimmt. Hierbei sagt man, ein Maß μ auf einer σ-Algebra $\mathcal{O}$ sei auf $B \in \mathcal{O}$ <u>konzentriert</u>, falls $\mu(B^c) = 0$ ist.

Nun wenden wir uns dem in §12 diskutierten Fortsetzungsproblem zu. Entscheidend ist hierbei der folgende <u>Fortsetzungssatz</u>.

<u>Satz 16.3</u>. *Sei φ ein Maß auf einem Semiring $\mathcal{I}$ in Ω. Dann ist* [2])

(16.2) $$\mu(A) := \inf\{ \sum \varphi(A_n) : A_n \in \mathcal{I}, \bigcup A_n \supset A\}, \quad A \in \sigma(\mathcal{I}),$$

ein Maß auf $\sigma(\mathcal{I})$, das φ fortsetzt. Ist φ σ-endlich, so ist μ die einzige Fortsetzung von φ zu einem Maß auf $\sigma(\mathcal{I})$ und μ ist σ-endlich.

Wir begnügen uns mit wenigen Hinweisen zum *Beweis*.

I. Zuerst wird φ zu einem Maß ψ auf dem von $\mathcal{I}$ erzeugten Ring fortgesetzt aufgrund von

<u>Lemma 16.4</u>. *Für jeden Inhalt φ auf einem Semiring $\mathcal{I}$ gilt: a) Der von $\mathcal{I}$ erzeugte Ring $\mathcal{R}$ besteht aus allen endlichen Summen von paarweise fremden Mengen aus $\mathcal{I}$ und ebenso aus allen endlichen Vereinigungen von Mengen aus $\mathcal{I}$. b) Es ist*

(16.3) $$\psi(\sum_I A_i) := \sum_I \varphi(A_i), \quad I \text{ endlich}, A_i \in \mathcal{I} \text{ paarweise fremd},$$

die (widerspruchsfrei definierte) einzige Fortsetzung von φ zu einem Inhalt auf $\mathcal{R}$. Ist φ ein Maß, so ist auch ψ ein Maß.

Der Beweis von 16.4 kann ähnlich wie der Beweis von Proposition I.6.1 in NEVEU (69) geführt werden.

II. Der wesentliche Schritt ist die Fortsetzung von ψ zu einem Maß auf $\mathcal{O} := \sigma(\mathcal{R}) = \sigma(\mathcal{I})$, die nach einer Idee von CARATHÉODORY auf folgende <u>Weise möglich</u> ist. Zunächst kann man zeigen, daß die auf $\mathcal{P}(\Omega)$ definier-

---

[1] Diese Definition verwendet man auch für entsprechende Maße auf der σ-Algebra der Borelschen Mengen in beliebigen lokal-kompakten topologischen Räumen.

[2] mit der Festsetzung $\inf \emptyset := \infty$

te Mengenfunktion

$$\psi^*(Q) := \inf\{\sum \psi(A_n) : A_n \in \mathcal{R}, \bigcup A_n \supset Q\}, \quad Q \in \mathcal{P}(\Omega),$$

auf $\mathcal{R}$ mit ψ übereinstimmt. Sie besitzt jedoch i.a. nur einen Teil der Eigenschaften eines Maßes (ψ^* ist ein sog. äußeres Maß). Man kann jedoch zeigen, daß die Restriktion von ψ^* auf das System

$$\mathcal{A}_\varphi^* := \{B \subset \Omega : \psi^*(Q) = \psi^*(QB) + \psi^*(QB^c) \text{ für alle } Q \subset \Omega\}$$

ein Maß ist und daß $\mathcal{A}_\varphi^*$ eine $\mathcal{R}$ und damit $\mathcal{A}$ enthaltende σ-Algebra ist. Die Restriktion $\tilde\mu$ von ψ^* auf $\mathcal{A}$ ist also eine Fortsetzung von φ zu einem Maß auf $\mathcal{A}$. Wegen $\gamma \subset \mathcal{R}$ gilt $\tilde\mu \leq \mu$, während $\mu \leq \tilde\mu$ mit Hilfe von 16.4a folgt. Wegen Details s. etwa BAUER (68), S.28 oder HENZE (71), S.71.

III. Ist φ σ-endlich, so folgt die Eindeutigkeit von μ wegen der $\cap$-Stabilität von γ aus 16.2. Die σ-Endlichkeit von φ impliziert dann die σ-Endlichkeit von μ. ☐

Bemerkung. Die Bedeutung von 16.3 liegt in der Existenz- und Eindeutigkeitsaussage, während (16.2) für die praktische Berechnung von $\mu(A)$ ungeeignet ist. Wir werden sehen, daß spezielle, dem jeweiligen Problem angepaßte Methoden (z.B. Berechnung von Lebesgue-Integralen mit Hilfe von Stammfunktionen) bequemer sind.

Als erste Anwendung des Fortsetzungssatzes behandeln wir nun die Konstruktion von Borel-Maßen (speziell von W-Maßen) auf $\mathcal{B}$. Bisher wissen wir ja noch nicht einmal, ob es auch nicht-diskrete W-Maße auf $\mathcal{B}$ gibt. Auch wissen wir z.B. noch nicht, ob es zur Beschreibung des in §12 angegebenen zufälligen Experimentes ein W-Maß P auf $\mathcal{B}$ mit $P((-\infty,0)) = 0$ und $P((a,b)) = e^{-\alpha a} - e^{-\alpha b}$, $0 \leq a < b < \infty$, gibt. Zur Lösung dieser Existenzprobleme beachten wir, daß nach 16.2 jedes Borel-Maß μ auf $\mathcal{B}$ durch seine Werte auf γ, d.h. durch die Funktion $(a,b) \to H(a,b) := \mu((a,b))$, $-\infty < a \leq b < \infty$, bestimmt ist. Es erweist sich nun als sehr nützlich, daß man anstelle von H eine Funktion _einer_ reellen Variablen verwenden kann. Ist nämlich

$$G_0(x) := \begin{cases} \mu((0,x)), & x > 0 \\ -\mu((x,0)), & x \leq 0, \end{cases}$$

so sieht man leicht (durch Betrachtung der drei Fälle $b \leq 0$, $a \leq 0 < b$, $a > 0$) ein, daß

$$\mu((a,b)) = G_0(b) - G_0(a), \quad a < b$$

gilt, d.h. daß μ schon durch die Funktion G_0 bestimmt ist. Außerdem unterscheidet sich jede Funktion $G: \mathbb{R} \to \mathbb{R}$ mit der Eigenschaft

(16.4) $\qquad\qquad \mu((a,b)) = G(b) - G(a), \quad a < b,$

wegen $\qquad\qquad \mu((0,x)) = G(x) - G(0), \quad x > 0,$

und $\qquad\qquad \mu((x,0)) = G(0) - G(x), \quad x \leq 0,$

von G_0 nur um die Konstante $G(0)$. Unser Konstruktionsproblem könnte dann als gelöst angesehen werden, wenn es uns gelänge, eine einfache Charakterisierung der Menge M der Funktionen $G: \mathbb{R} \to \mathbb{R}$ zu finden, zu denen es ein Borel-Maß μ mit der Eigenschaft (16.4) gibt. Man kann leicht zwei Eigenschaften angeben, denen jedes $G \in M$ genügen muß: Da μ positiv ist, muß G isoton sein und da μ stetig von oben ist, muß G wegen $G(b+)-G(a)=$

$$=\lim_{c \downarrow b} \left[G(c)-G(a) \right] = \lim_{c \downarrow b} \mu((a,c>) = \mu((a,b>) = G(b)-G(a) \text{ rechtsseitig}$$

stetig sein. Daß nach 16.5 bereits diese beiden Eigenschaften die Funktionen in M charakterisieren, motiviert die

Definition. *Eine isotone und rechtsseitig stetige Funktion* $G : \mathbb{R} \to \mathbb{R}$ *heißt eine (eindimensionale) maßdefinierende Funktion.*

Als Anwendung des Fortsetzungssatzes beweisen wir nun

Satz 16.5. *Zu jeder maßdefinierenden Funktion* $G : \mathbb{R} \to \mathbb{R}$ *gibt es genau ein Maß* μ_G *auf* $\mathcal{B}$ *mit*

$$(16.5) \qquad \mu_G((a,b>) = G(b)-G(a), \quad a,b \in \mathbb{R}, \ a < b.$$

μ_G *ist ein Borel-Maß, das sog.* *zu G gehörende Borel-Maß.*

Beweis. Nach dem Fortsetzungssatz ist zu zeigen, daß

$$\varphi((a,b>) := G(b) - G(a), \ a \leq b$$

ein Maß auf dem Semiring $\mathcal{J}$ ist. Wie schon in Beispiel 5 vor 15.3 erwähnt wurde, ist φ ein Inhalt auf $\mathcal{J}$. Sei ψ die nach 16.4 existierende Fortsetzung von φ zu einem Inhalt auf dem von $\mathcal{J}$ erzeugten Ring. Nun sei (A_n) eine Folge von paarweise fremden Mengen aus $\mathcal{J}$ mit $\sum A_n \in \mathcal{J}$. (Man beachte, daß $\sum A_n$ in komplizierter Weise aus den Intervallen A_n aufgebaut sein kann; z.B. können sich die Enden der Intervalle im Innern von $\sum A_n$ häufen.) a) Aus 15.3b folgt

$$\varphi(\sum A_n) = \psi(\sum A_n) \geq \sum \psi(A_n) = \sum \varphi(A_n).$$

b) Der Nachweis von $\varphi(\sum A_n) \leq \sum \varphi(A_n)$ ist schwieriger. Sei $A_n := (a_n, b_n>$ und $A := \sum A_n = (a,b>$. Œ sei $(a,b> \neq \emptyset$. Da G rechtsseitig stetig ist, gibt es zu $\varepsilon > 0$ ein $\delta \in (0, b-a)$ mit $0 \leq G(a+\delta)-G(a) \leq \varepsilon/2$. Für $A' := (a+\delta, b>$ gilt also $\varphi(A) \leq \varphi(A') + \varepsilon/2$. Ferner gibt es $\delta_n > 0$, so daß für $A_n' := (a_n, b_n + \delta_n>$ die Abschätzung $\varphi(A_n') \leq \varphi(A_n) + \varepsilon/2^{n+1}$ gilt. Die Familie $((a_n, b_n + \delta_n))$ ist eine offene Überdeckung der kompakten Menge $<a+\delta, b>$. Nach Heine-Borel genüge also endlich viele der Intervalle $(a_n, b_n + \delta_n)$, also erst recht endlich viele der A_n' - etwa die ersten m Intervalle - zur Überdeckung von $<a+\delta, b> \supset A'$. Dann folgt mit 15.3a

$$\sum_1^m \varphi(A_n') = \sum_1^m \psi(A_n') \geq \psi(\bigcup_1^m A_n') \geq \psi(A') = \varphi(A'), \text{ also}$$

$$\varphi(A) \leq \varphi(A') + \varepsilon/2 \leq \sum_1^m \left[\varphi(A_n) + \varepsilon/2^{n+1} \right] + \varepsilon/2 \leq \varepsilon + \sum \varphi(A_n).$$

Da dies für alle $\varepsilon > 0$ gilt, folgt die Behauptung. $\square$

Mit Hilfe von 16.5 erhalten wir nun leicht

Beispiele. 1. Das zu $G=id_{\mathbb{R}}$ gehörige Borel-Maß λ, das also durch die Eigenschaft

(16.6) $$\lambda((a,b>) = b-a, \quad a < b$$

charakterisiert ist, heißt das (Borel-)Lebesgue-Maß auf $\mathbb{R}$ (kurz: L-Maß auf $\mathbb{R}$). Dieses ist das wichtigste nicht endliche Maß auf $\mathcal{B}$. Es kann als Verallgemeinerung des Längenbegriffs angesehen werden. Ist $B\in\mathcal{B}$ und $\lambda(B)>0$, so heißt die Restriktion von λ auf $B\mathcal{B}$ das L-Maß auf B. 2. Das zu $G(x):=(1-e^{-\alpha x})1_{\mathbb{R}^+}(x)$, $x\in\mathbb{R}$, $\alpha\in\mathbb{R}^+$ konstant, gehörende Borel-Maß μ ist wegen

$$\mu(\mathbb{R}) = \lim_{0<a\to\infty} \mu((-a,a>) = \lim_{a\to\infty} (1-e^{-\alpha a}) = 1$$

ein W-Maß. Man nennt μ die Exponentialverteilung exp(α) mit Parameter $\alpha\in\mathbb{R}^+$. Diese würde man also zur Beschreibung des zufälligen Experimentes in §12 verwenden. 3. Macht man in (16.5) für festes b den Grenzübergang $a\uparrow b$, so folgt aus der Stetigkeit von μ von oben, daß

(16.7) $$\mu_G(\{b\}) = G(b) - G(b-), \quad b\in\mathbb{R},$$

gilt. Somit ist das zu G gehörende Borel-Maß μ_G genau dann stetig, wenn G stetig ist. Z.B. ist exp(α) ein stetiges W-Maß. 4. Sei $f:\mathbb{R}\to\mathbb{R}_+$ stückweise stetig und uneigentlich Riemann-integrierbar. Dann ist $x\to G(x) := \int_{-\infty}^{x} f(t)dt$ eine reelle isotone und stetige, also eine maßdefinierende Funktion. Für das zugehörige (endliche) Borel-Maß μ gilt $\mu((a,b>) = \int_a^b f(t)dt$. Offensichtlich ist μ genau dann ein W-Maß, wenn $\int_{-\infty}^{\infty} f(t)dt = 1$ gilt. Diese Art der Konstruktion von W-Maßen (welche Beispiel 2 umfaßt und in §22 ausführlicher behandelt wird) ist überaus wichtig für praktische Probleme.

Die Vf F eines W-Maßes μ auf $\mathcal{B}$ ist eine maßdefinierende Funktion, welche wegen der Stetigkeit von μ von oben und unten die Eigenschaften

(16.8) $$\lim_{x\to-\infty} F(x) = 0, \quad \lim_{x\to\infty} F(x) = 1$$

besitzt. Das zu F gehörende Borel-Maß ist wegen

(16.9) $$\mu((a,b>) = F(b) - F(a), \quad a < b$$

gerade μ. Ist andererseits $F:\mathbb{R}\to\mathbb{R}$ eine maßdefinierende Funktion mit der Eigenschaft (16.8), so ist μ_F wegen (16.5) ein W-Maß. Man nennt dann F eine (eindimensionale) Verteilungsfunktion schlechthin.

Wir erhalten nun sofort aus 16.5 das

Korollar 16.6. *Die durch*

$$F(x) := P((-\infty,x>), \quad x\in\mathbb{R}$$

definierte Abbildung $P\to F$ ist eine Bijektion zwischen der Menge der W-Maße auf $\mathcal{B}$ und der Menge der Verteilungsfunktionen.

Aufgaben

16.1. Sei $(\Omega, \mathcal{A}, \mu)$ ein Maßraum und $\mathcal{N}_\mu$ das System aller Teilmengen von μ-Nullmengen. Dabei heißt $B \in \mathcal{A}$ eine $\underline{\mu\text{-Nullmenge}}$, wenn $\mu(B)=0$ ist. Man beweise:

a) Das System $\mathcal{A}_\mu := \{A \cup N : A \in \mathcal{A}, N \in \mathcal{N}_\mu\}$ ist die von $\mathcal{A} \cup \mathcal{N}_\mu$ erzeugte σ-Algebra.

b) Die (eindeutig definierte) Mengenfunktion
$$\overline{\mu}(A \cup N) := \mu(A), \quad A \in \mathcal{A}, \quad N \in \mathcal{N}_\mu,$$
ist die einzige Fortsetzung von μ zu einem Maß $\overline{\mu}$ auf $\mathcal{A}_\mu$.

c) Der Maßraum $(\Omega, \mathcal{A}_\mu, \overline{\mu})$ ist $\underline{\text{vollständig}}$, d.h. es gilt
$$B \subset A \in \mathcal{A}_\mu, \quad \overline{\mu}(A) = 0 \Rightarrow B \in \mathcal{A}_\mu.$$
Man nennt $(\Omega, \mathcal{A}_\mu, \overline{\mu})$ die $\underline{\text{Vervollständigung}}$ von $(\Omega, \mathcal{A}, \mu)$.

16.2. Sei μ ein endliches Maß auf $\mathcal{B}_d$. Man zeige, daß μ $\underline{\text{regulär}}$ ist, d.h. daß gilt
$$\mu(A) = \inf \{\mu(B) : B \text{ offen, } B \supset A\}$$
$$= \sup \{\mu(K) : K \text{ kompakt, } K \subset A\}, \quad A \in \mathcal{B}_d.$$
Hinweis: Man zeige, daß es zu $A \in \mathcal{J}_d$ und $\varepsilon > 0$ eine offene Menge $B \supset A$ und eine kompakte Menge $K \subset A$ mit $\mu(B-K) < \varepsilon$ gibt, und wende den Fortsetzungssatz an.

16.3. Man zeige, daß die $\underline{\text{Cantorsche Menge}}$
$$\{x \in \mathbb{R} : \exists (\alpha_n) \in \{0,2\}^{\mathbb{N}} \text{ mit } x = \sum \alpha_n 3^{-n}\}$$
eine Borelsche Menge vom Lebesgue-Maß Null ist, welche die Mächtigkeit des Kontinuums hat. Wie folgt hieraus und aus der Tatsache (s. §13), daß $\mathcal{B}$ die Mächtigkeit des Kontinuums hat, daß es nicht-Borelsche Lebesgue-meßbare Mengen gibt? (Lebesgue-meßbare Mengen werden in den folgenden Ergänzungen eingeführt.)

16.4. Ein Punkt $a \in \mathbb{R}^d$ heißt ein $\underline{\text{Stetigkeitspunkt}}$ des W-Maßes μ auf $\mathcal{B}_d$, falls jede der durch a gehenden, zu einer der Koordinatenachsen orthogonalen Hyperebenen eine μ-Nullmenge ist. Man zeige, daß μ durch seine Werte auf dem System $\{(-\vec{\infty}, a> : a \text{ Stetigkeitspunkt von } \mu\}$ bestimmt ist. Was folgt hieraus im Fall $d=1$?

16.5. Man zeige, daß jede isotone Funktion $f: \mathbb{R} \to \mathbb{R}$ nur abzählbar viele Sprungstellen hat. Hinweis: In jedem endlichen Intervall gibt es zu gegebenem $k \in \mathbb{N}$ nur endlich viele Sprünge, welche größer als $1/k$ sind.

16.6. Sei A eine in $\mathbb{R}$ dicht liegende Menge und $H: A \to \mathbb{R}$ isoton. Man zeige:

a) Die Funktion $G(x) := \inf\{H(a): a \in A, a > x\}$, $x \in \mathbb{R}$, ist eine maßdefinierende Funktion.

b) Es gilt

$$G(a-) \leq H(a) \leq G(a), \quad a \in A.$$

c) Jede maßdefinierende Funktion ist durch ihre Werte auf einer beliebigen, in $\mathbb{R}$ dicht liegenden Menge bestimmt.

16.7. Ist μ ein W-Maß auf $\mathcal{B}_d$ mit der Vf F, so gilt für $a,b \in \mathbb{R}^d$ mit $a \leq b$ und für $K := \{0,1\}^d$

$$(16.10) \qquad \mu((a,b\rangle) = \sum_{(\varepsilon_i) \in K} (-1)^{\Sigma \varepsilon_i} F(\varepsilon_1 a_1 + (1-\varepsilon_1)b_1, \ldots, \varepsilon_d a_d + (1-\varepsilon_d)b_d).$$

Man veranschauliche das Resultat im Fall d=2.

16.8. Ist μ ein W-Maß auf $\mathcal{B}_d$ mit der Vf F, so gilt:

a) F ist in jeder Variablen rechtsseitig stetig.

b) $1 \leq k \leq d$, $a_k \to -\infty \Rightarrow F(a_1, a_2, \ldots, a_k, \ldots, a_d) \to 0$, $a_i \in \mathbb{R}$, $i \neq k$.

c) $a \to \vec{\infty} \Rightarrow F(a) \to 1$.

Ergänzungen

1. Bei der Fortsetzung eines Maßes φ auf einem Semiring $\mathcal{J}$ zu einem Maß μ auf $\sigma(\mathcal{J})$ erhielt man in 16.3 sogar eine Fortsetzung zu einem Maß μ^* auf einer σ-Algebra $\mathcal{O}_\varphi^* \supset \sigma(\mathcal{J})$. Ist φ σ-endlich, so ist $(\Omega, \mathcal{O}_\varphi^*, \mu^*)$ die Vervollständigung von $(\Omega, \sigma(\mathcal{J}), \mu)$ (s.HALMOS (50),S.56), und es gibt im Fall $\mathcal{O}_\varphi^* \neq \mathcal{P}(\Omega)$ eine σ-Algebra $\mathcal{F} \supset \mathcal{O}_\varphi^*$, auf welche keine eindeutige Fortsetzung von φ zu einem Maß möglich ist (s.HALMOS (50), S.71, problem 2).

2. Ist λ das Lebesgue-Maß auf $\mathcal{B}$ und $(\mathbb{R}, \mathcal{B}_\lambda, \bar{\lambda})$ die Vervollständigung von $(\mathbb{R}, \mathcal{B}, \lambda)$, so heißt $\bar{\lambda}$ das _Lebesgue-Maß_ (kurz: L-Maß) auf dem System $\mathcal{B}_\lambda$ der _Lebesgue-meßbaren_ (kurz: _L-meßbaren_) Mengen. In der älteren Theorie werden $\mathcal{B}_\lambda$ und $\bar{\lambda}$ über die Begriffe des inneren und äußeren Lebesgue-Maßes eingeführt (s. etwa NATANSON (61)). In der Analysis wird vielfach mit $\bar{\lambda}$ anstelle von λ gearbeitet, obwohl dies häufig überflüssig ist und bei Produktmaßen zu Komplikationen führen kann (s.Erg. §20).

3. $\mathcal{B}_\lambda$ hat dieselbe Mächtigkeit wie $\mathcal{P}(\mathbb{R})$ (vgl.Aufg.16.3), aber man kann mit Hilfe des Auswahlaxioms zeigen, daß es nicht-L-meßbare Mengen gibt (s.HALMOS (50), S.67). Andererseits zeigt SOLOVAY (70), daß in einer Variante der Zermelo-Fraenkelschen Mengenlehre jede Menge reeller Zahlen L-meßbar ist.

4. Sei $\mathcal{W}$ die Menge aller W-Maße auf einer σ-Algebra $\mathcal{O}$ in Ω. Für $w \in \mathcal{W}$ sei $(\Omega, \mathcal{O}_w, \bar{w})$ die Vervollständigung von $(\Omega, \mathcal{O}, w)$. Dann ist

$$\mathcal{O}_0 := \bigcap_{w \in \mathcal{W}} \mathcal{O}_w$$

eine σ-Algebra in Ω, auf die _jedes_ W-Maß auf $\mathcal{O}$ eindeutig fortgesetzt werden kann. Die Elemente von $\mathcal{O}_0$ heißen _universell-meßbar_ (bzgl. $\mathcal{O}$). Bei den meisten praktischen Problemen ist es weder erforderlich noch nutzbringend, die betrachteten W-Maße über die "natürliche" σ-Algebra $\mathcal{O}$ hinaus zu W-Maßen auf $\mathcal{O}_w$ oder $\mathcal{O}_o$ fortzusetzen. Dagegen sind vollständige W-Räume in der Theorie der stochastischen Prozesse nützlich (s. etwa DOOB (53), S.623). Universell-meßbare Mengen spielen bei gewissen stochastischen Optimierungsproblemen eine Rolle (s. etwa HINDERER (70)).

5. Jedes diskrete W-Maß auf einer σ-Algebra $\mathcal{O}$ in Ω kann offensichtlich eindeutig zu einem W-Maß auf $\mathcal{P}(\Omega)$ fortgesetzt werden. Dies gilt aber nicht für beliebige Maße auf $\mathcal{O}$, z.B. nach BANACH, KURATOWSKI und ULAM nicht für das L-Maß auf <0,1>. Hieraus ergibt sich die schon früher erwähnte Tatsache, daß man i.a. nicht jede Teilmenge von Ω als Ereignis (mit einer zugehörigen Wahrscheinlichkeit) interpretieren kann. Weiteres über Fortsetzungsfragen findet man bei BIERLEIN (62/63).

6. Satz 16.5 kann ins Mehrdimensionale übertragen werden. Hierbei versteht man unter einer <u>d-dimensionalen maßdefinierenden Funktion</u> eine Abbildung F: $\mathbb{R}^d \to \mathbb{R}$, welche in jeder Variablen rechtsseitig stetig ist und für welche der auf der rechten Seite von (16.10) auftretende Ausdruck $\Delta_a^b F$ nicht-negativ ist. Es gibt dann genau ein Maß μ_F auf $\mathcal{B}_d$ mit $\mu_F((a,b>)=\Delta_a^b F$, $a,b \in \mathbb{R}$, $a \le b$. Besitzt F die in den Teilen b) und c) von Aufg.16.8 genannten Eigenschaften, so heißt F eine <u>d-dimensionale Vf</u> schlechthin, da dann μ_F ein W-Maß ist und F mit der zu μ_F gehörigen Vf übereinstimmt. Während der Begriff der *zu einem gegebenen W-Maß auf $\mathcal{B}_d$ gehörigen Vf* bei manchen Problemen auch im Fall d>1 von Nutzen ist, empfiehlt es sich i.a. nicht. den Begriff der d-dimensionalen Vf schlechthin zur Darstellung von W-Maßen auf $\mathcal{B}_d$ für d>1 heranzuziehen. Bei theoretischen Fragen arbeitet man meistens besser direkt mit dem Maßbegriff und bei praktischen Problemen mit dem Begriff der (meistens vorhandenen) Dichte (s. §21 und 22). Näheres über mehrdimensionale maßdefinierende Funktionen und Vf findet man z.B. bei RICHTER (67), TUCKER (67) und W.VOGEL (70).

§ 17. Meßbare Funktionen

Sei (Ω,P) ein diskreter W-Raum und X eine beliebige Abbildung von Ω in eine abzählbare Menge Ω'. In §5 sahen wir, daß derartige Abbildungen (die wir Ω'-Zufallsvariable nannten) oft zur Beschreibung von Teilaspekten des durch (Ω,P) beschriebenen zufälligen Experimentes verwendet werden. Die durch

(17.1) $\qquad P_X(A') := P(X \in A') := P(X^{-1}(A'))$, $\quad A' \subset \Omega'$,

definierte Mengenfunktion P_X auf $\mathcal{P}(\Omega')$ erwies sich als ein W-Maß, die sog. Verteilung der Zva X.

Versucht man, die Begriffe "Ω'-Zva" und "Verteilung einer Zva" auf allgemeine W-Räume $(\Omega, \mathcal{A}, P)$ und beliebige Mengen Ω' zu übertragen, so erkennt man zunächst aus (17.1), daß $P_X(A')$ nur für Mengen $A' \subset \Omega'$ mit $X^{-1}(A') \in \mathcal{A}$ definiert ist. Das System $\mathcal{F}(X, \mathcal{A})$ dieser Mengen ist nach 13.3c eine σ-Algebra in Ω'. Würde man X als Zva und $P_X: \mathcal{F}(X, \mathcal{A}) \to \mathbb{R}$ als Verteilung von X ansprechen, so hätten die Verteilungen verschiedener Zva i.a. verschiedene Definitionsbereiche. Da überdies in der Regel in Ω' eine "natürliche" σ-Algebra $\mathcal{A}'$ existiert und sich Ereignisse der Gestalt $X^{-1}(A')$ für $A' \notin \mathcal{A}'$ fast immer als uninteressant erweisen, hat es sich eingebürgert, nur solche Abbildungen X als Zva (bzgl. $\mathcal{A}$ und $\mathcal{A}'$) zu bezeichnen, für die $X^{-1}(A') \in \mathcal{A}$, $A' \in \mathcal{A}'$, gilt. In diese Begriffsbildung geht das W-Maß P nicht ein, und man verwendet folgende

Definition. *Seien $(\Omega, \mathcal{A})$ und $(\Omega', \mathcal{A}')$ Meßräume.*

a) *Eine Abbildung $f: \Omega \to \Omega'$ heißt $\underline{\mathcal{A}\text{-}\mathcal{A}'\text{-meßbar}}$, falls gilt:*

$$(17.2) \qquad f^{-1}(A') := \{\omega \in \Omega: f(\omega) \in A'\} \in \mathcal{A} \;, \quad A' \in \mathcal{A}'.$$

b) *Ist f meßbar und ist P ein W-Maß auf $\mathcal{A}$, so nennt man f auch eine $\underline{(\Omega', \mathcal{A}')\text{-Zufallsvariable auf } (\Omega, \mathcal{A}, P)}$. Ist speziell $(\Omega', \mathcal{A}') = (\mathbb{R}^d, \mathcal{B}_d)$, so heißt f ein d-dimensionaler Zufallsvektor (kurz: $\underline{Zve}$).*

c) *Ist $\Omega \subset \mathbb{R}^m$ und ist $f: \Omega \to \overline{\mathbb{R}}^n$ $\Omega \mathcal{B}_m\text{-}\overline{\mathcal{B}}_n\text{-meßbar}$, so heißt f eine $\underline{Borel\text{-}meßbare}$ (kurz: $\underline{B\text{-meßbare}})$ $\underline{Funktion}$.*

Die in Definition b) eingeführte Bezeichnung ist aus der historischen Entwicklung der Stochastik zu verstehen, denn vom logischen Standpunkt aus haben die W-Maße auf $\mathcal{A}$ nichts mit der Meßbarkeit von f zu tun.

Ist aus dem Zusammenhang klar, welche σ-Algebren in Ω und Ω' gewählt werden, so sagen wir kurz "meßbar" anstelle von "$\mathcal{A}$-$\mathcal{A}'$-meßbar" und "Ω'-Zva" anstelle von "$(\Omega', \mathcal{A}')$-Zva". Bedingung (17.2) schreiben wir oft in der Kurzform $f^{-1}(\mathcal{A}') \subset \mathcal{A}$. Statt $f^{-1}(A')$ schreiben wir auch $[f \in A']$. Ist Ω abzählbar oder $\Omega \subset \overline{\mathbb{R}}^n$ oder $\Omega \subset \mathbb{R}^n$, so verwenden wir als σ-Algebra in Ω, sofern nichts anderes gesagt wird, stillschweigend $\mathcal{P}(\Omega)$ bzw. $\Omega \overline{\mathcal{B}}_n$ bzw. $\Omega \mathcal{B}_n$. Genauso verfahren wir mit Ω'. (Man beachte: Ist $\Omega \subset \mathbb{R}^n$, so gilt $\Omega \overline{\mathcal{B}}_n = \Omega \mathcal{B}_n$.)

Bemerkungen. 1. Der Begriff der Meßbarkeit besitzt eine formale Analogie zum Begriff der Stetigkeit, bei dem an die Stelle der σ-Algebren Topologien treten. 2. Die Abbildung f ist genau dann $\mathcal{A}$-$\mathcal{A}'$-meßbar, wenn die σ-Algebra $\mathcal{F}(f, \mathcal{A}) := \{A' \subset \Omega': f^{-1}(A') \in \mathcal{A}\}$ ein Obersystem von $\mathcal{A}'$ ist. 3. Je gröber $\mathcal{A}'$ und je feiner $\mathcal{A}$ ist, desto mehr $\mathcal{A}$-$\mathcal{A}'$-meßbare Abbildungen gibt es. Ist $\mathcal{A} = \mathcal{P}(\Omega)$ oder $\mathcal{A}' = \{\emptyset, \Omega'\}$, so ist jede Abbildung $f: \Omega \to \Omega'$ $\mathcal{A}$-$\mathcal{A}'$-meßbar. 4. Ist f $\mathcal{A}$-$\mathcal{A}'$-meßbar und sind $\mathcal{A}_0 \supset \mathcal{A}$ bzw. $\mathcal{A}'_0 \subset \mathcal{A}'$ σ-Algebren in Ω bzw. Ω', so ist f auch $\mathcal{A}_0$-$\mathcal{A}'_0$-meßbar. 5. Jede konstante Abbildung $f \equiv c, c \in \Omega'$, ist meßbar, da $f^{-1}(A') = \Omega$ oder

$=\emptyset$ gilt, je nachdem, ob $c \in A'$ oder $c \notin A'$ ist. Ist $\mathcal{O}\!\mathcal{L}=\{\emptyset,\Omega\}$ und enthält $\mathcal{O}\!\mathcal{L}'$ alle Einpunktmengen, so sind nur die konstanten Abbildungen meßbar. 6. Eine Indikatorfunktion $1_A : \Omega \to \mathbb{R}$ (mit $A \subset \Omega$) ist genau dann $\mathcal{O}\!\mathcal{L} - \mathcal{B}$-meßbar, falls A $\mathcal{O}\!\mathcal{L}$-meßbar ist, d.h. in $\mathcal{O}\!\mathcal{L}$ liegt (Beweis!). 7. Ist $f:\Omega \to \Omega'$ $\mathcal{O}\!\mathcal{L} - \mathcal{O}\!\mathcal{L}'$-meßbar und $\emptyset \neq B \subset \Omega$, so ist die Restriktion von f auf B $B\mathcal{O}\!\mathcal{L} - \mathcal{O}\!\mathcal{L}'$-meßbar. 8. $\mathcal{O}\!\mathcal{L}'$ enthalte alle Einpunktmengen und $f(\Omega)$ sei abzählbar. Aus $[f \in A'] = \sum\limits_{a \in A' \cap f(\Omega)} [f=a]$ folgt: f ist genau dann meßbar, wenn gilt:

$$(17.3) \qquad\qquad [f=a] \in \mathcal{O}\!\mathcal{L} \qquad \text{für alle } a \in f(\Omega).$$

Diese Tatsache ist z.B. für ganzzahlige Zva wichtig.

Enthält $\mathcal{O}\!\mathcal{L}'$ "viele" Mengen, so ist eine direkt auf (17.2) basierende Nachprüfung, ob eine gegebene Abbildung meßbar ist, in der Regel sehr mühsam. Wir werden im folgenden eine Reihe von Ergebnissen herleiten, die oft eine vereinfachte Nachprüfung der Meßbarkeit erlauben. Aus 13.3b folgt zunächst der nachstehende nützliche Satz, wobei im folgenden die Bezeichnung "$f:(\Omega, \mathcal{O}\!\mathcal{L}) \to (\Omega', \mathcal{O}\!\mathcal{L}')$" bedeuten soll, daß f eine Abbildung von Ω in Ω' und $\mathcal{O}\!\mathcal{L}$ bzw. $\mathcal{O}\!\mathcal{L}'$ eine σ-Algebra in Ω bzw. Ω' ist.

Satz 17.1. *Eine Abbildung* $f: (\Omega, \mathcal{O}\!\mathcal{L}) \to (\Omega', \mathcal{O}\!\mathcal{L}')$ *ist (genau) dann meßbar, falls* $f^{-1}(\mathcal{L}') \subset \mathcal{O}\!\mathcal{L}$ *für ein Erzeugendensystem* $\mathcal{L}'$ *von* $\mathcal{O}\!\mathcal{L}'$ *gilt.*

Nach Beispiel 13.2 wird die σ-Algebra $\overline{\mathcal{B}}$ der Borelschen Mengen in $\overline{\mathbb{R}}$ durch das System $\{(\alpha, \infty) : \alpha \in \mathbb{R}\}$ erzeugt. Somit ergibt sich als Anwendung von 17.1 der

Satz 17.2. *Eine Abbildung* $f: (\Omega, \mathcal{O}\!\mathcal{L}) \to (\overline{\mathbb{R}}, \overline{\mathcal{B}})$ *ist genau dann meßbar, wenn gilt:*

$$(17.4) \qquad\qquad [f > \alpha] \in \mathcal{O}\!\mathcal{L} \quad , \quad \alpha \in \mathbb{R}.$$

Ohne Schwierigkeit beweist man noch folgendes

Korollar 17.3. *Für jede Abbildung* $f: (\Omega, \mathcal{O}\!\mathcal{L}) \to (\overline{\mathbb{R}}, \overline{\mathcal{B}})$ *sind folgende Aussagen äquivalent:*

a) f *ist meßbar,*

b) $[f \leq \alpha] \in \mathcal{O}\!\mathcal{L} \quad , \quad \alpha \in \mathbb{R}$,

c) $[f < \alpha] \in \mathcal{O}\!\mathcal{L} \quad , \quad \alpha \in \mathbb{R}$,

d) $[f \geq \alpha] \in \mathcal{O}\!\mathcal{L} \quad , \quad \alpha \in \mathbb{R}$.

Beispiele. 1. Sei $I \subset \overline{\mathbb{R}}$ ein Intervall. Jede monotone Funktion $f:I \to \overline{\mathbb{R}}$ ist meßbar, da für sie die Mengen $[f > \alpha]$ Intervalle sind, also in $I\overline{\mathcal{B}}$ liegen. 2. Sei $\emptyset \neq B \subset \mathbb{R}^n$. Eine Funktion $f:B \to \overline{\mathbb{R}}$ heißt oben halbstetig, falls gilt:

$$a_n, a \in B, \ a_n \to a \implies \overline{\lim_n} \, f(a_n) \leq f(a).$$

Eine solche Funktion ist meßbar, denn man erkennt leicht, daß die Mengen $[f \geq \alpha]$ abgeschlossen in der Spurtopologie in B sind, welche nach 13.4b die σ-Algebra $B\mathscr{L}_n$ erzeugt. In diesem Beispiel darf B sogar ein beliebiger metrischer Raum sein, falls man in B die σ-Algebra der Borelschen Mengen verwendet. 3. Sind f und g meßbare Abbildungen von $(\Omega, \mathfrak{A})$ nach $(\overline{\mathbb{R}}, \overline{\mathscr{L}})$, so sind die Mengen $[f<g], [f\leq g], [f=g]$ und $[f\neq g]$ meßbar. Dies folgt aus $[f<g] = \bigcup_{r \in \mathbb{Q}} [f<r] \cap [r<g], [f\leq g] = [g<f]^c, [f=g] = [f\leq g] \cap [g\leq f]$ und $[f\neq g] = [f=g]^c$.

Da $\mathscr{L}_n$ von der natürlichen Topologie $\mathscr{T}_n$ in $\mathbb{R}^n$ erzeugt wird und die Stetigkeit einer Abbildung $f: B \to \mathbb{R}^n$ (mit $B \subset \mathbb{R}^m$) äquivalent mit $f^{-1}(\mathscr{T}_n) \subset B\mathscr{T}_m$ ist, folgt aus 17.1 der

Satz 17.4. *Sei* $\emptyset \neq B \subset \mathbb{R}^m$. *Jede stetige Abbildung* $f: B \to \mathbb{R}^n$ *ist* $B\mathscr{L}_m$-$\mathscr{L}_n$-*meßbar.*

Natürlich gilt 17.4 entsprechend für Meßräume, wenn die zugehörigen σ-Algebren von Topologien erzeugt werden, bzgl. der f stetig ist.

Beispiel 17.1. Wir zeigen die Existenz einer konvexen Menge in $\mathbb{R}^2$, welche nicht $\mathscr{L}_2$-meßbar ist, indem wir eine (sicher existierende) nicht meßbare Menge M in $A := <0, 2\pi)$ auf die offene Kreisscheibe $K := \{x \in \mathbb{R}^2 : |x| < 1\}$ vermöge der Abbildung $\varphi \to T(\varphi) := (\cos\varphi, \sin\varphi)$ von A nach $\mathbb{R}^2$ "aufwickeln". Offensichtlich ist $K + T(M)$ konvex. Wäre diese Menge meßbar, so wäre auch $T(M)$ als Differenz von $K + T(M)$ und der offenen, also meßbaren Menge K meßbar. Mit $\varphi \to \cos\varphi$ und $\varphi \to \sin\varphi$ ist auch T stetig, also nach 17.4 B-meßbar. Dann läge aber $M = T^{-1}(T(M))$ in $A\mathscr{L}$, was ein Widerspruch ist. - In Aufg.20.4 wird übrigens gezeigt, daß jede konvexe Menge in $\mathbb{R}^2$ L-meßbar ist.

Die folgenden Sätze beschäftigen sich mit den Eigenschaften von Familien meßbarer Funktionen.

Satz 17.5. *Sind* $f: (\Omega_1, \mathfrak{A}_1) \to (\Omega_2, \mathfrak{A}_2)$ *und* $g: (\Omega_2, \mathfrak{A}_2) \to (\Omega_3, \mathfrak{A}_3)$ *meßbar, so ist* $g \circ f$ $\mathfrak{A}_1$-$\mathfrak{A}_3$-*meßbar.*

Beweis. Aus den in 5.1 angegebenen Eigenschaften der Urbildfunktion ergibt sich

$$(g \circ f)^{-1}(\mathfrak{A}_3) = f^{-1}(g^{-1}(\mathfrak{A}_3)) \subset f^{-1}(\mathfrak{A}_2) \subset \mathfrak{A}_1. \;\square$$

Beispiele. 1. In der Praxis finden 17.4 und 17.5 häufig in folgender Weise Verwendung: Ist $f: (\Omega, \mathfrak{A}) \to (\mathbb{R}^m, \mathscr{L}_m)$ meßbar und $g: \mathbb{R}^m \to \mathbb{R}^n$ stetig, so ist $g \circ f$ meßbar. 2. Sei $\emptyset \neq A \subset \mathbb{R}^n$ konvex und sei $f: A \to \mathbb{R}$ konvex, d.h. es gelte

$$f(\alpha a + (1-\alpha)b) \leq \alpha f(a) + (1-\alpha)f(b), \quad \alpha \in (0,1), \quad a, b \in A.$$

Ist A offen, so ist f stetig (s. etwa COLLATZ/WETTERLING (71)), also B-meßbar. Dagegen ist z.B. mit den Bezeichnungen von Beispiel 17.1 die Abb. $x \to 1_{T(M)}(x)$ von der abgeschlossenen Einheitskreisscheibe nach $\mathbb{R}$ eine konvexe, aber nicht B-meßbare Funktion. Im Fall $n=1$ ist dagegen f stets B-meßbar; s.Aufg.17.7. 3. In der Literatur wird oft der folgende Sachverhalt stillschweigend als richtig angenommen: Eine Abbildung

$f:\Omega_1 \to \Omega_2$ kann als Abbildung g von Ω_1 in eine beliebige Obermenge Ω_3 von Ω_2 aufgefaßt werden (z.B. $\Omega_2 = \mathbb{N}$, $\Omega_3 = \mathbb{R}$ oder $\Omega_2 = \mathbb{R}$, $\Omega_3 = \overline{\mathbb{R}}$). $\mathcal{O}_i$ sei σ-Algebra in Ω_i, wobei $\mathcal{O}_2$ die Spur von $\mathcal{O}_3$ auf Ω_2 sei. Dann gilt: g ist genau dann $\mathcal{O}_1$-$\mathcal{O}_3$-meßbar, falls f $\mathcal{O}_1$-$\mathcal{O}_2$-meßbar ist. Diese Aussage, die wir im folgenden oft benutzen werden, ohne extra darauf hinzuweisen, ergibt sich auf folgende Weise: Bezeichnet h die natürliche Injektion von Ω_2 nach Ω_3, so gilt $g = h \circ f$ und $h^{-1}(\mathcal{O}_3) = \mathcal{O}_2$, also

$$g^{-1}(\mathcal{O}_3) = f^{-1}(h^{-1}(\mathcal{O}_3)) = f^{-1}(\mathcal{O}_2).$$

Satz 17.6. *Seien $(\Omega, \mathcal{O})$ und $(\Omega_i, \mathcal{O}_i)$ Meßräume, $1 \leq i \leq n$ und $f_i : \Omega \to \Omega_i$ beliebige Abbildungen. Für die Produktabbildung $f = (f_1, \ldots, f_n)$ von Ω nach $\bigtimes_1^n \Omega_i$ gilt:*

$$f \text{ ist } \mathcal{O}\text{-}\bigotimes_1^n \mathcal{O}_i\text{-meßbar} \iff f_i \text{ ist } \mathcal{O}\text{-}\mathcal{O}_i\text{-meßbar}, \; 1 \leq i \leq n.$$

Dieser Satz wird oft kurz so formuliert, daß eine vektorwertige Funktion genau dann meßbar ist, wenn alle Komponenten meßbar sind.

Beweis. Wegen 17.1 und wegen $\bigotimes_1^n \mathcal{O}_i := \sigma(\bigtimes_1^n \mathcal{O}_i)$ ist f genau dann meßbar, falls gilt:

$$(17.5) \qquad f^{-1}(\bigtimes_1^n A_i) = \bigcap_1^n f_i^{-1}(A_i) \in \mathcal{O} \quad, \quad A_i \in \mathcal{O}_i, \; 1 \leq i \leq n.$$

Hieraus folgt sofort, daß die Meßbarkeit der f_i die Meßbarkeit von f impliziert. Wählt man in (17.5) $A_i = \Omega_i$, $i \neq j$, so folgt aus der Meßbarkeit von f die von f_j. $\square$

Beispiel 17.2. F und G seien *reelle* meßbare Funktionen auf $(\Omega, \mathcal{O})$. Nach 17.6 ist die Produktabbildung $f := (F, G)$ meßbar. Aus der Stetigkeit von $g_1(x,y) := x \cdot y$ und $g_2(x,y) := x + y$, $(x,y) \in \mathbb{R}^2$, folgt nach vorangehendem Beispiel 1 die Meßbarkeit von $F \cdot G = g_1 \circ f$ und $F + G = g_2 \circ f$. Dieses Beispiel verallgemeinern wir in

Satz 17.7. *Seien f und g meßbare Abbildungen von $(\Omega, \mathcal{O})$ nach $(\overline{\mathbb{R}}, \overline{\mathcal{B}})$ und $\alpha, \beta \in \mathbb{R}$. Dann sind $\alpha f + \beta$, $f \cdot g$ und $f/g^{1)}$ meßbar. Ist $f \pm g$ definiert, so ist $f \pm g$ meßbar.*

Beweis. a) Wir zeigen zuerst die Meßbarkeit von fg. Die σ-Algebra $\overline{\mathcal{B}}$ wird von $\mathcal{L} := \{B \in \mathcal{B} : 0 \notin B\}$ erzeugt, da für jede die Null enthaltende Menge $A \in \mathcal{B}$ gilt: $A = (A - \{0\}) + \{0\}$ und $\{0\} = \mathbb{R} - (\mathbb{R} - \{0\}) \in \sigma(\mathcal{L})$. Offensichtlich wird dann $\overline{\mathcal{B}}$ von $\mathcal{J} := \mathcal{L} + \{\{\infty\}, \{-\infty\}\}$ erzeugt. Nach 17.1 genügt es, $(fg)^{-1}(\mathcal{J}) \subset \mathcal{O}$ zu beweisen. Zunächst gilt

$$[fg = \pm\infty] = [f > 0, g = \pm\infty] \cup [f < 0, g = \mp\infty] \cup [f = \pm\infty, g > 0] \cup [f = \mp\infty, g < 0] \in \mathcal{O} \quad.$$

Für $0 \notin B \in \mathcal{B}$ gilt weiterhin $[fg \in B] = [f_0 g_0 \in B]$, wobei die Funktionen $f_0 := f \cdot 1_{[|f| < \infty]}$ und $g_0 := g \cdot 1_{[|g| < \infty]}$ reell und meßbar sind; denn für $0 \notin A \in \mathcal{B}$ gilt $[f_0 \in A] = [f \in A]$ und $[g_0 \in A] = [g \in A]$. Nach Beispiel 17.2 ist $f_0 g_0$ meßbar, also $[fg \in B] \in \mathcal{O}$. b) Die Meßbarkeit von f/g ergibt sich nach a)

[1] Wir erinnern an unsere Definition von a/b für $a, b \in \overline{\mathbb{R}}$ in Anhang 2.

aus der Meßbarkeit von $1/g$. Diese kann man leicht mit Hilfe von 17.3 zeigen. c) Setzen wir die Abbildung $x \to e^x$ von $\mathbb{R}$ auf $\overline{\mathbb{R}}$ fort durch $e^{-\infty} := 0, e^{\infty} := \infty$, so ist $x \to e^x$ samt Umkehrfunktion $\log : <0, \infty> \to \overline{\mathbb{R}}$ isoton, also sind beide nach Beispiel 1 zu 17.3 meßbar. Da $f+g$ definiert ist und mit $\log(e^f \cdot e^g)$ übereinstimmt, folgt aus a) die Meßbarkeit von $f+g$. d) Die restlichen Aussagen sind einfache Folgerungen aus a) - c). $\square$

Die folgende Tatsache ist wichtig für die spätere Einführung des Integralbegriffs: Sei $f:(\Omega, \mathfrak{A}) \to (\overline{\mathbb{R}}, \overline{\mathfrak{B}})$ eine beliebige Funktion. Dann gilt:

$$f \text{ meßbar} \iff f^+, f^- \text{ meßbar} \implies |f| \text{ meßbar}.$$

Der Beweis ergibt sich daraus, daß $x \to x^{\pm}$, $x \in \overline{\mathbb{R}}$, als monotone Funktion meßbar ist und daß $f = f^+ - f^-$ und $|f| = f^+ + f^-$ gilt.

Bekanntlich ist der Limes einer konvergenten Folge reeller und stetiger (bzw. R-integrierbarer) Funktionen auf $\mathbb{R}$ nicht notwendig stetig (bzw. R-integrierbar). Dagegen ist der Limes einer konvergenten Folge reeller und meßbarer Funktionen auf $\mathbb{R}$ wieder meßbar. Dies folgt aus

Satz 17.8. *Sei* (f_n) *eine Folge von meßbaren Abbildungen von* $(\Omega, \mathfrak{A})$ *nach* $(\overline{\mathbb{R}}, \overline{\mathfrak{B}})$. *Dann gilt:*

a) $\sup f_n$, $\inf f_n$, $\underline{\lim} f_n$, $\overline{\lim} f_n$ *und - im Falle der Existenz -* $\lim f_n$ *sind meßbar.*

b) *Ist* $\sum f_n$ *in* $\overline{\mathbb{R}}$ *konvergent, so ist* $\sum f_n$ *meßbar.*

c) *Die Aussagen* a) *und* b) *über* $\lim f_n$ *bzw.* $\sum f_n$ *sind auch richtig für Funktionen* $f_n : \Omega \to \overline{\mathbb{R}}^d$.

Beweis. a) Wegen $[\sup f_n \leq \alpha] = \bigcap_n [f_n \leq \alpha]$, $\alpha \in \mathbb{R}$, ist $\sup f_n$ nach 17.3 meßbar. Nach 17.7 ist dann auch $\inf f_n = -\sup(-f_n)$ meßbar. Dann sind auch $\underline{\lim} f_n = \sup_{n \in \mathbb{N}} \inf_{m \geq n} f_m$ und $\overline{\lim} f_n = -\underline{\lim}(-f_n)$ meßbar. b) Ist $\sum f_n$ konvergent, so existiert für $N \in \mathbb{N}$ die Funktion $\sum_1^N f_n$, und diese ist nach 17.7 meßbar. Nach a) ist dann $\lim_N \sum_1^N f_n$ meßbar. c) folgt aus a) und b) mit 17.6. $\square$

Als wichtige Folgerung bemerken wir, daß der Limes einer konvergenten Folge stetiger Funktionen von $\mathbb{R}^m \to \overline{\mathbb{R}}$ meßbar ist.

Aufgrund von 17.8 kann der Nachweis der Meßbarkeit einer erweitert reellen Funktion oft so geführt werden, daß man f als Limes (oder Supremum) einer Folge "einfacher" (etwa stetiger) Funktionen darstellt, für die der Nachweis der Meßbarkeit eventuell leichter erbracht werden kann.

Ferner weisen wir darauf hin, daß für eine überabzählbare Familie $(f_i, i \in I)$ meßbarer Funktionen $\sup_i f_i$ nicht meßbar zu sein braucht: Ist etwa $B \subset \mathbb{R}$ nicht Borelsch und $f_i := 1_{\{i\}}$, $i \in B$, so ist jede der Funktionen f_i meßbar, nicht aber $\sup_i f_i = 1_B$.

Bei Meßbarkeitsfragen in der angewandten Stochastik geht es nur selten darum, die Meßbarkeit einer "explizit" auf einem *allgemeinen* W-Raum gegebenen Funktion nachzuprüfen, sondern meistens um folgendes Problem: Ausgehend von einem m-dim.Zve X auf Ω, dessen Meßbarkeit entweder vorausgesetzt wurde oder leicht nachweisbar ist, soll geklärt werden, ob für eine "explizit" gegebene Funktion $g: \mathbb{R}^m \to \mathbb{R}^n$ auch $g \circ X: \Omega \to \mathbb{R}^n$ ein Zve ist. Nach 17.5 ist dies der Fall, wenn g meßbar ist. Es ist also wichtig, in der Menge M_{mn} aller meßbaren Funktionen $g: \mathbb{R}^m \to \mathbb{R}^n$ möglichst große Teilmengen mit leicht nachprüfbarer Charakterisierung zu finden. Wir wissen bereits, daß M_{mn} alle stetigen, M_{m1} alle oben halbstetigen und M_{11} alle monotonen Funktionen enthält. M_{11} enthält auch alle Funktionen mit endlicher Variation, denn diese sind bekanntlich (s.NATANSON (61),S.517) darstellbar als Differenz zweier isotoner Funktionen. Ferner enthält M_{11} alle stückweise stetigen Funktionen (d.h. alle Funktionen, die höchstens abzählbar viele Unstetigkeitsstellen haben, welche sich nirgends häufen), ja sogar jede Funktion mit höchstens abzählbar vielen Unstetigkeitsstellen (s.NATANSON (61),S.461). M_{11} enthält auch alle regulierten Funktionen, d.h. Funktionen, die in allen Punkten einseitige Limites besitzen (s. §19). Dies folgt daraus, daß eine solche Funktion nur abzählbar viele Unstetigkeitsstellen hat (s.HOBSON (57),S.304), oder auf folgende Weise: $f_n := f \cdot 1_{<-n,n>}$ ist bekanntlich (gleichmäßiger) Limes von Treppenfunktionen (s.DIEUDONNÉ (60),S.139). Da letztere meßbar sind, sind die f_n und damit auch $f = \lim_n f_n$ meßbar.

Die Existenz nicht-meßbarer Funktionen $f: \mathbb{R}^m \to \mathbb{R}^n$ kann man bisher nur mit Hilfe des Auswahlaxioms zeigen (s. §13; ist $B \subset \mathbb{R}$ nicht Borelsch, so ist $1_B: \mathbb{R} \to \mathbb{R}$ nicht meßbar). Man kann also bei praktischen Problemen erwarten, daß alle auftretenden Abbildungen von $\mathbb{R}^m$ nach $\mathbb{R}^n$ $\mathcal{B}_m - \mathcal{B}_n$-meßbar sind, und in der Regel wird man dies durch kombinierte Anwendung der im vorliegenden Paragraphen angegebenen Sätze beweisen können. Man darf diesen Sachverhalt jedoch nicht dahingehend mißverstehen, daß man Meßbarkeitsfragen bei praktischen Problemen außer acht läßt, "da ja alle auftretenden Funktionen meßbar sind". Man hat es nämlich nicht nur mit den σ-Algebren $\mathcal{B}_n$, sondern auch mit echten Unter-σ-Algebren von $\mathcal{B}_n$ zu tun, und bezüglich dieser brauchen auch sehr "gutartige" Funktionen nicht meßbar zu sein (s. Beispiel 13.1 und Aufg.17.6).

Wir beschließen diesen Paragraphen mit einem für die Einführung des Integralbegriffs grundlegenden Satz. Der Vorbereitung dient die folgende

Definition. *Eine Abbildung* $f: (\Omega, \mathfrak{A}) \to (\mathbb{R}, \mathcal{B})$ *heißt* __primitiv__ [1], *falls* f *meßbar und nicht-negativ ist und nur endlich viele Werte annimmt.*

Jede primitive Funktion hat eine eindeutig bestimmte Darstellung

---

[1] Der Sprachgebrauch ist hier nicht einheitlich.

der Gestalt $f = \sum_{\alpha \in f(\Omega)} \alpha \cdot 1_{[f=\alpha]}$, wobei die Mengen $[f=\alpha]$ zu $\mathfrak{A}$ gehören. Nach 17.8 ist der Limes einer konvergenten Folge primitiver Funktionen eine (nicht-negative) meßbare Funktion. Umgekehrt ist auch jede nicht-negative meßbare Funktion darstellbar als Limes einer konvergenten und sogar isotonen Folge primitiver Funktionen. Es gilt nämlich

Satz 17.9. *Sei f eine meßbare Abbildung von $(\Omega, \mathfrak{A})$ nach $(\overline{\mathbb{R}}, \overline{\mathfrak{Z}})$. Dann gilt:*

a) f ist Limes einer Folge reeller meßbarer Funktionen, von denen jede nur endlich viele Werte annimmt.

b) Ist $f \geq 0$, so ist f der Limes einer isotonen Folge von primitiven Funktionen.

Beweis. a) Wir behaupten, daß die Folge der Funktionen

$$f_n := \sum_{i=-n2^n}^{n2^n-1} i2^{-n} 1_{[i2^{-n} \leq f < (i+1)2^{-n}]} + n 1_{[f \geq n]} - n 1_{[f < -n]}$$

das Verlangte leistet. Für $\alpha < \beta$ ist $[\alpha \leq f < \beta] = [f < \beta] \cap [f \geq \alpha] \in \mathfrak{A}$, also ist f_n meßbar. Die Konvergenz $f_n \to f$ ergibt sich auf folgende Weise: Auf $[f = \pm\infty]$ gilt $f_n(\omega) = \pm n \to f(\omega)$, während es zu jedem $\omega \in [|f| < \infty]$ ein $n_0 \in \mathbb{N}$ gibt mit $|f(\omega)| < n_0$, also $|f_n(\omega) - f(\omega)| < 2^{-n}$ für alle $n \geq n_0$, b) Ist $f \geq 0$, so ist auch $f_n \geq 0$. Außerdem gilt dann für $n \in \mathbb{N}$ und $i \in \{0, 1, \dots, n2^n\}$

$$f_n(\omega) = i2^{-n} \implies f(\omega) \geq i2^{-n} = (2i)2^{-(n+1)}$$
$$\implies f_{n+1}(\omega) \geq (2i)2^{-(n+1)} = f_n(\omega).$$

Somit ist (f_n) isoton. $\square$

Aufgaben

17.1. Sei $(\Omega, \mathfrak{A})$ ein Meßraum, (A_n) eine Folge paarweise fremder Mengen aus $\mathfrak{A}$ und $f_n : \Omega \to \overline{\mathbb{R}}$ meßbar, $n \in \mathbb{N}$. Man zeige, daß dann $\sum_n f_n 1_{A_n}$ meßbar ist.

17.2. Man beweise: Besitzt $f : \mathbb{R} \to \mathbb{R}$ nur abzählbar viele Unstetigkeitsstellen, die sich nirgends häufen, so ist f meßbar.

17.3. Man beweise Korollar 17.3 und zeige, daß mit $f : (\Omega, \mathfrak{A}) \to (\overline{\mathbb{R}}, \overline{\mathfrak{Z}})$ auch $1/f$ meßbar ist.

17.4. Man konstruiere, etwa mit Hilfe von 17.8, ein Beispiel für eine B-meßbare und beschränkte, aber nicht Riemann-integrierbare Funktion $f : \langle 0, 1 \rangle \to \mathbb{R}$.

17.5. Gegeben sei eine Funktion $f : \mathbb{R}^2 \to \mathbb{R}$, für welche $f(x, \cdot)$ stetig und $f(\cdot, y)$ meßbar ist, $x \in \mathbb{R}$, $y \in \mathbb{R}$. Sei $M \in \mathbb{R}^+$. Man zeige:

a) $x \to \max_{|y| \leq M} |f(x,y)|$ ist meßbar.

b) Ist $g : \mathbb{R} \to \mathbb{R}$ meßbar, so ist $x \to f(x, g(x))$ meßbar.

Hinweis: Man betrachte zuerst den Fall, daß g nur endlich viele Werte annimmt. Man beachte auch, daß aus der Meßbarkeit von $f(x, \cdot)$ und $f(\cdot, y)$

für alle $x,y \in \mathbb{R}$ i.a. noch nicht die Meßbarkeit von f folgt (s.§20 sowie Beispiel 2 nach 17.5).

17.6. Man beweise: Ist $(\Omega', \mathcal{O}\!l')$ ein Meßraum und sind $f:\Omega \to \Omega'$ und $g:\Omega \to \overline{\mathbb{R}}$ beliebige Funktionen, so ist g genau dann $f^{-1}(\mathcal{O}\!l') - \overline{\mathcal{X}}$-meßbar, falls es eine meßbare Funktion $h:\Omega' \to \overline{\mathbb{R}}$ mit $g=h \circ f$ gibt. Hinweis: Man stelle g als Limes einer Folge (g_n) meßbarer Funktionen dar, von denen jede nur endlich viele Werte annimmt, und beachte, daß aus $g_n = h_n \circ f \to g$ die Beziehung $g = (\overline{\lim\, h_n}) \circ f$ folgt.

17.7. Sei $\emptyset \neq I \subset \mathbb{R}$ ein Intervall und $f:I \to \mathbb{R}$ konvex. Man zeige, daß dann f B-meßbar ist.

17.8. Sei (f_n) eine Folge meßbarer Funktionen von $(\Omega, \mathcal{O}\!l)$ nach $(\mathbb{R}^d, \overline{\mathcal{X}}_d)$. Man zeige, daß die Menge $\left[(f_n) \text{ konvergent im } \mathbb{R}^d\right]$ zu $\mathcal{O}\!l$ gehört.

Ergänzungen

1. Man kann zeigen, daß $\overline{\mathcal{X}}_n$ die kleinste der σ-Algebren $\mathcal{Y}$ in $\mathbb{R}^n$ ist, so daß *jede* stetige Funktion $f:\mathbb{R}^n \to \mathbb{R}$ $\mathcal{Y}-\overline{\mathcal{X}}$-meßbar ist (s. etwa BAUER (68), S.165 und 167). 2. Nach 17.4 und 17.8 ist jede Funktion $f:\mathbb{R}^n \to \mathbb{R}$, welche als Limes stetiger Funktionen darstellbar ist, B-meßbar. Jene Funktionen, zu denen nahezu alle der in den Anwendungen vorkommenden Funktionen gehören, nennt man die Baireschen Funktionen der ersten Klasse Nach 17.8 ist auch der Limes einer in $\mathbb{R}$ konvergenten Folge von Baireschen Funktionen der ersten Klasse B-meßbar. Die so darstellbaren Funktionen heißen die Baireschen Funktionen der zweiten Klasse. Offenbar kann man den Übergang zu den Baireschen Funktionen der nächsthöheren Klasse endlich oft und (mit transfiniter Induktion) sogar unendlich oft wiederholen. Die so entstehende Menge ist die kleinste Menge von (B-meßbaren) Funktionen $f:\mathbb{R}^n \to \mathbb{R}$, welche alle stetigen Funktionen und mit jeder in $\mathbb{R}$ konvergenten Funktionenfolge auch deren Limes enthält. Man kann zeigen (s.etwa HEWITT/STROMBERG (65),S.163), daß die Menge dieser sog. Baireschen Funktionen mit der Menge aller B-meßbaren Funktionen $f:\mathbb{R}^n \to \mathbb{R}$ übereinstimmt. 3. Wir haben darauf hingewiesen, daß zwischen den Begriffspaaren (σ-Algebra, meßbare Funktion) und (Topologie, stetige Funktion) formale Analogien bestehen. Bei beiden handelt es sich um in verschiedener Weise "strukturierte" Mengen mit Abbildungen, deren Urbildfunktionen strukturerhaltend sind. Abstrahiert man von der speziellen Art der Struktur, so gelangt man zum Begriff der Kategorie, der die genannte Analogie formal beschreibt.

§ 18. Der Integralbegriff

In Kapitel I erkannten wir die große Bedeutung des Begriffs "Erwartungswert", der in §9 für solche erweitert reelle Zufallsvariable X auf einem diskreten W-Raum (Ω, P) vermöge

$$(18.1) \qquad EX := \sum_{\alpha \in X(\Omega)} \alpha \cdot P(X = \alpha)$$

eingeführt worden war, für welche die Reihe in (18.1) a-konvergent ist. Bei der wichtigen Aufgabe der Verallgemeinerung dieses Begriffs auf Zva über beliebigen W-Räumen $(\Omega, \mathcal{O}, P)$ lassen wir uns davon leiten, daß EX auch in diesem Falle eine Art von "verallgemeinerter Summe" der durch P gewichteten Funktionswerte von X sein soll. Da eine solche Mittelbildung nicht nur für W-Maße, sondern auch für beliebige Maße μ auf $\mathcal{O}$ von Interesse ist, wollen wir unsere Theorie von Anfang an für beliebige Maße μ auf $\mathcal{O}$ entwickeln und dabei Funktionen $X : \Omega \to \overline{\mathbb{R}}$ zur besseren Unterscheidung in der Regel mit f bezeichnen. Das noch zu definierende "durch μ gewichtete Mittel von f" bezeichnet man als Integral $\int f \, d\mu$.

Nimmt f nur abzählbar viele Werte an, so wird man in Analogie zu (18.1) die Definition

$$(18.2) \qquad \int f \, d\mu := \sum_{\alpha \in f(\Omega)} \alpha \cdot \mu(f = \alpha)$$

verwenden, womit $\int f \, d\mu$ nach Bemerkung 8 vor 17.1 genau dann definiert wäre, falls f $\mathcal{O} - \overline{\mathcal{B}}$-meßbar und die Reihe in (18.2) unbedingt konvergent ist. Im Hinblick auf die Ausführungen in §9 wird man verlangen, daß die Reihe in (18.2) sogar a-konvergent ist.

Das Problem, $\int f \, d\mu$ auch für gewisse Funktionen f mit überabzählbarem Wertevorrat sinnvoll zu definieren, läßt sich folgendermaßen formulieren: Sei $\mathcal{F}$ die Menge aller Funktionen $f : \Omega \to \overline{\mathbb{R}}$. Für eine Teilmenge $\mathcal{M}_0$ von Funktionen sei $\int f \, d\mu$ bereits definiert, d.h. es sei eine Abbildung

$$f \to I_0(f) := \int f \, d\mu$$

von $\mathcal{M}_0$ nach $\overline{\mathbb{R}}$ gegeben. (Da I_0 auf einer Funktionenmenge definiert und erweitert-reell ist, nennt man I_0 oft auch ein Funktional.) Gesucht ist dann eine Menge $\mathcal{L}'$ mit $\mathcal{M}_0 \subset \mathcal{L}' \subset \mathcal{F}$ und eine Fortsetzung I von I_0 auf $\mathcal{L}'$. Dieses Fortsetzungsproblem wird dadurch zu einer nichttrivialen Aufgabe, daß man an die Menge $\mathcal{L}'$ und die Fortsetzung $I : \mathcal{L}' \to \overline{\mathbb{R}}$ die folgenden (z.T. in verschiedene Richtungen zielenden) Forderungen stellen möchte:

a) $\mathcal{L}'$ soll so "groß" sein, daß möglichst viele der für die Anwendungen interessanten Funktionen zu $\mathcal{L}'$ gehören.

b) $\mathcal{L}'$ soll so "klein" sein, daß es eine Fortsetzung $I : \mathcal{L}' \to \overline{\mathbb{R}}$ von I_0

gibt, welche alle "wesentlichen" Eigenschaften von I_0 besitzt.

c) Es gibt nur *eine* Fortsetzung I von I_0, welche alle "wesentlichen" Eigenschaften von I_0 (und evtl. weitere angenehme Eigenschaften) besitzt.

Für die Lösung unseres Fortsetzungsproblems erinnern wir zunächst daran, daß für eine erweitert-reelle Zva X auf einem diskretem W-Raum der Erwartungswert EX nach 9.4 genau dann existiert, falls EX^+ und EX^- existieren und wenigstens eine dieser Zahlen endlich ist, und daß EX im Falle der Existenz mit EX^+-EX^- übereinstimmt. Demgemäß werden wir unser Problem in mehreren Schritten erledigen: Zunächst werden wir für $\mathfrak{M}_0$ eine Menge *nicht-negativer* Funktionen wählen, für welche I_0 durch (18.2) definiert werden kann. Dann wird I_0 - wie weiter unten erörtert wird - zu einer Funktion I_+ auf einer "großen" Menge $\mathfrak{M}_+$ nicht-negativer Funktionen aus $\mathfrak{F}$ fortgesetzt. Sodann wählen wir für $\mathcal{L}'$ die Menge $\{f \in \mathfrak{F} : f^{\pm} \in \mathfrak{M}_+, I_+(f^+)<\infty$ oder $I_+(f^-)<\infty\}$ und schließlich definieren wir $\int f d\mu$ für $f \in \mathcal{L}'$ durch

$$(18.3) \qquad\qquad I(f) := I_+(f^+) - I_+(f^-).$$

(Man sieht leicht ein, daß dann I eine Fortsetzung von I_+ ist.)

Für $\mathfrak{M}_0$ könnte man die Menge aller nicht-negativen meßbaren Funktionen aus $\mathfrak{F}$ mit abzählbarem Wertevorrat wählen. Aus beweistechnischen Gründen empfiehlt es sich jedoch, hiervon nur solche Funktionen zuzulassen, welche nur endlich viele und zwar reelle Werte annehmen, d.h. wir wählen für $\mathfrak{M}_0$ die Menge der in §17 eingeführten *primitiven* Funktionen auf Ω.

Ein naheliegender Versuch zur konstruktiven Fortsetzung von I_0 zu I_+ besteht darin, für $\mathfrak{M}_+$ die Menge derjenigen Funktionen f aus $\mathfrak{F}$ zu wählen, die in einem noch zu präzisierenden Sinne durch Folgen (f_n) von Funktionen aus $\mathfrak{M}_0$ "approximierbar" sind und bei denen $\lim \int f_n d\mu$ für jede approximierende Folge (f_n) existiert und einen von (f_n) unabhängigen Wert $I_+(f)$ besitzt. Würde man bei diesem Verfahren die Aussage "f wird durch (f_n) approximiert" einfach durch "(f_n) konvergiert gegen f" präzisieren, so wäre $\mathfrak{M}_+$ i.a. keine Obermenge von $\mathfrak{M}_0$, wie folgendes Beispiel 18.1 zeigt: Sei $\Omega := \mathbb{N}$, $\mathfrak{A} := \mathcal{P}(\Omega)$ und μ das Ω-Zählmaß auf $\mathfrak{A}$. Dann gehört $f \equiv 0$ zu $\mathfrak{M}_0$ (und es gilt $\int f d\mu = 0$). Die beiden Folgen der zu $\mathfrak{M}_0$ gehörenden Funktionen $f_n :\equiv 0$ bzw. $g_n := 1_{\{n\}}$, $n \in \mathbb{N}$, konvergieren gegen f, aber es gilt $\int f_n d\mu \to 0$ und $\int g_n d\mu \to 1$.

Präzisiert man jedoch "f wird durch (f_n) approximiert" durch "(f_n) konvergiert *isoton* gegen f", so hat unser Verfahren Erfolg: Nach 17.9b ist jede meßbare nicht-negative Funktion f aus $\mathfrak{F}$ Limes einer isotonen Folge von Funktionen f_n aus $\mathfrak{M}_0$, der Menge der primitiven Funktionen; ferner zeigt man leicht (s. den ersten Schritt im Beweis von 18.1), daß die Isotonie von (f_n) diejenige der Zahlenfolge $(I(f_n))$ und damit die

Existenz von lim $I_o(f_n)$ impliziert; schließlich kann man zeigen, daß lim $I_o(f_n)$ für jede gegen f konvergente isotone Folge (f_n) primitiver Funktionen denselben Wert hat. (Obgleich dieses der schwierigste Schritt des Fortsetzungsverfahrens ist, verzichten wir auf einen Beweis und verweisen auf die Literatur, z.B. BAUER (68),S.50 und W.VOGEL (70),S.39).

Wenn wir also für $\mathcal{M}_+$ die Menge der nicht-negativen meßbaren Funktionen aus $\mathcal{F}$ wählen, haben wir eine nicht unvernünftig erscheinende Fortsetzungsmöglichkeit gefunden. Ehe wir nachprüfen, inwieweit unsere Fortsetzung den oben angegebenen Bedingungen (a) bis (c) genügt, fassen wir die vorangehenden Überlegungen zusammen in der folgenden

Definition. *Sei $(\Omega, \mathcal{A}, \mu)$ ein Maßraum und $f: \Omega \to \overline{\mathbb{R}}$ eine meßbare Funktion.*
a) *Ist $f \geq 0$ und (f_n) eine (nach 17.9b sicher existierende) isotone Folge primitiver Funktionen, die gegen f konvergiert, so heißt die von der Wahl von (f_n) unabhängige erweitert reelle Zahl*

$$(18.4) \qquad \int f d\mu := \lim_n \sum_{\alpha \in f_n(\Omega)} \alpha \cdot \mu(f_n = \alpha)$$

das Integral von f (über Ω) bezüglich μ.
b) *Die Funktion f heißt $\underline{\mu\text{-quasi-integrierbar}}$, falls mindestens eines der Integrale $\int f^{\pm} d\mu$ endlich ist. In diesem Fall heißt*

$$(18.5) \qquad \int f d\mu := \int f^+ d\mu - \int f^- d\mu$$

das Integral von f (über Ω) bezüglich μ. Man sagt dann, $\int f d\mu$ $\underline{existiere}$.
c) *f heißt $\underline{\mu\text{-integrierbar}}$, falls f μ-quasi-integrierbar und $\int f d\mu$ endlich ist.*

Mit $\mathcal{L}_\mu$ bzw. $\mathcal{L}'_\mu$ (oder auch kurz: $\mathcal{L}$, $\mathcal{L}'$) bezeichnen wir die Mengen der μ-integrierbaren bzw. μ-quasi-integrierbaren Funktionen $f: \Omega \to \overline{\mathbb{R}}$. Es gilt offensichtlich $\mathcal{M}_+ \subset \mathcal{L}'_\mu$ für jedes Maß μ auf $\mathcal{A}$. Statt "μ-(quasi-)integrierbar" sagen wir einfach "(quasi-)integrierbar", falls aus dem Zusammenhang klar ist, welches Maß μ vorliegt.

Statt $\int f d\mu$ schreiben wir bei Bedarf auch $\int f(x)\mu(dx)$. (Die in der Literatur vielfach verwendete Bezeichnung $\int f(x)d\mu(x)$ führt bei sog. Übergangswahrscheinlichkeitsmaßen (s. §20) zu Komplikationen.) Ist $G: \mathbb{R} \to \mathbb{R}$ eine maßdefinierende Funktion und μ das zugehörige Borelmaß auf $\mathcal{B}$, so schreibt man für $\int f d\mu$ auch $\int f(x)G(dx)$ und nennt letzteres Integral ein $\underline{\text{Lebesgue-Stieltjes-Integral}}$. Integrale der Form $\int f d\lambda$, $\lambda := $ L-Maß auf $\mathcal{B}$, nennt man $\underline{\text{Lebesgue-Integrale}}$. Für $\int f d\lambda$ schreibt man auch $\int f(x)dx$ (s. §19D).

Wir wenden uns nun der Frage zu, inwieweit unser Integralbegriff den oben genannten Bedingungen (a) bis (c) genügt. Für (a) wird diese Frage von der überwiegenden Mehrzahl der mit Anwendungen befaßten Stochastiker aufgrund der bisher gemachten Erfahrungen positiv beantwortet. Nach

dem Vergleich der Sätze in diesem Paragraphen mit den entsprechenden in
§9 wird man auch (b) als erfüllt ansehen dürfen. Schließlich erkennt
man mit Hilfe von 18.3b und 19.1, daß $\mathcal{L}'$ und I nach obiger Wahl von $\mathfrak{M}_0$
und I_0 durch folgende Bedingung eindeutig festgelegt sind: $\mathcal{L}'$ ist die
kleinste Obermenge von $\mathfrak{M}_0$ mit den Eigenschaften

1) $f, g \in \mathcal{L}'$, $f+g$ und $I(f)+I(g)$ definiert $\Rightarrow$
   $f+g \in \mathcal{L}'$ und $I(f+g) = I(f)+I(g)$.

2) $f_n \in \mathcal{L}'$, $f_n \geq 0$, (f_n) isoton $\Rightarrow$
   $\lim f_n \in \mathcal{L}'$ und $I(\lim f_n) = \lim I(f_n)$.

Bisher haben wir uns noch keine Rechenschaft gegeben, ob I tatsächlich
eine Fortsetzung von I_0 ist, d.h. ob I auf $\mathfrak{M}_0$ mit I_0 übereinstimmt.
Dies ist in folgendem Satz enthalten, welcher besagt, daß unser Integralbegriff mit dem durch (18.2) gegebenen Ausgangspunkt verträglich
ist.

Satz 18.0. *Sei* $f : \Omega \to \overline{\mathbb{R}}$ *meßbar und* $f(\Omega)$ *abzählbar. Dann gilt:*

$$f \in \mathcal{L}' \iff \sum_{\alpha \in f(\Omega)} \alpha \cdot \mu(f=\alpha) \quad a\text{-}konvergent$$

$$\Rightarrow \sum_{\alpha \in f(\Omega)} \alpha \cdot \mu(f=\alpha) = \int f d\mu.$$

Beweis. Ist $f \geq 0$, so gewinnt man durch Abzählung der Menge $f(\Omega)-\{\infty\}$
leicht eine gegen $f(\Omega)-\{\infty\}$ konvergente und isotone Folge von endlichen
Mengen $A_n \subset \mathbb{R}_+$. Die Folge der primitiven Funktionen

$$f_n := \sum_{\alpha \in A_n} \alpha \cdot 1_{[f=\alpha]} + n \cdot 1_{[f=\infty]}$$

konvergiert dann isoton gegen f, und es gilt

$$\int f_n d\mu = \sum_{\alpha \in A_n} \alpha \cdot \mu(f=\alpha) + n \cdot \mu(f=\infty) \to \sum_{\alpha \in f(\Omega)} \alpha \cdot \mu(f=\alpha).$$

Der Rest der Behauptung folgt dann mit Hilfe von 9.2. $\square$

Im Zusammenhang mit 18.0 ist die in Aufg.18.5 angegebene Tatsache
von Interesse, daß jede a-konvergente unendliche Reihe von erweitert-
reellen Zahlen als Integral bzgl. des Zählmaßes auf der Indexmenge dargestellt werden kann. Daher sind Sätze über unendliche (Funktionen-)
Reihen oft leicht aus den entsprechenden Sätzen über (von einem Parameter abhängige) Integrale herleitbar.

Direkt aus der Definition des Integrals folgt:

a) $\int 1_A d\mu = \mu(A)$, $A \in \mathfrak{A}$.

b) $f \in \mathcal{L}_\mu' \iff -f \in \mathcal{L}_\mu' \Rightarrow \int (-f) d\mu = -\int f d\mu$.

c) $f \in \mathcal{L}_\mu \iff f^+, f^- \in \mathcal{L}_\mu$.

d) Für $\alpha \in \overline{\mathbb{R}}$ und $A \in \mathfrak{A}$ gehört $\alpha \cdot 1_A$ zu $\mathcal{L}_\mu'$ und es gilt $\int \alpha \cdot 1_A d\mu = \alpha \cdot \mu(A)$.

Bei der Herleitung weiterer Eigenschaften des Integralbegriffs werden wir oft folgendes durch die Konstruktion des Integrals nahegelegtes
Beweisprinzip anwenden: Möchte man eine als richtig vermutete Aussage

über das Integral beliebiger quasi-integrierbarer Funktionen f verifizieren, so betrachte man zuerst den Fall $f=1_A$, $A \in \mathfrak{A}$, der häufig (s.z.B. 19.11) gerade die Voraussetzung des Satzes und daher trivialerweise richtig ist. (Gelegentlich erfordert jedoch auch dieser Fall einigen Aufwand.) Aufgrund der Linearität des Integrals (s.18.3) folgt dann meistens unmittelbar die Richtigkeit der Aussage für den Fall, daß f eine primitive Funktion ist. Dann betrachte man den Fall $f \in \mathfrak{M}_+$, bei dem man sich f gemäß 17.9b als Limes einer isotonen Folge (f_n) primitiver Funktionen dargestellt denke und nachzuweisen versuche, daß in der für f_n, $n \in \mathbb{N}$, als richtig erkannte Aussage "der Grenzübergang $n \to \infty$ erlaubt ist". Hierzu kann man manchmal die Definition (18.4) heranziehen; oft ist auch der Satz 19.1 von der monotonen Konvergenz nützlich. Bei diesen drei ersten Beweisschritten ist i.a. die Existenz der auftretenden Integrale trivialerweise gesichert. Im letzten Schritt untersuche man den allgemeinen Fall mit Hilfe der Zerlegung $f=f^+-f^-$. (Den ersten der vier Beweisschritte kann man auch oft überspringen.)

Satz 18.1 (Isotonie des Integrals).

$f,g \in \mathcal{L}'_\mu$, $f \leq g$ $\Rightarrow$ $\int f d\mu \leq \int g d\mu$.

Beweis.[1]) Sind f und g primitiv, so gilt

$$\int f = \sum_{\alpha \in f(\Omega)} \alpha \cdot \mu(f=\alpha) = \sum_{\alpha \in f(\Omega)} \sum_{\beta \in g(\Omega)} \alpha \cdot \mu(f=\alpha, g=\beta)$$

$$= \sum_{(\alpha, \beta)} \alpha \cdot \mu(f=\alpha, g=\beta) \leq \sum_{(\alpha, \beta)} \beta \cdot \mu(f=\alpha, g=\beta) = \int g,$$

da für $\alpha > \beta$ nach Voraussetzung $[f=\alpha, g=\beta] = \emptyset$ ist. Sind f und g nicht-negativ und sind (f_n) und (g_n) die speziellen, im Beweis von 17.9 angegebenen, isotonen Folgen primitiver Funktionen mit $f_n \uparrow f$, $g_n \uparrow g$, so gilt offensichtlich $f_n \leq g_n$, also $\int f_n \leq \int g_n$, also $\int f \leq \int g$. Sind f und g beliebig, so folgen aus $f \leq g$, da $x \to x^+$ und $x \to -x^-$, $x \in \overline{\mathbb{R}}$, isotone Funktionen sind, die Ungleichungen $\pm f^\pm \leq \pm g^\pm$, also auch $\pm \int f^\pm \leq \pm \int g^\pm$ und damit die Behauptung.$\square$

Satz 18.2. *Seien f,g und h meßbare Abbildungen von Ω nach $\overline{\mathbb{R}}$ und sei $M \in \mathbb{R}_+$. Dann gilt:*

a) $f \in \mathcal{L}'_\mu$ $\Rightarrow$ $|\int f d\mu| \leq \int |f| d\mu$.

b) $|f| \leq M$ $\Rightarrow$ $\int |f| d\mu \leq M \cdot \mu(\Omega)$.

c) $f \leq g$, $\int g^+ d\mu < \infty$ $\Rightarrow$ $f \in \mathcal{L}'_\mu$,

   $h \leq f$, $\int h^- d\mu < \infty$ $\Rightarrow$ $f \in \mathcal{L}'_\mu$.

d) $|f| \leq g$, $g \in \mathcal{L}_\mu$ $\Rightarrow$ $f \in \mathcal{L}_\mu$.

---

[1]) Wir werden in Beweisen oft nur $\int f$ anstelle von $\int f d\mu$ schreiben.

Beweis. a) ist trivial im Fall $\int|f|=\infty$; im andern Fall zeigt 18.1 wegen $\pm f\leq|f|$, daß $\pm\int f=\int(\pm f)\leq\int|f|$ gilt. b) folgt sofort aus 18.1. c) und d) sind eine Folge von 18.1 und von $f^+\leq g^+$ bzw. $f^-\leq h^-$ bzw. $f^{\pm}\leq|f|\leq g.\square$

<u>Satz 18.3</u> (Linearität des Integrals). *Seien f und g μ-quasi-integrierbar. Dann gilt:*

a) $\alpha\epsilon\mathbb{R}\Rightarrow\alpha f\epsilon\mathscr{L}_{\mu}^{1}$ *und* $\int(\alpha f)d\mu=\alpha\int fd\mu$.

b) $f+g$ *und* $\int fd\mu+\int gd\mu$ *definiert* $\Rightarrow f+g\epsilon\mathscr{L}_{\mu}^{1}$ *und*

(18.6) $$\int(f+g)d\mu=\int fd\mu+\int gd\mu.$$

Beweis. a) ist nach 18.0 richtig für $\alpha\geq0$ und f primitiv, was die Richtigkeit für $\alpha\geq0$ und $f\geq0$ nach sich zieht. Für f beliebig und $\alpha\geq0$ folgt dann die Behauptung aus $\int(\alpha f)^{\pm}=\int\alpha f^{\pm}=\alpha\int f^{\pm}$. Den Fall $\alpha<0$ führt man mit $\alpha f=(-\alpha)(-f)$ auf den Fall $\alpha>0$ zurück. b) Sind f und g primitiv, so gilt

$$
\begin{aligned}
\int f+\int g &= \sum_{\alpha\epsilon f(\Omega)}\alpha\mu(f=\alpha)+\sum_{\beta\epsilon g(\Omega)}\beta\mu(g=\beta)\\
&= \sum_{(\alpha,\beta)}\alpha\mu(f=\alpha,g=\beta)+\sum_{(\alpha,\beta)}\beta\mu(f=\alpha,g=\beta)\\
&= \sum_{(\alpha,\beta)}(\alpha+\beta)\mu(f=\alpha,g=\beta)=\sum_{\gamma\epsilon(f+g)(\Omega)}\sum_{\substack{(\alpha,\beta):\\ \alpha+\beta=\gamma}}\gamma\mu(f=\alpha,g=\beta)\\
&= \sum_{\gamma}\gamma\mu(f+g=\gamma)=\int(f+g).
\end{aligned}
$$

Hierbei wurde benutzt, daß $[f=\alpha,g=\beta]$ für $\alpha+\beta\notin(f+g)(\Omega)$ leer ist und mit f und g auch f+g primitiv ist. Nun folgt (18.6) leicht für den Fall $f\geq0$, $g\geq0$. Schließlich seien f und g beliebig. Aus 18.1 und $(f+g)^{\pm}\leq f^{\pm}+g^{\pm}$ folgt dann $\int(f+g)^{\pm}\leq\int(f^{\pm}+g^{\pm})=\int f^{\pm}+\int g^{\pm}$. Da eine der beiden Zahlen $\int f^{\pm}+\int g^{\pm}$ endlich ist, folgt $f+g\epsilon\mathscr{L}_{\mu}^{1}$. Sei etwa $\int f^-+\int g^-<\infty$. Dann stimmt f+g mit $(f+g)^+-(f+g)^-$ und mit $(f^+-f^-)+(g^+-g^-)=(f^++g^+)-(f^-+g^-)$ überein, woraus $(f+g)^++f^-+g^-=$ $=(f+g)^-+f^++g^+$ folgt. (Man beachte, daß für jedes $\omega\epsilon\Omega$ mindestens eine der Zahlen $f^+(\omega),f^-(\omega)$ verschwindet.) Somit gilt

(18.7) $$\int(f+g)^++\int f^-+\int g^-=\int(f+g)^-+\int f^++\int g^+.$$

Da wegen $\int f^-+\int g^-<\infty$ auch $\int(f+g)^-<\infty$ ist, kann man (vgl.Anhang 2) (18.7) umschreiben zu

$$
\begin{aligned}
\int(f+g)^+-\int(f+g)^- &= \int f^++\int g^+-(\int f^-+\int g^-)\\
&= (\int f^+-\int f^-)+(\int g^+-\int g^-).
\end{aligned}
$$

Damit ist (18.6) bewiesen. ☐

Bemerkungen. 1. Aus 18.2d und 18.3b folgt für jede meßbare Funktion $f:\Omega \to \overline{\mathbb{R}}$ wegen $f^{\pm} \le |f| = f^+ + f^-$ die wichtige Beziehung

$$f \text{ integrierbar} \iff |f| \text{ integrierbar.}$$

2. Man überlegt sich leicht, daß $\int f d\mu + \int g d\mu$ genau dann definiert ist, wenn mindestens eine der beiden Zahlen $\int f^{\pm} d\mu + \int g^{\pm} d\mu = \int (f^{\pm}+g^{\pm})d\mu$ endlich ist. Sind speziell f und g reell und integrierbar, so folgt aus 18.3 die Integrierbarkeit von $f+g$ und die Integrierbarkeit von αf für $\alpha \in \mathbb{R}$. Somit ist die Menge $\mathcal{L}(\mu)$ der *reellen* μ-integrierbaren Funktionen auf $(\Omega, \mathcal{O}, \mu)$ ein Vektorraum. Wegen 18.1 und 18.3 ist die Abbildung $f \to \int f d\mu$ eine positive Linearform auf $\mathcal{L}(\mu)$. Die Menge $\mathcal{L}(\mu)$ ist sogar ein Vektorverband, denn mit f und g liegen auch $\max(f,g)=\frac{1}{2}(f+g+|f-g|)$ und $\min(f,g)=-\max(-f,-g)$ in $\mathcal{L}(\mu)$. 3. Teil a) von 18.3 ist i.a. nicht richtig für $\alpha=\pm\infty$, da dann αf nicht zu $\mathcal{L}_{\mu}^1$ zu gehören braucht (Gegenbeispiel!).

Wir haben bisher nur Integrale über den ganzen Definitionsbereich der zu integrierenden Funktionen betrachtet. In den Anwendungen möchte man oft nur über einen gewissen Teilbereich $A \in \mathcal{O}$ integrieren. Dazu müssen wir zuerst definieren, was wir überhaupt unter $\int_A f d\mu$ verstehen wollen. Die folgende Definition scheint naheliegend zu sein.

Definition. *Sei* $(\Omega, \mathcal{O}, \mu)$ *ein Maßraum,* $f:\Omega \to \overline{\mathbb{R}}$ *eine meßbare Funktion und* $\emptyset \ne A \in \mathcal{O}$. *Mit* f_A *bzw.* μ_A *werde die Restriktion von* f *auf* A *bzw. von* μ *auf* $A\mathcal{O}$ *bezeichnet. Ist* f_A μ_A*-quasi-integrierbar, so heißt*

(18.8) $$\int_A f d\mu := \int f_A d\mu_A$$

das Integral von f *bzgl.* μ *über* A. *Man sagt dann,* $\int_A f d\mu$ *existiere. Ferner sei* $\int_{\emptyset} f d\mu := 0$.

Der folgende plausible Satz, der aber dennoch eines Beweises bedarf, zeigt u.a. die oft benützte Tatsache, daß man die Berechnung von $\int_A f d\mu$ in $(\Omega, \mathcal{O}, \mu)$ durchführen kann.

Satz 18.4. *Sei* $f:\Omega \to \overline{\mathbb{R}}$ *meßbar und* $A,B \in \mathcal{O}$. *Dann gilt:*

a) $\exists \int_A f d\mu \iff \exists \int f 1_A d\mu \implies \int_A f d\mu = \int f 1_A d\mu$.

b) $A \subset B$, $\exists \int_B f d\mu \implies \exists \int_A f d\mu$.

Aus 18.4b folgt: $\exists \int f d\mu \Rightarrow \exists \int_A f d\mu$ für alle $A \in \mathfrak{A}$. Die Abbildung $A \to \int_A f d\mu$ heißt dann das __unbestimmte Integral von f bzgl. μ__. Wir unterdrücken den Beweis von 18.4. Es sei darauf hingewiesen, daß in der Literatur meistens $\int_A f d\mu$ durch $\int f 1_A d\mu$ definiert wird.

Als eine weitere Ausdehnung des Integralbegriffs müssen wir noch auf Integrale über sog. "μ-fast sicher" definierte Funktionen eingehen, da dies die Formulierung mancher Sätze erleichtert. Wir treffen zunächst einige Vorbereitungen.

__Definition.__ *Sei* $(\Omega, \mathfrak{A}, \mu)$ *ein Maßraum und* $K(\omega)$ *eine Aussage über* ω, *die entweder wahr oder falsch ist,* $\omega \in \Omega$. *Wir sagen, K sei* μ-*fast sicher* *(kurz:* μ-*f.s. oder f.s.) oder auch für* μ-*fast alle* $\omega \in \Omega$ *(kurz:* μ-*f.a.* $\omega \in \Omega$) *richtig, falls* $K(\omega)$ *für alle* ω *außerhalb einer* μ-*Nullmenge richtig ist.*

Man beachte, daß nicht gefordert wird, daß $\{\omega \in \Omega: K(\omega) \text{ ist falsch}\}$ zu $\mathfrak{A}$ gehört (und eine Nullmenge ist), obwohl dies in den Anwendungen meistens der Fall ist. Ferner beachte man im folgenden, daß die Vereinigung von abzählbar vielen μ-Nullmengen wieder eine μ-Nullmenge ist.

__Beispiele.__ 1. Ist f meßbar, so gilt: $|f| < \infty$ μ-f.s. $\Leftrightarrow \mu(|f| = \infty) = 0$.
2. Ist $\mu \equiv 0$, so ist jede Aussage μ-f.s. richtig. Auf diesen trivialen Fall muß man gelegentlich bei der Formulierung von Sätzen achten.
3. Ist μ das $\mathbb{N}$-Zählmaß auf $\mathscr{B}$, so ist $f: \mathbb{R} \to \mathbb{R}$ genau dann μ-f.s. positiv, falls $f(n) > 0$, $n \in \mathbb{N}$, gilt.

__Satz 18.5.__ *Seien* $f: \Omega \to \overline{\mathbb{R}}$ *und* $g: \Omega \to \overline{\mathbb{R}}$ *meßbar.*
a) *Ist* $f \geq 0$, *so gilt:* $\int f d\mu = 0 \Leftrightarrow f = 0$ μ-*f.s.*
b) *Ist* $f = g$ μ-*f.s., so gilt:*
$$f \in \mathscr{L}'_\mu \Leftrightarrow g \in \mathscr{L}'_\mu \Rightarrow \int f d\mu = \int g d\mu.$$
c) *Ist* f *integrierbar, so ist* $|f| < \infty$ μ-*f.s., und es gilt* $\mu(|f| \geq \varepsilon) < \infty$, $\varepsilon \in \mathbb{R}^+$.

Beweis. a) $\mathfrak{E}$ sei $\mu \not\equiv 0$. Es gilt $A_n := [f \geq 1/n] \uparrow [f > 0]$. Ist $\mu(f > 0) > 0$, so gibt es wegen der Stetigkeit von μ von unten ein $m \in \mathbb{N}$ mit $\mu(A_m) > 0$; nach 18.1 folgt dann $\int f \geq \int f 1_{A_m} \geq \int \frac{1}{m} \cdot 1_{A_m} = \frac{1}{m}\mu(A_m) > 0$. Ist andererseits $\mu(f > 0) = 0$ und (f_n) eine gegen f konvergente isotone Folge primitiver Funktionen, so gilt für $n \in \mathbb{N}$ nach 18.1 und 18.3a
$$\int f_n = \int f_n 1_{[f > 0]} \leq \int \sup_\omega f_n(\omega) \cdot 1_{[f > 0]} = \sup_\omega f_n(\omega) \cdot \mu(f > 0) = 0,$$
also $\int f = 0$. b) Für $A := [f = g]$ gilt $\int f^\pm 1_{A^c} = 0$, $\int g^\pm 1_{A^c} = 0$ nach a). Hieraus, aus 18.3b und aus $f^\pm 1_A = g^\pm 1_A$ ergibt sich $\int f^\pm = \int f^\pm (1_A + 1_{A^c}) = \int f^\pm 1_A + \int f^\pm 1_{A^c} = \int g^\pm 1_A = \int g^\pm$, was die Behauptung impliziert. c) Für $\varepsilon \in \mathbb{R}^+$ gilt $\int |f| \geq \int |f| 1_{[|f| \geq \varepsilon]} \geq \int \varepsilon \cdot 1_{[|f| \geq \varepsilon]} = \varepsilon \cdot \mu(|f| \geq \varepsilon)$, woraus alles folgt. $\square$

Wegen 18.5b kann man bei vielen Integralsätzen (z.B. in 18.5a) die Voraussetzungen dahingehend abschwächen, daß sie nur μ-f.s. gelten. Wir werden diese Tatsache benützen, ohne jedesmal darauf hinzuweisen.

Aus 18.5a kann man folgende Ergänzung zu 18.1 erhalten.

Satz 18.6. *Ist* $f, g \in \mathcal{L}_\mu$, $f < g$ *und* $\mu \neq 0$, *so ist* $\int f d\mu < \int g d\mu$.

Nun kommen wir zu der angekündigten Erweiterung des Integralbegriffs.

Definition. *Sei* $\emptyset \neq B \subset \Omega$ *und* $f: B \to \overline{\mathbb{R}}$.

a) *Man sagt, f sei* $\underline{\mu\text{-}f.s.}$ *auf* Ω *oder für* $\underline{\mu\text{-}f.a.}$ $\omega \in \Omega$ $\underline{definiert}$, *falls* B^c *in einer* μ-*Nullmenge liegt.*

b) *Eine* μ-*f.s. auf* Ω *definierte Funktion* $f: B \to \overline{\mathbb{R}}$ *heißt* $\underline{meßbar}$ *bzw.* $\underline{\mu\text{-}}$ $\underline{quasi\text{-}integrierbar}$ *bzw.* $\underline{\mu\text{-}integrierbar}$, *falls es eine meßbare bzw.* μ-*quasi-integrierbare bzw.* μ-*integrierbare Funktion* $g: \Omega \to \overline{\mathbb{R}}$ *gibt, die mit einer (und damit mit jeder) Fortsetzung von f auf* Ω μ-*f.s. übereinstimmt. Im Falle der Existenz von* $\int g d\mu$ *nennt man* $\int f d\mu := \int g d\mu$ *das* $\underline{Inte\text{-}}$ $\underline{gral\ von\ f\ bzgl.\ \mu}$.

Damit die obige Definition b) sinnvoll ist, muß gezeigt werden, daß $\int g d\mu$ im Falle der Existenz von der Wahl von g unabhängig ist. Dies ergibt sich so: Sei $h: \Omega \to \overline{\mathbb{R}}$ μ-quasi-integrierbar und $h = f'$ μ-f.s. für jede Fortsetzung $f': \Omega \to \overline{\mathbb{R}}$ von f. Dann ist $g = h$ μ-f.s., also $\int g d\mu = \int h d\mu$ nach 18.5b.

Bemerkung. Man beachte, daß von der in Definition b) genannten meßbaren Funktion g nicht gefordert wird, daß sie eine Fortsetzung von f ist. Diese Forderung ist ja, wenn B nicht meßbar ist, i.a. nicht erfüllbar. Demgemäß enthält Definition b) die Definition von $\int f d\mu$ für auf ganz Ω definierte nicht-meßbare, aber μ-f.s. mit einer quasi-integrierbaren Funktion übereinstimmende Funktionen.

Beispiel 18.2. Sind f und g aus $\mathcal{L}_\mu$, so sind f und g nach 18.5c μ-f.s. endlich, also ist $f+g$ μ-f.s., nämlich mindestens auf $A := [\,|f| < \infty\,] \cap [\,|g| < \infty\,]$ definiert, und daher ist $h := f1_A + g1_A$ eine Fortsetzung von $f+g$. Da $\int f1_A d\mu + \int g1_A d\mu = \int f d\mu + \int g d\mu$ definiert ist, folgt aus 18.3b die Integrierbarkeit von h und die Formel $\int h d\mu = \int f d\mu + \int g d\mu$. Also ist auch $f+g$ integrierbar und es gilt $\int (f+g) d\mu = \int f d\mu + \int g d\mu$.

Aufgaben

18.1. Man beweise Satz 18.4.

18.2. Man beweise Satz 18.6.

18.3. Man zeige, daß für eine stetige Funktion $f: \langle a, b \rangle \to \mathbb{R}$ das Integral $\int_{\langle a, b \rangle} f\, d\lambda$ mit dem Riemann-Integral $\int_a^b f(x) dx$ übereinstimmt. (Vgl. §19D.)

18.4. Sei $(\Omega, \mathfrak{A}, \mu)$ ein Maßraum, seien f und g erweitert-reelle μ-integrierbare Funktionen. Man beweise, daß genau dann

$$\int_A f\, d\mu \leq \int_A g\, d\mu \quad \text{für alle } A \in \mathfrak{A}$$

gilt, falls $f \leq g$ μ-f.s. ist. Genügt es, f und g als μ-quasi-integrierbar vorauszusetzen?

18.5. Sei μ das $\mathbb{N}$-Zählmaß auf $\mathcal{P}(\mathbb{N})$ und g: $\mathbb{N} \to \overline{\mathbb{R}}$. Dann gilt:

$$g \in \mathcal{L}_\mu' \Leftrightarrow \sum_1^\infty g(n) \text{ a-konvergent} \Rightarrow \sum_1^\infty g(n) = \int g d\mu.$$

Ergänzungen

1. Neben dem von uns gewählten Weg der Einführung des Integralbegriffs gibt es noch andere Möglichkeiten. Wir verweisen in diesem Zusammenhang auf LOÈVE (60), S.142 und HEWITT/STROMBERG (65). 2. Einen
funktionalanalytischen Einblick in den Integralbegriff ergibt folgende
Betrachtung: Wir wissen, daß $f \to I_1(f) := \int f \, d\mu$ eine positive Linearform
auf dem Vektorverband $\mathcal{L}(\mu)$ ist. Es erhebt sich die Frage, ob es eine
einfache Charakterisierung von I_1 in der Menge aller positiven Linear-
formen auf $\mathcal{L}(\mu)$ gibt. Die Antwort hierauf ist positiv und sie wird besonders einfach formulierbar, falls μ endlich ist. In diesem Falle ist
nämlich I_1 die einzige positive Linearform auf $\mathcal{L}(\mu)$ mit den beiden folgenden Eigenschaften:

a) $I_1(1_A) = \mu(A)$, $A \in \mathfrak{A}$,

b) $f_n \in \mathcal{L}(\mu)$, $f_n \geq 0$, (f_n) isoton, $\sup f_n \in \mathcal{L}(\mu)$,
$$\Rightarrow I_1(\sup_n f_n) = \sup_n I_1(f_n).$$

I_1 besitzt die Eigenschaft a) trivialerweise und die Eigenschaft b)
nach 19.1. Zum andern folgt leicht aus dem sog. Satz von Daniell-
Stone (s.etwa BAUER (68), S.160 und 164), daß nur I_1 die beiden Eigen-
schaften besitzt. 3. Sei $(\mathbb{R}, \mathcal{B}_\lambda, \overline{\lambda})$ die Vervollständigung von $(\mathbb{R}, \mathcal{B}, \lambda)$.
Man nennt dann auch die Integrale der Gestalt $\int f d\overline{\lambda}$ (mit $\mathcal{B}_\lambda$-$\overline{\mathcal{B}}$-meßbarer
Funktion $f:\mathbb{R} \to \overline{\mathbb{R}}$) Lebesgue-Integrale.

§ 19. Eigenschaften des Integrals

Der vorliegende Paragraph ist in vier Abschnitte unterteilt:
A) Konvergenzsätze; B) Integrale, die von einem Parameter abhängen;
C) Bildmaße; D) Berechnung von Lebesgue-Integralen.

Allen Betrachtungen dieses Paragraphen liegt ein Maßraum $(\Omega, \mathfrak{A}, \mu)$
zugrunde. Die auftretenden Funktionen sind - falls nichts anderes gesagt wird - Abbildungen von Ω nach $\overline{\mathbb{R}}$.

A) Konvergenzsätze

In diesem Abschnitt sollen Bedingungen angegeben werden, unter denen
bei konvergenten Folgen (f_n) quasi-integrierbarer Funktionen der Limes

quasi-integrierbar ist und Integration und Limesbildung miteinander vertauscht werden dürfen. Grundlegend ist der folgende Satz, nach dem z.B. diese Vertauschung im Falle $f_n \geq 0$, $n \in \mathbb{N}$, und $f_n \uparrow$ erlaubt ist.

Satz 19.1 (Satz von der monotonen Konvergenz). *Sei (f_n) eine isotone Folge meßbarer Funktionen. Gibt es eine integrierbare Funktion g (z.B. $g \equiv 0$) mit $g \leq f_n$, $n \in \mathbb{N}$, so ist $\lim f_n$ quasi-integrierbar, und es gilt*

$$(19.1) \qquad \int f_n \, d\mu \uparrow \int \lim f_n \, d\mu.$$

Beweis. a) Zunächst sei $f_n \geq 0$, $n \in \mathbb{N}$. Nach 17.9b existiert zu jedem $n \in \mathbb{N}$ eine Folge (f_{nk}) von primitiven Funktionen mit $f_{nk} \uparrow f_n$ $(k \to \infty)$. Die Folge der primitiven Funktionen $g_k := \max\limits_{1 \leq n \leq k} f_{nk}$, $k \in \mathbb{N}$, ist offensichtlich isoton und konvergiert gegen die meßbare Funktion $f := \lim f_n \geq 0$, wie aus

$$(19.2) \qquad f_{nk} \leq g_k \leq \max\limits_{1 \leq m \leq k} f_m = f_k, \ 1 \leq n \leq k,$$

durch die Grenzübergänge $k \to \infty$, $n \to \infty$ folgt. Aus (19.2) und der Isotonie des Integrals ergibt sich $\int g_k \leq \int f_k$, $k \in \mathbb{N}$. Der Grenzübergang $k \to \infty$ liefert $\int f \leq \lim\limits_k \int f_k$. Andererseits folgt $\lim\limits_k \int f_k \leq \int f$ aus $f_k \leq f$, $k \in \mathbb{N}$.
b) Den allgemeinen Fall führe man durch Betrachtung der Funktionen $f_n 1_{[f_n > -\infty]} - g \cdot 1_{[g < \infty]}$ auf a) zurück. $\square$

Bemerkungen. 1. Ohne die Voraussetzung "$f_n \geq g$, $n \in \mathbb{N}$, für eine integrierbare Funktion g" ist der Satz falsch, wie das Beispiel $(\Omega, \mathfrak{A}, \mu) := (\mathbb{R}, \mathscr{B}, \lambda)$, $f_n := -\frac{1}{n}$, $n \in \mathbb{N}$, zeigt. 2. Natürlich gilt eine zu 19.1 analoge Aussage für antitone Folgen (f_n), die man aus 19.1 durch Betrachtung der isotonen Folge $(-f_n)$ erhält.

Wir wenden uns einigen Folgerungen aus 19.1 zu.

Korollar 19.2. *Für jede Folge nicht-negativer meßbarer Funktionen g_n gilt*

$$\int \left(\sum g_n \right) d\mu = \sum \left(\int g_n d\mu \right).$$

Zum Beweis wende man 19.1 auf die isotone Folge der Funktionen $f_n := \sum\limits_{\nu=1}^{n} g_\nu$ an und beachte 18.3b.

Als Anwendung von 19.2 ergibt sich in 19.3 die σ-Additivität des unbestimmten Integrals. Zur Formulierung einer weiteren Aussage in 19.3 benötigen wir noch die

Definition. *Sei $(\Omega, \mathfrak{A}, \mu)$ ein Maßraum. Eine Mengenfunktion $\varphi: \mathfrak{A} \to \overline{\mathbb{R}}$ heißt $\underline{\mu\text{-stetig}}$, falls gilt:*

$$N \in \mathfrak{A}, \mu(N) = 0 \implies \varphi(N) = 0.$$

Satz 19.3. *Ist f quasi-integrierbar, so hat die nach 18.4 definierte Mengenfunktion $\varphi(A) := \int\limits_A f \, d\mu$, $A \in \mathfrak{A}$, folgende Eigenschaften:*
a) *φ ist μ-stetig und σ-additiv.*
b) *$|\varphi(\Omega)| < \infty \iff f$ integrierbar $\iff \varphi$ reellwertig.*

c) φ *ist ein Maß* <=> $f \geq 0$ μ-*f.s.*

d) μ σ-*endlich und* $0 \leq f < \infty$ μ-*f.s.* => φ σ-*endlich.*

Beweis. a) Ist $\mu(N)=0$, so ist $f 1_N = 0$ μ-f.s., also $\varphi(N) = \int f 1_N \, d\mu = 0$ nach 18.5b. Somit ist φ μ-stetig. Nun sei (A_i) eine abzählbare Familie paarweise fremder Mengen aus $\mathfrak{A}$. Für $A := \sum A_i$ gilt $(f 1_A)^{\pm} = f^{\pm} 1_A = \sum_i f^{\pm} 1_{A_i}$. Mit 19.2 ergibt sich

$$\varphi(A) = \int (f 1_A)^+ - \int (f 1_A)^- = \sum_i \int f^+ 1_{A_i} - \sum_i \int f^- 1_{A_i} =$$
$$= \sum_i \left[\int f^+ 1_{A_i} - \int f^- 1_{A_i} \right] = \sum_i \varphi(A_i).$$

Also ist φ σ-additiv. b) ist einfach zu beweisen unter Beachtung von 15.2b. c) Ist $f \geq 0$ μ-f.s., so ist $\varphi \geq 0$ nach 18.1, also ist φ wegen a) ein Maß. Nun sei $\mu(f<0)>0$. Da μ von unten stetig ist, existiert ein $\varepsilon > 0$ mit $\mu(f \leq -\varepsilon) > 0$. Dann ist $\varphi(f \leq -\varepsilon) = \int f 1_{[f \leq -\varepsilon]} \leq -\varepsilon \mu(f \leq -\varepsilon) < 0$, also ist φ kein Maß. d) Ist $A_n \in \mathfrak{A}$ mit $\overset{\infty}{\underset{1}{\bigcup}} A_n = \Omega$ und $\mu(A_n) < \infty$ für $n \in \mathbb{N}$, so gilt $\Omega = [f \notin \mathbb{R}_+] + \underset{m,n}{\bigcup} A_n [0 \leq f \leq m]$ und $\varphi(A_n [0 \leq f \leq m]) \leq m \mu(A_n) < \infty$, $m \in \mathbb{N}, n \in \mathbb{N}$. $\square$

Aus 19.3a und 15.4 folgt

Korollar 19.4. *Ist f quasi-integrierbar bzw. integrierbar, so gilt für jede isotone bzw. monotone Folge von Mengen* $A_n \in \mathfrak{A}$ *und* $A := \lim A_n$ *die Beziehung*

$$\int_{A_n} f \, d\mu \to \int_A f \, d\mu \quad (n \to \infty).$$

Als *Anwendung* von 19.4 beweisen wir folgendes Resultat: Sei μ ein Maß auf $\mathfrak{B}$ und $f: \mathbb{R} \to \overline{\mathbb{R}}$ μ-integrierbar. Dann existieren für die Funktion

$$g(t) := \int_{(-\infty, t>} f \, d\mu, \quad t \in \mathbb{R},$$

die endlichen einseitigen Limites $g(t+), g(t-)$ (d.h. g ist reguliert; s. Teil D dieses Paragraphen), und g ist rechtsseitig stetig. Genau dann ist g in t_0 stetig, falls $f(t_0) \mu(\{t_0\}) = 0$ gilt. Insbesondere ist $t \to \int_{(-\infty, t>} f \, d\lambda$ für jede λ-integrierbare Funktion f stetig. Zum Nachweis dieser Aussagen betrachten wir Folgen (t_n) und (s_n) mit $t_n < t_0$, $t_n \uparrow t_0$ und $s_n > t_0$, $s_n \downarrow t_0$. Wegen $(-\infty, t_n > \uparrow (-\infty, t_0)$, $(-\infty, s_n > \downarrow (-\infty, t_0>$ folgt aus 19.4, daß $g(t_0-)$ und $g(t_0+)$ existieren und daß $g(t_0+) = \int_{(-\infty, t_0>} f \, d\mu = g(t_0)$ sowie wegen 19.3a $g(t_0-) = \int_{(-\infty, t_0)} f \, d\mu = g(t_0) - \int_{\{t_0\}} f \, d\mu = g(t_0) - f(t_0) \mu(\{t_0\})$ gilt. Hieraus folgen alle Behauptungen, wobei noch zu beachten ist, daß $\lambda(\{t_0\}) = 0$ aus (16.7) folgt.

Wir wenden uns nun wieder der zu Beginn dieses Abschnitts angegebenen Problemstellung zu. Ist (f_n) eine konvergente, aber nicht isotone Folge meßbarer Funktionen mit $f_n \geq g$, $n \in \mathbb{N}$, für eine integrierbare Funktion g, so ist zwar $\lim f_n$ nach 18.2c noch quasi-integrierbar, aber $\int f_n d\mu$ konvergiert nicht notwendig gegen $\int \lim f_n d\mu$; s. Beispiel 18.1. Wenn jedoch zusätzlich $f_n \leq h$ für eine integrierbare Funktion h gilt, so konvergiert $\int f_n d\mu$ gegen $\int \lim f_n d\mu$, wie in 19.6 gezeigt wird. Zur Vorbereitung dient

Satz 19.5 (Lemma von Fatou). *Sei* (f_n) *eine Folge meßbarer Funktionen.*
a) *Gibt es eine integrierbare Funktion* g *mit* $g \leq f_n$, $n \in \mathbb{N}$, *so ist* $\underline{\lim} f_n$
quasi-integrierbar, und es gilt

$$\int (\underline{\lim} f_n) d\mu \leq \underline{\lim} \int f_n d\mu.$$

b) *Gibt es eine integrierbare Funktion* h *mit* $f_n \leq h$, $n \in \mathbb{N}$, *so ist* $\overline{\lim} f_n$
quasi-integrierbar, und es gilt

$$\overline{\lim} \int f_n d\mu \leq \int (\overline{\lim} f_n) d\mu.$$

Beweis. a) Es gilt $v_n := \inf_{k \geq n} f_k \uparrow \underline{\lim} f_n$ und $v_n \geq g$, $n \in \mathbb{N}$. Nach dem Satz
von der monotonen Konvergenz ist $\underline{\lim} f_n$ quasi-integrierbar, und es gilt
$\int \underline{\lim} f_n = \lim \int v_n$. Wegen $v_n \leq f_n$ folgt $\lim \int v_n \leq \underline{\lim} \int f_n$, also die Behauptung. b) kann leicht auf a) zurückgeführt werden. $\square$

Aus dem Lemma von Fatou folgt unmittelbar der sehr wichtige

Satz 19.6 (Satz von der majorisierten Konvergenz). *Sei* (f_n) *eine kon-*
vergente Folge meßbarer Funktionen. Gilt eine der beiden (äquivalenten)
Bedingungen
a) $g \leq f_n \leq h$, $n \in \mathbb{N}$, *für zwei integrierbare Funktionen* g *und* h,
b) $|f_n| \leq u$, $n \in \mathbb{N}$, *für eine integrierbare Funktion* u,
so ist $\lim f_n$ *integrierbar, und es gilt*

$$\int f_n \, d\mu \to \int (\lim f_n) d\mu \quad (n \to \infty).$$

Bemerkungen. 1. Man überlegt sich leicht, daß 19.1, 19.5 und 19.6
richtig bleiben, wenn die Voraussetzungen der Isotonie, die Ungleichungen
$g \leq f_n$, $f_n \leq h$ und die Konvergenzvoraussetzung nur μ-f.s. erfüllt und alle
auftretenden Funktionen nur μ-f.s. definiert sind. 2. Ist μ endlich und
gilt $|f_n| \leq c$, $n \in \mathbb{N}$, für eine Konstante $c \in \mathbb{R}_+$, so ist Bedingung b) in 19.6
erfüllt.

Der folgende Konvergenzsatz findet in Abschnitt D Verwendung. Sein einfacher Beweis wird dem Leser überlassen.

Satz 19.7. *Sei* (f_n) *eine Folge reeller* μ-*integrierbarer Funktionen,*
die gleichmäßig gegen eine reelle Funktion f *konvergiert. Ist* μ *endlich,*
so ist f μ-*integrierbar, und es gilt*

$$\int f_n \, d\mu \to \int f \, d\mu.$$

Zum Schluß dieses Abschnitts A untersuchen wir, wann bei einer konvergenten unendlichen Reihe quasi-integrierbarer Funktionen f_n die Reihe
quasi-integrierbar ist und Integration und Summation vertauscht werden
dürfen. Nach 19.2 ist die Vertauschung zulässig, falls $f_n \geq 0$, $n \in \mathbb{N}$, gilt.
Sie ist auch dann zulässig, wenn $\sum \int |f_n| d\mu < \infty$ ist, da dann die Folge $(\sum_1^n f_\nu)$
f.s. konvergiert (s.19.8b) und wegen

$|\sum_1^n f_\nu| \leq \sum_1^n |f_\nu| \leq \sum |f_\nu|$ und $\int \sum |f_\nu| d\mu = \sum \int |f_\nu| d\mu < \infty$ die Voraussetzungen des Satzes von der majorisierten Konvergenz erfüllt. Der folgende Satz umfaßt die beiden eben angeführten Fälle.

Satz 19.8. *Sei* (f_n) *eine Folge meßbarer Funktionen mit* $\sum \int f_n^+ d\mu < \infty$ *oder* $\sum \int f_n^- d\mu < \infty$. *Dann gilt*

a) $\sum \int f_n d\mu$ *konvergiert gegen* $\sum \int f_n^+ d\mu - \sum \int f_n^- d\mu$.

b) $\sum f_n$ *konvergiert* μ-*f.s. gegen eine quasi-integrierbare Funktion.*

c) $\int (\sum f_n) d\mu = \sum \int f_n d\mu$.

Beweis. Sei etwa $\sum \int f_n^+ < \infty$. a) Wegen $\int f_n^+ < \infty$ existiert $\int f_n$, und es gilt $\int f_n \leq \int f_n^+ < \infty$, $n \in \mathbb{N}$. Also ist $\sum_1^N \int f_n$ für jedes $N \in \mathbb{N}$ definiert und gleich $\sum_1^N \int f_n^+ - \sum_1^N \int f_n^-$, woraus die Behauptung folgt. b) Wegen $\int f_n^+ < \infty$ ist $f_n \leq f_n^+ < \infty$ f.s. nach 18.5c, $n \in \mathbb{N}$. Daher ist $\sum_1^N f_n$ für jedes $N \in \mathbb{N}$ f.s. definiert und f.s. gleich $\sum_1^N f_n^+ - \sum_1^N f_n^-$. Wegen $\int \sum f_n^+ = \sum \int f_n^+ < \infty$ ist $A := [\sum f_n^+ < \infty]$ das Komplement einer Nullmenge, so daß $\sum_1^N f_n$ für $N \to \infty$ f.s. gegen die meßbare Funktion $g := 1_A \cdot \sum f_n^+ - \sum f_n^-$ konvergiert. Wegen $g^+ \leq 1_A \cdot \sum f_n^+$ gilt $\int g^+ \leq \int 1_A \cdot \sum f_n^+ = \sum \int f_n^+ < \infty$. Also ist g quasi-integrierbar. c) Nach 18.5b und 18.3b gilt $\int (\sum f_n) = \int g = \int 1_A \sum f_n^+ - \int \sum f_n^- = \int \sum f_n^+ - \int \sum f_n^-$. Wegen 19.2 und a) stimmt diese Differenz mit $\sum \int f_n^+ - \sum \int f_n^- = \sum \int f_n$ überein. $\square$

B) Integrale, die von einem Parameter abhängen

Viele der in den Anwendungen auftretenden "nicht-elementaren" Funktionen einer reellen Variablen sind dadurch definiert, daß eine Funktion zweier reeller Variablen nach einer der Variablen bzgl. des Lebesgue-Maßes λ integriert wird. Man sagt dann, das betreffende Integral sei von einem Parameter (nämlich der Variablen, nach der nicht integriert wird) abhängig. Ein Beispiel hierfür ist etwa die Γ-Funktion. Mit Hilfe des Satzes von der majorisierten Konvergenz lassen sich Stetigkeit und Differenzierbarkeit solcher durch Integrale definierten Funktionen untersuchen. Wir betrachten hierzu eine allgemeine Situation, in der für das Maß, bzgl. dessen integriert wird, z.B. auch das $\mathbb{N}$-Zählmaß zugelassen ist. Daher sind aufgrund der Bemerkung nach 18.0 die folgenden Sätze Verallgemeinerungen von Aussagen über Funktionenreihen.

Satz 19.9. *Sei* $\emptyset \neq B \subset \mathbb{R}^m$. *Für die Abbildung* $g: \Omega \times B \to \mathbb{R}$ *gelte:*

1) $g(\cdot, t)$ *ist meßbar für alle* $t \in B$;

2) *für* μ-*f.a.* $\omega \in \Omega$ *ist* $g(\omega, \cdot)$ *in* $t_0 \in B$ *stetig;*

3) *es gibt eine integrierbare Funktion* $h: \Omega \to \overline{\mathbb{R}}$ *mit* $|g(\cdot, t)| \leq h$ *für alle* $t \in B$.

Dann ist $t \to \int g(\cdot, t) d\mu$ *in* t_0 *stetig.*

Beweis. Wegen 1) und 3) ist $g(\cdot, t)$ nach 18.2d für $t \in B$ integrierbar, so daß also die reelle Abbildung $G(t) := \int g(\cdot, t) d\mu$, $t \in B$, definiert ist. Für jede Folge (t_n) aus B mit $t_n \to t_0$ müssen wir $G(t_n) \to G(t_0)$ nachweisen. Dies folgt unmittelbar aus dem Satz von der majorisierten Konvergenz, wenn man $f_n := g(\cdot, t_n)$ setzt, da f_n nach 2) f.s. gegen $g(\cdot, t_0)$ konvergiert. ▯

Satz 19.10. *Sei* $\emptyset \neq B \subset \mathbb{R}$ *und* B *offen. Für die Abbildung* $g: \Omega \times B \to \mathbb{R}$ *gelte:*
1) $g(\cdot, t)$ *ist integrierbar für alle* $t \in B$;
2) *für* μ-*f.a.* $\omega \in \Omega$ *ist* $g(\omega, \cdot)$ *in* B *differenzierbar;*
3) *es gibt eine integrierbare Funktion* $h: \Omega \to \overline{\mathbb{R}}$, *so daß für jede der* μ-*f.s. definierten Funktionen* $g'(\cdot, t)$, $t \in B$, *die Abschätzung* $|g'(\cdot, t)| \leq h$ *gilt.*

Dann ist die Abbildung $t \to \int g(\cdot, t) d\mu$ *in* B *differenzierbar,* $g'(\cdot, t)$ *ist für* $t \in B$ *integrierbar, und es gilt*

$$(\int g(\cdot, t) d\mu)' = \int g'(\cdot, t) d\mu, \quad t \in B.$$

Beweis. Sei $t_0 \in B$ und $I \subset B$ ein offenes Intervall, das t_0 enthält. Für jede Folge (t_n) aus I mit $t_n \to t_0$, $t_n \neq t_0$, ist die Konvergenz der Folge der Integrale über die Funktionen $f_n := (t_n - t_0)^{-1}[g(\cdot, t_n) - g(\cdot, t_0)]$ zu untersuchen. Es sei $g(\omega, \cdot)$ für $\omega \in M \in \mathfrak{N}$ differenzierbar und $\mu(M^c) = 0$. Für $\omega \in M$ sichert der Mittelwertsatz der Differentialrechnung die Existenz eines Punktes $s_n(\omega) \in B$ mit $|f_n(\omega)| = |g'(\omega, s_n(\omega))| \leq h(\omega)$. Es gilt also $|f_n 1_M| \leq h$. Wegen $f_n 1_M \to g'(\cdot, t_0) 1_M$ ist $g'(\cdot, t_0)$ nach dem Satz von der majorisierten Konvergenz integrierbar, und es gilt $\int f_n = \int f_n 1_M \to \int g'(\cdot, t_0) 1_M = \int g'(\cdot, t_0)$. ▯

Bemerkungen. 1. Man beachte, daß 19.9 von der *lokalen* Stetigkeit, 19.10 aber von der *globalen* Differenzierbarkeit handelt. 2. Die Bedingungen 1) und 2) in 19.9 und 19.10 sind natürliche Voraussetzungen. Ohne die Zusatzvoraussetzung 3), daß es eine *von t unabhängige*, $|g(\cdot, t)|$ bzw. $|g'(\cdot, t)|$ majorisierende, integrierbare Funktion gibt, sind die Sätze falsch. 3. Für m=1 überträgt sich 19.9 samt Beweis auf den Fall der einseitigen Stetigkeit. 4. Eine zu 19.9 und 19.10 analoge Aussage über die Meßbarkeit eines von einem Parameter abhängigen Integrals ist in 20.4b enthalten.

C) Bildmaße

In Kapitel I führten wir für Ω'-Zva X auf dem diskreten W-Raum (Ω, P) den wichtigen Begriff der Verteilung P_X von X durch $P_X(A') := P(X \in A') = P(X^{-1}(A'))$, $A' \in \mathcal{P}(\Omega')$, ein. In allgemeinen Meßräumen verwenden wir folgende analoge

Definition. *Seien* $(\Omega, \mathfrak{N})$, $(\Omega', \mathfrak{N}')$ *Meßräume,* μ *ein Maß auf* $\mathfrak{N}$ *und*

$T:\Omega \to \Omega'$ *eine meßbare Abbildung. Dann heißt das durch*

$$\mu_T(A') := \mu(T^{-1}(A')), \quad A' \in \mathcal{O}',$$

definierte Maß auf $\mathcal{O}'$ *das* Bildmaß *von* μ *unter der Abbildung* T. *Ist* μ *ein W-Maß, so heißt das W-Maß* μ_T *die* Verteilung der Zva T.

Daß μ_T tatsächlich ein Maß und im Fall $\mu(\Omega)=1$ sogar ein W-Maß ist, folgt leicht aus den Eigenschaften der Urbildfunktion; s. §5. Die Bedeutung der Bildmaße liegt darin, daß viele der in der Stochastik verwendeten W-Maße als Bilder "einfacherer" W-Maße auftreten.

Mittels des in §18 erwähnten Beweisprinzips für Integrale beweist man leicht die nachstehende wichtige Verallgemeinerung von 9.5, welche wir im folgenden oft anwenden werden, ohne sie immer zu zitieren.

Satz 19.11 (Integration bzgl. eines Bildmaßes). *Seien* $T:\Omega \to \Omega'$ *und* $f:\Omega' \to \overline{\mathbb{R}}$ *meßbar. Dann gilt*

$$f \circ T \in \mathcal{L}'_\mu \iff f \in \mathcal{L}'_{\mu_T} \implies \int f \circ T \, d\mu = \int f \, d\mu_T.$$

Manchmal ist auch die folgende Verallgemeinerung von Nutzen.

Satz 19.11a. *Seien* $T:\Omega \to \Omega'$ *und* $f:\Omega' \to \overline{\mathbb{R}}$ *meßbar und* $A' \in \mathcal{O}'$. *Dann gilt:*

$f \circ T$ *über* $T^{-1}(A')$ μ*-quasi-integrierbar* $\iff$ f *über* A' μ_T*-quasi-integrierbar*

$$\implies \int_{T^{-1}(A')} f \circ T \, d\mu = \int_{A'} f \, d\mu_T.$$

Ist $(\Omega', \mathcal{O}') = (\Omega, \mathcal{O})$, so ist das Bild eines Maßes μ auf $\mathcal{O}$ unter einer meßbaren Abbildung T wieder ein Maß auf $\mathcal{O}$. Ist dann sogar $\mu_T=\mu$, so heißt μ invariant gegenüber T. Allgemeiner verwendet man die

Definition. *Sei* $(\Omega,\mathcal{O})$ *ein Meßraum und* G *eine Menge von meßbaren Abbildungen* $T:\Omega \to \Omega$. *Ein Maß* μ *auf* $\mathcal{O}$ *heißt* invariant gegenüber G, *falls* $\mu_T=\mu$ *für alle* $T \in G$ *gilt.*

In den Anwendungen tritt die Frage der Invarianz eines Maßes gegenüber einer Menge G von meßbaren Abbildungen vor allem dann auf, wenn G bzgl. der Komposition von Funktionen eine Gruppe und jede der Abbildungen in G bijektiv ist. Offensichtlich ist dann die Identität auf Ω das neutrale Element der Gruppe und die algebraische Inverse jedes Elements $T \in G$ die zu T inverse Abbildung T'. Zum Nachweis der Invarianz von μ gegenüber G genügt in diesem Fall der Nachweis der Invarianz gegenüber einem (algebraischen) Erzeugendensystem F von G: Bekanntlich ist jedes Element von G das Produkt von endlich vielen zu $F \cup F'$ gehörenden Funktionen, wobei $F':=\{T' \in G: T \in F\}$ ist. Aus der Invarianz von μ gegenüber F folgt wegen $\mu_{T'}=(\mu_T)_{T'}=\mu_{T' \circ T}=\mu$ für alle $T \in F$, die Invarianz gegenüber F' und wegen $(\mu_T)_S=\mu_{S \circ T}$ für alle $S,T \in F \cup F'$ schließlich die Invarianz gegenüber G.

Den eben geschilderten Sachverhalt verwenden wir beim Beweis des folgenden Satzes. Hierbei setzen wir im Vorgriff auf §20 voraus, daß es auf $\mathscr{B}_n$ genau ein Maß λ^n mit der Eigenschaft

$$\lambda^n((a,b>) = \prod_1^n (b_i - a_i), \quad a,b \in \mathbb{R}^n, \ a \leq b$$

gibt, welches das Lebesgue-Maß (kurz: L-Maß) auf $\mathscr{B}_n$ heißt.

Satz 19.12. *Das Lebesgue-Maß auf $\mathscr{B}_n$ ist invariant gegenüber der Bewegungsgruppe G des affinen $\mathbb{R}^n$.*

Beweis (nach GUBER (64)). Ein Erzeugendensystem von G ist die Menge F der Translationen t_c um c, $c \in \mathbb{R}^n$, und der Spiegelungen s_H an den Hyperebenen H des $\mathbb{R}^n$; denn bekanntlich ist jede Bewegung T mit T(0)=0, $T \neq \text{id}_{\mathbb{R}^n}$, das Produkt von höchstens n Spiegelungen. Ist μ das L-Maß auf $\mathscr{B}_n$, so gilt für $(a,b> \in \mathcal{I}_n$ und $c \in \mathbb{R}^n$ die Beziehung

$$\mu_{t_c}((a,b>) = \mu((a-c,b-c>) = \prod_1^n ((b_i-c_i)-(a_i-c_i))$$
$$= \prod_1^n (b_i-a_i) = \mu((a,b>).$$

Somit stimmen μ und μ_{t_c} auf $\mathcal{I}_n$ überein, was nach dem Eindeutigkeitssatz für Maße $\mu = \mu_{t_c}$ impliziert. Ist H eine beliebige Hyperebene und Q ein offener n-dimensionaler Quader, der parallel zu H liegt, so gibt es ein $c \in \mathbb{R}^n$ mit $s_H^{-1}(Q) = t_c^{-1}(Q)$, also $\mu_{s_H}(Q) = \mu(Q)$. Somit stimmen μ_{s_H} und μ auf dem $\cap$-stabilen System $\mathcal{V}$, bestehend aus den offenen und parallel zu H liegenden Quadern und der leeren Menge, überein. Auf $\mathcal{V}$ ist μ σ-endlich. Ferner gilt $\mathcal{I}_n \subset \sigma(\mathcal{V})$ (Beweis!), so daß also $\mathscr{B}_n$ wegen $\mathcal{V} \subset \mathcal{I}_n$ von $\mathcal{V}$ erzeugt wird. Aus dem Eindeutigkeitssatz für Maße folgt dann $\mu_{s_H} = \mu$. $\square$

Die besondere Rolle, die das L-Maß λ^n gegenüber anderen Maßen auf $\mathscr{B}_n$ spielt, rührt daher, daß λ^n das *einzige* Maß auf $\mathscr{B}_n$ mit $\lambda^n(<\vec{0},\vec{1}>)=1$ ist, das gegenüber der Bewegungsgruppe des affinen $\mathbb{R}^n$ invariant ist. Es gilt noch mehr: λ^n ist sogar das einzige Maß auf $\mathscr{B}_n$ mit $\lambda^n(<\vec{0},\vec{1}>)=1$, das gegenüber der Translationsgruppe des affinen $\mathbb{R}^n$ invariant ist (s. etwa BAUER (68), S.101 und Aufg.19.3).

D) Berechnung von Lebesgue-Integralen

Bei Anwendungen kommen vor allem die Integrale bzgl. der Zählmaße (d.h. die a-konvergenten Reihen) und die Lebesgue-Integrale (kurz: L-Integrale), d.h. die Integrale bzgl. des Lebesgue-Maßes λ, vor. Z.B. ist bei den häufig auftretenden sog. totalstetigen W-Maßen μ auf $\mathscr{B}$ der Mittelwert von μ ein Integral der Gestalt $\int x f(x) \lambda(dx)$; s.§25. Sogar für beliebige W-Maße auf $\mathscr{B}$ läßt sich der Mittelwert durch ein

L-Integral darstellen; s.§25.

Für jede λ-quasi-integrierbare Funktion $f:\mathbb{R}\to\overline{\mathbb{R}}$ und für $a,b\in\mathbb{R}$, $a<b$, haben die Integrale $\int_{<a,b>} f d\lambda$, $\int_{<a,b)} f d\lambda$, $\int_{(a,b)} f d\lambda$ und $\int_{(a,b>} f d\lambda$ denselben Wert, den wir mit $\int_a^b f d\lambda$ bezeichnen. Es gilt ja z.B. nach 19.3a und (16.7)

$$\int_{<a,b>} f d\lambda = \int_{<a,b)} f d\lambda + \int_{\{b\}} f d\lambda = \int_{<a,b)} f d\lambda + f(b)\lambda(\{b\}) = \int_{<a,b)} f d\lambda.$$

Die numerische Berechnung von L-Integralen $\int_a^b f\, d\lambda$ ist nur für "nicht zu komplizierte" Funktionen f möglich. Sie geschieht dann in der Regel durch Aufsuchen einer Stammfunktion F von f, mit deren Hilfe man

$$(19.3) \qquad\qquad \int_a^b f\, d\lambda = F(b)-F(a)$$

erhält. Zum Nachweis der Richtigkeit von (19.3) - unter gewissen Voraussetzungen - wird in der Literatur vorwiegend auf den Begriff des Riemann-Integrals (kurz: R-Integral) zurückgegriffen. Nun hat DIEUDONNÉ (60) S.142, an der üblichen Behandlung des R-Integrals kritisiert, daß man diesen Begriff mit großem Aufwand für die aus theoretischer Sicht unhandliche Menge *aller* R-integrierbaren Funktionen entwickelt, obwohl man für viele theoretische Untersuchungen dennoch das L-Integral (oder, was kaum mehr Mühe bereitet, das allgemeine Integral im Sinne von §18) einführen muß. Er schlägt vor, das R-Integral nur für die Menge der regulierten Funktionen - und zwar aufgrund von 19.13 durch (19.4) - zu definieren, wobei dann die wichtigsten Integralsätze mittels Stammfunktionen leicht aus entsprechenden Sätzen der Differentialrechnung folgen.[1] Da wir Dieudonné's Kritik für berechtigt halten, beweisen wir 19.14 ohne Benutzung des Begriffs des R-Integrals.

Definition. *Sei* $I\subset\mathbb{R}$ *ein Intervall und* $f:I\to\mathbb{R}$ *eine beliebige Funktion.*

f *heißt* reguliert *(oder* Funktion ohne Unstetigkeiten zweiter Art*), falls in jedem Punkt von* I *die einseitigen Limites von* f *existieren und reell sind.*

Eine stetige Funktion $F:I\to\mathbb{R}$ *heißt eine* (verallgemeinerte) Stammfunktion von f, *falls es eine abzählbare Menge* $D\subset I$ *gibt, so daß die Ableitung* $F'(x)$ *für* $x\in I-D$ *existiert und mit* $f(x)$ *übereinstimmt.*

Man beachte, daß eine auf einem kompakten Intervall definierte regulierte Funktion beschränkt ist (Beweis!). Die Bedeutung des Begriffs der regulierten Funktion liegt darin, daß wohl alle in der Praxis vorkommenden auf einem Intervall $I\subset\mathbb{R}$ definierten reellen Funktionen "stückweise reguliert" sind und daß man für regulierte Funktionen ohne großen

---

[1] Dieser Zugang zum Integralbegriff wurde auch in der vom Zweiten Deutschen Fernsehen im Sommer 1972 ausgestrahlten Serie "Integralrechnung" verwendet.

Aufwand eine "elementare" Integrationstheorie entwickeln kann (s. DIEUDONNÉ (60)).

Von DIEUDONNÉ (60), S.160, übernehmen wir

Lemma 19.13. *Ist* $f:\langle a,b\rangle \to \mathbb{R}$ *reguliert, so besitzt* f *eine Stammfunktion, und für jede Stammfunktion* F *von* f *hat*

$$(19.4) \qquad\qquad F\big|_a^b := F(b)-F(a)$$

denselben Wert.

Nun geben wir das Hauptresultat dieses Abschnitts an.

<u>Satz 19.14.</u> *Ist* $f:\langle a,b\rangle \to \mathbb{R}$ *reguliert, so ist* f L-*integrierbar, und es gilt für jede Stammfunktion* F *von* f

$$\int_a^b f\, d\lambda = F\big|_a^b.$$

Beweis. Nach DIEUDONNÉ (60),S.139, ist f gleichmäßiger Limes einer Folge von Treppenfunktionen f_n. Da letztere L-integrierbar sind, folgt aus 19.7, daß f L-integrierbar ist und $(\int_a^b f_n\, d\lambda)$ gegen $\int_a^b f\, d\lambda$ konvergiert. Durch Betrachtung einer geeigneten Stammfunktion F_n von f_n erkennt man leicht, daß $\int_a^b f_n\, d\lambda = F_n\big|_a^b$ gilt. Nach DIEUDONNÉ (60),S.162, konvergiert $(F_n\big|_a^b)$ gegen $F\big|_a^b$ (F eine beliebige Stammfunktion von f), woraus die Behauptung folgt. $\square$

Die numerische Berechnung von L-Integralen, bei denen der Integrand und/oder das Integrationsintervall unbeschränkt sind, kann oft mit Hilfe der Eigenschaften des L-Integrals (s. etwa 19.3a und 19.4) auf die Anwendung von 19.14 reduziert werden.

Da in den Anfängervorlesungen oft noch immer das R-Integral ausführlich behandelt wird, scheinen einige Worte über dessen Zusammenhang mit dem L-Integral angebracht zu sein. Das R-Integral ist ja wohl deshalb so beliebt, weil seine Definition als Limes von Riemannschen Summen ein direkt anwendbares und oft brauchbares Hilfsmittel zur Approximation von Summen mit vielen Gliedern darstellt und demgemäß die Definition nicht-elementarer mathematischer Begriffe wie "Inhalt einer ebenen Punktmenge" oder "Arbeit einer Kraft längs eines Weges" durch R-Integrale vom Lernenden als gut motiviert empfunden wird. Weniger anschaulich ist dagegen die der Definition des L-Integrals zugrundeliegende Approximation einer meßbaren Funktion $f:\langle a,b\rangle \to \mathbb{R}_+$ durch eine Folge primitiver Funktionen f_n; die Mengen, auf denen f_n konstant ist, haben ja i.a. so komplizierte Gestalt, daß man zur Definition des Integrals von f_n den Begriff des L-Maßes benötigt. Andererseits ist wohlbekannt, daß die Menge $\mathcal{R}$ der über ein kompaktes Intervall $\langle a,b\rangle$ R-integrierbaren rellen Funktionen weit weniger "abgerundet" ist als die Menge der reellen L-integrierbaren Funktionen. Z.B. liegt der Limes einer gleichmäßig beschränkten

Folge aus $\tilde{\mathcal{R}}$ nicht notwendig in $\mathcal{R}$; Sätze über die Vertauschbarkeit von Grenzübergängen sind so kompliziert, daß man sich oft auf den weder für theoretische noch praktische Zwecke ausreichenden Fall stetiger Integranden beschränkt; die Integration über unbeschränkte Integranden, über unbeschränkte Intervalle und über mehrdimensionale Punktmengen erfordern zusätzliche, oft komplizierte Überlegungen. Alle diese Nachteile treten beim L-Integral nicht oder nur in geringem Maße auf. Zudem teilt das L-Integral für regulierte Funktionen $f:\langle a,b\rangle \to \mathbb{R}$ nach 19.14 mit dem R-Integral die angenehme Eigenschaft der Berechenbarkeit durch Stammfunktionen und nach dem folgenden Satz (s.DIEUDONNÉ (60),S.162,problem auch die Approximierbarkeit durch Riemannsche Summen. (L-Integral und R-Integral stimmen also in diesem Fall (aber auch in den meisten anderen Fällen; s.Erg.2) überein.)

Satz 19.15. *Ist* $f:\langle a,b\rangle \to \mathbb{R}$ *reguliert, so ist* $\int_a^b f \, d\lambda$ *durch Riemannsche Summen approximierbar*.

Ist I ein Teilintervall von $\mathbb{R}$ mit den Endpunkten $a \geq -\infty$ und $b \leq \infty$ und ist $f:I \to \mathbb{R}$ reguliert und L-integrierbar, so schreiben wir auch $\int_a^b f(x)dx$ anstelle von $\int_I f \, d\lambda$, was nach 19.15 und Aufg.19.8 gerechtfertigt ist. Für regulierte Funktionen auf kompakten Intervallen setzen wir die üblichen Rechenregeln für Integrale, z.B. die Sätze über die Integration durch Substitution und über die partielle Integration, als bekannt voraus (s.z.B.DIEUDONNÉ (60),S.161). Für beliebige L-integrierbare Funktionen f kann der Satz über die Integration durch Substitution aus 22.5 gefolgert werden. Der Satz über die partielle Integration erfährt in 20.9 eine teilweise Verallgemeinerung für Lebesgue-Stieltjes-Integrale.

Die Regel

$$(19.5) \qquad \int_a^b f(x+c)\lambda(dx) = \int_{a+c}^{b+c} f \, d\lambda$$

für λ-integrierbares $f:\mathbb{R} \to \overline{\mathbb{R}}$ folgt leicht aus der Translationsinvarianz von λ. Dasselbe gilt für die mehrdimensionale Verallgemeinerung von (19.5).

Aufgaben

19.1 Man beweise Satz 19.7.

19.2 Man beweise Satz 19.11a.

19.3 Man zeige, daß λ das einzige translationsinvariante Maß μ auf $\mathfrak{G}$ mit $\mu(\langle 0,1\rangle)=1$ ist. Hinweis: μ ist ein Borel-Maß und besitzt eine maßdefinierende Funktion G, welche der Funktionalgleichung $G(x+y)=G(x)+G(y)$, $x,y \in \mathbb{R}$ genügt.

19.4. Sei μ ein endliches Maß auf $\mathscr{X}$ und sei $f:\mathbb{R} \to \mathbb{R}$ stetig differenzierbar und f' beschränkt. Man zeige, daß $t \to g(t):=\int f(t-x)\mu(dx)$ differenzierbar ist und $g'(t)=\int f'(t-x)\mu(dx)$, $t \in \mathbb{R}$, gilt.

19.5. Man formuliere und beweise ein Analogon zu Satz 19.10 für den Fall, daß $g(\omega,\cdot)$ für μ-fast alle ω in einem Gebiet holomorph ist. Hinweis: Man benütze die Cauchy-Riemannschen Differentialgleichungen.

19.6. Aus Satz 19.9 und Satz 19.10 leite man Sätze über die Stetigkeit und Differenzierbarkeit von Funktionenreihen her.

19.7. Man beweise Satz 19.15, indem man f zunächst als Treppenfunktion wählt.

19.8. Man zeige: Ist $f:\mathbb{R} \to \mathbb{R}$ reguliert und L-integrierbar, so ist f (uneigentlich) R-integrierbar und $\int f \, d\lambda$ stimmt mit dem R-Integral von f überein.

19.9. Man zeige, daß $\lim\limits_{t \to \infty} \int\limits_0^t \frac{\sin x}{x}\lambda(dx)$ existiert. Ist also $x \to \frac{\sin x}{x}$ über $\mathbb{R}$ λ-integrierbar?

19.10. Man beweise (19.5) und die zugehörige mehrdimensionale Verallgemeinerung.

Ergänzungen

1. Sind im Satz von der majorisierten Konvergenz die Funktionen f_n und $f:=\lim f_n$ reell, so folgt wegen $|f_n-f| \le |g|+|h|$ sogar $\int |f-f_n|d\mu \to 0$ ($n \to \infty$). Man sagt dann: (f_n) **konvergiert im (ersten) Mittel gegen f**.

2. Das L-Integral ist eine Verallgemeinerung des R-Integrals in folgendem Sinne: Jede beschränkte und R-integrierbare Funktion $f:<a,b> \to \mathbb{R}$ ist $\bar{\lambda}$-integrierbar, und R-Integral und L-Integral stimmen überein; s.etwa HEWITT/STROMBERG (65),S.184. In dieser Aussage kann jedoch $\bar{\lambda}$ nicht durch λ ersetzt werden, da f nicht notwendig B-meßbar ist (s.HAUPT/AUMANN/PAUC (55), S.66). Wird zusätzlich die B-Meßbarkeit von f vorausgesetzt, so kann in der obigen Aussage $\bar{\lambda}$ durch λ ersetzt werden. Ein geläufiges Beispiel für eine λ-integrierbare, aber nicht R-integrierbare Funktion ist die sog. Dirichletsche Sprungfunktion f auf $<0,1>$, definiert durch $f(x)=1$ für rationale x und $f(x)=0$ für irrationale x. Bei auf ganz $\mathbb{R}$ definierten, B-meßbaren und beschränkten Funktionen ist der Zusammenhang zwischen R-Integrierbarkeit und L-Integrierbarkeit etwas komplizierter. Für die λ-Integrierbarkeit ist die absolute R-Integrierbarkeit, jedoch nicht die uneigentliche R-Integrierbarkeit hinreichend; vgl.Aufg.19.9.

§ 20. Maße in Produktmeßräumen

In Kapitel I sahen wir, daß die in der Praxis besonders häufig vorkommenden "mehrstufigen" zufälligen Experimente sich vorteilhaft durch
W-Räume beschreiben lassen, bei denen der Merkmalraum Ω das kartesische
Produkt von Mengen Ω_i ist, wobei Ω_i als Merkmalraum für die i-te Stufe
des Experiments dient. In 7.2 lernten wir mit den Übergangszähldichten
ein wichtiges Hilfsmittel zur Konstruktion von W-Maßen in derartigen
Produktmerkmalräumen mit *abzählbarem* Ω kennen. Man kann 7.2 mit Hilfe
von 7.3 so formulieren: Seien Ω_1 und Ω_2 zwei abzählbare Merkmalräume,
X und Y die Koordinatenvariablen auf $\Omega:=\Omega_1\times\Omega_2$, $\mathfrak{A}:=\mathfrak{A}_1\otimes\mathfrak{A}_2$ mit
$\mathfrak{A}_1:=\mathcal{P}(\Omega_1)$ und $\mathfrak{A}_2:=\mathcal{P}(\Omega_2)$, f eine Z-Dichte auf Ω_1 und q eine Über-
gangszähldichte von Ω_1 nach Ω_2. Dann ist, wenn A_x den x-Schnitt von A
bezeichnet,

$$(20.1) \qquad P(A) := \sum_{x\in\Omega_1} \left(\sum_{y\in A_x} q(x,y)\right) f(x), \quad A\in\mathfrak{A},$$

das einzige W-Maß auf $\mathfrak{A}$ mit

$$(20.2) \quad \begin{cases} P(X=x) = f(x) & \text{für alle } x\in\Omega_1 \text{ und} \\ P(Y=y\,|\,X=x) = q(x,y) & \text{für alle } (x,y)\in\Omega \text{ mit } f(x)>0. \end{cases}$$

Da $B\to P_1(B) := \sum_{x\in B} f(x)$ ein W-Maß auf $\mathfrak{A}_1$ und $C\to Q(x,C) := \sum_{y\in C} q(x,y)$
für jedes $x\in\Omega_1$ ein W-Maß auf $\mathfrak{A}_2$ ist, folgt aus (20.1) die Beziehung
$P(A) = \sum_{x\in\Omega_1} Q(x,A_x)f(x)$, die auch als

$$(20.3) \qquad P(A) = \int Q(x,A_x)P_1(dx)$$

geschrieben werden kann. Wie man leicht nachprüft, ist weiterhin die
Charakterisierung (20.2) des W-Maßes P in 7.2 äquivalent mit

$$(20.4) \qquad P(B\times C) = \int_B Q(x,C)P_1(dx) \quad B\in\mathfrak{A}_1, C\in\mathfrak{A}_2.$$

Wir werden im folgenden zeigen, daß man in Analogie zu 7.2 auf *belie-
bigen* Produkt-Meßräumen $(\Omega_1\times\Omega_2, \mathfrak{A}_1\otimes\mathfrak{A}_2)$ vermöge (20.3) aus einem W-Maß
P_1 auf $\mathfrak{A}_1$ und einer Familie $(Q(x,\cdot), x\in\Omega_1)$ von W-Maßen auf $\mathfrak{A}_2$ ein
W-Maß P auf $\mathfrak{A}_1\otimes\mathfrak{A}_2$ konstruieren kann, das durch die natürlich erscheinende Eigenschaft (20.4) eindeutig festgelegt ist. Damit aber die Inte-
grale in (20.3) und (20.4) im allgemeinen Fall stets definiert sind,
muß man - wie unten gezeigt wird - von Q noch fordern, daß die Familie
der W-Maße $Q(x,\cdot)$ "in meßbarer Weise" von x abhängt, d.h. daß $Q(\cdot,C)$
für jedes $C\in\mathfrak{A}_2$ meßbar ist. Dies führt zu folgender

Definition. $(\Omega_1, \mathfrak{A}_1)$ *und* $(\Omega_2, \mathfrak{A}_2)$ *seien beliebige Meßräume. Eine*
Abbildung $Q:\Omega_1\times\mathfrak{A}_2\to\mathbb{R}$ *heißt ein* Übergangswahrscheinlichkeitsmaß *von*

$(\Omega_1, \mathfrak{A}_1)$ nach $(\Omega_2, \mathfrak{A}_2)$ *(kurz: ÜW-Maß von Ω_1 nach Ω_2), falls gilt:*

1) *Für jedes $x \in \Omega_1$ ist $Q(x, \cdot)$ ein W-Maß auf $\mathfrak{A}_2$;*

2) *für jedes $C \in \mathfrak{A}_2$ ist $Q(\cdot, C)$ $\mathfrak{A}_1 - \overline{\mathcal{B}}$-meßbar.*

ÜW-Maße heißen in der Literatur auch <u>Markoff-Kerne</u> oder <u>stochastische Kerne</u> oder <u>reguläre bedingte W-Maße</u>.

<u>Bemerkungen</u>. 1. Für Anwendungen ist bedeutsam, daß man sich bei obiger Forderung 2) auf Mengen aus einem $\cap$-stabilen Erzeugendensystem von $\mathfrak{A}_2$ beschränken kann; s.Aufg.20.1. 2. Jedes W-Maß μ auf $\mathfrak{A}_2$ kann vermöge $(x, C) \rightarrow Q(x, C) := \mu(C)$ als ein ÜW-Maß von Ω_1 nach Ω_2 aufgefaßt werden. 3. In der Praxis kommen fast ausschließlich ÜW-Maße der Gestalt

$$Q(x, C) := \int_C f(x, y) \mu(dy) \quad x \in \Omega_1, C \in \mathfrak{A}_2,$$

mit $f: \Omega \rightarrow \overline{\mathbb{R}}_+$ meßbar, vor; vgl.Beispiel 20.1 und §23.

Wir benötigen einige vorbereitende Überlegungen. Im Rest dieses Paragraphen wird stets $\Omega := \Omega_1 \times \Omega_2$ und $\mathfrak{A} := \mathfrak{A}_1 \otimes \mathfrak{A}_2$ gesetzt. Wir erinnern daran, daß wir den x-Schnitt einer Abbildung $f: \Omega \rightarrow \Omega'$ mit $f(x, \cdot)$ bzw. f_x bezeichnen. Es gilt das einfach zu beweisende

<u>Lemma 20.1</u>. *Sei $x \in \Omega_1$, sei $f: \Omega \rightarrow \Omega'$ eine beliebige Abbildung, sei id die Identität auf Ω und seien A, B, A_i Teilmengen von Ω. Dann gilt:*

a) $(1_A)_x = 1_{A_x}$, $A_x = (id_x)^{-1}(A)$, $f_x = f \circ id_x$.

b) $\Omega_x = \Omega_2$, $\emptyset_x = \emptyset$, $(\bigcap_I A_i)_x = \bigcap_I (A_i)_x$, $(\bigcup A_i)_x = \bigcup_I (A_i)_x$,

$(A - B)_x = A_x - B_x$.

Entsprechendes gilt natürlich für y-Schnitte, $y \in \Omega_2$.

Wir werden im folgenden Beziehungen wie $(\alpha f)_x = \alpha f_x, \alpha \in \mathbb{R}$, oder $(\sup f_n)_x = \sup(f_n)_x$ oder $B \subset A \Rightarrow B_x \subset A_x$ verwenden, ohne auf deren triviale Beweise einzugehen.

Der folgende Satz besagt, grob gesprochen, daß Schnitte meßbarer Mengen und meßbarer Funktionen meßbar sind.

<u>Satz 20.2</u>. $(\Omega_i, \mathfrak{A}_i)$, $i=1, 2, 3$, *seien Meßräume. Dann gilt für $x \in \Omega_1, y \in \Omega_2$:*

a) $A \in \mathfrak{A}_1 \otimes \mathfrak{A}_2 \Rightarrow A_x \in \mathfrak{A}_2, A_y \in \mathfrak{A}_1$;

b) $f: \Omega_1 \times \Omega_2 \rightarrow \Omega_3$ *ist $\mathfrak{A}_1 \otimes \mathfrak{A}_2 - \mathfrak{A}_3$-meßbar*

$\Rightarrow f_x$ *ist $\mathfrak{A}_2 - \mathfrak{A}_3$-meßbar und f_y ist $\mathfrak{A}_1 - \mathfrak{A}_3$-meßbar.*

<u>Beweis</u>. Wegen $A_x = (id_x)^{-1}(A)$ und $f_x = f \circ id_x$ genügt nach 17.5 der Nachweis der Meßbarkeit von $id_x: \Omega_2 \rightarrow \Omega_1 \times \Omega_2$. Da $\mathfrak{A}_1 \otimes \mathfrak{A}_2$ von $\mathfrak{A}_1 \times \mathfrak{A}_2$ erzeugt wird, genügt nach 17.1 der Nachweis, daß $(id_x)^{-1}(A_1 \times A_2) \in \mathfrak{A}_2$ ist für $A_1 \in \mathfrak{A}_1, A_2 \in \mathfrak{A}_2$. Letzteres folgt daraus, daß $(id_x)^{-1}(A_1 \times A_2) = (A_1 \times A_2)_x$ mit A_2 oder $\emptyset$ übereinstimmt, je nachdem, ob $x \in A_1$ oder $x \notin A_1$ ist.$\square$

<u>Folgerung</u>. Ist $f: \Omega_1 \times \Omega_2 \rightarrow \overline{\mathbb{R}}_+$ meßbar und μ ein Maß auf $\mathfrak{A}_2$, so existiert $\int f_x d\mu, x \in \Omega_1$.

Aufgrund von 20.2 sind die im folgenden Lemma auftretenden Abbildungen $x \to Q(x,A_x)$ und $x \to \mu_2(A_x)$ definiert.

Lemma 20.3. *Für jede Menge* $A \in \mathcal{O}_1 \otimes \mathcal{O}_2$ *gilt:*

a) *Ist Q ein ÜW-Maß von* Ω_1 *nach* Ω_2, *so ist die Abbildung* $x \to Q(x,A_x)$
meßbar.

b) *Ist* μ_2 *ein* σ-*endliches Maß auf* $\mathcal{O}_2$, *so ist die Abbildung* $x \to \mu_2(A_x)$
meßbar.

Beweis. a) Aus 20.1 und den Eigenschaften meßbarer Funktionen folgt
leicht, daß $\mathcal{J} := \{A \in \mathcal{O}: x \to Q(x,A_x)$ ist meßbar$\}$ ein Dynkin-System ist.
Dieses umfaßt den $\cap$-stabilen Erzeuger $\mathcal{O}_1 \times \mathcal{O}_2$ von $\mathcal{O}$ wegen
$Q(x,(A_1 \times A_2)_x) = 1_{A_1}(x) Q(x,A_2)$. Nach 14.4 stimmt $\mathcal{O} = \sigma(\mathcal{O}_1 \times \mathcal{O}_2)$ mit dem
von $\mathcal{O}_1 \times \mathcal{O}_2$ erzeugten Dynkin-System überein. Also gilt $\mathcal{J} = \mathcal{O}$.
b) OE können wir $\mu_2 \not\equiv 0$ annehmen. Da μ_2 σ-endlich ist, gibt es eine Folge von Mengen $B_n \in \mathcal{O}_2$ mit $B_n \uparrow \Omega_2$ und $0 < \mu_2(B_n) < \infty$. Die Maße
$\mu_n(B) := \mu_2(B_n B)/\mu_2(B_n), B \in \mathcal{O}_2$, sind dann W-Maße auf $\mathcal{O}_2$. Die Stetigkeit von μ_2 von unten impliziert $\mu_2(A_x) = \lim_n \mu_n(A_x)\mu_2(B_n)$. Da $x \to \mu_n(A_x)$
nach a) meßbar ist, folgt die Meßbarkeit von $x \to \mu_2(A_x)$. $\square$

Aus 20.3 folgt leicht nach dem Beweisprinzip für Integrale
folgende Verallgemeinerung von 20.3.

Lemma 20.4. *Sei* $f: \Omega_1 \times \Omega_2 \to \overline{\mathbb{R}}$ *meßbar.*

a) *Ist Q ein ÜW-Maß von* Ω_1 *nach* Ω_2 *und existiert* $g(x) := \int f(x,y)Q(x,dy)$ [1]*,*
$x \in \Omega_1$, *so ist g meßbar.*

b) *Ist* μ *ein* σ-*endliches Maß auf* $\mathcal{O}_2$ *und existiert* $h(x) := \int f(x,y)\mu(dy)$,
$x \in \Omega_1$, *so ist h meßbar.*

Beispiel 20.1. Ist $g: \Omega_1 \times \Omega_2 \to \overline{\mathbb{R}}_+$ meßbar und μ ein σ-endliches Maß auf
$\mathcal{O}_2$ mit $\int g_x d\mu = 1$, $x \in \Omega_1$, so ist $(x,C) \to \int_C g_x d\mu$ nach 19.3 und 20.4 ein
ÜW-Maß.

Nun folgt der für die Konstruktion stochastischer Modelle sehr wichtige

Satz 20.5. *Sei* P_1 *ein W-Maß auf* $\mathcal{O}_1$ *und Q ein ÜW-Maß von* Ω_1 *nach* Ω_2.
Dann ist

(20.5) $(P_1 \otimes Q)(A) := \int Q(x,A_x)P_1(dx)$, $A \in \mathcal{O}_1 \otimes \mathcal{O}_2$,

das einzige W-Maß ρ *auf* $\mathcal{O}_1 \otimes \mathcal{O}_2$ *mit*

(20.6) $\rho(A_1 \times A_2) = \int_{A_1} Q(x,A_2)P_1(dx)$ $A_1 \in \mathcal{O}_1$, $A_2 \in \mathcal{O}_2$.

Wir nennen $P_1 \otimes Q$ *das durch* P_1 *und Q bestimmte W-Maß.*

Beweis. Wegen 20.3a und $Q \geq 0$ ist $\rho := P_1 \otimes Q$ definiert und ≥ 0. Ferner
gilt $\rho(\Omega) = \int Q(x,\Omega_2)P_1(dx) = 1$. Ist (A_n) eine Folge paarweise fremder Mengen aus $\mathcal{O}$, so folgt aus $Q(x,(\sum A_n)_x) = Q(x,\sum(A_n)_x) = \sum Q(x,(A_n)_x)$ mit 19.2

---

[1] Wir verwenden in der Regel diese übliche Schreibweise anstelle von
$\int f_x(y)Q(x,dy)$.

die σ-Additivität von ρ. Somit ist ρ ein W-Maß, das wegen $Q(x,(A_1 \times A_2)_x)=$ $=1_{A_1}(x)Q(x,A_2)$ die Eigenschaft (20.6) hat. Daß ρ hierdurch eindeutig bestimmt ist, folgt daraus, daß nach dem Eindeutigkeitssatz für Maße jedes W-Maß auf $\mathfrak{A}$ durch seine Werte auf dem $\cap$-stabilen Erzeugendensystem $\mathfrak{A}_1 \times \mathfrak{A}_2$ festgelegt ist. ☐

Nun zeigen wir, daß das Integral über eine Funktion $f:\Omega_1 \times \Omega_2 \to \overline{\mathbb{R}}$ bzgl. $P_1 \otimes Q$ unter gewissen Voraussetzungen durch iterierte Integration berechnet werden kann. Dies ist für theoretische und praktische Zwecke von größter Bedeutung.

Satz 20.6 (Satz von Fubini für ÜW-Maße). *Sei* P_1 *ein W-Maß auf* $\mathfrak{A}_1$, Q *ein ÜW-Maß von* $(\Omega_1, \mathfrak{A}_1)$ *nach* $(\Omega_2, \mathfrak{A}_2)$ *und* $f:\Omega_1 \times \Omega_2 \to \overline{\mathbb{R}}$ *meßbar.*
a) *Ist* $f \geq 0$, *so gilt*

(20.7) $$\int f\,d(P_1 \otimes Q) = \int P_1(dx) \int Q(x,dy) f(x,y).^{1)}$$

b) *Ist* f $P_1 \otimes Q$-*quasi-integrierbar, so ist* $x \to \int Q(x,dy)f(x,y)$ P_1-*f.s. definiert und* P_1-*quasi-integrierbar, und es gilt* (20.7).

Beweis. a) folgt leicht nach dem Beweisprinzip für Integrale unter Verwendung des Satzes von der monotonen Konvergenz und unter Beachtung von 20.4a. (Ist f eine Indikatorfunktion, so folgt (20.7) aus der Definition von $P_1 \otimes Q$.) b) Sei $\rho := P_1 \otimes Q$. Für $g_\pm := \int Q(\cdot,dy)f^\pm(\cdot,y)$ gilt $\int g_\pm dP_1 = \int f^\pm d\rho$ nach a). Ist nun etwa $\int f^+ d\rho < \infty$, so ist $B := [g_+ < \infty]$ nach 18.5c das Komplement einer P_1-Nullmenge. Auf B ist also $g_+ - g_-$ definiert und gleich $\int Q(\cdot,dy)f(\cdot,y)$. Wählen wir etwa $h := g_+ 1_B - g_- 1_B$ als Fortsetzung von $g_+ - g_-$ auf Ω_1, so folgt mit 18.3b und 18.5b

$$\int P_1(dx) \int Q(x,dy)f(x,y) := \int h\,dP_1 = \int g_+ dP_1 - \int g_+ dP_1 = \int f\,d\rho. ☐$$

Bemerkungen. 1. Existieren die iterierten Integrale auf der rechten Seite von (20.7), so braucht für beliebiges f das Integral $\int f\,d(P_1 \otimes Q)$ nicht zu existieren; s.Aufg.20.9. 2. Hat f wechselndes Vorzeichen, so wird 20.6b meistens dann angewandt, wenn f sogar $P_1 \otimes Q$-integrierbar ist. Letzteres läßt sich vermittels der nach a) stets gültigen Formel

(20.8) $$\int |f|\,d(P_1 \otimes Q) = \int dP_1 \int dQ |f|$$

nachprüfen. 3. In Aufg.20.6 wird eine Verallgemeinerung von 20.5 und 20.6 angegeben.

Der wichtige Spezialfall, in dem das ÜW-Maß Q von x unabhängig ist, also ein W-Maß P_2 auf $\mathfrak{A}_2$ darstellt, führt zum Begriff des Produkt-W-Maßes (und damit zum Begriff der stochastischen Unabhängigkeit; s.§24). Man benötigt manchmal, z.B. zur Definition des L-Maßes auf $\mathfrak{B}_2$, diesen

---

1) Diese Schreibweise (und die entsprechende Kurzform $\int dP_1 \int dQf$) ist manchmal vorteilhafter als die (von uns gelegentlich auch verwendete) Form $\int (\int f(x,y)Q(x,dy))P_1(dx)$.

Sonderfall in der verallgemeinerten Form, in der P_1 und P_2 σ-endliche
Maße sind. Wir gelangen so zu folgendem Satz, dessen Teile b) und c) als
Satz von Fubini bezeichnet werden.

Satz 20.7. *Seien* μ_1 *und* μ_2 σ-*endliche Maße auf* $\mathfrak{A}_1$ *bzw.* $\mathfrak{A}_2$ *und*
$f:\Omega_1 \times \Omega_2 \to \overline{\mathbb{R}}$ *meßbar. Dann gilt:*

a) $(\mu_1 \times \mu_2)(A) := \int \mu_2(A_x)\mu_1(dx) = \int \mu_1(A_y)\mu_2(dy)$, $A \in \mathfrak{A}_1 \otimes \mathfrak{A}_2$,
ist das einzige Maß μ *auf* $\mathfrak{A}_1 \otimes \mathfrak{A}_2$ *mit*

$$(20.9) \qquad \mu(A_1 \times A_2) = \mu_1(A_1) \cdot \mu_2(A_2), \quad A_1 \in \mathfrak{A}_1, \ A_2 \in \mathfrak{A}_2.$$

$\mu_1 \times \mu_2$ *ist* σ-*endlich und heißt* das durch μ_1 und μ_2 bestimmte Produktmaß.
b) *Ist* $f \geq 0$, *so gilt*

$$(20.10) \qquad \int f d(\mu_1 \times \mu_2) = \int d\mu_1 \int d\mu_2 f = \int d\mu_2 \int d\mu_1 f.$$

c) *Ist* f $\mu_1 \times \mu_2$-*quasi-integrierbar, so ist* $x \to \int \mu_2(dy)f(x,y)$ μ_1-*f.s.de-*
finiert und μ_1-*quasi-integrierbar,* $y \to \int \mu_1(dx)f(x,y)$ *ist* μ_2-*f.s. defi-*
niert und μ_2-*quasi-integrierbar, und es gilt* (20.10).

Der Beweis von 20.7 ist völlig analog zu denen von 20.5 und 20.6 und
wird daher nicht ausgeführt. Es ist nur zu beachten, daß $\mu_1 \times \mu_2$ wegen
20.3b definiert ist und daß die σ-Endlichkeit von μ_1 und μ_2 die Anwendung des Eindeutigkeitssatzes erlaubt. Die Bemerkungen im Anschluß an
20.6 übertragen sich sinngemäß auf den in 20.7 angegebenen Sachverhalt.
Hierbei ist noch anzufügen, daß 20.7b und 20.7c oft zum Nachweis der
Vertauschbarkeit der Integrationsreihenfolge bei iterierten Integralen
herangezogen werden (auch bei Fragestellungen, bei denen das Produktmaß
gar nicht explizit in Erscheinung tritt). Wir halten die wichtigste
diesbezüglich Folgerung aus 20.7 fest in

Korollar 20.8. *Seien* μ_1 *und* μ_2 σ-*endliche Maße auf* $\mathfrak{A}_1$ *bzw.* $\mathfrak{A}_2$ *und*
sei $f:\Omega_1 \times \Omega_2 \to \overline{\mathbb{R}}$ *meßbar. Dann gilt*

$$\int d\mu_1 \int d\mu_2 f = \int d\mu_2 \int d\mu_1 f,$$

falls eine der folgenden Bedingungen erfüllt ist:
1) $f \geq 0$,
2) $\int d\mu_1 \int d\mu_2 |f| < \infty$,
3) $\int d\mu_2 \int d\mu_1 |f| < \infty$.

Wir werden den Satz von Fubini noch häufig benützen. An dieser Stelle beschränken wir uns auf folgende Anwendung.

Satz 20.9 (*Satz von der partiellen Integration*). *Seien* F *und* G *ein-*
dimensionale maßdefinierende Funktionen. Dann gilt für $-\infty < a < b < \infty$

$$(20.11) \qquad \int_{(a,b>} G(t-)F(dt) + \int_{(a,b>} F(t)G(dt) = F(b)G(b) - F(a)G(a).$$

Beweis. Das zu F bzw. G gehörende Maß μ_1 bzw. μ_2 auf $\mathscr{B}$ ist σ-end-
lich. Sei μ das durch μ_1 und μ_2 bestimmte Produktmaß. Die Beweisidee

besteht darin, daß μ-Integral der Indikatorfunktion des meßbaren Dreiecks $A := \{(x,y) \in \mathbb{R}^2 : a < x \le b, a < y < x\}$ durch die beiden iterierten Integrale in (20.10) auszudrücken (Skizze!). Man erhält

$$\int d\mu_1 \int d\mu_2 1_A = \int \mu_1(dx)\mu_2(A_x) = \int \mu_1(dx) 1_{(a,b>}(x)\mu_2((a,x)) =$$

$$= \int_{(a,b>} \mu_1(dx)\left[G(x-)-G(a)\right] = \int_{(a,b>} G(x-)F(dx) - G(a)\left[F(b)-F(a)\right] \text{ und ähnlich}$$

$$\int d\mu_2 \int d\mu_1 1_A = -\int_{(a,b>} F(y)G(dy) + F(b)\left[G(b)-G(a)\right]. \text{ Aus } \int d\mu_1 \int d\mu_2 1_A =$$

$$= \int d\mu_2 \int d\mu_1 1_A \text{ folgt dann (20.11).} \square$$

Es ist nicht schwierig, die Sätze 20.5 - 20.7 durch vollständige Induktion auf das Produkt von endlich vielen Meßräumen auszudehnen. Insbesondere heißt $\lambda^n := \overset{n}{\underset{1}{X}}\lambda$ das _Lebesgue-Maß_ (L-Maß) auf $\mathscr{L}_n$. Ist $B \in \mathscr{L}_n$ und $\lambda^n(B) > 0$, so heißt die Restriktion von λ^n auf $B \mathscr{L}_n$ das _L-Maß auf B_ und Integrale der Gestalt $\int_B f d\lambda^n$ das _Lebesgue-Integral_ von $f: \mathbb{R}^n \to \overline{\mathbb{R}}$ über B. Wir begnügen uns mit der Formulierung des folgenden für die Konstruktion stochastischer Modelle wichtigen Satzes, der mutatis mutandis richtig bleibt, wenn die Q_i σ-endliche Maße sind.

Satz 20.10. _Seien_ $(\Omega_i, \mathfrak{A}_i)$, $1 \le i \le n$, _Meßräume. Sei_ Q_0 _ein W-Maß auf_ $\mathfrak{A}_1$ _und_ Q_i _ein ÜW-Maß von_ $\overset{i}{\underset{j=1}{X}}\Omega_j$ _nach_ Ω_{i+1}, $1 \le i < n$. _Dann ist_

$$\left(\overset{n-1}{\underset{0}{\otimes}}Q_i\right)(A) := \int Q_0(dx_1)\int Q_1(x_1,dx_2)\dots\int Q_{n-1}(x_1,\dots,x_{n-1},dx_n) 1_A(x_1,\dots,x_n),$$

$$A \in \overset{n}{\underset{1}{\otimes}}\mathfrak{A}_i,$$

das einzige W-Maß ρ _auf_ $\overset{n}{\underset{1}{\otimes}}\mathfrak{A}_i$, _für das gilt:_

$$\rho\left(\overset{n}{\underset{1}{X}}A_i\right) = \int_{A_1} Q_0(dx_1)\int_{A_2} Q_1(x_1,dx_2)\dots\int_{A_n} Q_{n-1}(x_1,\dots,x_{n-1},dx_n), A_i \in \mathfrak{A}_i, 1 \le i \le n.$$

Ferner gilt für jede $\overset{n-1}{\underset{0}{\otimes}}Q_i$-_quasi-integrierbare Funktion_ $f: \overset{n}{\underset{1}{X}}\Omega_i \to \overline{\mathbb{R}}$

$$\int f \, d\left(\overset{n-1}{\underset{0}{\otimes}}Q_i\right) = \int Q_0(dx_1)\int Q_1(x_1,dx_2)\dots\int Q_{n-1}(x_1,\dots,x_{n-1},dx_n) f(x_1,\dots,x_n).$$

Es ist von großer Bedeutung, daß 20.10 sogar auf den Fall abzählbar vieler Meßräume ausgedehnt werden kann. Zur Formulierung des entsprechenden Satzes muß zuerst definiert werden, was man unter dem Produkt von unendlich vielen σ-Algebren $\mathfrak{A}_i$ in Mengen Ω_i, $i \in I$, verstehen will. In §13 war $\underset{i \in I}{\otimes}\mathfrak{A}_i$ für endliches I als die durch das System

$$\underset{i}{X}\mathfrak{A}_i := \{\underset{i}{X}A_i : A_i \in \mathfrak{A}_i, i \in I\} \text{ in } \Omega := \underset{i}{X}\Omega_i \text{ erzeugte } \sigma\text{-Algebra definiert wor-}$$

den. Überträgt man diese Definition auf beliebige Familien $(\mathfrak{A}_i, i \in I)$, so erhält man zwar noch für abzählbares I, nicht aber für überabzählbares I einen brauchbaren Begriff. Nun erzeugen jedoch für abzählbares I die Mengensysteme $\underset{i}{X}\mathfrak{A}_i$ und $\underset{i}{\cup}pr_i^{-1}(\mathfrak{A}_i)$ offensichtlich dieselbe σ-Algebra in Ω. Dies führt zu der folgenden, für _beliebiges_ I brauchbaren

__Definition.__ _Ist_ $((\Omega_i, \mathfrak{A}_i), i \in I)$ _eine Familie von Meßräumen, so heißt die von_ $\bigcup\limits_{i \in I} pr_i^{-1}(\mathfrak{A}_i)$ _in_ $\Omega := \underset{i \in I}{\mathsf{X}} \Omega_i$ _erzeugte_ σ-_Algebra die_ __Produkt-__σ-__Algebra__ $\underset{i \in I}{\otimes} \mathfrak{A}_i$ _mit den Faktoren_ $\mathfrak{A}_i, i \in I$.

Offensichtlich ist $\underset{i}{\otimes} \mathfrak{A}_i$ die kleinste der σ-Algebren $\mathfrak{F}$ in Ω, für welche jede der Projektionen pr_i $\mathfrak{F} - \mathfrak{A}_i$-meßbar ist. (Somit entsprechen die Produkt-σ-Algebren den Produkt-Topologien in der Topologie.)

Wir überlassen dem Leser den Beweis der folgenden Verallgemeinerung von 17.6.

__Satz 20.11.__ _Seien_ $(\Omega, \mathfrak{A})$ _und_ $(\Omega_i, \mathfrak{A}_i), i \in I$, _Meßräume und_ $f_i: \Omega \to \Omega_i$ _beliebige Abbildungen. Für die Produktabbildung_ $f = \underset{i \in I}{\mathsf{X}} f_i$ _gilt:_

$$f \quad \mathfrak{A} - \underset{i}{\otimes} \mathfrak{A}_i\text{-meßbar} \iff f_i \quad \mathfrak{A} - \mathfrak{A}_i\text{-meßbar}, \ i \in I.$$

Nun beweisen wir ein Analogon zu 20.10 für den abzählbar unendlichen Fall.

__Satz 20.12__ (C.IONESCU TULCEA). _Seien_ $(\Omega_n, \mathfrak{A}_n), n \in \mathbb{N}$, _Meßräume und_ $(\Omega, \mathfrak{A}) := (\overset{\infty}{\underset{1}{\mathsf{X}}} \Omega_n, \overset{\infty}{\underset{1}{\otimes}} \mathfrak{A}_n)$. _Sei_ Q_0 _ein W-Maß auf_ $\mathfrak{A}_1$ _und_ Q_n _ein ÜW-Maß von_ $\overset{n}{\underset{1}{\mathsf{X}}} \Omega_i$ _nach_ $\Omega_{n+1}, n \in \mathbb{N}$. _Dann gilt:_

a) _Es gibt genau ein W-Maß_ Q _auf_ $\mathfrak{A}$ _mit_

$$(20.12) \quad Q(\overset{\infty}{\underset{1}{\mathsf{X}}} A_n) = \int_{A_1} Q_0(d\omega_1) \int_{A_2} Q_1(\omega_1, d\omega_2) \ldots \int_{A_k} Q_{k-1}(\omega_1, \ldots, \omega_{k-1}, d\omega_k),$$

falls $A_n \in \mathfrak{A}_n$ _für_ $n \in \mathbb{N}, k \in \mathbb{N}$ _und_ $A_n = \Omega_n$ _für_ $n > k$. _Man nennt_ $Q =: \overset{\infty}{\underset{0}{\otimes}} Q_n$ _das durch die Folge_ (Q_n) _bestimmte W-Maß auf_ $\mathfrak{A}$.

b) _Für jede Abbildung_ $f: \overset{k}{\underset{1}{\mathsf{X}}} \Omega_i \to \overline{\mathbb{R}}$, _für welche_ $f \circ (pr_1, \ldots, pr_k)$ _Q-quasi-integrierbar ist, gilt_

$$(20.13) \quad \int f \circ (pr_1, \ldots, pr_k) dQ =$$

$$= \int Q_0(d\omega_1) \ldots \int Q_{k-1}(\omega_1, \ldots, \omega_{k-1}, d\omega_k) f(\omega_1, \ldots, \omega_k).$$

Beweis. a_1) Auf der von $Y_n := (pr_1, \ldots, pr_n)$ in Ω erzeugten σ-Algebra $\mathfrak{G}_n$ definieren wir das W-Maß W_n durch $W_n(Y_n \in D) := (\overset{n-1}{\underset{0}{\otimes}} Q_i)(D), D \in \overset{n}{\underset{1}{\otimes}} \mathfrak{A}_i$. Für $m > n$ ist $[Y_n \in D] = [Y_m \in D \times \Omega_{n+1} \times \ldots \times \Omega_m]$, woraus mit 20.10 leicht $W_n(Y_n \in D) = W_m(Y_n \in D)$ folgt. Somit ist durch die W-Maße W_n widerspruchsfrei eine Mengenfunktion P auf $\mathfrak{F} := \bigcup\limits_n \mathfrak{G}_n$ definiert. Man sieht leicht ein, daß $\mathfrak{F}$ eine $\mathfrak{A}$ erzeugende Algebra ist und daß P ein Inhalt ist, für den (20.12) gilt. Nach dem Fortsetzungssatz 16.3 ist dann nur noch die σ-Additivität oder - nach 15.7 - die $\emptyset$-Stetigkeit von P nachzuweisen. a_2) Angenommen, es gibt eine Folge (B_n) von Mengen aus $\mathfrak{F}$ mit $B_n \downarrow \emptyset$, aber $\lim\limits_n P(B_n) > 0$. OE können wir uns auf Folgen (B_n) der Gestalt $B_n = [Y_n \in D_n]$ mit $\emptyset \neq D_n \in \overset{n}{\underset{1}{\otimes}} \mathfrak{A}_i$ beschränken. Aus 20.10 folgt für $n \geq 2$

$$P(B_n) = W_n(Y_n \in D_n) = (\overset{n-1}{\underset{0}{\otimes}} Q_i)(D_n) = \int Q_0(d\omega_1)Q_n^{(1)}(\omega_1, [Y_n \in D_n])$$

mit $Q_n^{(1)}(\omega_1, [Y_n \in D_n]) := (\overset{n-1}{\underset{1}{\otimes}} (Q_i)_{\omega_1})((D_n)_{\omega_1})$. Für jedes ω_1 definieren

nun die $Q_n^{(1)}(\omega_1, \cdot)$ widerspruchsfrei einen Inhalt $P^{(1)}(\omega_1, \cdot)$ auf $\mathcal{F}$, und

für diesen gilt

$$P(B_n) = \int Q_0(d\omega_1)P^{(1)}(\omega_1, B_n).$$

Hieraus folgt mit dem Satz von der majorisierten Konvergenz

$$\lim_n P(B_n) = \int Q_0(d\omega_1)\lim_n P^{(1)}(\omega_1, B_n).$$

Wegen $\lim_n P(B_n) > 0$ existiert dann ein $\bar{\omega}_1 \in \Omega_1$ mit $\lim_n P^{(1)}(\bar{\omega}_1, B_n) > 0$.

Aus $0 < P^{(1)}(\bar{\omega}_1, B_1) = Q_2^{(1)}(\bar{\omega}_1, [Y_2 \in D_1 \times \Omega_2]) = Q_1(\bar{\omega}_1, (D_1 \times \Omega_2)_{\bar{\omega}_1}) = 1_{D_1}(\bar{\omega}_1)$

folgt $\bar{\omega}_1 \in D_1$. a_3) Nun können wir die in a_2) gemachten Überlegungen

mit $P^{(1)}(\bar{\omega}_1, \cdot)$ anstelle von P und den $(Q_{n+1})_{\bar{\omega}_1}$ anstelle der Q_n durch-

führen. Durch Iteration dieses Verfahrens erhalten wir für jedes $k \in \mathbb{N}$

ein $\bar{\omega}_k \in \Omega_k$ und einen Inhalt $P^{(k)}(\bar{\omega}_1, \ldots, \bar{\omega}_k, \cdot)$ auf $\mathcal{F}$ mit

$\lim_n P(k)(\bar{\omega}_1, \ldots, \bar{\omega}_k, B_n) > 0$. Es gilt dann $(\bar{\omega}_1, \ldots, \bar{\omega}_k) \in D_k, k \in \mathbb{N}$, also

$(\bar{\omega}_k, k \in \mathbb{N}) \in \bigcap_k (D_k \times \overset{\infty}{\underset{k+1}{\times}} \Omega_i) = \bigcap_k B_k$, was im Widerspruch zu $\bigcap_k B_k = \emptyset$ steht.

Damit ist Teil a) bewiesen. Teil b) des Satzes folgt aus (20.12) nach

dem Beweisprinzip für Integrale. Hierbei beachte man, daß die Meßbar-

keit von $f \circ (pr_1, \ldots, pr_k)$ diejenige von f impliziert und daß die Gültig-

keit von (20.13) für Indikatorfunktionen durch Restriktion von P auf $\mathcal{A}_k$

aus 20.10 gefolgert werden kann. $\square$

   Der wichtige Sonderfall von 20.12, bei dem Q_n von $(\omega_1, \ldots, \omega_n)$ unab-

hängig ist, führt zu

Satz 20.13. *Sei* $((\Omega_n, \mathcal{A}_n, P_n), n \in \mathbb{N})$ *eine Folge von W-Räumen. Dann*

existiert genau ein W-Maß P *auf* $\overset{\infty}{\underset{1}{\otimes}} \mathcal{A}_n$ *mit der Eigenschaft*

$$P(\overset{\infty}{\underset{1}{\times}} A_n) = \overset{k}{\underset{1}{\prod}} P_n(A_n),$$

falls $k \in \mathbb{N}$, $A_n \in \mathcal{A}_n$ *für* $n \in \mathbb{N}$ *und* $A_n = \Omega_n$ *für* $n > k$. $P =: \overset{\infty}{\underset{1}{\times}} P_n$ *heißt das*

Produktmaß der W-Maße $P_n, n \in \mathbb{N}$.

   Wir werden 20.12 und 20.13 in §29 bzw. §24 zur Konstruktion von Fol-

gen von Zufallsvariablen mit vorgegebenen bedingten Verteilungen bzw.

von unabhängigen Folgen von Zufallsvariablen verwenden.

Aufgaben

20.1. Man beweise die Richtigkeit der im Anschluß an die Definition

des ÜW-Maßes gemachten Bemerkung 1. (Hinweis: Das System

$\{C \in \mathcal{A}_2 : Q(\cdot, C) \text{ ist meßbar}\}$ ist ein Dynkin-System.)

20.2. Man beweise Satz 20.4.

20.3. Man beweise Satz 20.6 im Detail.

20.4. Sei $(\Omega, \mathcal{O}\!l, \mu)$ ein σ-endlicher Maßraum und sei $f:\Omega \to \mathbb{R}_+$ meßbar. Man zeige, daß die durch f bestimmte Ordinatenmenge

$M := \{(\omega,x)\in\Omega\times\mathbb{R} : 0\leq x\leq f(\omega)\}$ $\quad \mathcal{O}\!l\otimes\mathcal{L}$ -meßbar ist und daß $\int f\, d\mu=(\mu\times\lambda)(M)$ gilt.

20.5. Sei $((\Omega_n, \mathcal{O}\!l_n, P_n), n\in\mathbb{N})$ eine Folge von W-Räumen. Man zeige, daß $\overset{\infty}{\underset{1}{\times}}P_n$ das einzige W-Maß P auf $\overset{\infty}{\underset{1}{\otimes}} \mathcal{O}\!l_n$ ist, für das gilt:

$$P(\overset{\infty}{\underset{1}{\times}}A_n) = \overset{\infty}{\underset{1}{\sqcap}}P_n(A_n) := \lim_{k\to\infty} \overset{k}{\underset{k=1}{\sqcap}} P_n(A_n), \quad A_n\in\mathcal{O}\!l_n, n\in\mathbb{N}.$$

20.6. Man zeige, daß die Sätze 20.5 und 20.6 mutatis mutandis richtig bleiben, falls P ein σ-endliches Maß auf $\mathcal{O}\!l_1$ und Q eine Abbildung von $\Omega_1\times\mathcal{O}\!l_2$ nach $\overline{\mathbb{R}}$ mit folgenden Eigenschaften ist:

1) Für jedes $x\in\Omega_1$ ist $Q(x,\cdot)$ ein Maß auf $\mathcal{O}\!l_2$;

2) für jede Menge $C\in\mathcal{O}\!l_2$ ist $Q(\cdot,C)$ $\mathcal{O}\!l_1-\mathcal{L}$-meßbar;

3) es gibt eine isotone gegen Ω_2 konvergente Folge von Mengen $A_n\in\mathcal{O}\!l_2$ mit $\sup_x Q(x,A_n)<\infty, n\in\mathbb{N}$.

(Man könnte Q ein σ-endliches Übergangsmaß von Ω_1 nach Ω_2 nennen.) In dieser Verallgemeinerung der Sätze 20.5 und 20.6 ist dann auch Satz 20.7 enthalten.

20.7. Es liege die Situation von Aufg.20.6 vor. Das durch P und Q bestimmte (σ-endliche) Maß auf $\mathcal{O}\!l_1\otimes\mathcal{O}\!l_2$ werde mit $P\otimes Q$ bezeichnet. Das Bild von $P\otimes Q$ unter der Projektion pr_2 heißt die P-Mischung P_Q der Maßfamilie $(Q(x,\cdot),x\in\Omega_1)$. Man beweise: a) Ist $f:\Omega_2\to\overline{\mathbb{R}}$ P_Q-quasi-integrierbar, so existiert auch das iterierte Integral $\int P(dx)\int Q(x,dy)f(y)$ und dieses stimmt mit $\int f\, dP_Q$ überein. b) Ist $g:\Omega_1\to\Omega_2$ meßbar und Q das durch $Q(x,\cdot) :=$ Einheitsmasse in $g(x), x\in\Omega_1$, definierte ÜW-Maß von Ω_1 nach Ω_2, so ist P_Q das Bild von P unter g. (Mischungen sind also verallgemeinerte Bildmaße.)

20.8. Sei $(\Omega, \mathcal{O}\!l)$ ein Meßraum und sei (μ_n) eine Folge von Maßen auf $\mathcal{O}\!l$ und (α_n) eine Folge nicht-negativer reeller Zahlen. Man zeige: Ist $f:\Omega\to\overline{\mathbb{R}}_+$ meßbar, so gilt $\int f\, d(\sum\alpha_n\mu_n) = \sum\alpha_n\int f\, d\mu_n$. (Hinweis: Man kann das Beweisprinzip für Integrale heranziehen.) Wie folgt die Behauptung in dem Falle, daß alle μ_n W-Maße sind, aus der Aussage in Aufg.20.7?

20.9. Ist $f(x,y) := e^{-xy}-2e^{-2xy}$, $(x,y)\in\mathbb{R}^2$, über $A_1\times A_2 := \langle 1,\infty)\times\langle 0,1\rangle$ λ^2-integrierbar? Existieren die iterierten Integrale?

20.10. Man zeige, daß jede konvexe Menge in $\mathbb{R}^2$ zu $(\mathcal{L}\otimes\mathcal{L})_{\lambda\times\lambda}$ gehört; vgl.Beispiel 17.1. (Hinweis: Für beschränkte konvexe Mengen $M\subset\mathbb{R}^2$ gilt $\lambda^2(\overset{o}{M})=\lambda^2(\overline{M})$.)

Ergänzungen

1. Wie aus Beispiel 17.1 gefolgert werden kann, sind die Umkehrungen von 20.2a und 20.2b nicht richtig, d.h. aus der Meßbarkeit aller Schnitte von $f:\Omega_1\times\Omega_2\to\Omega_3$ bzw. $A\subset\Omega_1\times\Omega_2$ folgt nicht notwendig die Meßbarkeit von f bzw. A. 2. Es gilt $\mathcal{L}_\lambda\otimes\mathcal{L}_\lambda\subsetneqq(\mathcal{L}_2)_{\lambda^2}$, also $\overline{\lambda}\times\overline{\lambda}\neq\overline{\lambda\times\lambda}$; auch sind die Schnitte von Mengen in $(\mathcal{L}_2)_{\lambda^2}$ nicht notwendig $\overline{\lambda}$-meßbar. Daher ist das vollständige L-Maß in $\mathbb{R}^2$ meistens weniger handlich als das (Borel)-Lebesgue-Maß λ^2. 3. Satz 20.13 läßt sich ohne größere Schwierigkeit auf den Fall überabzählbar vieler W-Räume übertragen, doch ist dies für die W-Theorie von geringer Bedeutung. Wichtiger ist die Tatsache, daß sogar 20.12 entsprechend verallgemeinert werden kann (s.IONESCU TULCEA (49)). Eine andere, vor allem für den Fall überabzählbar vieler W-Räume wichtige Methode zur Konstruktion von W-Maßen in Produkträumen benützt als Ausgangsdaten die Verteilungen aller Projektionen von $\underset{i\in I}{\times}\Omega_i$ in die Mengen $\underset{i\in K}{\times}\Omega_i$ mit $\emptyset\neq K\subset I$ und K endlich. Der erste Satz in dieser Richtung stammt von KOLMOGOROFF (s.etwa BAUER (68),S.290), der aber im Gegensatz zu 20.12 nicht ohne topologische Voraussetzungen über die Meßräume $(\Omega_i,\mathcal{O}_i)$ auskommt.

Kapitel III. Allgemeine Wahrscheinlichkeitsräume

Die in Kapitel I durchgeführten Untersuchungen von diskreten W-Räumen können wir jetzt auf allgemeine W-Räume ausdehnen, nachdem der dazu nötige maßtheoretische Apparat in Kapitel II entwickelt wurde. Teilweise handelt es sich im folgenden um eine direkte Übertragung von Begriffen und Sätzen aus Kapitel I; wir werden uns dann bei der Definition, Motivation und Interpretation kurz fassen. Insbesondere weisen wir hier noch einmal darauf hin, daß sich die in §3 hergeleiteten elementaren Eigenschaften von diskreten W-Räumen sowie der in §6 eingeführte Begriff der (elementaren) bedingten Wahrscheinlichkeiten samt dessen in 6.1 bis 6.3 angegebenen Eigenschaften unmittelbar auf beliebige W-Räume übertragen. Man hat nur darauf zu achten, daß die hierbei auftretenden Mengen (welche als Ereignisse interpretiert werden) zu der zugrundeliegenden σ-Algebra gehören müssen. Auch die in §15 und §16 enthaltenen Aussagen über W-Maße (z.B. 15.5 und 16.2) werden wir von nun an als bekannt voraussetzen.

§ 21. Klassifikation von W-Maßen und der allgemeine Dichtebegriff

Ist $(\Omega, \mathcal{A}, P)$ ein W-Raum, $(\Omega', \mathcal{A}')$ ein Meßraum und $X: \Omega \rightarrow \Omega'$ meßbar, so heißt X eine $(\Omega', \mathcal{A}')$-Zufallsvariable (kurz: Ω'-Zva) über $(\Omega, \mathcal{A}, P)$. Das Bild P_X von P unter der Abbildung X, also das auf $\mathcal{A}'$ definierte W-Maß

$$P_X(A') := P(X^{-1}(A')) = P(X \in A'), \quad A' \in \mathcal{A}',$$

heißt die Verteilung von X (bzgl. P). Da jedes W-Maß auf $\mathcal{A}'$ die Verteilung einer Zva, nämlich der Identität auf Ω' ist, nennt man W-Maße auch Verteilungen schlechthin. Ist aus dem Zusammenhang ersichtlich, welches W-Maß P auf $\mathcal{A}$ zugrundeliegt, so schreiben wir auch $\mathfrak{W}(X)$ anstelle von P_X. Die σ-Algebra $X^{-1}(\mathcal{A}')$ nennen wir das System der durch X (und $\mathcal{A}'$) beschreibbaren Ereignisse.

Ist X_i eine $(\Omega_i, \mathcal{A}_i)$-Zva auf $(\Omega, \mathcal{A}, P)$, $i \in I$, so ist nach 20.11 die Produktabbildung $X := \underset{i \in I}{\times} X_i$ eine $(\underset{i \in I}{\times} \Omega_i, \underset{i \in I}{\otimes} \mathcal{A}_i)$-Zva auf $(\Omega, \mathcal{A}, P)$. Dann heißt $\mathfrak{W}(X)$ auch die gemeinsame Verteilung der X_i, $i \in I$. Ist $I = \{1, 2, \ldots, n\}$, so bezeichnen wir X auch "in Vektorschreibweise" mit $(X_1, X_2, \ldots, X_n)$. Die Verteilung der k-ten Komponente X_k ist also das Bild der gemeinsamen Verteilung der X_i, $1 \le i \le n$, unter der Projektion pr_k. Man nennt die Verteilungen $\mathfrak{W}(X_k)$ auch die "eindimensionalen" Randverteilungen von P_X. Wie wir in §24 sehen werden, ist P_X genau dann durch seine eindimensionalen Randverteilungen bestimmt, wenn die Familie $(X_i, 1 \le i \le n)$ bzgl. P stochastisch unabhängig ist; s. auch Beispiel 5.2.

Wir wenden uns nun einer Klassifizierung von Maßen zu. In §19 nannten wir ein Maß ν auf $\mathcal{A}$ stetig bzgl. eines Maßes μ auf $\mathcal{A}$ (kurz: μ-stetig), falls $\nu(N) = 0$ für alle μ-Nullmengen $N \in \mathcal{A}$ gilt. Ein dazu "komplementärer" Begriff wird eingeführt durch folgende

Definition. *Seien μ und ν Maße auf $\mathcal{A}$. Dann heißen μ und ν (zueinander) orthogonal, falls es eine Menge $A \in \mathcal{A}$ mit $\mu(A) = 0$ und $\nu(A^c) = 0$ gibt.*

Bemerkungen. 1. Statt "orthogonal" sagt man in der Literatur auch "zueinander singulär". 2. Ist ν ein W-Maß, so sind μ und ν genau dann orthogonal, wenn es eine μ-Nullmenge N gibt, für die $\nu(N) = 1$ gilt. 3. Das Maß $\mu \equiv 0$ ist das einzige Maß, das zu sich selbst orthogonal ist. 4. Orthogonalität zweier nicht identisch verschwindender Maße und Stetigkeit des einen bzgl. des anderen schließen sich gegenseitig aus.

Im wichtigen Sonderfall $\mathcal{A} = \mathcal{B}_n$ benützt man noch folgende

Definition. *Ein Maß μ auf $\mathcal{B}_n$ heißt*

a) *diskret, falls es eine abzählbare Menge $B \subset \mathbb{R}^n$ gibt mit $\mu(B^c) = 0$;*

b) *stetig, falls* $\mu(x)=0$ *für alle* $x \in \mathbb{R}^n$ *gilt;*

c) *totalstetig, falls* μ λ^n-*stetig ist;*

d) *singulär, falls* μ *und* λ^n *orthogonal sind.*

Bemerkungen und Beispiele. 1. Ist μ_0 auf $\mathscr{L}_n$ definiert durch

$$\mu_0(A) := \begin{cases} 0 & \text{, falls } A \text{ abzählbar} \\ \infty & \text{, falls } A \text{ überabzählbar,} \end{cases}$$

so ist ein beliebiges Maß μ auf $\mathscr{L}_n$ genau dann diskret bzw. stetig, falls μ zu μ_0 orthogonal bzw. μ_0-stetig ist. 2. Ein W-Maß P auf $\mathscr{L}_n$ ist genau dann diskret, falls es eine abzählbare Menge $B \subset \mathbb{R}^n$ mit $P(B)=1$ gibt. 3. Die Festlegung von diskreten W-Maßen auf $\mathscr{L}_n$ durch ihre Zähldichten wurde schon in §15 behandelt. 4. Ist $B \neq \emptyset$ eine abzählbare Teilmenge von $\mathbb{R}^n$ und μ ein Maß auf $\mathscr{R}(B)$, so definiert dieses durch $\mu'(A) := \mu(BA), A \in \mathscr{L}_n$, in natürlicher Weise ein diskretes Maß μ' auf $\mathscr{L}_n$. In diesem Sinne können und werden wir alle in §11 betrachteten Verteilungen auf abzählbaren Teilmengen von $\mathbb{R}$ bzw. $\mathbb{R}^n$ (z.B. die Binomialverteilung und die Multinomialverteilung), sowie Zählmaße als Maße auf $\mathscr{L}$ bzw. $\mathscr{L}_n$ auffassen. 5. Beispiele für stetige W-Maße P auf $\mathscr{L}$ erhielten wir im Anschluß an 16.5 aufgrund der Tatsache, daß P genau dann stetig ist, falls die zu P gehörige Vf stetig ist. Auf $\mathscr{L}_n, n>1$, gibt es stetige W-Maße mit unstetiger Vf. 6. Jedes Maß der Gestalt $P(A) = \int_A f d\lambda^n, A \in \mathscr{L}_n$, ist nach 19.3 totalstetig. 7. Jedes totalstetige Maß auf $\mathscr{L}_n$ ist stetig, und jedes diskrete Maß auf $\mathscr{L}_n$ ist singulär. 8. Totalstetigkeit und Singularität eines Maßes $\mu \neq 0$ schließen sich gegenseitig aus, desgleichen Stetigkeit und Diskretheit. 9. Für jedes $n \in \mathbb{N}$ gibt es W-Maße auf $\mathscr{L}_n$, die singulär und dennoch stetig sind. Derartige Verteilungen sind im Fall n=1 nur von theoretischem Interesse. Im Fall n>1 treten sie bei praktischen Problemen durchaus nicht selten auf, insbesondere als Bilder von totalstetigen Verteilungen. Ein solches Beispiel ist die sog. (lineare) Gleichverteilung auf dem Einheitskreis $K \subset \mathbb{R}^2$; sie ist definiert als das Bild μ des L-Maßes auf $<0,1)$ unter der Abbildung $T: <0,1) \to \mathbb{R}^2$ mit $T(x) := (\cos 2\pi x, \sin 2\pi x)$. Da T injektiv und λ stetig ist, ist auch μ stetig. Aus 20.7a erhält man leicht $\lambda^2(K)=0$, also die Singularität von μ. 10. Die Angabe einer eindimensionalen stetigen und singulären Verteilung erfordert mehr Mühe. Das klassische Beispiel ist die sog. Cantor-Verteilung, die durch Festlegung ihrer Vf F folgendermaßen definiert ist: a) Es sei $F(x)=0$ für $x<0$ und $F(x)=1$ für $x>1$. b) Es sei $F=1/2$ auf $(1/3, 2/3)$, $F=1/4$ auf $(1/9, 2/9)$, $F=3/4$ auf $(7/9, 8/9)$,...; allgemein sei F auf den nicht zur Cantorschen Menge D (s.Aufg.16.3) gehörenden Punkten von $(0,1)$ sukzessiv so definiert, daß F bei jedem Schritt im offenen mittleren Drittel derjenigen Intervalle

I, auf denen F bei den vorhergehenden Schritten noch nicht definiert
wurde, konstant gleich dem arithmetischen Mittel der Werte von F auf
den zu I benachbarten Intervallen (zu denen auch $(-\infty, 0)$ und $(1, \infty)$ zäh-
len) gesetzt wird. Skizze! c) Auf D sei dann F durch die Forderung der
rechtsseitigen Stetigkeit festgelegt; s.Aufg.16.6. Nach Wahl einer geeigneten Darstellung von F auf $(0,1)$ - D kann gezeigt werden, daß F die
Vf eines stetigen und singulären W-Maßes auf $\mathcal{X}$ ist (s.Aufg.21.1).
11. Bezeichnet man die Menge aller W-Maße auf $\mathcal{X}_n$ mit W und die Menge
aller diskreten bzw. stetigen bzw. totalstetigen bzw. singulären W-Maße
auf $\mathcal{X}_n$ mit W_d bzw. W_c bzw. W_t bzw. W_s, so gelten die in Fig.21.1 angegebenen Inklusionen.

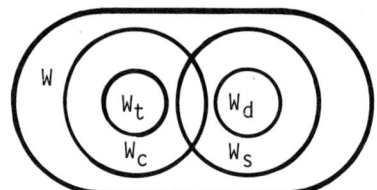

Fig. 21.1

In Kapitel I zeigte sich die Wichtigkeit des Begriffes einer Zähldichte f eines diskreten W-Maßes P darin, daß P(A) für jedes Ereignis
A durch Summation von f über A erhalten werden kann. In Analogie hierzu werden die meisten der in den Anwendungen auftretenden nicht-diskreten W-Maße auf $\mathcal{X}_n$ als unbestimmte λ^n-Integrale von gewissen Funktionen - die dann Dichten heißen - dargestellt. Noch etwas allgemeiner
ist die folgende

Definition. *Seien μ und ν Maße auf $\mathcal{O}$ und $f:\Omega \to \overline{\mathbb{R}}_+$ eine meßbare Funktion. Dann heißt f eine $\underline{\mu\text{-Dichte von } \nu}$, falls ν die Darstellung*

(21.1) $$\nu(A) = \int_A f \, d\mu, \quad A \in \mathcal{O},$$

besitzt.

Ist $\mathcal{O} = \mathcal{X}_n$, so heißen die λ^n-Dichten $\underline{\text{Lebesgue-Dichten}}$ oder einfach
$\underline{\text{Dichten}}$. Ist X eine $(\Omega, \mathcal{O})$-Zva über $(\Omega', \mathcal{O}', P)$, so heißt jede μ-Dichte
von P_X auch eine $\underline{\mu\text{-Dichte}}$ von X. Jede Dichte eines d-dimensionalen Zve
X heißt auch eine $\underline{\text{Dichte der Vf von X}}$. Sind $X_1, X_2, \ldots, X_m$ Zva, so heißt
jede Dichte von $X := (X_1, \ldots, X_m)$ auch eine $\underline{\text{gemeinsame Dichte}}$ der X_i,
$1 \le i \le m$.

Bemerkungen. 1. Wir sprechen von *einer* μ-Dichte, da die Funktion f
in (21.1) i.a. nicht eindeutig bestimmt ist: Ersetzt man f durch eine
meßbare Funktion $g:\Omega \to \overline{\mathbb{R}}_+$, die μ-f.s. mit f übereinstimmt, so ist wegen
18.5b auch g eine μ-Dichte von ν. Bedingungen, unter denen zwei belie-
bige μ-Dichten eines Maßes μ-f.s. übereinstimmen, werden in 21.2 angegeben. 2. Besitzt das endliche Maß ν eine μ-Dichte f, so ist $f \cdot 1_{[f<\infty]}$

eine *endliche* μ-Dichte von ν, da $\mu(f=\infty)=0$ nach 18.5c gilt. 3. Ist f eine μ-Dichte von ν, so ist ν notwendig μ-stetig, wie sofort aus (21.1) folgt. Der sog. Satz von Radon-Nikodym besagt, daß die μ-Stetigkeit von ν auch hinreichend für die Existenz einer (μ-f.s. eindeutig bestimmten) μ-Dichte von ν ist, falls μ σ-endlich ist. (Einen Beweis für diesen Satz, den wir im folgenden nicht benötigen, findet man z.B. bei BAUER (68),S.76.) Also besitzen genau die totalstetigen Maße auf $\mathcal{B}_n$ Dichten. 4. Ist f eine μ-Dichte von ν und μ σ-endlich, so nennt man f oft auch eine Radon-Nikodym-Derivierte von ν nach μ. Da manche Sätze über Dichten formale Analogien zu Sätzen der Differentialrechnung aufweisen, verwendet man als mnemotechnisches Hilfsmittel manchmal die Symbolik "$f = \frac{d\nu}{d\mu}$". Wir verwenden zum selben Zweck (auch wenn μ nicht σ-endlich ist) die Bezeichnung "$d\nu=fd\mu$", die also nur eine Kurzschreibweise für die Beziehung (21.1) ist. 5. Ist $f:\Omega\to\overline{\mathbb{R}}_+$ meßbar und μ ein Maß auf $\mathcal{A}$, so ist $A\to\int_A f\,d\mu$ nach 19.3 ein Maß, welches trivialerweise f als μ-Dichte besitzt. Speziell im Fall $(\Omega,\mathcal{A})=(\mathbb{R}^n,\mathcal{B}_n)$ ist $A\to\int_A f\,d\lambda^n$ ein totalstetiges W-Maß mit der Dichte f, falls $\int f\,d\lambda^n = 1$ gilt. Später werden wir verschiedene, für die Anwendungen wichtige totalstetige W-Maße auf $\mathcal{B}_n$ durch ihre Dichten definieren und untersuchen. 6. Zähldichten auf einer abzählbaren Menge Ω sind Dichten bzgl. des Zählmaßes auf Ω.

Lemma 21.1. *Sei $(\Omega,\mathcal{A},\mu)$ ein Maßraum und f und g μ-quasi-integrierbar. Ist μ σ-endlich oder sind f und g μ-integrierbar, so gilt:*

$$\int_A f\,d\mu \leq \int_A g\,d\mu \text{ für alle } A\in\mathcal{A} \iff f\leq g \quad \mu\text{-f.s.}$$

Beweis. a) Ist $f\leq g$ μ-f.s., so folgt die Behauptung leicht aus 18.1 und 18.5b. b) Zum Beweis der restlichen Aussage setzen wir zunächst die Endlichkeit von μ voraus. Es ist zu zeigen, daß $N := [f>g]$ eine μ-Nullmenge ist. Offensichtlich gilt $N = \bigcup_{k=-\infty}^{\infty}\bigcup_{n=1}^{\infty}M_{kn} + \bigcup_{r=1}^{\infty}N_r$ mit $M_{kn} := [k<f\leq k+1, g\leq f-\frac{1}{n}]$, $N_r := [f=\infty, g\leq r]$. Aus der Endlichkeit von μ und von $\int_{M_{kn}} f\,d\mu$ folgt nun

$$\int_{M_{kn}} f\,d\mu \leq \int_{M_{kn}} g\,d\mu \leq \int_{M_{kn}}(f-\frac{1}{n})d\mu = \int_{M_{kn}} f\,d\mu - \frac{1}{n}\mu(M_{kn}),$$

also $\mu(M_{kn}) = 0$. Ferner gilt

$$\infty\cdot\mu(N_r) = \int_{N_r} f\,d\mu \leq \int_{N_r} g\,d\mu \leq r\cdot\mu(N_r) < \infty,$$

also $\mu(N_r) = 0$. Somit ist N Vereinigung von abzählbar vielen Nullmengen, also selbst eine Nullmenge. c) Nun sei μ σ-endlich. Ist (A_n) eine isoton gegen Ω konvergente Folge von Mengen in $\mathcal{A}$ mit $\mu(A_n)<\infty$, so ist wegen $\mu(N) = \lim\mu(NA_n)$ nur $\mu(NA_n) = 0$ für $n\in\mathbb{N}$ zu zeigen. Dies folgt aber leicht, indem man Teil b) auf die Restriktionen μ_n, f_n und g_n von μ, f und g auf A_n und auf den endlichen Maßraum $(A_n,A_n\mathcal{A},\mu_n)$ anwendet.

d) Sind f und g μ-integrierbar, so ist die Behauptung eine einfache Folgerung aus 18.5; s.Aufg.18.4. $\Box$

Als Folgerung aus 21.1 erhalten wir den

Satz 21.2. *Seien μ und ν Maße auf* $\mathfrak{A}$ *mit* $d\nu=fd\mu=gd\mu$. *Dann gilt* $f=g$ *μ-f.s., falls ν endlich oder μ σ-endlich ist.*

Satz 21.3. *Seien μ und ν Maße auf* $\mathfrak{A}$ *mit* $d\nu=fd\mu$. *Für jede meßbare Abbildung* $g:\Omega\to\overline{\mathbb{R}}$ *gilt dann:*

$$\exists \int g \, d\nu \iff \exists \int gf \, d\mu \implies \int g \, d\nu = \int gf \, d\mu.$$

Beweis. Ist $g = 1_A, A\in\mathfrak{A}$, so ist die Aussage $\int g \, d\nu=\int gf \, d\mu$ äquivalent mit der Voraussetzung, daß f eine μ-Dichte von ν ist. Für beliebige g ergibt sich die Behauptung leicht mit dem Beweisprinzip für Integrale. $\Box$

Man kann sich 21.3 leicht dadurch merken, daß man (im Falle der Existenz) in $\int g \, d\nu$ das Symbol $d\nu$ durch $fd\mu$ ersetzt. - Wenn man in 21.3 die Funktion g durch $g1_A, A\in\mathfrak{A}$, ersetzt erhält man

Korollar 21.4. *Ist f eine μ-Dichte von ν und g eine ν-Dichte von τ, so ist gf eine μ-Dichte von τ. Oder kurz:*

$$d\nu = fd\mu, \quad d\tau = gd\nu \implies d\tau = gfd\mu.$$

Aufgrund des Eindeutigkeitssatzes für Maße ist ein Maß ν auf $\mathfrak{A}$ durch seine Werte auf einem ∩-stabilen Erzeugendensystem $\mathscr{L}$ von $\mathfrak{A}$ eindeutig bestimmt, falls ν auf $\mathscr{L}$ σ-endlich ist. Hieraus folgt

Lemma 21.5. *Seien μ und ν Maße auf* $\mathfrak{A}$ *, sei* $f:\Omega\to\overline{\mathbb{R}}_+$ *meßbar und sei* $\mathscr{L}$ *ein ∩-stabiles Erzeugendensystem von* $\mathfrak{A}$ *, auf dem ν σ-endlich sei. Gilt*

$$\nu(C) = \int_C f \, d\mu, \quad C\in\mathscr{L} \, ,$$

so ist f eine μ-Dichte von ν.

Satz 21.6. *Seien* $(\Omega_i, \mathfrak{A}_i)$ *Meßräume und* μ_i *und* ν_i *σ-endliche Maße auf* $\mathfrak{A}_i, 1\le i\le n$. *Dann gilt: Ist* f_i *eine* μ_i-*Dichte von* $\nu_i, 1\le i\le n$, *so ist* $(x_1,\ldots,x_n) \to \prod_1^n f_i(x_i)$ *eine* $\bigtimes_1^n \mu_i$-*Dichte von* $\bigtimes_1^n \nu_i$.

Beweis. Mit dem Satz von Fubini erhält man für $A := \bigtimes_1^n A_i \in \bigtimes_1^n \mathfrak{A}_i$

$$(\bigtimes_1^n \nu_i)(A) = \prod_1^n \nu_i(A_i) = \prod_1^n \int_{A_i} f_i d\mu_i = \int_A (\prod_1^n f_i) d(\bigtimes_1^n \mu_i).$$

Aus 21.5 folgt dann die Behauptung. $\Box$

Satz 21.7. *Sei* X_i *eine* $(\Omega_i, \mathfrak{A}_i)$-*Zva auf* $(\Omega, \mathfrak{A}, P)$ *und* μ_i *ein σ-endliches Maß auf* $\mathfrak{A}_i, i=1,2$. *Hat* (X_1, X_2) *die* $\mu_1\times\mu_2$ *Dichte f, so ist*

$$x \to \int f(x,y)\mu_2(dy)$$

eine μ_1-*Dichte von* X_1.

Beweis. Für $A\in\mathfrak{A}_1$ gilt $P_{X_1}(A) = P_{(X_1,X_2)}(A\times\Omega_2) = \int_{A\times\Omega_2} f \, d(\mu_1\times\mu_2) = \int_A \mu_1(dx)\int f(x,y)\mu_2(dy)$, wobei zuletzt der Satz von Fubini benutzt wurde. $\Box$

Aufgaben

21.1 Man zeige, daß die oben eingeführte Cantor-Verteilung stetig
und singulär ist. Ferner beweise man, daß die zugehörige Vf λ-f.s.
differenzierbar ist. Was ergibt sich für die Ableitung?

21.2. Man beweise: Zu jedem W-Maß Q auf $\mathscr{B}_d$ gibt es eine kleinste
lineare Mannigfaltigkeit L in $\mathbb{R}^d$ mit Q(L)=1.

21.3. Ist P ein W-Maß auf $\mathscr{B}_d$, so heißt Tr P := $\{x \in \mathbb{R}^d : P(U) > 0$ für
jede offene Umgebung U von x} der <u>Träger von P</u>. Man zeige:

a) B $\in \mathscr{B}_d$, P(B) $> 0 \Rightarrow$ B $\cap$ Tr P $\neq \emptyset$.

b) Tr P ist die kleinste abgeschlossene Menge A in $\mathbb{R}^d$ mit P(A) = 1.

21.4. Man gebe ein Beispiel für ein stetiges W-Maß auf $\mathscr{B}_2$ mit unstetiger Vf.

§ 22. W-Maße mit Lebesgue-Dichten

Wir befassen uns nun mit den für die Anwendungen besonders wichtigen λ^n-Dichten. Zunächst folgt aus 21.5 sofort der

<u>Satz 22.1.</u> *Sei P ein W-Maß auf* $\mathscr{B}_n$ *mit der Vf F. Eine meßbare Ab-*
bildung f:$\mathbb{R}^n \to \overline{\mathbb{R}}_+$ *ist genau dann eine Dichte von P, falls gilt:*

$$F(t) = \int_{(-\vec{\infty}, t\rangle} f \, d\lambda^n, \quad t \in \mathbb{R}^n .$$

Der Name "Dichte" drückt die Vorstellung aus, daß für $x \in \mathbb{R}^n$ die Zahl
f(x) näherungsweise mit $P((x-\vec{\varepsilon}, x+\vec{\varepsilon}))/(2\varepsilon)^n$ übereinstimmt, falls $\varepsilon > 0$
klein ist. Diese Aussage könnte im Fall n=1 etwa dahingehend präzisiert
werden, daß F differenzierbar mit der Ableitung f ist. Letzteres ist
jedenfalls dann richtig, wenn f reell und stetig ist; s.Aufg.22.5. Der
allgemeine Zusammenhang zwischen der Differenzierbarkeit einer eindimensionalen Vf F und der einer Dichte f ist jedoch kompliziert, wie aus
folgenden <u>Bemerkungen</u> ersichtlich wird.

1. Als isotone Funktion besitzt F in λ-fast allen Punkten von $\mathbb{R}$ eine
endliche Ableitung. Wir verzichten auf den ziemlich langwierigen Beweis
(s.etwa HEWITT/STROMBERG (65),S.264); in konkreten Fällen kann er meistens direkt geführt werden. Ist eine (und damit jede) meßbare Fortsetzung von F' auf $\mathbb{R}$ eine Dichte von F, so sagen wir kurz, F' sei eine
Dichte von F. 2. Im allgemeinen ist natürlich F' keine Dichte von F,
wie man etwa an der Vf der Binomialverteilung sieht: Es ist ja F'=0
λ-f.s., also die Bedingung in 22.1 nicht erfüllt. Selbst wenn F stetig
ist, braucht F' keine Dichte von F zu sein, da z.B. auch für die Vf
der Cantor-Verteilung F'=0 λ-f.s. gilt; vgl.Aufg.21.1. 3. Besitzt F

eine Dichte, so ist F' eine Dichte von F und letzteres ist genau dann der Fall, wenn F absolut-stetig ist (s.etwa HEWITT/STROMBERG (65),S.275 und S.286). 4. Existiert F' *überall*, so ist F' eine Dichte von F (s. etwa NATANSON (61),S.301). 5. In 22.3 geben wir weitere (für praktische Aufgaben nützliche) hinreichende Bedingungen dafür, daß F' eine Dichte von F ist. Als Vorbereitung für 22.3 beweisen wir

<u>Lemma 22.2</u>. *Ist F eine eindimensionale* Vf, *so ist die* (λ-*f.s. definierte*) *Ableitung* F' *L-integrierbar, und es gilt*

$$(22.1) \qquad \int_a^b F' d\lambda \leq F(b) - F(a), \ a < b.$$

Beweis. Ist F' etwa außerhalb der λ-Nullmenge N definiert, so ist $F' \cdot 1_{NC}$ als Limes der Folge der meßbaren Funktionen

$$f_n(x) := n \left[F(x+n^{-1}) \cdot 1_{NC}(x) - F(x) \cdot 1_{NC}(x) \right], \ x \in \mathbb{R} \ ,$$

selbst meßbar. Aus der Isotonie von F folgt $F' \geq 0$, also existiert $\int_a^b F' d\lambda$. Nach dem Lemma von Fatou gilt $\int_a^b F' d\lambda = \int_a^b \lim_n f_n d\lambda \leq \underline{\lim}_n \int_a^b f_n d\lambda$. Der letzte Term wird aber durch F(b)-F(a) majorisiert, da man für jede Zahl $c := n^{-1} < b-a$ unter Beachtung von (19.5) und der Isotonie von F die folgende Abschätzung erhält:

$$c \cdot \int_a^b f_n \, d\lambda = \int_a^b F(x+c) dx - \int_a^b F(x) dx = \int_{a+c}^{b+c} F \, d\lambda - \int_a^b F \, d\lambda =$$

$$= \int_b^{b+c} F \, d\lambda - \int_a^{a+c} F \, d\lambda \leq c \left[F(b+c) - F(a) \right]$$

$$= c \left[F(b+n^{-1}) - F(a) \right]. \ \square$$

<u>Satz 22.3</u>. *Ist F eine eindimensionale* Vf, *so ist jede der beiden folgenden Bedingungen hinreichend dafür, daß F' eine Dichte von F ist:*

a) $\int F' \, d\lambda = 1$;

b) *F ist stetig und stückweise stetig differenzierbar.*

Beweis. a) Sei $G(x) := \int_{-\infty}^x F' \, d\lambda$, $x \in \mathbb{R}$. Wegen 22.2 gilt $G \leq F$. Ist F' keine Dichte von F, so gibt es nach 22.1 ein $a \in \mathbb{R}$ mit $G(a) < F(a)$. Für $x \geq a$ folgt wiederum aus 22.2

$$G(x) = G(a) + \int_a^x F' \, d\lambda \leq G(a) + F(x) - F(a).$$

Der Grenzübergang $x \to \infty$ liefert dann $\int F' \, d\lambda < 1$. b) Nach Voraussetzung ist $\mathbb{R}$ derart in abzählbar unendlich viele Intervalle $A_i = (a_i, a_{i+1}>$, $i \in \mathbb{Z}$, zerlegbar, daß (a_i) keinen endlichen Häufungspunkt besitzt und F in $B_i := (a_i, a_{i+1})$ stetig differenzierbar ist. In jedem abgeschlossenen Teilintervall von B_i ist also F eine Stammfunktion der regulierten Funktion F'. Aus 19.14 und 19.4 folgt dann $\int_{A_i} F' \, d\lambda = F(a_{i+1}) - F(a_i)$. Aus 19.3 ergibt sich $\int F' d\lambda = \sum_{i=-\infty}^{\infty} \int_{A_i} F' d\lambda = \sum_{i=-\infty}^{\infty} \left[F(a_{i+1}) - F(a_i) \right] = \lim_{N \to \infty} \left[F(a_{N+1}) - F(a_{-N}) \right] = 1,$

so daß die Bedingung von Teil a) erfüllt ist.⬛

Beispiel 22.1. Aus jeder λ^n-integrierbaren Funktion $g:\mathbb{R}^n \to \overline{\mathbb{R}}_+$ mit $\int g \, d\lambda^n > 0$ gewinnt man durch die Normierung $f := g/\int g \, d\lambda^n$ eine Dichte eines W-Maßes auf $\mathscr{K}_n$. Speziell ist $x \to g(x) := \exp(-x^2/2) \leq (1+x^2/2)^{-1}$ λ-integrierbar. Die Verteilung mit der Dichte

$$(22.2) \qquad\qquad x \to \exp(-x^2/2)/\int g \, d\lambda$$

heißt die (<u>standardisierte</u>) <u>Normalverteilung $N(0,1)$</u>. Sie spielt in der Stochastik eine überragende Rolle. Wir bestimmen die Normierungskonstante $c := (\int g \, d\lambda)^{-1}$ auf folgende Weise: Sei X eine reelle Zva mit $\mathcal{U}(X) = N(0,1)$. Wir zeigen unten, daß dann X^2 die Dichte

$$y \to \frac{c}{\sqrt{y}} \exp(-y/2) 1_{(0,\infty)}(y)$$

hat. Da deren Integral gleich Eins sein muß, erhält man die Beziehung

$$1 = c \int_0^\infty \frac{1}{\sqrt{y}} \exp(-y/2) dy = c \cdot \sqrt{2} \; \Gamma(1/2) = c \cdot \sqrt{2\pi} \; .$$

Somit ist

$$(22.3) \qquad\qquad x \to \frac{1}{\sqrt{2\pi}} \exp(-x^2/2)$$

eine Dichte der $N(0,1)$-Verteilung, und

$$(22.4) \qquad\qquad y \to \frac{1}{\sqrt{2\pi y}} \exp(-y/2) 1_{(0,\infty)}(y)$$

ist eine Dichte des Quadrates einer $N(0,1)$-verteilten Zva.

Bei der nun nachzutragenden Berechnung einer Dichte von X^2 bezeichnen wir die Vf von X bzw. X^2 mit F bzw. G. Für $y<0$ ist natürlich $G(y)=0$, also auch $G'(y)=0$. Für $y>0$ erhält man $G(y)=P(|X|\leq\sqrt{y})=P(X\leq\sqrt{y})-P(X<-\sqrt{y})=F(\sqrt{y})-F(-\sqrt{y})$. Hieraus folgt zunächst die Stetigkeit von G. Da F die Ableitung cg besitzt (vgl. Aufg. 22.5), ist G auch für $y>0$ differenzierbar, und es gilt

$$G'(y) = \frac{1}{2\sqrt{y}} \left[F'(\sqrt{y}) + F'(-\sqrt{y}) \right] = \frac{c}{\sqrt{y}} \exp(-y/2).$$

Somit ist G stückweise stetig differenzierbar und G' nach 22.3b eine Dichte von G.

Beispiel 22.2. Ist X eine reelle Zva mit $\mathcal{U}(X)=N(0,1)$, so heißt die Verteilung von $\sigma X + a$ für $\sigma, a \in \mathbb{R}$ und $\sigma \neq 0$ die <u>Normalverteilung $N(a,\sigma^2)$</u>.[1] Wir zeigen nun, daß

$$(22.5) \qquad\qquad x \to \frac{1}{\sqrt{2\pi\sigma^2}} \exp\left(-\frac{(x-a)^2}{2\sigma^2}\right)$$

eine Dichte von $N(a,\sigma^2)$ ist. Ist nämlich F die Vf von X, so gilt

---

[1] Daß man $N(a,\sigma^2)$ und nicht $N(a,\sigma)$ schreibt, ist dadurch gerechtfertigt, daß diese Verteilung wegen (22.5) von σ nur über σ^2 abhängt. – Die Bedeutung von a und σ^2 wird sich in Beispiel 25.5 ergeben.

für $\sigma > 0$

$$G(t) := P(\sigma X + a \leq t) = P(X \leq \tfrac{t-a}{\sigma}) = F(\tfrac{t-a}{\sigma}).$$

Mit F ist also auch G stetig differenzierbar. Nach 22.3b ist die Funktion $t \to G'(t) = \tfrac{1}{\sigma}F'(\tfrac{t-a}{\sigma})$, also die durch (22.5) gegebene Funktion eine Dichte von G. Im Fall $\sigma < 0$ schließt man ähnlich unter Beachtung der Stetigkeit von F.

Beispiel 22.3. Wohl die wichtigste mehrdimensionale Verteilung mit einer Dichte ist die sog. mehrdimensionale Normalverteilung, bei deren Definition wir wie in Beispiel 22.1 vorgehen. An die Stelle des Exponenten in (22.5) tritt nun eine quadratische Form L in (x-a), etwa die stetige, also meßbare Funktion $x \to L(x) := (x-a)'Q(x-a)$ für eine gewisse reelle symmetrische Matrix Q. Nach der einleitenden Bemerkung in Beispiel 22.1 sind genau diejenigen Matrizen Q brauchbar, für welche $\int \exp(L) d\lambda^n < \infty$ ist. Es gilt nun

Lemma 22.4. *Sei* $a \in \mathbb{R}^n$ *und* Q *eine reelle symmetrische* n×n-*Matrix. Dann gilt:*

$$I := \int \exp[(x-a)'Q(x-a)] \lambda^n(dx) < \infty \iff Q \ \textit{negativ-definit}$$
$$\implies I = \sqrt{\frac{(-\pi)^n}{\det Q}}$$

Beweis. Bekanntlich existiert eine orthogonale Matrix B mit $B'QB = (\delta_{ij}\beta_i)$, wobei die β_i die Eigenwerte von Q sind. Die durch $T(x) := B'(x-a), x \in \mathbb{R}^n$, definierte Bewegung im $\mathbb{R}^n$ ist als stetige Abbildung meßbar, und λ^n ist nach 19.12 gegenüber T invariant. Mit Hilfe von 19.11 und des Satzes von Fubini erhält man

$$I = \int \exp[(BT(x))'Q(BT(x))] \lambda^n(dx) = \int \exp[y'B'QBy] (\lambda_T)^n(dy)$$

$$= \int \exp[\textstyle\sum_1^n \beta_i y_i^2] \lambda^n(dy) = \prod_1^n \int \exp(\beta_i t^2) \lambda(dt).$$

Daher ist I genau dann endlich, falls alle $\beta_i < 0$ sind. Diese Bedingung ist aber bekanntlich äquivalent dazu, daß Q negativ-definit ist. Ist dieses der Fall, so folgt mit Beispiel 22.2, daß

$$I = \prod_1^n \sqrt{-\pi/\beta_i} = \sqrt{\frac{(-\pi)^n}{\det Q}}$$

gilt.☐

Man benützt anstelle der negativ-definiten - also auch nicht-singulären - Matrix Q die positiv-definite Matrix $\Sigma := -Q^{-1}/2$. Die Begründung hierfür sowie die Deutung von a und Σ findet man in Beispiel 25.5. So gelangt man aufgrund von 22.4 zu der

Definition. *Sei* $a \in \mathbb{R}^n$ *und sei* Σ *eine reelle symmetrische und positiv-definite* n×n-*Matrix. Dann heißt die Verteilung auf* $\mathfrak{K}_n$ *mit der Dichte*

(22.6) $x \to \dfrac{1}{\sqrt{(2\pi)^n \det \Sigma}} \exp\left[-\frac{1}{2}(x-a)'\Sigma^{-1}(x-a)\right]$, $x \in \mathbb{R}^n$

die n-dimensionale Normalverteilung $N(a,\Sigma)$.

Nach diesen Beispielen wenden wir uns der folgenden, für die Anwendungen wichtigen Frage zu: Sei X ein n-dimensionaler Zve mit der Dichte f und $T:\mathbb{R}^n \to \mathbb{R}^m$ eine meßbare Funktion. Unter welchen Bedingungen besitzt auch T∘X eine Dichte und wie kann diese gegebenenfalls aus f und T berechnet werden?

Ein erstes Resultat ist der folgende Satz, der ein Analogon zur Substitutionsregel für Riemannsche Integrale darstellt.

Satz 22.5. *Sei P ein W-Maß auf* $\mathcal{X}$ *mit der Dichte f, welche außerhalb eines offenen[1] Intervalles* $M \subset \mathbb{R}$ *verschwinde. Die meßbare Abbildung* $T:\mathbb{R} \to \mathbb{R}$ *besitze folgende Eigenschaften:*
1) *Die Restriktion* T_1 *von T auf M ist stetig differenzierbar;*
2) $T_1' \neq 0$ *auf M;*
3) T_1 *ist injektiv.*

Ist dann $B:=T_1(M)$ *und* $S:B \to M$ *die Inverse von* T_1*, so ist B offen, S ist meßbar und*

(22.7) $y \to \dfrac{f(S(y))}{|T_1'(S(y))|}\, 1_B(y)$

ist eine Dichte des Bildmaßes P_T.

Beweis. Bekanntlich (s. etwa ERWE (70),S.117) ist T_1 als stetige und injektive Funktion strikt monoton, und dasselbe gilt von ihrer Inversen S. Somit ist B ein offenes Intervall und S meßbar. Also ist die durch (22.7) definierte Abbildung $g:\mathbb{R} \to \overline{\mathbb{R}}_+$ meßbar. Ferner ist bekanntlich S stetig differenzierbar, und es gilt $S'=1/(T_1'\circ S)$. Ist λ_B das L-Maß auf B, so ist $\mu(D) := \int_D |S'| d\lambda_B, D \in B\mathcal{X}$, nach 19.3 ein Maß. Für $A \in \mathcal{X}$ erhält man nun nach 21.3 und 19.11a

$$\int_A g\, d\lambda = \int_{AB} f\circ S \cdot |S'| d\lambda_B = \int_{AB} f\circ S\, d\mu = \int_{MT^{-1}(A)} f\, d\mu_S.$$

Hieraus folgt aber die zu beweisende Gleichung $\int_A g\, d\lambda = \int_{T^{-1}(A)} f\, d\lambda$, da wir im folgenden zeigen können, daß μ_S das L-Maß auf M ist. Zunächst einmal ist $\{(a,b)\subset M:a\leq b\}$ ein ∩-stabiles Erzeugendensystem von $M\mathcal{X}$. Ist nun etwa T_1 strikt isoton, so gilt für $(a,b)\subset M$ und $\alpha:=T_1(a)$, $\beta:=T_1(b)$ die Beziehung $\mu_S((a,b))=\mu((\alpha,\beta))=\int_\alpha^\beta S' d\lambda$. Nach 19.14 stimmt dieses Integral mit $S(\beta)-S(\alpha) = b-a = \lambda((a,b))$ überein. Aus dem Eindeutigkeitssatz für Maße folgt dann die Behauptung.⬛

---

[1] Dies ist keine Einschränkung, da f in den Endpunkten von M beliebig abgeändert werden darf.

Beispiel 22.4. Ist X eine reelle Zva mit der Dichte f und sind
a,b∈ℝ mit a≠0, so ist

$$(22.8) \qquad y \to \frac{1}{|a|} f(\frac{y-b}{a}) \, , \quad y \in \mathbb{R} \, ,$$

eine Dichte von Y := aX + b.

Beispiel 22.5. Ist X eine reelle Zva mit $\mathcal{W}(X) = N(a,\sigma^2)$, so heißt
die Verteilung von exp(X) die logarithmische Normalverteilung $LN(a,\sigma^2)$.
Wir wenden 22.5 an für $M=\mathbb{R}$, $T(x):=\exp(x), x \in \mathbb{R}$. T besitzt die stetige
Ableitung T'=T und T ist injektiv mit der Inversen $S(y)=\log y, y \in B:=\mathbb{R}^+$.
Wegen T'(S(y))=y folgt, daß

$$(22.9) \qquad y \to \frac{1}{\sqrt{2\pi}\sigma y} \exp\left[- \frac{(\log y - a)^2}{2\sigma^2}\right] \cdot 1_{(0,\infty)}(y)$$

eine Dichte von $LN(a,\sigma^2)$ ist. - Die praktische Bedeutung der $LN(a,\sigma^2)$-
Verteilung liegt darin, daß z.B. die Größe der bei der zufälligen Zer-
stückelung eines Materials auftretenden Teile sowie die Schadenshöhe
bei gewissen Sachversicherungen durch eine solche Verteilung beschreibbar sind.

Es macht keine Schwierigkeiten, 22.5 in der Weise zu verallgemeinern,
daß an die Stelle des offenen Intervalls M abzählbar viele offene Intervalle treten. Schwieriger ist dagegen der Nachweis der folgenden wichtigen mehrdimensionalen Verallgemeinerung.

Satz 22.6 (Transformationssatz für Dichten). *Sei P ein W-Maß auf* $\mathcal{X}_n$
mit der Dichte f, welche außerhalb der Vereinigung von abzählbar vielen
paarweise fremden offenen Mengen $M_i \subset \mathbb{R}^n, i \in I$, *verschwinde. Die meßbare*
Abbildung $T:\mathbb{R}^n \to \mathbb{R}^n$ *besitze folgende Eigenschaften:*
1) *Die Restriktion* T_i *von T auf* M_i *ist stetig differenzierbar;*
2) *die Funktionaldeterminante* Δ_i *von* T_i *ist auf* M_i *von Null verschieden;*
3) T_i *ist injektiv.*
Ist dann $S_i:T_i(M_i) \to M_i$ *die Inverse von* T_i, *so ist* $T_i(M_i)$ *offen,* S_i *ist*
meßbar und

$$(22.10) \qquad \sum_{i \in I} \frac{f \circ S_i}{|\Delta_i \circ S_i|} 1_{T_i(M_i)}$$

ist eine Dichte des Bildmaßes P_T.

Wir verzichten auf den langwierigen Beweis von Satz 22.6, der übli-
cherweise auf den entsprechenden Satz für mehrfache R-Integrale zurückgeführt wird (s.RICHTER (66),S.228 und KRICKEBERG (63),S.80). Ein ähnlich
gebauter und detaillierter Beweis, der vom Begriff des R-Integrals absieht, wurde von E.BECKER in HINDERER (69) gegeben.

Beispiel 22.6. Sei X ein n-dimensionaler Zve, $b \in \mathbb{R}^n$ und A eine reelle
nicht-singuläre n×n-Matrix. Hat X die Dichte f, so hat AX+b die Dichte

$$(22.11) \qquad y \to |\det A|^{-1} f(A^{-1}(y-b)).$$

Um dieses nachzuweisen, verwendet man 22.6 mit $T(x) := Ax+b$ und beachtet, daß det A die Funktionaldeterminante von T ist. (Der Sonderfall n = 1 wurde schon Beispiel 22.4 behandelt.) Hieraus folgt: Ist $\mathfrak{W}(X)=N(a,\Sigma)$, so gilt $\mathfrak{W}(AX+b)=N(Aa+b,A\Sigma A')$.

Die Nützlichkeit von 22.6 wird noch wesentlich erhöht durch folgende Tatsache: Ist T eine Abbildung von $\mathbb{R}^n$ in $\mathbb{R}^m$ mit $m<n$, so läßt sich 22.6 oft in der Weise anwenden, daß man T vermöge einer geeigneten Abbildung $U:\mathbb{R}^n \to \mathbb{R}^{n-m}$ zu einer Abbildung $Z := (T,U)$ von $\mathbb{R}^n$ nach $\mathbb{R}^n$ "ergänzt" und vermöge (22.10) eine Dichte g von P_Z bestimmt. Nach 21.7 ist dann

$$(22.12) \qquad x \to \int g(x,y)\lambda^{n-m}(dy)$$

eine Dichte von P_T.

Beispiel 22.7. Seien X und Y n-dimensionale Zve mit der gemeinsamen Dichte f. Dann hat $Z := X\pm Y$ die Dichte

$$(22.13) \qquad t \to \int f(t\mp z,z)\lambda^n(dz) = \int f(z,t\mp z)\lambda^n(dz).$$

Um dieses nachzuweisen, betrachten wir die stetig differenzierbare Bijektion $T(x,y) := (x\pm y,y)$ mit $x,y\in\mathbb{R}^n$. Diese hat die Inverse $S(t,z) := (t\mp z,z)$ mit $t,z\in\mathbb{R}^n$ und die Funktionaldeterminante $\Delta = 1$. Nach 22.6 ist dann

$$(t,z) \to f(t\mp z,z)$$

eine Dichte von $(X\pm Y,Y)$, woraus der erste Teil der Behauptung folgt. Analog beweist man den anderen Teil.

Beispiel 22.8. Ist $B\in\mathcal{X}_n$ und $0<\lambda^n(B)<\infty$, so heißt das W-Maß auf $\mathcal{X}_n$ mit der Dichte $1_B/\lambda^n(B)$ die Gleichverteilung auf B. Sind X und Y reelle Zva und ist $\mathfrak{W}(X,Y)$ die Gleichverteilung auf dem Einheitsquadrat, so hat X+Y nach (22.13) die Dichte $t\to(1-|t-1|)1_{(0,2)}(t)$. Man nennt $\mathfrak{W}(X+Y)$ die Dreiecksverteilung auf (0,2).

Aufgaben

22.1. (S.BREIMANN (69), S.56). Ein Teilchen bewegt sich auf dem Einheitskreis der (x,y)-Ebene, verläßt diesen in einem Punkt A tangential und trifft dann das Geradenpaar $x=\pm 1$ in einem Punkt B. Man berechne die Verteilung des Betrages der Ordinate von B unter der Annahme, daß A auf dem Kreis (linear) gleichverteilt ist.

22.2. Man beweise: Ist f eine Dichte der Vf F, so ist $n F^{n-1}f$ eine Dichte der Vf $F^n, n\in\mathbb{N}$. Hinweis: Man kann partielle Integration verwenden.

22.3. Sei $Z := (X,Y)$ ein zweidimensionaler Zve, dessen Verteilung die Gleichverteilung auf $\{(x,y)\in\mathbb{R}^2, x^2+y^2\leq 1\}$ sei. Man berechne die Verteilungen von X, Y, $(|Z|,\arg Z)$, $|Z|$ und arg Z.

22.4. Seien X und Y reelle Zva mit der gemeinsamen Dichte f. Man berechne Dichten von X·Y, von $\frac{X}{Y}$ unter der Voraussetzung $Y(\omega)\neq0$ für alle ω und von $\frac{X}{X+Y}$ unter der Voraussetzung $X(\omega)\neq-Y(\omega)$ für alle ω.

22.5. Die L-integrierbare Funktion $f:\langle a,b\rangle\to\mathbb{R}$ sei stetig in t_0. Man zeige, daß dann $t\to\int\limits_a^t f\,d\lambda$, $t\in\langle a,b\rangle$, in t_0 differenzierbar ist und dort die Ableitung $f(t_0)$ besitzt.

§ 23. Bedingte Verteilungen und W-Maße in Produktmerkmalräumen

Seien X und Y reelle Zva auf einem W-Raum $(\Omega,\mathfrak{A},P)$. Möchte man den Begriff der bedingten Verteilung von Y bzgl. X definieren, so wird man im Hinblick auf die in §7 gegebene Definition einer bedingten Z-Dichte vielleicht geneigt sein, darunter eine Familie von W-Maßen $Q(x,\cdot),x\in\mathbb{R}$, zu verstehen, welche für alle $B\in\mathfrak{X}$ die Eigenschaft

(23.1) $\qquad Q(x,B) = P(Y\in B\,|\,X=x)$, falls $P(X=x)>0$,

besitzt. Diese Definition ist jedoch unbrauchbar, da dann z.B. für alle X mit stetiger Verteilung P_X jede Familie $(Q(x,\cdot),x\in\mathbb{R})$ von W-Maßen als bedingte Verteilung zugelassen wäre. Ein naheliegender Ausweg besteht darin, von Q die folgende Eigenschaft zu fordern:

(23.2) $\qquad Q(x,B) = \lim\limits_{\varepsilon\to0} P(Y\in B\,|\,x-\varepsilon\leq X\leq x+\varepsilon)$,

$\qquad\qquad\qquad\qquad$ falls $P(x-\varepsilon\leq X\leq x+\varepsilon)>0$ für alle $\varepsilon>0$.

Diese Definition ist an sich für viele in der Praxis vorkommende Fälle brauchbar; sie ergibt jedoch keine "abgerundete" Theorie. Nun sind im Falle eines diskreten W-Raumes die bedingten Z-Dichten q von Y bzgl.X nach 7.1 dadurch charakterisiert, daß für alle $x\in X(\Omega)$ und $y\in Y(\Omega)$

(23.3) $\qquad P(X=x,Y=y) = P(X=x)\cdot q(x,y)$

gilt, also die gemeinsame Verteilung von X und Y durch die Verteilung von X und durch q eindeutig bestimmt ist. Da an q im Grunde genommen nur diese Eigenschaft von Interesse ist, wird man dazu geführt, im Falle eines beliebigen W-Raumes die folgende zu (23.3) analoge Definition zu verwenden.

Definition. *Seien X und Y $(\Omega_1,\mathfrak{A}_1)$- bzw. $(\Omega_2,\mathfrak{A}_2)$-Zva auf $(\Omega,\mathfrak{A},P)$. Ein ÜW-Maß Q von Ω_1 nach Ω_2 heißt eine* bedingte Verteilung von Y bzgl.X, *falls gilt:*

(23.4) $\qquad\qquad P_{(X,Y)} = P_X\otimes Q.$

Die Menge aller bedingten Verteilungen von Y bzgl. X bezeichnen wir mit $P_{Y|X}$ oder auch - falls das zugrundeliegende W-Maß P aus dem Zusammenhang ersichtlich ist, mit $\mathfrak{W}(Y|X)$. Die Elemente von $\mathfrak{W}(Y|X)$ heißen auch <u>Versionen</u> von $\mathfrak{W}(Y|X)$.

<u>Bemerkungen.</u> 1. Bedingung (23.4) bedeutet

$$P((X,Y) \in C) = \int P_X(dx) \, Q(x,C_x), \quad C \in \mathfrak{a}_1 \otimes \mathfrak{a}_2.$$

Nach 20.5 ist (23.4) bereits dann erfüllt, wenn gilt:

$$(23.5) \qquad P(X \in A, Y \in B) = \int_A P_X(dx) \, Q(x,B), \quad A \in \mathfrak{a}_1, B \in \mathfrak{a}_2.$$

2. Wenn der Meßraum $(\Omega_2, \mathfrak{a}_2)$ "zu wenig Struktur" besitzt, kann $\mathfrak{W}(Y|X)$ leer sein. Jedoch ist $\mathfrak{W}(Y|X) \neq \emptyset$ in dem für die Praxis wichtigsten Fall $(\Omega_2, \mathfrak{a}_2) = (\overline{\mathbb{R}}^n, \overline{\mathscr{L}}_n)$. (Der Beweis benützt den Satz von Radon-Nikodym, s. etwa KRICKEBERG (63), S.144.) Allgemein genügt für $\mathfrak{W}(Y|X) \neq \emptyset$ sogar, daß es einen vollständigen separablen metrischen Raum mit einer Topologie $\mathcal{T}$ gibt, so daß $\Omega_2 \in \sigma(\mathcal{T})$ ist und $\mathfrak{a}_2 = \sigma(\Omega_2 \mathcal{T})$ gilt (vgl. etwa BAUER (68), S.258).

3. Bedingte Verteilungen sind (im Falle ihrer Existenz) i.a. nicht eindeutig bestimmt. Ist etwa $Q \in \mathfrak{W}(Y|X), Q'$ ein beliebiges ÜW-Maß von Ω_1 nach Ω_2 und D eine P_X-Nullmenge, so gehört auch

$$(\omega_1, B) \rightarrow Q(\omega_1, B) \cdot 1_{D^C}(\omega_1) + Q'(\omega_1, B) \cdot 1_D(\omega_1)$$

zu $\mathfrak{W}(Y|X)$. Für praktische Rechnungen genügt es, irgend eine der bedingten Verteilungen zu verwenden.

4. Wenn man, was in der Literatur fast immer der Fall ist, das Symbol $P_{Y|X}$ auch für ein beliebiges Element von $P_{Y|X}$ verwendet, hat die $P_{Y|X}$ definierende Gleichung (23.4) die leicht merkbare Gestalt $P_{(X,Y)} = P_X \otimes P_{Y|X}$.

5. Statt $P_{Y|X}(x,A)$ wird in der Literatur oft $P(Y \in A|X = x)$ geschrieben, was jedoch nicht mit der elementaren bedingten Wahrscheinlichkeit $P([Y \in A] \cap [X = x])/P(X = x)$ verwechselt werden darf.

Wir verzichten auf den langwierigen Beweis eines Existenzsatzes für bedingte Verteilungen aus zwei Gründen. Zum einen kann man bei praktischen Problemen die Existenz in der Regel durch explizite Berechnung nachweisen; z.B. impliziert die Existenz einer gemeinsamen Dichte von X und Y, daß $\mathfrak{W}(Y|X)$ nicht leer ist; s.23.4a. Zum anderen geht es bei den Anwendungen oft weniger darum, bedingte Verteilungen aus gegebenen Verteilungen zu berechnen, als um folgende Aufgabe: Zur Beschreibung eines n-stufigen zufälligen Experimentes ist ein W-Maß P auf einem Produktmeßraum mit den Koordinatenvariablen $X_1, X_2, \ldots, X_n$ so zu konstruieren, daß die Verteilung von X_1 und bedingte Verteilungen von X_{i+1} bzgl. $(X_1, X_2, \ldots, X_i)$, $1 \leq i < n$, mit einem W-Maß Q_0 bzw. ÜW-Maßen Q_i - *die von der Problemstellung her vorgeschrieben sind* - übereinstimmen. In diesem

Zusammenhang ist der folgende Satz von Wichtigkeit, den man leicht aus 20.10 erhält. (Aus 20.12 gewinnt man sofort eine Verallgemeinerung auf abzählbar unendlich viele Faktoren Ω_i.)

Satz 23.1. *Seien* $(\Omega_i, \mathfrak{A}_i)$, $1 \le i \le n$, *Meßräume; sei* X_i *die Projektion von* $\overset{n}{\underset{1}{\times}} \Omega_\nu$ *nach* Ω_i; *sei* Q_0 *ein W-Maß auf* $\mathfrak{A}_1$ *und* Q_i *ein ÜW-Maß von* $\overset{i}{\underset{1}{\times}} \Omega_\nu$ *nach* Ω_{i+1}, $1 \le i < n$. *Dann ist* $\overset{n-1}{\underset{0}{\bigotimes}} Q_i$ *das einzige W-Maß auf* $\overset{n}{\underset{1}{\bigotimes}} \mathfrak{A}_i$ *mit folgenden Eigenschaften:*

1) $Q_0 = \mathfrak{W}(X_1)$.
2) $Q_i \in \mathfrak{W}(X_{i+1} | (X_1, \ldots, X_i))$, $1 \le i < n$.

Bei der soeben geschilderten Konstruktion eines W-Maßes auf einem Produktraum könnte man sich, rein mathematisch gesehen, auf 20.10 beschränken und demgemäß auf den Begriff der bedingten Verteilung verzichten. Letzterer ist aber doch ein nützliches Hilfsmittel zur intuitiven Erfassung praktischer Probleme; vgl. §26.

Beispiel 23.1. Ein Stab der Länge 1 werde rein zufällig in zwei Stücke zerbrochen. Dann werde das längere der beiden Stücke (bzw. ein beliebiges der beiden Stücke, falls beide gleich lang sind) rein zufällig zerbrochen. Wie groß ist die Wahrscheinlichkeit, daß jedes der beiden letzten Stücke länger als das erste ist? Wir verwenden den Meßraum $(<0,1>^2, <0,1>^2 \cap \mathcal{L}_2)$ mit den Koordinatenvariablen X und Y, welche die Länge des größeren der beim ersten bzw. zweiten Zerbrechen erhaltenen Stücke beschreiben sollen. Die Verteilung Q_0 von X muß dann die Gleichverteilung auf $<\frac{1}{2},1)$ sein, welche die Dichte $x \to 2 \cdot 1_{(\frac{1}{2},1)}(x)$ hat. Hat X bei Durchführung des zufälligen Experimentes den Wert x angenommen, so wird man für Y die Gleichverteilung auf $<\frac{x}{2},x)$ annehmen, d.h. man wird als bedingte Verteilung Q_1 von Y bzgl. X die Abbildung

$$(x,B) \to Q_1(x,B) := \int_B \frac{2}{x} 1_{(\frac{x}{2},x)} \, d\lambda$$

nehmen. Das zweistufige zufällige Experiment wird dann durch das W-Maß $P := Q_0 \otimes Q_1$ beschrieben. Mit dem Satz von Fubini folgt für $A, B \in <0,1>\mathcal{B}$

$$P(X \in A, Y \in B) = \int_A Q_0(dx) Q_1(x,B) = \int_A \lambda(dx) 2 \cdot 1_{(\frac{1}{2},1)}(x) \int_B \lambda(dy) \frac{2}{x} 1_{(\frac{x}{2},x)}(y)$$

$$= \int_{A \times B} \frac{4}{x} 1_C(x,y) \lambda^2(d(x,y)),$$

wobei C die Menge $\{(x,y) \in <0,1>^2 : \frac{1}{2} < x < 1, \frac{x}{2} < y < x\}$ ist. Nach 21.5 ist dann $(x,y) \to f(x,y) := \frac{4}{x} 1_C(x,y)$ eine Dichte von P. Die Längen des ersten bzw. der beiden letzten Bruchstücke sind 1-X bzw. Y und X-Y. Die gesuchte Wahrscheinlichkeit α ist dann

$$\alpha = P(\min(Y, X-Y) > 1-X) = P(D)$$

mit $D := \{(x,y) \in <0,1>^2 : 1-x<y<2x-1\}$. Anhand einer Skizze macht man sich leicht klar, daß $G := C \cap D$ die Menge $\{(x,y) \in <0,1>^2 : \frac{2}{3}<x<1, \frac{x}{2}<y<2x-1\}$ ist. Daher gilt

$$\alpha = P(D) = \int_D f \, d\lambda^2 = \int_0^1 \lambda(dx) \int_{G_x} \lambda(dy) \frac{4}{x} = 4 \int_{\frac{2}{3}}^1 \lambda(dx) \frac{1}{x} \int_{\frac{x}{2}}^{2x-1} \lambda(dy) = 2 - 4 \cdot \log \frac{3}{2}.$$

Die bei praktischen Problemen auftretenden bedingten Verteilungen Q haben meistens die Eigenschaft, daß die W-Maße $Q(x,\cdot)$ Dichten bzgl. eines σ-endlichen Maßes μ besitzen. Dies motiviert die folgende

Definition. *Seien X und Y* $(\Omega_1, \mathcal{O}_1)$- *bzw.* $(\Omega_2, \mathcal{O}_2)$*-Zva auf* $(\Omega, \mathcal{O}, P)$. *Sei* ν *ein* σ*-endliches Maß auf* $\mathcal{O}_2$. *Eine meßbare Funktion* $g: \Omega_1 \times \Omega_2 \to \overline{\mathbb{R}}_+$ *heißt eine* bedingte ν-Dichte von Y bzgl. X, *falls gilt:*

(23.6) $P((X,Y) \in C) = \int P_X(dx) \int_{C_x} \nu(dy) g(x,y)$, $C \in \mathcal{O}_1 \otimes \mathcal{O}_2$.

Bemerkungen. 1. Bedingung (23.6) ist nach 20.5 bereits dann erfüllt, falls gilt:

(23.7) $P(X \in A, Y \in B) = \int_A P_X(dx) \int_B \nu(dy) g(x,y)$, $A \in \mathcal{O}_1, B \in \mathcal{O}_2$.

Hieraus folgt mit dem Satz von Fubini, daß eine meßbare Funktion $g: \Omega_1 \times \Omega_2 \to \overline{\mathbb{R}}$ genau dann eine bedingte ν-Dichte von Y bzgl. X ist, falls g eine $P_X \times \nu$-Dichte von (X,Y) ist. 2. Was über Existenz und Eindeutigkeit von bedingten Verteilungen gesagt wurde, gilt mutatis mutandis auch für bedingte ν-Dichten. 3. Bedingte ν-Dichten von Y bzgl. X bezeichnet man oft mit dem Symbol $f_{Y|X}$.

Durch Vergleich von (23.5) mit (23.7) beweist man

Lemma 23.2. *Eine meßbare Funktion* $g: \Omega_1 \times \Omega_2 \to \overline{\mathbb{R}}_+$ *ist genau dann eine bedingte* ν*-Dichte von Y bzgl. X, falls es eine bedingte Verteilung Q von Y bzgl. X und eine* P_X*-Nullmenge N gibt, so daß für* $x \in N^c$ *das W-Maß* $Q(x,\cdot)$ *mit dem Maß* $B \to \int_B \nu(dy) g(x,y)$ *übereinstimmt.*

Bei praktischen Aufgaben hat X meistens eine Dichte f_X bzgl. eines σ-endlichen Maßes μ. Aus Bemerkung 1 und dem Satz von Fubini folgt

Lemma 23.3. *X besitze eine Dichte* f_X *bzgl. des* σ*-endlichen Maßes* μ. *Dann ist eine meßbare Funktion* $g: \Omega_1 \times \Omega_2 \to \overline{\mathbb{R}}_+$ *genau dann eine bedingte* ν*-Dichte von Y bzgl. X, falls* $f_X \cdot g$ *eine* $\mu \times \nu$*-Dichte von (X,Y) ist.*

Satz 23.4. *Seien X und Y* $(\Omega_1, \mathcal{O}_1)$- *bzw.* $(\Omega_2, \mathcal{O}_2)$*-Zva auf* $(\Omega, \mathcal{O}, P)$. *Seien* μ *und* ν σ*-endliche Maße auf* $\mathcal{O}_1$ *bzw.* $\mathcal{O}_2$.
a) *Ist f eine* $\mu \times \nu$*-Dichte von (X,Y), so ist*

(23.8) $f_{Y|X}(x,y) := \dfrac{f(x,y)}{\int f_x \, d\nu}$, $(x,y) \in \Omega_1 \times \Omega_2$,

eine bedingte ν*-Dichte von Y bzgl. X.*
b) (Satz von Bayes). *Ist g eine bedingte* ν*-Dichte von Y bzgl. X und* f_X *eine* μ*-Dichte von X, so ist*

$$(23.9) \qquad f_{X|Y}(x,y) := \frac{g(x,y)f_X(x)}{\int g(t,y)f_X(t)\mu(dt)} , \quad (x,y)\in\Omega_1\times\Omega_2$$

eine bedingte μ-Dichte von X bzgl. Y.

˙Beweis. a) Nach 21.7 ist $f_X(x) := \int f_X d\nu$ eine μ-Dichte von X. Wegen (23.8) gilt $f_{Y|X}\cdot f_X = f1_{[f_X>0]}$. Aus $f_X(x)=\int f_X d\nu=0$ folgt $f_X=0$ ν-f.s. Somit ist

$$(\mu\times\nu)(f>0,f_X=0) = \int_{[f_X=0]} \mu(dx)\nu(f_X>0) = 0,$$

also stimmt $f\cdot 1_{[f_X>0]}$ $\mu\times\nu$-f.s. mit f überein. Daher ist $f_{Y|X}\cdot f_X$ eine $\mu\times\nu$-Dichte von (X,Y), also $f_{Y|X}$ nach 23.3 eine bedingte ν-Dichte von Y bzgl. X. b) folgt sofort aus a), da gf_X nach 23.3 eine $\mu\times\nu$-Dichte von (X,Y) ist.☐

Satz 23.4 spielt in der Mathematischen Statistik bei der Konstruktion sog. Bayes-Verfahren eine wichtige Rolle.

Aufgaben

23.1. a) Für das zufällige Experiment in Beispiel 23.1 berechne man die Wahrscheinlichkeit p_2, daß man aus den drei Bruchstücken ein Dreieck bilden kann. b) (Schwierig) Man verallgemeinere das zufällige Experiment dahingehend, daß man das Zerbrechen n-mal durchführt. Wie groß ist die Wahrscheinlichkeit p_n, daß man aus den (n+1) Bruchstücken ein (n+1)-Eck bilden kann? Wie verhält sich (p_n) für $n\to\infty$? (Lösung:

$$p_n = 1-2^{n-1}\Big[2 -\sum_{\nu=0}^{n-1} \frac{(\log 2)^\nu}{\nu!} \Big], \; n \geq 2.)$$

23.2 Man beweise Lemma 23.2.

23.3. Der zweidimensionale Zve (X,Y) besitze eine Normalverteilung. Man berechne eine Dichte von X und eine bedingte Dichte von Y bzgl. X.

23.4. Die Bedienungszeit (in sec) eines Kunden vor einem Schalter habe eine $\exp(\alpha)$-Verteilung. Dauert die Abfertigung $x\in\mathbb{R}^+$ sec, so treffen innerhalb der Abfertigungszeit weitere Kunden ein, deren Anzahl die Poisson-Verteilung $\pi(x)$ besitze. Man überlege sich, daß die Verteilung der Anzahl M der während der Abfertigung eines Kunden neu hinzukommenden Kunden eine Mischung ist (s.Aufg.20.7) und berechne diese. (Man sagt, $\mathcal{W}(M)$ entstehe durch "Randomisierung" des Parameters x in der Familie $(\pi(x),x\in\mathbb{R}^+)$.)

23.5. Sei X_i eine $(\Omega_i,\mathcal{O}_i)$-Zva auf $(\Omega,\mathcal{O},P)$, i=1,2. Sei $(\Omega_3,\mathcal{O}_3)$ ein Meßraum und $h:\Omega_1\times\Omega_2\to\Omega_3$ meßbar. Man zeige: Ist $Q\in P_{X_2|X_1}$, so ist $(x,B)\to Q(x, h_x^{-1}(B)),(x,B)\in\Omega_1\times\mathcal{O}_3$, eine Version von $P_{h\circ(X_1,X_2)|X_1}$.

§ 24. Stochastische Unabhängigkeit im allgemeinen Fall

Den Begriff der stochastischen Unabhängigkeit einer Familie von Zva führen wir in Analogie zu den Überlegungen von §8 ein durch die folgende

Definition. a) *Sei* X_i *eine* $(\Omega_i, \mathcal{O}l_i)$-*Zva auf* $(\Omega, \mathcal{O}l, P)$, $1 \leq i \leq n$. *Die Familie* $(X_i, 1 \leq i \leq n)$ *heißt* (bzgl. P stochastisch) unabhängig, *falls es für jeden Index* $i, 1 \leq i < n$, *eine von* $(x_1, \ldots, x_i)$ *unabhängige bedingte Verteilung von* X_{i+1} *bzgl.* $(X_1, \ldots, X_i)$ *gibt.*

b) *Eine beliebige Familie* $(X_i, i \in I)$ *von* $(\Omega_i, \mathcal{O}l_i)$-*Zva auf* $(\Omega, \mathcal{O}l, P)$ *heißt* (stochastisch) unabhängig, *falls jede ihrer endlichen Teilfamilien unabhängig ist.*

Man überlegt sich leicht, daß Teil b) der Definition konsistent mit Teil a) ist.

Satz 24.1. *Sei* $(X_i, 1 \leq i \leq n)$ *eine Familie von* $(\Omega_i, \mathcal{O}l_i)$-*Zva.*

a) *Die folgenden Aussagen sind äquivalent:*

(1) *Die Familie* $(X_i, 1 \leq i \leq n)$ *ist unabhängig.*

(2) $((x_1, \ldots, x_i), B) \rightarrow P_{X_{i+1}}(B)$ *ist eine bedingte Verteilung von* X_{i+1} *bzgl.* $(X_1, \ldots, X_i), 1 \leq i < n.$

(3) $P_{(X_1, \ldots, X_n)} = \underset{1}{\overset{n}{\chi}} P_{X_i}.$

(4) $P(X_i \in B_i, 1 \leq i \leq n) = \underset{1}{\overset{n}{\prod}} P(X_i \in B_i), B_i \in \mathcal{O}l_i, 1 \leq i \leq n.$

b) *Besitzt* X_i *eine Dichte* f_i *bzgl. des* σ-*endlichen Maßes* $\mu_i, 1 \leq i \leq n$, *so ist* (1) *äquivalent zu*

(5) $(x_1, \ldots, x_n) \rightarrow \underset{1}{\overset{n}{\prod}} f_i(x_i)$ *ist eine* $\underset{1}{\overset{n}{\chi}} \mu_i$-*Dichte von* $(X_1, \ldots, X_n).$

c) *Ist* X_i *ein Zve mit der Vf* $F_i, 1 \leq i \leq n$, *so ist* (1) *äquivalent mit*

(6) $(x_1, \ldots, x_n) \rightarrow \underset{1}{\overset{n}{\prod}} F_i(x_i)$ *ist die Vf von* $(X_1, \ldots, X_n).$

Beweis. a) Ist $Q_1 := P_{X_1}$ und ist Q_{i+1} eine von $(x_1, \ldots, x_i)$ unabhängige bedingte Verteilung von X_{i+1} bzgl. $(X_1, \ldots, X_i), 1 \leq i < n$, so gilt $P_{(X_1, \ldots, X_n)} = \underset{1}{\overset{n}{\chi}} Q_i$. Für festes $j, 1 \leq j \leq n$, sei $B_j \in \mathcal{O}l_j$ und $B_i := \Omega_i$ für $i \neq j$. Dann gilt $P_{X_j}(B_j) = P(X_i \in B_i, 1 \leq i \leq n) = \underset{1}{\overset{n}{\prod}} Q_i(B_i) = Q_j(B_j)$, also $P_{X_j} = Q_j$. Diese Überlegung beweist die Implikation (1) $\Rightarrow$ (2), während (2) $\Rightarrow$ (1) und (2) $\Leftrightarrow$ (3) trivial sind. Aus 20.7 folgt sofort (3) $\Leftrightarrow$ (4). b) Aus 21.6 ergibt sich (3) $\Rightarrow$ (5), und der Satz von Fubini liefert (5) $\Rightarrow$ (4). c) Aus (4) folgt (6) mit $B_i := (-\vec{\infty}, x_i\rangle, 1 \leq i \leq n$. Andererseits besagt (6), falls $(x_1, \ldots, x_n)$ d-dimensional ist, daß $P_{(X_1, \ldots, X_n)}$ auf dem $\cap$-stabilen Erzeuger $\{(-\vec{\infty}, x\rangle \subset \mathbb{R}^d : x \in \mathbb{R}^d\}$ von $\mathscr{B}_d$ mit $\underset{1}{\overset{n}{\chi}} P_{X_i}$ übereinstimmt. Der Eindeutigkeitssatz für Maße impliziert dann (3). $\square$

Aus 24.1b und 8.1 folgt, daß unser jetziger Unabhängigkeitsbegriff mit dem in §8 eingeführten verträglich ist.

Es ist nützlich, den Unabhängigkeitsbegriff in folgender Weise zu erweitern. Aus (4) ist ersichtlich, daß die Unabhängigkeit der Familie $(X_i, i \in I)$ äquivalent ist mit der Gültigkeit einer "Produktregel" für Mengen aus den von den Zva X_i in Ω induzierten σ-Algebren. Ersetzt man die σ-Algebren durch beliebige Systeme von Ereignissen, so gelangt man zu folgender

Definition. *Sei* $(\Omega, \mathcal{O}\!\mathit{l}, P)$ *ein W-Raum und* $(\mathcal{L}_i, i \in I)$ *eine Familie von Ereignissystemen* $\emptyset \neq \mathcal{L}_i \subset \mathcal{O}\!\mathit{l}$. *Dann heißt die Familie* $(\mathcal{L}_i, i \in I)$ *(bzgl. P* *stochastisch) unabhängig, falls für jede endliche Teilfamilie* $(\mathcal{L}_j, j \in J)$ *gilt:*

$$P\left(\bigcap_{j \in J} C_j\right) = \prod_{j \in J} P(C_j), \quad C_j \in \mathcal{L}_j \text{ für } j \in J.$$

Bemerkungen. 1. Eine beliebige Familie $(X_i, i \in I)$ von $(\Omega_i, \mathcal{O}\!\mathit{l}_i)$-Zva ist genau dann unabhängig, falls die Familie $(X_i^{-1}(\mathcal{O}\!\mathit{l}_i), i \in I)$ der induzierten σ-Algebren unabhängig ist. Nach 20.13 und Erg. §20.3 ist dies äquivalent dazu, daß die gemeinsame Verteilung der X_i das Produkt der Verteilungen der X_i ist; vgl.Aussage (3) in 24.1. 2. Die "Verkleinerung" einer unabhängigen Familie $(\mathcal{L}_i, i \in I)$ führt wieder zu einer unabhängigen Familie, d.h. es gilt: $\emptyset \neq K \subset I$, $\emptyset \neq \mathcal{J}_i \subset \mathcal{L}_i$, $(\mathcal{L}_i, i \in I)$ unabhängig $\Rightarrow (\mathcal{J}_i, i \in K)$ unabhängig. 3. Bei "Vergrößerung" einer unabhängigen Familie $(\mathcal{L}_i, i \in I)$ zu einer Familie $(\mathcal{F}_i, i \in I)$, $\mathcal{F}_i \supset \mathcal{L}_i$ für $i \in I$, bleibt nur unter zusätzlichen Voraussetzungen die Unabhängigkeit erhalten. Dies ist insbesondere dann der Fall, wenn $\mathcal{F}_i$ das von $\mathcal{L}_i$ erzeugte Dynkin-System ist (s. BAUER (68),S.126). Hieraus folgt wegen 14.4, daß die Unabhängigkeit einer Familie von $\cap$-stabilen Ereignissystemen diejenige der Familie der induzierten σ-Algebren impliziert; vgl. auch die Implikation (6) $\Rightarrow$ (4) in 24.1. 4. Eine Folge $(\mathcal{L}_n, n \in \mathbb{N})$ von Ereignissystemen ist genau dann unabhängig, wenn jede der Familien $(\mathcal{L}_1, \ldots, \mathcal{L}_n), n \geq 2$, unabhängig ist. 5. Wie in Kapitel I benützen wir anstelle von "unabhängige Familie von Zva" die manchmal bequemere - jedoch formal nicht ganz korrekte - Sprechweise "Familie von unabhängigen Zva".

Analog zu 8.2 gilt der später oft benutzte

Satz 24.2. *Sei* $(X_i, i \in I)$ *eine unabhängige Familie von* $(\Omega_i, \mathcal{O}\!\mathit{l}_i)$-*Zva auf* $(\Omega, \mathcal{O}\!\mathit{l}, P)$.

a) *Ist* $I = \sum_{j \in J} I_j, I_j \neq \emptyset$, *eine Zerlegung von I und ist* $Y_j := \bigtimes_{i \in I_j} X_i$, *so ist* $(Y_j, j \in J)$ *unabhängig.*

b) *Ist* $(\Omega_i', \mathcal{O}\!\mathit{l}_i')$ *ein Meßraum und* $g_i : \Omega_i \to \Omega_i'$ *meßbar,* $i \in I$, *so ist* $(g_i \circ X_i, i \in I)$ *unabhängig.*

Beweis. a) Aus der Definition des Produktmaßes in §20 (s.20.13 und

Erg.§20.3) und dessen leicht beweisbarer Assozativität folgt für
$Y := \underset{j \in J}{\times} Y_j$ und $X := \underset{i \in I}{\times} X_i$

$$P_Y = P_X = \underset{i \in I}{\times} P_{X_i} = \underset{j \in J}{\times} (\underset{i \in I_j}{\times} P_{X_i}) = \underset{j \in J}{\times} P_{Y_j}.$$

Aus obiger Bemerkung 1 folgt dann die Behauptung. b) folgt wegen

$$(g_i \circ X_i)^{-1}(\mathcal{O}\!l_i^!) = X_i^{-1}(g_i^{-1}(\mathcal{O}\!l_i^!)) \subset X_i^{-1}(\mathcal{O}\!l_i)$$

aus obiger Bemerkung 2. $\square$

Wie schon in Kapitel I klar wurde, vereinfachen sich viele Probleme über Familien von Zva ganz wesentlich, wenn deren Unabhängigkeit vorausgesetzt werden kann. Sind z.B. X und Y n-dimensionale unabhängige Zve mit den Dichten f bzw. g, so ist

(24.1) $\qquad t \to \int f(x)g(t-x)\lambda^n(dx) = \int g(y)f(t-y)\lambda^n(dy)$

nach (22.13) und 24.1b eine Dichte von X+Y. Die zu (24.1) analoge Formel für den Fall, daß f und g Zähldichten auf $\mathbb{Z}$ sind, war uns in §8 unter dem Namen "Faltung von f und g" begegnet. Allgemein benützt man die folgende Definition, bei der die Bezeichnung "Faltung" durch 24.4 gerechtfertigt wird.

Definition. *Sind μ und ν W-Maße auf $\mathcal{L}_n$, so heißt das Bild von $\mu \times \nu$ unter der Abbildung*

(24.2) $\qquad (x,y) \to x+y$ *für* $x,y \in \mathbf{R}^n$,

die <u>*Faltung*</u> $\mu * \nu$ *von μ mit ν.*

Bemerkungen. 1. Sind X und Y n-dimensionale Zve, so ist P_{X+Y} das Bild von $P_{(X,Y)}$ unter der Abbildung (24.2). Sind X und Y unabhängig, so ist $P_{(X,Y)} = P_X \times P_Y$, und es gilt dann die *wichtige Formel*

(24.3) $\qquad P_{X+Y} = P_X * P_Y.$

2. Die Faltungsoperation $(\mu,\nu) \to \mu * \nu$ ist *assoziativ*, d.h. es gilt

$\qquad (\mu_1 * \mu_2) * \mu_3 = \mu_1 * (\mu_2 * \mu_3)$ für beliebige W-Maße μ_1, μ_2, μ_3

auf $\mathcal{L}_n$. Zum Beweis betrachten wir den W-Raum $(\Omega, \mathcal{O}\!l, P) := (\mathbb{R}^{3n}, \mathcal{L}_{3n}, \mu_1 \times \mu_2 \times \mu_3)$ mit den Koordinatenvariablen X, Y und Z. Dann gilt $(\mu_1 * \mu_2) * \mu_3 = = (P_{X+Y}) * P_Z = P_{(X+Y)+Z} = P_{X+Y+Z}$ und analog $\mu_1 * (\mu_2 * \mu_3) = P_{X+Y+Z}$. Aus der Assoziativität folgt bekanntlich, daß für beliebige W-Maße μ_i auf $\mathcal{L}_n$, $1 \le i \le m$, das W-Maß $\mu_1 * \mu_2 * \ldots * \mu_m$ wohldefiniert ist. Letzteres stimmt darüber hinaus, wie aus obigem Beweis ersichtlich ist, mit dem Bild von $\overset{m}{\underset{1}{\times}} \mu_i$ unter der Abbildung $(x_1, x_2, \ldots, x_m) \to \overset{m}{\underset{1}{\sum}} x_i$ überein. Wir können also (24.3) verallgemeinern zu

Satz 24.3. *Sind $X_1, X_2, \ldots, X_m$ unabhängige n-dimensionale Zve auf $(\Omega, \mathcal{O}\!l, P)$, so gilt*

$$\mathfrak{W}(\sum_1^m X_i) \;=\; \mathfrak{W}(X_1) * \mathfrak{W}(X_2) * \ldots * \mathfrak{W}(X_m).$$

Der folgende Satz eröffnet einen Weg zur praktischen Berechnung von Faltungen.

Satz 24.4. *Seien* μ *und* ν *W-Maße auf* $\mathscr{K}_n$ *mit der Vf F bzw. G . Dann gilt:*

a) $\mu*\nu$ *hat die Vf* $t \to \int F(t-y)G(dy) = \int G(t-x)F(dx).$

b) *Hat* μ *eine Dichte* f, *so hat* $\mu*\nu$ *die Dichte*

(24.4) $$t \to \int f(t-y)G(dy).$$

Beweis. a) Sei $B := \{(x,y) \in \mathbb{R}^{2n}: x+y \le t\}$. Dann ergibt sich mit Hilfe des Fubinischen Satzes $\mu*\nu((-\vec{\infty},t\rangle) = \mu\times\nu(B) = \int\mu(dx)\int\nu(dy)1_{B_x}(y) =$ $= \int\mu(dx)\nu(B_x) = \int F(dx)G(t-x)$. Analog erhält man die andere Darstellung der Vf von $\mu*\nu$. b) Die Abbildung $t \to h(t) := \int f(t-y)G(dy)$ ist nicht-negativ und nach 20.4b meßbar. Mit dem Satz von Fubini und mit (19.5) erhält man für jedes $x \in \mathbb{R}^n$

$$\int_{(-\vec{\infty},x\rangle} h\,d\lambda^n = \int\lambda^n(dt)\int G(dy)1_{(-\vec{\infty},x\rangle}(t)f(t-y) =$$

$$= \int G(dy)\int\lambda^n(dt)1_{(-\vec{\infty},x-y\rangle}(t-y)f(t-y) =$$

$$= \int G(dy)\int\lambda^n(dt)1_{(-\vec{\infty},x-y\rangle}(t)f(t) = \int G(dy)F(x-y).$$

Nach a) stimmt der letzte Ausdruck mit dem Wert der Vf von $\mu*\nu$ an der Stelle x überein. Nach 22.1 ist also h eine Dichte von $\mu*\nu$.▯

Bemerkungen. 1. Aus 24.4a folgt, daß die Faltung eine *kommutative Operation* ist. 2. Aus 24.4b ergibt sich daher, daß die Summe zweier unabhängiger Zve bereits dann eine Dichte besitzt, falls wenigstens einer der Summanden eine Dichte hat. 3. In den meisten Anwendungen hat nicht nur μ, sondern auch ν eine Dichte, etwa g. Dann ist eine Dichte von $\mu*\nu$ durch (24.1) gegeben.

Beispiel 24.1. $X_1, X_2, \ldots, X_n$ seien unabhängige reelle Zva mit $\mathfrak{W}(X_i) = \exp(\alpha)$, $1 \le i \le n$. Wir zeigen, daß dann $\sum_1^n X_i$ die Dichte

$$t \to g_n(t) := \frac{\alpha^n}{(n-1)!}\, t^{n-1}e^{-\alpha t}\cdot 1_{(0,\infty)}(t)$$

besitzt. Die Behauptung ist richtig für n=1. Sie sei richtig für ein $n \in \mathbb{N}$. Nach (24.1) besitzt dann $\sum_1^{n+1} X_i$ die Dichte h, für die h(t) = 0 für $t \le 0$ und $h(t) = \int g_1(t-x)g_n(x)\lambda(dx) = \frac{\alpha^{n+1}}{(n-1)!}\cdot\int_0^t x^{n-1}e^{-\alpha t}dx = \frac{\alpha^{n+1}}{n!}\,t^n e^{-\alpha t}$ für t>0 gilt. Die Behauptung gilt also für n+1.

Ersetzt man in g_n die natürliche Zahl n durch eine beliebige reelle Zahl $\nu > 0$, so ist die entstehende Funktion

(24.5) $$t \rightarrow \gamma_{\alpha\nu}(t) := \frac{\alpha^\nu}{\Gamma(\nu)} t^{\nu-1} e^{-\alpha t} \cdot 1_{(0,\infty)}(t)$$

immer noch eine Dichte, da nach der Integraldefinition der Γ-Funktion

(24.6) $$\int_0^\infty t^{\nu-1} e^{-\alpha t} dt = \Gamma(\nu)/\alpha^\nu$$

gilt. Man nennt das zu $\gamma_{\alpha\nu}$ gehörige W-Maß die <u>Gamma-Verteilung</u> $\Gamma_{\alpha\nu}$ mit Parametern $\alpha, \nu \in \mathbb{R}^+$.

Wir zeigen nun:

(24.7) $$\Gamma_{\alpha\nu} * \Gamma_{\alpha\mu} = \Gamma_{\alpha,\mu+\nu} \quad \text{für} \quad \alpha, \mu, \nu \in \mathbb{R}^+.$$

Nach (24.1) ist ja

(24.8) $$t \rightarrow 1_{(0,\infty)}(t) \frac{\alpha^\nu \alpha^\mu}{\Gamma(\nu)\Gamma(\mu)} e^{-\alpha t} \int_0^t (t-x)^{\nu-1} x^{\mu-1} dx$$

eine Dichte von $\Gamma_{\alpha\nu} * \Gamma_{\alpha\mu}$. Wenn man im Integral in (24.8) für $t \in \mathbb{R}^+$ die neue Integrationsvariable y durch die Substitution x=ty einführt, geht (24.8) über in

(24.9) $$t \rightarrow C \cdot t^{\nu+\mu-1} e^{-\alpha t} \cdot 1_{(0,\infty)}(t)$$

mit $C := \alpha^{\nu+\mu} \int_0^1 (1-y)^{\nu-1} y^{\mu-1} dy / \Gamma(\nu)\Gamma(\mu)$.

Wir wissen schon, daß (24.9) eine Dichte ist. Durch Vergleich mit (24.5) sieht man, daß dies eine Dichte der $\Gamma_{\alpha,\nu+\mu}$-Verteilung sein muß. Da dann notwendig $C = \alpha^{\nu+\mu}/\Gamma(\mu+\nu)$ ist, erhält man als Nebenresultat für die in §11 eingeführte Betafunktion die Formel

(24.10) $$B(\mu,\nu) := \int_0^1 (1-y)^{\nu-1} y^{\mu-1} dy = \Gamma(\nu)\Gamma(\mu)/\Gamma(\mu+\nu), \quad \mu, \nu \in \mathbb{R}^+.$$

<u>Beispiel 24.2.</u> Seien $X_1, X_2, \ldots, X_n$ unabhängige reelle Zva mit $\mathcal{W}(X_i) = N(0,1), 1 \le i \le n$. Nach Beispiel 22.1 hat X_i^2 die Dichte $t \rightarrow \frac{1}{\sqrt{2\pi t}} e^{-t/2} \cdot 1_{(0,\infty)}(t)$. Somit hat X_i^2 die $\Gamma_{1/2,1/2}$-Verteilung. Wegen 24.2b sind auch $X_1^2, X_2^2, \ldots, X_n^2$ unabhängig. Aus (24.7) folgt dann das für die Statistik wichtige Ergebnis, daß $\sum_1^n X_i^2$ die $\Gamma_{1/2,n/2}$-Verteilung hat, die man auch als Chi-Quadrat-Verteilung χ_n^2 mit n Freiheitsgraden bezeichnet.

<u>Beispiel 24.3.</u> Seien X und Y unabhängige reelle Zva mit $\mathcal{W}(X) = \Gamma_{1\mu}$, $\mathcal{W}(Y) = \Gamma_{1\nu}$. Wir berechnen die Verteilung von $Z := X/(X+Y)$ mit Hilfe von 22.6 (Transformationssatz für Dichten). Wegen $P(X>0) = P(Y>0) = 1$ gilt $\mathcal{W}(Z) = \mathcal{W}(X^+/(X^++Y^+))$. Der Zve (X,Y) besitzt nach 24.1b die Dichte $(x,y) \rightarrow \gamma_{1\mu}(x)\gamma_{1\nu}(y)$. Die Restriktion T der Abbildung $(x,y) \rightarrow (\frac{x^+}{x^++y^+}, y)$ auf $M := \mathbb{R}^+ \times \mathbb{R}^+$ ist injektiv und stetig differenzierbar und hat die Funktionaldeterminante $(x,y) \rightarrow y/(x+y)^2$. Die Inverse $\tilde{T}$ von T auf $\cdot T(M) = \{(u,v) \in \mathbb{R}^2: 0<u<1, 0<v<\infty\}$ ist $(u,v) \rightarrow (\frac{uv}{1-u}, v)$. Nach

22.10 ist dann

$$(24.11) \qquad (u,v) \to \frac{u^{\mu-1}(1-u)^{-(\mu+1)}}{\Gamma(\mu)\Gamma(\nu)} \, v^{\mu+\nu-1} e^{-v/(1-u)} 1_{T(M)}(u,v)$$

eine Dichte von $T_0(X,Y)$. Die Integration von (24.11) bzgl. v ergibt, daß

$$(24.12) \qquad u \to \frac{u^{\mu-1}(1-u)^{\nu-1}}{B(\mu,\nu)} 1_{(0,1)}(u)$$

Wegen 21.7 und (24.6) eine Dichte der Verteilung von Z ist. Man nennt sie die Beta-Verteilung Be(μ,ν), $\mu \in \mathbb{R}^+, \nu \in \mathbb{R}^+$. Der Sonderfall $\mu=\nu=1$ führt auf die Gleichverteilung auf dem Intervall $(0,1)$.

Sind $X_1, X_2, \ldots, X_n$ unabhängige und identisch verteilte reelle Zva, so führen manche praktischen Fragestellungen (z.B. in der mathematischen Statistik, in der Qualitätskontrolle und in der Unternehmensforschung) auf das Problem der Berechnung von $\mathfrak{W}(\max_{1\leq i\leq n} X_i), \mathfrak{W}(\max_{1\leq i\leq n} X_i - \min_{1\leq i\leq n} X_i)$ und ähnlichen Verteilungen. Wir wollen uns diesem Problem zuwenden.

Zunächst sieht man leicht ein, daß F^n die Vf von $\max_{1\leq i\leq n} X_i$ und $1-(1-F)^n$ die Vf von $\min_{1\leq i\leq n} X_i$ ist, falls F die Vf von X_1 ist. Für weitergehende Fragen benötigen wir einige Bezeichnungen.

Ist $x=(x_1,\ldots,x_n) \in \mathbb{R}^n$, so lassen sich die Komponenten von x der Größe nach aufsteigend ordnen. Der dadurch entstehende Vektor werde mit $(x_{(1)}, x_{(2)}, \ldots, x_{(n)})$ bezeichnet. Es gilt dann also $x_{(1)} \leq x_{(2)} \leq \ldots \leq x_{(n)}$. (Man könnte $x_{(i)}$, die der Größe nach i-te unter den Komponenten von x, auch formal durch $x_{(i)} := \min\{\max_{j \in K} x_j : K \subset \{1,2,\ldots,n\}, |K|=i\}$ einführen.)

Definition. a) *Die Abbildung* $x \to v_i(x) := x_{(i)}$ *von* $\mathbb{R}^n$ *nach* $\mathbb{R}$ *heißt die i-te Ordnungsgröße auf* $\mathbb{R}^n$. b) *Die Abbildung* $T := (v_1, v_2, \ldots, v_n)$ *von* $\mathbb{R}^n$ *nach* $\mathbb{R}^n$ *heißt die Ordnungsstatistik auf* $\mathbb{R}^n$.

Bemerkungen. 1. Ordnungsgrößen und Ordnungsstatistiken sind B-meßbar. Ist nämlich $\alpha \in \mathbb{R}$, so liegt $\{x \in \mathbb{R}^n : x_{(i)} \leq \alpha\} = \{x \in \mathbb{R}^n : x_k \leq \alpha$ für mindestens i der Indizes $k \in \{1,2,\ldots,n\}\} = \bigcup_{\substack{K \subset \{1,2,\ldots,n\} \\ |K| \geq i}} \bigcap_{k \in K} \{x \in \mathbb{R}^n : x_k \leq \alpha\}$ in $\mathcal{K}_n$. Nach 17.3 ist also $x \to x_{(i)}$ B-meßbar und damit ist auch T nach 17.6 B-meßbar. 2. Ist $X=(X_1,\ldots,X_n)$ ein n-dimensionaler Zve, so ist $X_{(i)} := v_i \circ X$ eine reelle Zva, die zu X gehörige i-te Ordnungsgröße, und $T \circ X = (X_{(1)}, \ldots, X_{(n)})$ ist ein n-dimensionaler Zve, die zu X gehörige Ordnungsstatistik.

Satz 24.5. *Seien* $X_1, X_2, \ldots, X_n$ *unabhängige, reelle und identisch verteilte Zva. Ist F die Vf von* X_1, *so hat* $X_{(i)}$ *die Vf*

$$(24.13) \qquad P(X_{(i)} \leq t) = n\binom{n-1}{i-1} \int_0^{F(t)} x^{i-1}(1-x)^{n-i}dx, \quad t \in \mathbb{R}, \ 1 \leq i \leq n.$$

Beweis. Für festes $t \in \mathbb{R}$ sei $p := F(t)$. Die Zva $Z_\nu = 1_{[X_\nu \leq t]}, 1 \leq \nu \leq n$,

sind unabhängig und identisch verteilt mit $\mathfrak{W}(Z_i) = b(1,p)$. Somit gilt
$P(X_{(i)} \leq t) = P(\sum_1^n Z_\nu \geq i) = \sum_{\nu=i}^n \binom{n}{\nu} p^\nu (1-p)^{n-\nu}$. Für diese Summe gewinnt man
leicht mit Hilfe von 11.2 die Integraldarstellung (24.13). $\square$

Satz 24.6. *Seien* $X_1, X_2, \ldots, X_n$ *unabhängige, reelle und identisch verteilte Zva. Hat* X_1 *die Dichte* f, *so ist*

$$(24.14) \qquad (x_1, \ldots, x_n) \to n! f(x_1) f(x_1 + x_2) \ldots f(\sum_1^n x_i) \prod_2^n 1_{(0,\infty)}(x_i)$$

eine Dichte von $Y := (X_{(1)}, X_{(2)} - X_{(1)}, \ldots, X_{(n)} - X_{(n-1)})$.

Beweis. Da die in (24.14) angegebene Funktion $g : \mathbb{R}^n \to \mathbb{R}_+$ meßbar und
$\{(t,\vec{\infty}) \subset \mathbb{R}^n : t \in \mathbb{R}^n\}$ ein $\cap$-stabiles Erzeugendensystem von $\mathcal{B}_n$ ist, muß
nach 21.5 nur $P(Y>t) = \int_{(t,\vec{\infty})} g \, d\lambda^n$ für jedes feste $t \in \mathbb{R}^n$ gezeigt werden.
Hierbei können wir uns o.E. auf $t \in \mathbb{R} \times (\mathbb{R}^+)^{n-1} =: S$ beschränken.

a) Es ist $A := [X_i = X_j \text{ für ein Paar } (i,j) \text{ mit } i \neq j]$ eine P-Nullmenge.
Für $i \neq j$ hat nämlich $X_i - X_j$ nach 24.4b eine Dichte, was die Stetigkeit
von $\mathfrak{W}(X_i - X_j)$ und damit $P(A) \leq \sum_{\substack{i,j=1 \\ i \neq j}}^n P(X_i - X_j = 0) = 0$ impliziert.

b) Sei Γ die Menge aller Permutationen π auf $\{1,2,\ldots,n\}$ und sei
$Y_\pi := (X_{\pi(1)}, X_{\pi(2)} - X_{\pi(1)}, \ldots, X_{\pi(n)} - X_{\pi(n-1)})$, $\pi \in \Gamma$. Für $\omega \in A^c$ gilt:
$X_{\pi(k)}(\omega) = X_{(k)}(\omega)$ für $1 \leq k \leq n \iff X_{\pi(k)}(\omega) - X_{\pi(k-1)}(\omega) > 0$ für $2 \leq k \leq n$,
also $A^c[Y>t] = \sum_{\pi \in \Gamma} A^c[Y_\pi > t]$, $t \in S$. Da die Zva $X_1, X_2, \ldots, X_n$ identisch verteilt und unabhängig sind, gilt $\mathfrak{W}(X_1, \ldots, X_n) = \mathfrak{W}(X_{\pi(1)}, \ldots, X_{\pi(n)})$ und
daher $\mathfrak{W}(Y) = \mathfrak{W}(Y_\pi)$, $\pi \in \Gamma$. Wegen $|\Gamma| = n!$ folgt $P(Y>t) = \sum_{\pi \in \Gamma} P(A^c[Y_\pi > t]) =$
$= n! P(X_1 > t_1, X_2 - X_1 > t_2, \ldots, X_n - X_{n-1} > t_n) =: n! h_n(t)$, $t \in S$. Ist $Q := \mathfrak{W}(X_1)$,
so folgt aus 20.7

$$h_n(t) = \int Q(dx_1) 1_{(t_1,\infty)}(x_1) h_{n-1}(t_2 + x_1, t_3, \ldots, t_n).$$

Macht man absteigende Rekursion und beachtet man, daß
$h_1(t_n + x_{n-1}) = P(X_1 > t_n + x_{n-1})$ gilt, so folgt

$$h_n(t) = \int_{t_1}^\infty \lambda(dx_1) f(x_1) \int_{t_2+x_1}^\infty \lambda(dx_2) f(x_2) \ldots \int_{t_n+x_{n-1}}^\infty \lambda(dx_n) f(x_n).$$

Durch mehrmalige Anwendung von (19.5) und mit Hilfe des Fubinischen
Satzes folgt dann $P(Y>t) = \int_{(t,\vec{\infty})} g \, d\lambda^n$. $\square$

Satz 24.7. *Unter den Voraussetzungen von Satz 24.6 gilt: Die zu*
$X := (X_1, \ldots, X_n)$ *gehörige Ordnungsstatistik* $(X_{(1)}, \ldots, X_{(n)})$
hat die Dichte

$$(24.15) \qquad (x_1, x_2, \ldots, x_n) \to n! \prod_1^n f(x_i) \cdot 1_B(x_1, \ldots, x_n)$$

mit $B := \{x \in \mathbb{R}^n : x_1 \leq x_2 \leq \ldots \leq x_n\}$.

Beweis. Ist Y der in 24.6 angegebene Zve, so gilt offensichtlich ToX = AY mit der nicht-singulären Matrix A=(a_{ij}), definiert durch a_{ij} := 0 für i<j und a_{ij} := 1 für i≥j. Für (s_{ij}):= A^{-1} gilt

$$s_{ij} = \begin{cases} 1 & \text{für } i=j \\ -1 & \text{für } i=j+1 \\ 0 & \text{sonst} \end{cases}$$

Wegen det A=1 folgt dann aus Beispiel 22.6 die Behauptung.□

Häufig benötigt man im Fall n≥2 auch die Verteilung der Zva

$$V := \max_{1 \le i \le n} X_i - \min_{1 \le i \le n} X_i = X_{(n)} - X_{(1)},$$ welche die <u>Variationsbreite</u> oder <u>Spannweite</u> von ($X_1, X_2, \dots, X_n$) heißt. Hier gilt

<u>Satz 24.8.</u> *Unter den Voraussetzungen von Satz 24.6 gilt, wenn F die Vf von X_1 ist: Die Variationsbreite von ($X_1, X_2, \dots, X_n$) hat die Dichte*

(24.16) $t \to n(n-1)1_{(0,\infty)}(t) \int [F(t+x)-F(x)]^{n-2} f(x+t) f(x) \lambda(dx).$

Beweis. Aus 24.7, 21.7 und dem Satz von Fubini folgt, daß

(24.17) $h(t_1,t_n) := n! f(t_1) f(t_n) 1_{(0,\infty)}(t_n-t_1) \int_{t_1}^{t_n} \lambda(dt_2) f(t_2) \dots$

$$\dots \int_{t_{n-2}}^{t_n} \lambda(dt_{n-1}) f(t_{n-1}), \quad (t_1,t_n) \in \mathbb{R}^2,$$

eine Dichte von ($X_{(1)}, X_{(n)}$) ist. Die iterierten Integrale lassen sich nun rekursiv berechnen, wenn man beachtet, daß für k∈IN und s≤t gilt

(24.18) $\int_{s}^{t} [F(t)-F(x)]^{k-1} f(x) \lambda(dx) = \frac{1}{k}[F(t)-F(s)]^k.$

Man kann dies so beweisen, daß man $[F(t)-F(x)]^{k-1}$ nach dem binomischen Satz entwickelt und dann beachtet, daß $mF^{m-1}f$ eine Dichte von F^m ist (s.Aufg.22.2). Mit Hilfe von (24.18) erhält man aus (24.17) für (t_1, t_n) ∈ $\mathbb{R}^2$

$$h(t_1,t_n) = n(n-1) f(t_1) f(t_n) [F(t_n)-F(t_1)]^{n-2} 1_{(0,\infty)}(t_n-t_1).$$

Nach Beispiel 22.7 hat dann $X_{(n)} - X_{(1)}$ die Dichte $t \to \int h(z,t+z) \lambda(dz)$, welche offensichtlich mit (24.16) übereinstimmt.□

In §28 werden wir Folgerungen aus den vorangehenden Sätzen für spezielle Verteilungen ziehen.

<u>Aufgaben</u>

24.1. Die drei zueinander rechtwinkligen Komponenten des Geschwindigkeitsvektors $\mathcal{w}$ eines Gasmoleküls der Masse m seien unabhängig und $N(0,\sigma^2)$-verteilt; $m\sigma^2$ = kT, wobei k die Boltzmannsche Konstante und T die absolute Temperatur ist. Man berechne Dichten von $\frac{m}{2}\mathcal{w}^2$ und $|\mathcal{w}|$.

24.2. Die Lebensdauer Y (gemessen in Tagen) eines Elements eines elektrischen Systems habe eine exp(α)-Verteilung. Die Betriebszeit X_n des Elements am n-ten Tag habe eine Gleichverteilung. Die Familie $(Y,X_1,X_2,\dots)$ sei stochastisch unabhängig. a) Wie groß ist die Wahrscheinlichkeit, daß das Element mindestens n Tage einsatzbereit ist? b) Man berechne die Verteilung und den Erwartungswert der Anzahl T der Tage, an denen das Element (den ganzen Tag über) einsatzbereit ist. Was ergibt sich für $\alpha=(365)^{-1}$?

24.3. Die Lebensdauern von n elektrischen Elementen seien unabhängige Zva mit der Verteilung exp(α). Die Parallelschaltung bzw. Serienschaltung der Elemente ist genau dann funktionsfähig, falls mindestens eines bzw. jedes der Elemente funktionsfähig ist. Man berechne die Verteilung der Lebensdauern beider Schaltungen.

24.4. Seien X und Y unabhängige n-dimensionale Zve, deren Verteilung jeweils die Gleichverteilung auf dem n-dimensionalen Einheitswürfel sei. Man berechne die Verteilung von X+Y.

24.5. Seien $X_1,X_2,\dots,X_n$ unabhängige und identisch verteilte reelle Zva. Man berechne $\mathcal{W}(X_{(i)})$ und $\mathcal{W}(X_{(n)}-X_{(1)})$, falls $\mathcal{W}(X_i)$ die Verteilung exp(α) bzw. die Gleichverteilung auf $(0,1)$ ist.

24.6. Seien $X_1,X_2,\dots,X_n$ unabhängige und auf $(0,1)$ gleichverteilte reelle Zva auf $(\Omega,\mathcal{O}l,P)$. Für jedes $\omega\in\Omega$ wird der Einheitskreis durch die Punkte $\exp(2\pi iX_k(\omega))$, $1\le k\le n$, in n Bogen zerlegt. Welches ist die Verteilung der Länge des k-ten Bogens, wenn als erster Bogen derjenige angesehen wird, dessen Anfangspunkt (bzgl. einer Orientierung im mathematisch positiven Sinne)
a) der Punkt $\exp(2\pi iX_1)$,
b) der Punkt $\exp(2\pi iX_{(1)})$ ist?

§ 25. Erwartungswert, Varianz und Kovarianzmatrix

Dieser Paragraph bringt die Verallgemeinerung der in §9 untersuchten Begriffe auf den Fall eines beliebigen W-Raumes. Bei den folgenden Definitionen lassen wir uns davon leiten, daß in §18 die Verallgemeinerung des Begriffs des Erwartungswertes einer diskreten Zva zum Integralbegriff führte.

Definition. *Sei $(\Omega,\mathcal{O}l,P)$ ein W-Raum, $X:\Omega\to\overline{\mathbb{R}}$ eine Zva und $Z:\Omega\to\mathbb{R}^n$ ein Zve mit den Komponenten Z_i, $1\le i\le n$. Ist X P-quasi-integrierbar, so heißt $EX := \int XdP$ der Erwartungswert von X (bzgl. P). Sind alle Zva Z_i P-[quasi-]integrierbar, so heißt Z P-[quasi-]integrierbar und $EZ := (EZ_1,\dots,EZ_n)$ heißt der Erwartungsvektor von Z (bzgl. P).*

Wie in §9 kann man EX als Schwerpunkt der "Massenverteilung" $\mathcal{W}(X)$ interpretieren. EX heißt daher auch <u>Mittelwert von</u> $\mathcal{W}(X)$. Wir stellen jetzt noch einmal die wichtigsten der in Kapitel II hergeleiteten Eigenschaften von Integralen, umgeschrieben in die Terminologie der Erwartungswerte, zusammen und werden sie von nun an benützen, ohne immer den zugehörigen Integralsatz zu zitieren. Wie in Kapitel II bedeutet dabei $Z \in \mathcal{L}_P$ bzw. $Z \in \mathcal{L}_P'$, daß Z bzgl. P integrierbar bzw. quasi-integrierbar ist. Statt $\mathcal{L}_P$ bzw. $\mathcal{L}_P'$ schreiben wir oft kurz $\mathcal{L}$ bzw. $\mathcal{L}'$. Alle im Rest dieses Paragraphen vorkommenden Zva werden, falls nichts anderes gesagt wird, als erweitert reell vorausgesetzt.

<u>Satz 25.1.</u> *Seien X und Y Zva auf* $(\Omega, \mathcal{O}, P)$. *Dann gilt:*

a) $X \geq 0 \Rightarrow X \in \mathcal{L}'$.

b) $X \in \mathcal{L}' \iff EX^+ < \infty$ *oder* $EX^- < \infty \Rightarrow EX = EX^+ - EX^-$.

c) $E1_A = P(A)$, $A \in \mathcal{O}$.

d) X *und* $Y \in \mathcal{L}'$, $X \leq Y \Rightarrow EX \leq EY$.

e) $X \in \mathcal{L}' \Rightarrow |EX| \leq E|X|$.

f) $X = Y$ *P-f.s.*, $X \in \mathcal{L}' \Rightarrow Y \in \mathcal{L}'$ *und* $EX = EY$.

g) $X \in \mathcal{L}', \alpha \in \mathbb{R} \Rightarrow \alpha X \in \mathcal{L}'$ *und* $E(\alpha X) = \alpha EX$.

h) X *und* $Y \in \mathcal{L}'$, $X + Y$ *und* $EX + EY$ *definiert* $\Rightarrow X + Y \in \mathcal{L}'$ *und* $E(X + Y) = EX + EY$

i) $X \in \mathcal{L} \iff |X| \in \mathcal{L}$.

j) $|X| \leq Y \in \mathcal{L} \Rightarrow X \in \mathcal{L}$.

Für die praktische Berechnung von Erwartungswerten ist nützlich

<u>Satz 25.2.</u> *Sei X eine* $(\Omega', \mathcal{O}')$-*Zva auf* $(\Omega, \mathcal{O}, P)$. *Sei* $g: \Omega' \to \overline{\mathbb{R}}$ *meßbar und* μ *ein Maß auf* $\mathcal{O}'$.

a) *Es gilt:*

$$g \circ X \in \mathcal{L}_P' \iff g \in \mathcal{L}_{P_X}' \Rightarrow Eg \circ X = \int g \, dP_X.$$

Speziell gilt im Fall $(\Omega', \mathcal{O}') = (\overline{\mathbb{R}}, \overline{\mathcal{X}})$:

$$X \in \mathcal{L}_P' \iff id_{\overline{\mathbb{R}}} \in \mathcal{L}_{P_X}' \Rightarrow EX = \int x P_X(dx).$$

b) *Enthält* $\mathcal{O}'$ *alle Einpunktmengen, und ist* $P(X \in I) = 1$ *für eine abzählbare Menge* $I \subset \Omega'$, *so gilt:*

$$g \circ X \in \mathcal{L}_P' \iff \sum_{i \in I} g(i) P(X = i) \text{ a-konvergent} \Rightarrow$$

(25.1)
$$Eg \circ X = \sum_i g(i) P(X = i).$$

c) *Hat die Zva X die* μ-*Dichte f, so gilt:*

$$g \circ X \in \mathcal{L}_P' \iff gf \in \mathcal{L}_\mu' \Rightarrow$$

(25.2)
$$Eg \circ X = \int gf \, d\mu.$$

<u>Beispiel 25.1.</u> Die reelle Zva X besitze die in Beispiel 24.1 eingeführte Gamma-Verteilung $\Gamma_{\alpha\nu}$ mit der Dichte $\gamma_{\alpha\nu}$. Für $x \to g(x) := x^k, k \in \mathbb{Z}$, ist $\int x^k \gamma_{\alpha\nu}(x) \lambda(dx) = \frac{\alpha^\nu}{\Gamma(\nu)} \int_0^\infty x^{\nu+k-1} e^{-\alpha x} \lambda(dx)$.

Nach 25.2c gilt also

$$EX^k = \begin{cases} \Gamma(\nu+k)/(\Gamma(\nu)\alpha^k) & \text{für } k > -\nu, \\ \infty & \text{für } k \leq -\nu. \end{cases}$$

Beispiel 25.2. Die Funktion

(25.3) $x \to f(x) := \frac{1}{\pi} \frac{\alpha}{\alpha^2+x^2}$, $x \in \mathbb{R}$, $\alpha \in \mathbb{R}^+$ konstant,

ist wegen $\int \frac{dx}{\alpha^2+x^2} = 2 \lim_{t \to \infty} \frac{1}{\alpha} \cdot \arctan \frac{t}{\alpha} = \frac{\pi}{\alpha}$ die Dichte einer Verteilung, welche als <u>Cauchy-Verteilung</u> $C(\alpha)$ bezeichnet wird. Diese besitzt keinen Mittelwert, denn es gilt

$$\int x^{\pm} f(x) dx = \frac{\alpha}{\pi} \int_0^{\infty} \frac{x}{\alpha^2+x^2} dx \geq \frac{\alpha}{\pi} \int_{\alpha}^{\infty} \frac{x}{x^2+x^2} dx \geq \frac{\alpha}{2\pi} \int_{\alpha}^{\infty} \frac{dx}{x} = \infty.$$

Wir wollen eine interessante Darstellung von EX mit Hilfe der VF von X herleiten und beweisen als Vorbereitung

<u>Lemma 25.3.</u> *Ist F eine Vf und* $\alpha \in \mathbb{R}^+$, *so gilt*

(25.4) $\int\limits_{(0,\infty)} x^{\alpha} F(dx) = \alpha \int\limits_0^{\infty} x^{\alpha-1}(1-F(x))\lambda(dx).$

Beweis. Es ist $x \to G(x) := x^{\alpha} 1_{(0,\infty)}(x)$ eine stetige meßdefinierende Funktion. Das zugehörige σ-endliche Maß μ hat nach 22.1 die Dichte $x \to g(x) := \alpha x^{\alpha-1} 1_{(0,\infty)}(x)$. Für $b \in \mathbb{R}^+$ ergibt partielle Integration nach 20.9

$$\int\limits_{(0,b>} x^{\alpha} F(dx) = \int\limits_{(0,b>} G(x)F(dx) = FG \Big|_0^b - \int\limits_{(0,b>} F(x)G(dx) =$$

$$= F(b)b^{\alpha} - \alpha \int\limits_0^b F(x)x^{\alpha-1}\lambda(dx),$$

also

(25.5) $\int\limits_{(0,b>} x^{\alpha} F(dx) = -b^{\alpha}(1-F(b)) + \alpha \int\limits_0^b (1-F(x))x^{\alpha-1}\lambda(dx).$

Hierin lassen wir $b \to \infty$ gehen. Ist $\int\limits_{(0,\infty)} x^{\alpha} F(dx) < \infty$, so folgt die Behauptung nach 19.4, da dann - wiederum nach 19.4 -

$$b^{\alpha}(1-F(b)) \leq \int\limits_{(b,\infty)} x^{\alpha} F(dx) \to 0 \quad (b \to \infty)$$

gilt. Ist jedoch $\int\limits_{(0,\infty)} x^{\alpha} F(dx) = \infty$, so ergibt sich die Behauptung aus 19.4, da nach (25.5) gilt: $\alpha \int\limits_0^b (1-F(x))x^{\alpha-1}\lambda(dx) \geq \int\limits_{(0,b>} x^{\alpha} F(dx)$, $b \in \mathbb{R}^+$.□

Als Übung leite man aus 25.3 den folgenden Satz her.

<u>Satz 25.4.</u> *Für jede reelle Zva X mit Vf F und für* $\alpha \in \mathbb{R}^+$ *gilt:*

a) $E|X|^{\alpha} = \alpha \int\limits_0^{\infty} t^{\alpha-1} P(|X|>t)\lambda(dt) = \alpha \int\limits_0^{\infty} t^{\alpha-1}[1-F(t)+F(-t)]\lambda(dt).$

b) $X \in \mathcal{X}' \iff \int\limits_0^{\infty} P(X>t)\lambda(dt) < \infty$ *oder* $\int\limits_0^{\infty} P(X<-t)\lambda(dt) < \infty$

$\Rightarrow EX = \int\limits_0^{\infty} [P(X>t)-P(X<-t)]\lambda(dt) = \int\limits_0^{\infty} [1-F(t)-F(-t)]\lambda(dt).$

c) $\mathcal{W}(X)$ auf $\mathbb{N}_0$ konzentriert $\Rightarrow$ EX $= \sum\limits_{n=0}^{\infty} P(X>n)$.

Man interpretiere 25.4b an einer Skizze für den Graphen von F. Es ist recht bemerkenswert, daß man nach 25.4b den Erwartungswert jeder integrierbaren Zva durch ein uneigentliches Riemann-Integral (über eine regulierte Funktion) darstellen kann. 25.4c wurde schon in l0.4b mit anderen Methoden bewiesen.

Beispiel 25.3. Eine Firma montiert ein Gerät aus n Teilen T_i, welche von n verschiedenen Zulieferfirmen zu den unabhängigen und identisch verteilten (zufälligen) Zeitpunkten $X_i \in \mathbb{R}_+, 1 \leq i \leq n$, angeliefert werden. Mit der Montage kann erst begonnen werden, wenn alle Teile vorhanden sind. Die Lagerkosten pro Zeiteinheit für T_i betragen c_i DM, $c_i \in \mathbb{R}_+$, $1 \leq i \leq n$. Außerdem entstehen feste Kosten der Höhe $c_0 \in \mathbb{R}_+$ pro Zeiteinheit, sobald mindestens ein Teil auf Lager liegt. Wir wollen unter der Voraussetzung $EX_1 < \infty$ den Erwartungswert der gesamten Lagerkosten K bestimmen. Lösung: Die Zva $Y := \max\limits_{1 \leq i \leq n} X_i \leq \sum\limits_{1}^{n} X_i$ und $Z := \min\limits_{1 \leq i \leq n} X_i \leq X_1$ sind integrierbar. T_i verursacht Kosten der Höhe $c_i(Y-X_i)$, und $c_0(Y-Z)$ sind die festen Kosten. Somit gilt

$$EK = E\sum_{1}^{n} c_i(Y-X_i)+c_0 E(Y-Z) = EY \cdot \sum_{0}^{n} c_i - EX_1 \cdot \sum_{1}^{n} c_i - EZ \cdot c_0.$$

Ist F die VF von X_1, so ist F^n bzw. $1-(1-F)^n$ die Vf von Y bzw. Z; s.24.5 Aus 25.4 folgt dann

$$EK = \sum_{0}^{n} c_i \cdot \int_{0}^{\infty}(1-F^n)d\lambda - \sum_{1}^{n} c_i \cdot EX_1 - c_0 \int_{0}^{\infty}(1-F)^n d\lambda.$$

Diese Formel ist nur für spezielle Verteilungen einfach auswertbar. Ist z.B. $\mathcal{W}(X_1)$ die Gleichverteilung auf $(0,1)$, so ergibt sich

$$EK = \frac{n-1}{2(n+1)}(2c_0 + \sum_{1}^{n} c_i).$$

Nun übertragen wir einige der in 25.1 gemachten Aussagen auf Zve. Hierbei bedeutet a'b das Skalarprodukt der Spaltenvektoren a und b und $|a| := (a'a)^{1/2}$.

Satz 25.5. *Seien X und Y d-dimensionale Zve. Dann gilt:*

a) $X \in \mathcal{L}' \Rightarrow |EX| \leq E|X|$.

b) $X \in \mathcal{L}', \alpha \in \mathbb{R} \Rightarrow \alpha X \in \mathcal{L}'$ *und* $E(\alpha X) = \alpha EX$.

c) X *und* $Y \in \mathcal{L}'$, EX+EY *definiert* $\Rightarrow$ X+Y $\in \mathcal{L}'$ *und* $E(X+Y) = EX + EY$.

d) $X \in \mathcal{L}, b \in \mathbb{R}^d \Rightarrow b'X \in \mathcal{L}$ *und* $E(b'X) = b'EX$.

e) $X \in \mathcal{L}$, A *eine reelle* n×d-*Matrix* $\Rightarrow$ AX $\in \mathcal{L}$ *und* $E(AX) = A \, EX$.

Beweis. Die Teile b) bis e) folgen unmittelbar aus 25.1. a) X habe die Komponenten $X_i, 1 \leq i \leq d$. Ist $E|X_i|=\infty$ für ein i, so gilt $E|X|=\infty$ nach 25.ld. Ist $E|X_i|<\infty$ für $1 \leq i \leq d$, also $X \in \mathcal{L}$, so folgt mit 25.5d, 25.ld und der Schwarzschen Ungleichung für Vektoren

$|EX|^2 = E(X'EX) \le E|X'EX| \le E(|X||EX|) = E|X| \cdot |EX|.\ \square$

Satz 25.6. *Sind* $X_1, X_2, \ldots, X_n$ *unabhängige und integrierbare Zva, so ist* $\prod_1^n X_i$ *integrierbar, und es gilt* $E(\prod_1^n X_i) = \prod_1^n EX_i$.

Beweis. Sei $X := \underset{1}{\overset{}{X}}X_i$. Mit dem Fubinischen Satz erhält man

$$\int |\prod X_i| dP = \int \prod |x_i| P_X(dx) = \iint \prod |x_i| (\underset{1}{\overset{n}{X}} P_{X_j}) (dx) = \prod \int |x_i| P_{X_i}(dx_i) < \infty.$$

Da also $\prod X_i$ integrierbar ist, kann man nun den eben für $|\prod X_i|$ gemachten Schluß für $\prod X_i$ durchführen, was die Behauptung ergibt.$\square$

Korollar 25.7. *Sind* X *und* Y *unabhängige* d-*dimensionale integrierbare Zve, so ist* X'Y *integrierbar, und es gilt* E(X'Y) = (EX)'EY.

Nun wenden wir uns einer Reihe von Ungleichungen für Erwartungswerte zu.

Satz 25.8. *Für jeden* d-*dimensionalen Zve* X *und für* $\alpha \in \mathbb{R}^+$ *gilt die sog.* *Markoffsche Ungleichung*

$$(25.6) \qquad P(|X| \ge t) \le E|X|^\alpha / t^\alpha, \quad t \in \mathbb{R}^+.$$

Beweis. $E|X|^\alpha \ge \underset{[|X| \ge t]}{\int} |X|^\alpha dP \ge t^\alpha \underset{[|X| \ge t]}{\int} dP = t^\alpha P(|X| \ge t).\ \square$

Bemerkungen. 1. Der wichtigste Sonderfall von 25.8 ist der für $\alpha = 2$. Man spricht dann von der Tschebyscheffschen Ungleichung. Ist hierbei $X = (X_1, \ldots, X_d)$ integrierbar, so folgt aus 25.8 und 25.12a, wenn man X durch X-EX ersetzt,

$$(25.7) \qquad P(|X - EX| \ge t) \le t^{-2} \sum_1^d V(X_i), \quad t \in \mathbb{R}^+.$$

2. Die Bedeutung der Markoffschen und Tschebyscheffschen Ungleichung liegt darin, daß sie bei manchen theoretischen Überlegungen leicht anwendbar sind. Dagegen liefern sie, da über $\mathcal{W}(X)$ keinerlei spezielle Annahmen gemacht werden, in der Regel schlechte numerische Abschätzungen; vgl. Aufg. 25.2.

Beispiel 25.4. Sei μ ein W-Maß auf $\mathcal{X}_d$, ν_σ die d-dimensionale $N(0, \Sigma)$-Verteilung mit $\Sigma := \sigma^2 (\delta_{ij}), \sigma \in \mathbb{R}^+$. Ferner sei $a \in \mathbb{R}^d$ ein Stetigkeitspunkt von μ, d.h. jede der d durch a gehenden und zu einer Koordinatenachse orthogonalen Hyperebenen sei eine μ-Nullmenge. Wir wollen nun die für den Beweis von 27.8 nützliche Beziehung

$$(\mu * \nu_\sigma)((-\vec{\infty}, a\rangle) \to \mu((-\infty, a\rangle) \qquad (\sigma \to 0)$$

beweisen. Sei $\sigma_n \in \mathbb{R}^+$ mit $\sigma_n \to 0$. Sei F_n bzw. F die VF von $\mu * \nu_{\sigma_n}$ bzw. μ. Zu festem n gibt es einen W-Raum und darauf unabhängige d-dimensionale Zve X und Y mit $\mathcal{W}(X) = \mu$, $\mathcal{W}(Y) = \nu_{\sigma_n}$. Nun erhält man mit Hilfe der Tschebyscheffschen Ungleichung für $\varepsilon > 0$

$$F_n(a) = P(X+Y\leq a) \leq P([|Y|>\varepsilon]\cup[X\leq a+\vec{\varepsilon}])$$
$$\leq P(|Y|>\varepsilon)+P(X\leq a+\vec{\varepsilon}) \leq d\sigma_n^2/\varepsilon^2+F(a+\vec{\varepsilon}).$$

Analog ergibt sich

$$F_n(a) \geq P(X\leq a-\vec{\varepsilon}, |Y|\leq\varepsilon) = P(X\leq a-\vec{\varepsilon})-P(X\leq a-\vec{\varepsilon}, |Y|>\varepsilon)$$
$$\geq F(a-\vec{\varepsilon})-P(|Y|>\varepsilon) \geq F(a-\vec{\varepsilon})-d\sigma_n^2/\varepsilon^2.$$

Für $n\to\infty$ folgt dann wegen $\sigma_n\to 0$

$$F(a-\vec{\varepsilon}) \leq \underline{\lim_n} F_n(a) \leq \overline{\lim_n} F_n(a) \leq F(a+\vec{\varepsilon}).$$

Läßt man $\varepsilon\to 0$ gehen, so konvergieren $(-\vec{\infty},a+\vec{\varepsilon}>$ und $(-\vec{\infty},a-\vec{\varepsilon}>$ gegen $(-\vec{\infty},a>$ bzw. $(-\vec{\infty},a)$; also konvergieren - wegen der Stetigkeit von μ von oben und unten - $F(a+\vec{\varepsilon})$ und $F(a-\vec{\varepsilon})$ gegen $F(a)$ bzw. $\mu((-\vec{\infty},a))$. Da $(-\vec{\infty},a>-(-\vec{\infty},a)$ Teilmenge der Vereinigung der d durch a gehenden und zu einer Koordinatenachse orthogonalen Hyperebenen ist, gilt $\mu((-\vec{\infty},a))=F(a)$. Hieraus folgt die Behauptung.

$\underline{\text{Satz } 25.9.}$ *Für irgend zwei* d-*dimensionale Zve X und Y* *gilt die sog.* *Schwarzsche Ungleichung*

(25.8) $$\qquad\qquad (E|X'Y|)^2 \leq E|X|^2 E|Y|^2.$$

Beweis. Wir setzen $0<E|X|^2<\infty$, $0<E|Y|^2<\infty$ voraus, da sonst 25.9 trivialerweise richtig ist. Es ist dann

$$t\to E(|X|+t|Y|)^2 = E|X|^2+2tE(|X||Y|)+t^2E|Y|^2$$

ein nicht-negatives Polynom zweiten Grades, das also keine zwei verschiedenen reellen Nullstellen besitzt. Somit gilt $(E(|X||Y|))^2-E|X|^2E|Y|^2\leq 0$, und die Behauptung folgt dann aus der Schwarzschen Ungleichung für Vektoren.

Bei wirtschaftswissenschaftlichen Problemen und in der sog. statistischen Entscheidungstheorie können die auftretenden Kosten- und Gewinnfunktionen oft als konvex angenommen werden. Dann verwendet man häufig mit Vorteil den folgenden Satz. Darin heißt eine Verteilung Q auf $\mathscr{B}_d$ $\underline{\text{degeneriert}}$, falls Q auf eine Hyperebene des $\mathbb{R}^d$ konzentriert ist.

$\underline{\text{Satz } 25.10.}$ *Seien* $M\subset\mathbb{R}^d$ *eine nicht-leere konvexe und meßbare Menge,* g:M$\to\mathbb{R}$ *eine konvexe und meßbare Funktion und X ein* d-*dimensionaler integrierbarer Zve mit* P(X$\in$M)=1. *Dann gilt:*
a) EX *liegt in* M. *Ist* $\mathcal{W}$(X) *nicht degeneriert, so liegt* EX *sogar im Innern von* M.
b) *Die (fast überall definierte) Zva* g$\circ$X *ist quasi-integrierbar, und es gilt die* *Jensensche Ungleichung*

(25.9) $$\qquad\qquad g(EX) \leq E\,g\circ X.$$

Beweis. (Man fertige eine Skizze für d=2 an.) $\mathcal{O}$ nehme X nur Werte aus M an.

<u>Fall 1</u>: $\mathcal{W}(X)$ sei nicht degeneriert. a) Ist EX kein innerer Punkt von M, so gibt es bekanntlich (s. etwa FERGUSON (67),S.73) eine durch EX gehende und M und EX trennende Hyperebene, d.h. es existieren $b \in \mathbb{R}^d, b \neq 0$, und $\beta \in \mathbb{R}$ mit $b'EX - \beta = 0$ und $b'x - \beta \geq 0$ für $x \in M$. Es gilt dann $E(b'X-\beta) = b'EX - \beta = 0$ und $b'X - \beta \geq 0$. Aus 18.5a folgt $P(b'X-\beta=0)=1$, d.h. $\mathcal{W}(X)$ ist im Widerspruch zur Annahme auf eine Hyperebene des $\mathbb{R}^d$ konzentriert. b) Wir betrachten im $\mathbb{R}^{d+1}$ die konvexe Menge $K := \{(x,t) \in \mathbb{R}^d \times \mathbb{R} : x \in M, g(x) \leq t\}$. Da $c := (EX, g(EX)) \in K$ ein Randpunkt von K ist, gibt es (s.o.) ein $(a,s) \in \mathbb{R}^d \times \mathbb{R}$ und ein $\alpha \in \mathbb{R}$ mit

$$(25.10) \qquad a'EX + sg(EX) - \alpha = 0$$

und

$$(25.11) \qquad a'x + st - \alpha \geq 0, \quad (x,t) \in K.$$

Es muß $s \neq 0$ sein, da sonst $E(a'X-\alpha)=0$ und $a'X - \alpha \geq 0$, also - s.o. - $\mathcal{W}(X)$ degeneriert wäre. Es kann auch nicht $s<0$ sein, da dann für ein $(x,t) \in K$ mit genügend großem t die Ungleichung (25.11) verletzt wäre. Da $(X, g \circ X)$ in K liegt, folgt aus (25.10) und (25.11)

$$g \circ X \geq g(EX) + \frac{a'(EX-X)}{s} .$$

Aus 18.2c und 25.1d folgt dann die Behauptung.

<u>Fall 2</u>. Ist $\mathcal{W}(X)$ degeneriert, so hat die kleinste lineare Mannigfaltigkeit L in $\mathbb{R}^d$ mit $P(X \in L)=1$ (s.Aufg.21.2) eine Dimension $\ell < d$. Ist $\ell=0$, d.h. $P(X=EX)=1$, so ist 25.10 trivialerweise richtig. Ist $\ell>0$, so gibt es bekanntlich eine Bewegung f im $\mathbb{R}^d$ mit der Inversen $\tilde{f}$, welche L in $f(L) = \{(x_1,\ldots,x_d) \in \mathbb{R}^d : x_{\ell+1}=\ldots=x_d=0\}$ überführt. Sei ferner π die Projektion der Menge $\mathbb{R}^d$ in das Produkt ihrer ersten ℓ Faktoren und $\tilde{\pi}$ die Inverse der Restriktion von π auf $f(L)$. Man kann nun die anschaulich einleuchtende Aussage beweisen, daß auf $M_0 := \pi \circ f(ML)$, $X_0 := \pi \circ f \circ X$ und $g_0 := g \circ f \circ \tilde{\pi}$ die Voraussetzungen von Fall 1 zutreffen (wobei d durch ℓ zu ersetzen ist) und daß dann die hiermit erhaltenen Ergebnisse die Behauptung implizieren. Die Details dieses Beweisschrittes sind offensichtlich, aber etwas langwierig; sie werden dem Leser überlassen.$\square$

Ehe wir uns dem Begriff der Varianz zuwenden, verallgemeinern wir 9.9 zu

<u>Lemma 25.11</u>. a) *Für jede $\overline{\mathbb{R}}^d$-Zva $X=(X_1,\ldots,X_d)$ und für $\alpha \in \mathbb{R}_+$ gilt:*

a_1) $|X|^\alpha \in \mathcal{L} \iff |X_i|^\alpha \in \mathcal{L}$, $1 \leq i \leq d$.

a_2) $|X-a|^\alpha \in \mathcal{L}$ *für ein* $a \in \mathbb{R}^d \Rightarrow |X-b|^\alpha \in \mathcal{L}$ *für alle* $b \in \mathbb{R}^d$.

a_3) $|X|^\alpha \in \mathcal{L} \Rightarrow |X|^\beta \in \mathcal{L}$ *für* $\beta \in \langle 0, \alpha \rangle$.

b) *Für jede erweitert reelle Zva X und für $n \in \mathbb{N}_0$ gilt:*

b_1) $(X-a)^n \in \mathcal{L}'$ *für ein* $a \in \mathbb{R} \Rightarrow (X-b)^n \in \mathcal{L}'$ *für alle* $b \in \mathbb{R}$.

b_2) $X^n \in \mathcal{L}'$, *n ungerade* $\Rightarrow X^m \in \mathcal{L}'$ *für* $m \in \{0,1,\ldots,n\}$.

Beweis. a) folgt aus folgenden Ungleichungen:

$a_1)$ $|X_i|^\alpha \leq |X|^\alpha$, $1 \leq i \leq d$, und

$$|X|^\alpha \leq (\sum_i |X_i|)^\alpha \leq (d \max_i |X_i|)^\alpha = d^\alpha \max_i |X_i|^\alpha \leq d^\alpha \sum_i |X_i|^\alpha;$$

$a_2)$ $|X-b|^\alpha \leq (|X-a|+|a-b|)^\alpha \leq 2^\alpha(|X-a|^\alpha+|a-b|^\alpha);$

$a_3)$ $|X|^\beta \leq (\max(1,|X|))^\beta \leq (\max(1,|X|))^\alpha \leq 1+|X|^\alpha.$

b) folgt leicht aus a), wobei benützt wird, daß für ungerades $n \in \mathbb{N}_0$
die Beziehung $(x^n)^\pm = |x^\pm|^n$, $x \in \overline{\mathbb{R}}$, gilt. $\square$

<u>Definition.</u> a) *Sei X eine erweiterte reelle Zva und* $k \in \mathbb{N}$. *Dann heißt*
EX^k *bzw.* $E(X-EX)^k$ *im Fall der Existenz das* <u>k-te Moment</u> *bzw. das* <u>k-te</u>
<u>zentrale Moment von X</u>. *Ist X integrierbar, so heißt* $V(X) := E(X-EX)^2$
die <u>Varianz von X</u> *und* $\sqrt{V(X)}$ *heißt die* <u>Streuung von X</u>. b) *Gilt* $E|Y|^2 < \infty$
für eine $\overline{\mathbb{R}}^d$*-Zva Y, so heißt Y* <u>*quadratisch integrierbar*</u>.

Ist Q ein W-Maß auf $\mathscr{X}$, so heißt das k-te [zentrale] Moment der Zva
$id_{\mathbb{R}}$ auf $(\mathbb{R},\mathscr{X},Q)$ im Falle der Existenz das k-te [zentrale] Moment von Q.

Besitzt X ein endliches k-tes Moment, so folgt aus der Markoffschen
Ungleichung (25.6)

(25.12) $t^{k-1} P(|X| \geq t) \to 0$ $(t \to \infty).$

Man sagt dann, die "im Schwanz" von $\mathcal{W}(X)$ liegende Wahrscheinlichkeits-
Masse konvergiere rascher als die (k-1)-te Potenz gegen Null. Verteilungen, welche endliche Momente hoher (oder gar beliebig hoher) Ordnung
besitzen, haben in der Regel angenehme analytische Eigenschaften. Besitzt
X Momente beliebiger Ordnung und wachsen diese mit der Ordnung nicht "zu
rasch", so ist $\mathcal{W}(X)$ durch die Folge der Momente bestimmt, s.27.12. Daß
letzteres nicht immer der Fall zu sein braucht, wird durch Aufg.25.4
gezeigt.

Aus 25.1 erhält man durch leichte Rechnung

<u>Satz 25.12.</u> *Für jeden d-dimensionalen integrierbaren Zve* $X=(X_1,\ldots,X_d)$
gilt:

a) $\sum_1^d V(X_i) = E|X-EX|^2 = E|X-b|^2-|EX-b|^2 = E|X|^2-|EX|^2$, $b \in \mathbb{R}^d$.

b) *Ist X quadratisch integrierbar, so ist EX die einzige Minimumstelle*
der Abbildung $b \to E|X-b|^2$.

Wir wenden uns nun den Begriffen der Kovarianz und des Korrelations-
koeffizienten zweier quadratisch integrierbarer Zva X und Y zu. Sind X
und Y unabhängig, so gilt $E(XY) = EX \cdot EY$ nach 25.6. Dies kann zwar gelegentlich (s.Aufg.25.6) auch für abhängige Zva X und Y gelten (für welche
die Existenz von $E(XY)$ z.B. aus der Schwarzschen Ungleichung folgt). Trotzdem ist es üblich, $Kov(X,Y) := E(XY)-EX \cdot EY$ bzw. die unten eingeführte
Zahl $Kor(X,Y)$ als ein Maß für die Abhängigkeit von X und Y anzusehen.
Wegen $E(X+a) = EX + a$, $a \in \mathbb{R}$, ist $Kov(X,Y)$ zwar invariant gegenüber

Translationen (= Verschiebungen des Nullpunkts der Skala, in der X und Y gemessen werden), aber offensichtlich nicht gegen Homothetien (= Maßstabsänderungen $x \to ax$, $a \in \mathbb{R}^+$). Man erreicht wegen $V(aX) = a^2 V(X)$ auch noch Invarianz gegenüber Homothetien, falls man $Kov(X,Y)$ durch $Kov(X,Y)/\sqrt{V(X) \cdot V(Y)}$ ersetzt. Insgesamt kommen wir so zu folgender

Definition. *Sind X und Y quadratisch integrierbare Zva, so heißt*

$$Kov(X,Y) := E\left[(X-EX)(Y-EY)\right] = E(XY) - EX \cdot EY$$

die Kovarianz *von* X *und* Y *und*

$$Kor(X,Y) := Kov(X,Y)/\sqrt{V(X) \cdot V(Y)} \quad [1]$$

der Korrelationskoeffizient *von* X *und* Y. *Ist* $Kor(X,Y) > 0$ *bzw.* $= 0$ *bzw.* < 0, *so sagt man,* X *und* Y *seien* positiv korreliert *bzw.* unkorreliert *bzw.* negativ korreliert.

Wir stellen im folgenden Satz einige Eigenschaften von $Kov(X,Y)$ und $Kor(X,Y)$ zusammen. Hierbei beachte man, daß mit zwei Zva X und Y wegen $|X+Y|^2 \le 2(|X|^2 + |Y|^2)$ auch X+Y quadratisch integrierbar ist.

Satz 25.13. *Für quadratisch integrierbare Zva* X, Y *und* Z *gilt:*

a) $Kov(X+Y,Z) = Kov(X,Z) + Kov(Y,Z)$.

b) $Kov(X,Y) = Kov(Y,X)$, $Kov(X,X) = V(X)$, $Kov(X,a) = 0$, $a \in \mathbb{R}$.

c) $Kov(aX+b, cY+d) = ac\, Kov(X,Y)$, a,b,c *und* d *aus* $\mathbb{R}$;
   insbesondere $V(aX+b) = a^2 V(X)$.

d) X, Y *unabhängig* $\Rightarrow$ X, Y *unkorreliert*.

e) $|Kor(X,Y)| \le 1$.

f) *Ist* $V(X) \cdot V(Y) > 0$, *so gilt:*
   $|Kor(X,Y)| = 1 \iff \mathcal{W}((X,Y))$ *ist auf eine Gerade konzentriert.*

Beweis. a) bis c) folgen leicht aus der Definition der Kovarianz. d) wurde schon oben bewiesen. e) Die Schwarzsche Ungleichung (25.8) liefert

$$|Kov(X,Y)| \le E(|X-EX| \cdot |Y-EY|) \le \sqrt{V(X) \cdot V(Y)}.$$

f) ist in 25.15d und 25.15e enthalten.☐

Analog zu 9.11 beweist man leicht den

Satz 25.14. *Sind* $X_1, \ldots, X_n$ *quadratisch integrierbare Zva, so ist* $\sum_1^n X_i$ *quadratisch integrierbar, und es gilt*

$$(25.13) \qquad V\left(\sum_1^n X_i\right) = \sum_1^n V(X_i) + 2 \sum_{1 \le i < j \le n} Kov(X_i, X_j).$$

Ist die Familie $(X_1, \ldots, X_n)$ *unabhängig oder sind auch nur die* X_i *paarweise unkorreliert, so gilt die Gleichung von Bienaymé:*

$$(25.14) \qquad V\left(\sum_1^n X_i\right) = \sum_1^n V(X_i).$$

---

[1] Es sei an unsere Definition $\frac{0}{0} := 0$ erinnert.

Es erhebt sich die Frage, wie man die "zufällige Schwankung" eines quadratisch integrierbaren d-dimensionalen Zve $X=(X_1,\ldots,X_d)$ um seinen Erwartungsvektor EX erfassen kann. Eine Möglichkeit besteht darin, die Varianzen der Projektionen von X auf beliebige Geraden durch den Ursprung im $\mathbb{R}^d$ zu verwenden. Wird eine solche durch den Einheitsvektor $a\in\mathbb{R}^d$ festgelegt, so möchte man also die Funktion $a\to V(a'X)$ kennen. Nach 25.14 und 25.13b ist aber für beliebiges $a\in\mathbb{R}^d$

$$V(a'X) = \sum_{i=1}^{d}\sum_{j=1}^{d} \text{Kov}(a_iX_i,a_jX_j) = \sum_i\sum_j a_ia_j \text{Kov}(X_i,X_j),$$

d.h. $a\to V(a'X)$ ist die quadratische Form zur reellen Matrix $(\text{Kov}(X_i,X_j))$. Zur Bestimmung aller Varianzen $V(a'X)$ benötigt man also neben den Varianzen der Komponenten von X die Kovarianzen aller Komponentenpaare. Dies motiviert die

Definition. *Ist* $X=(X_1,\ldots,X_d)$ *ein quadratisch integrierbarer Zve, so heißt die* d×d-*Matrix* $K(X) := (\text{Kov}(X_i,X_j))$ *die* Kovarianzmatrix von X.

Da $K(X)$ nur von $\mathcal{W}(X)$ abhängt, kann man auch von der Kovarianzmatrix von W-Maßen auf $\mathscr{L}_d$ sprechen. Im Fall d=1 fallen die Begriffe Varianz und Kovarianzmatrix zusammen.

Wir stellen einige Eigenschaften von Kovarianzmatrizen zusammen in

Satz 25.15. *Für jeden quadratisch integrierbaren Zve* $X = (X_1,\ldots,X_d)$ *gilt:*

a) $K(X)$ *ist symmetrisch, und in der Hauptdiagonalen von* $K(X)$ *stehen die Varianzen der Komponenten von X.*

b) $V(a'X) = a'K(X)a$, $a\in\mathbb{R}^d$.

c) $K(X)$ *ist positiv-semidefinit.*

d) $K(X)$ *positiv-definit* $\iff$ $K(X)$ *nicht-singulär* $\iff$ $\mathcal{W}(X)$ *ist nicht degeneriert.*

e) *Ist* d=2 *und* $V(X_1)\cdot V(X_2)>0$, *so ist* $K((X_1,X_2))$ *genau dann singulär, wenn* $|\text{Kor}(X_1,X_2)| = 1$ *ist.*

f) *Ist* C *eine reelle* m×d-*Matrix und* $b\in\mathbb{R}^m$, *so ist* CX + b *quadratisch integrierbar, und es gilt*

$$K(CX + b) = CK(X)C'. \quad {}^{1)}$$

Beweis. a) ist trivial und b) wurde schon oben gezeigt. c) folgt aus b), da die Varianz stets nicht-negativ ist. d) Die erste Äquivalenz ist aus der linearen Algebra bekannt. Die zweite folgt daraus, daß $V(a'X)=0$ mit $P(a'X=a'EX)=1$ äquivalent ist. e) Wegen det $K((X_1,X_2))$ = $= V(X_1)\cdot V(X_2)-(\text{Kov}(X_1,X_2))^2$ ist $|\text{Kor}(X_1,X_2)|=1$ mit det $K((X_1,X_2))=0$ äquivalent. f) Nach 25.14 ist jede Komponente $Y_i := \sum_k c_{ik}X_k+b_i$ von CX+b,

_____

${}^{1)}$ C' ist die Transponierte von C.

also nach 25.11a auch CX+b quadratisch integrierbar. Aus 25.13 folgt

$$\text{Kov}(Y_i, Y_j) = \sum_k \sum_\ell c_{ik} c_{j\ell} \, \text{Kov}(X_k, X_\ell), \text{ also die Behauptung.} \square$$

Beispiel 25.5. Die reelle Zva X besitze die Normalverteilung N(0,1). Nach Beispiel 24.2 ist $\mathfrak{W}(X^2) = \Gamma_{\frac{1}{2}, \frac{1}{2}}$, und daher nach Beispiel 25.1

$$EX^{2k} = 2^k \Gamma(k+\tfrac{1}{2})/\Gamma(\tfrac{1}{2}) = \prod_{i=1}^{k} (2i-1), \quad k \in \mathbb{N}.$$

Somit hat X den Erwartungswert Null und die Varianz Eins. Für $\sigma \in \mathbb{R}$ und für $a \in \mathbb{R}$ hat $\sigma X + a$ die Verteilung $N(a, \sigma^2)$. Nach 25.1g hat dann diese den Erwartungswert a und nach 25.13c die Varianz σ^2. Dieses wichtige Resultat wollen wir nun ausdehnen auf die n-dimensionale Normalverteilung $N(a, \Sigma)$, welche in §22 eingeführt wurde als die Verteilung mit der Dichte

$$(25.14) \qquad x \to \frac{1}{\sqrt{(2\pi)^n \det \Sigma}} \exp\left[-\tfrac{1}{2}(x-a)'\Sigma^{-1}(x-a)\right].$$

Hierbei ist $a \in \mathbb{R}^n$ und Σ eine symmetrische positiv-definite n×n-Matrix. Wir wollen zeigen, daß a der Erwartungsvektor und Σ die Kovarianzmatrix von $N(a, \Sigma)$ ist. Bekanntlich existiert eine orthogonale Matrix B mit $B'\Sigma B = (\delta_{ij}\alpha_i)$, wobei die α_i die Eigenwerte von Σ sind. Ist X ein Zve mit $\mathfrak{W}(X) = N(a, \Sigma)$, so hat $Y := B'X - B'a$ nach Beispiel 22.6 die Verteilung $N(0, B'\Sigma B)$. Es folgt dann aus 24.1b, daß Y unabhängige Komponenten Y_i mit $\mathfrak{W}(Y_i) = N(0, \alpha_i)$, $1 \le i \le n$, besitzt. Also gilt $EY_i = 0$, $V(Y_i) = \alpha_i$, $1 \le i \le n$. Aus 25.13 ergibt sich $K(Y) = B'\Sigma B$. Wegen $X = BY + a$ folgt $EX = BEY + a$ nach 25.5 und $K(X) = BK(Y)B' = \Sigma$ nach 25.15f.

Ähnlich wie 25.15f beweist man folgende Verallgemeinerung der Gleichung von Bienaymé.

Satz 25.16. *Sind* $Z_1, Z_2, \ldots, Z_n$ *d-dimensionale, quadratisch integrierbare und unabhängige Zve, so gilt*

$$K\left(\sum_1^n Z_i\right) = \sum_1^n K(Z_i).$$

Zum Schluß dieses Paragraphen wenden wir uns dem schon in §9 erwähnten Begriff des Medians einer Verteilung zu, der in der mathematischen Statistik neben dem Begriff des Erwartungswertes von wachsender Bedeutung ist.

Definition. *Sei X eine reelle Zva mit der VF F. Dann heißt jede reelle Zahl m mit der Eigenschaft*

$$P(X \le m) \ge 1/2, \quad P(X \ge m) \ge 1/2,$$

d.h. mit der Eigenschaft $F(m-) \le 1/2 \le F(m)$, *ein Median von X bzw.* $\mathfrak{W}(X)$.

Die Menge <u>med X</u> aller Mediane von X erhält man anschaulich auf folgende Weise:

In einer (x,y)-Ebene betrachte man den Graphen G der Vf ƒ von X und ergänze ihn an jeder Sprungstelle t von F durch die vertikale Strecke $\{t\}\times<F(t-),F(t))$ zu einer Menge $G'\subset \mathbb{R}^2$. Dann ist med X die Projektion des Durchschnitts von G' mit der Geraden y = 1/2 auf die x-Achse. Man erkennt so, daß es stets mindestens einen Median gibt.

Der Erwartungswert einer quadratisch integrierbaren Zva X hatte sich in 25.12b als (einzige) Minimumstelle von $b \to E|X-b|^2$ ergeben. Eine analoge Charakterisierung gibt es auch für die Mediane, wie Teil c) des folgenden Satzes zu entnehmen ist.

<u>Satz 25.17.</u> *Sei X ein d-dimensionaler Zve mit $E|X|^\alpha<\infty$ für ein $\alpha\in\mathbb{R}^+$.*
a) *Die Abbildung*

$$g(b) := E|X-b|^\alpha, \quad b\in\mathbb{R}^d,$$

ist stetig, im Fall $\alpha = 1$ konvex und im Fall $\alpha >1$ strikt konvex. Ferner gilt $\inf\limits_{|b|\geq r} g(b) \to \infty$ $(r\to\infty).$

b) *Ist $\alpha > 1$, so hat g genau eine Minimumstelle. Im Fall $\alpha = 2$ ist EX die Minimumstelle.*

c) *Ist $\alpha = 1$, so ist die Menge M der Minimumstellen von g kompakt und konvex und im Fall $d = 1$ gilt M = med X.*

Beweis. a) Nach 25.11a ist $E|X-b|^\alpha<\infty$ für alle $b\in\mathbb{R}^d$. Nun sei $a,a_n\in\mathbb{R}^d$ und $a_n\to a$. OE können wir $|a-a_n|<1$ voraussetzen. Es gilt dann $|X-a_n|^\alpha\to|X-a|^\alpha$ und (s. den Beweis von $25.11a_2$)

$$|X-a_n|^\alpha \leq 2^\alpha(|X-a|^\alpha+1).$$

Aus dem Satz von der majorisierten Konvergenz folgt $E|X-a_n|^\alpha \to E|X-a|^\alpha$, d.h. die Stetigkeit von g in a. Da $t \to |t|^\alpha$ für $\alpha\geq 1$ konvex ist, folgt für $a,b\in\mathbb{R}^d$, $a\neq b$, und $\beta\in(0,1)$

$$\begin{aligned}
g(\beta a+(1-\beta)b) &= E|\beta(X-a)+(1-\beta)(X-b)|^\alpha \\
&\leq E(\beta|X-a|^\alpha+(1-\beta)|X-b|^\alpha) \\
&= \beta g(a)+(1-\beta)g(b).
\end{aligned}$$

Also ist g konvex. Da $t \to |t|^\alpha$ für $\alpha>1$ strikt konvex ist, darf man in diesem Fall in obiger Ungleichung $\leq$ nach 18.6 durch $<$ ersetzen; g ist dann also strikt konvex. Nun wählen wir ein $c\in\mathbb{R}^+$ mit $P(|X|\leq c)>0$. Für $b\in\mathbb{R}^d$ mit $|b|\geq r>c$ gilt dann

$$g(b) \geq \int\limits_{[|X|\leq c]} |X-b|^\alpha dP \geq \min\limits_{|x|\leq c} |x-b|^\alpha\cdot P(|X|\leq c)$$

$$=(|b|-c)^\alpha P(|X|\leq c) \geq (r-c)^\alpha P(|X|\leq c) \to \infty \quad (r\to\infty).$$

b) Wir wählen c wie in a) und r so groß, daß $(r-c)^\alpha P(|X|\leq c)>g(0)$ ist. Die Restriktion $\bar{g}$ der stetigen Funktion g auf die kompakte Kreisscheibe $K := \{x\in\mathbb{R}^d: |x|\leq r\}$ hat eine Minimumstelle x_0, die wegen

$$\overline{g}(x_o) \leq g(0) < (r-c)^{\alpha}P(|X|\leq c) \leq g(b), \quad |b| \geq r$$

auch Minimumstelle von g ist. Ist $\alpha > 1$, so hat g als strikt konvexe Funktion auch höchstens eine Minimumstelle. c) Aus dem Beweis von b) ersieht man, daß M beschränkt ist. Die Abgeschlossenheit bzw. Konvexität von M folgt leicht aus der Stetigkeit bzw. Konvexität von g. Ist nun d=1 und F die Vf von X, so ist $t \to F(t+a)$ die Vf von X-a. Aus 25.4a erhält man also

$$g(a) = \int_0^\infty \left[(1-F(t+a)+F(-t+a)\right]dt = \int_a^\infty (1-F(y))dy + \int_{-\infty}^a F(y)dy.$$

Ist nun b ein Median und $a < b$, so folgt

$$g(b)-g(a) = \int_{(a,b)} \left[2F(t) - 1\right]dt \leq 0,$$

da dann $F(t) \leq F(b-) \leq 1/2$ für $t \in (a,b)$ gilt. Ist b ein Median und $a > b$, so gilt $F(t) \geq F(b) \geq 1/2$ für $t \in (b,a)$, also $g(a)-g(b) = \int_{(b,a)} \left[2F(t)-1\right]dt \geq 0$. Also ist jeder Median b eine Minimumstelle von g. Ist andererseits b kein Median, so ist entweder $F(b) < 1/2$ oder $F(b-) > 1/2$. Da F rechtsseitig stetig ist, gibt es dann Zahlen $a > b$ bzw. $a < b$ mit $F(t) < 1/2$ für $t \in (b,a)$ bzw. $F(t) > 1/2$ für $t \in (a,b)$. Es folgt dann in beiden Fällen $g(a)-g(b) < 0$, d.h. b ist keine Minimumstelle von g. □

Aufgaben

25.1 Man beweise Satz 25.4.

25.2. Sei X eine reelle Zva mit $\mathcal{W}(X)=N(0,1)$. Aus einer Tabelle entnehme man $P(|X|>t)$ für einige Werte von t und vergleiche diese mit den Schranken aus der Tschebyscheffschen Ungleichung.

25.3. Mit Hilfe der Tschebyscheffschen Ungleichung beweise man: Ist F_α die Vf von $\pi(\alpha)$, so gilt

$$F_\alpha(t\alpha) \to \begin{cases} 0 & \text{, falls } t < 1 \\ 1 & \text{, falls } t > 1 \end{cases}, \quad (\alpha \to \infty).$$

25.4. Man zeige, daß die logarithmische Normalverteilung LN(0,1) mit der in (22.9) angegebenen Dichte f endliche Momente beliebiger Ordnung besitzt und berechne diese. Ferner zeige man, daß für $a \in <0,1>$

$$x \to f(x)\left[1 + a \cdot \sin(2\pi\log x)\right]$$

eine Dichte einer Verteilung ist, welche dieselben Momente wie LN(0,1) besitzt. (Dieses Beispiel stammt von C.C.Heyde.)

25.5. Sei X ein d-dimensionaler Zve, für den $r := \sup\{\alpha \in \mathbb{R}^+ : E|X|^\alpha < \infty\}$ positiv ist. Man zeige mit Hilfe der Schwarzschen Ungleichung, daß die Funktion $g(\alpha) := \log E|X|^\alpha, \alpha \in (0,r)$, konvex und daß $\alpha \to (E|X|^\alpha)^{\frac{1}{\alpha}}$ isoton ist. (Hinweis: g ist stetig, und aus der Schwarzschen Ungleichung folgt, daß g mittelpunktskonvex ist, d.h. daß gilt

$$g(\frac{a+b}{2}) \leq \frac{1}{2}[g(a)+g(b)] \quad , \quad a,b \in (0,r).$$

25.6. a) Man zeige mit Hilfe der (diskreten) Gleichverteilung auf $\{(m,n) \in \mathbb{Z}^2: \max(|m|,|n|) = 1\}$, daß zwei unkorrelierte Zve X und Y nicht notwendig unabhängig sind. b) Gilt letzteres, falls X und Y je höchstens zwei Werte annehmen?

25.7. Sei X ein quadratisch integrierbarer Zve. Man zeige, daß der Rang r der Kovarianzmatrix K(X) gleich der Dimension des Trägers M von $\mathfrak{W}(X)$ ist. (Dimension von M := Minimum der Dimensionen der M enthaltenden linearen Mannigfaltigkeiten.) Wie groß ist r, falls X eine Multinomialverteilung besitzt?

25.8. a) Für einen d-dimensionalen quadratisch integrierbaren Zve Z und $a,b \in \mathbb{R}^d$ berechne man $Kor(a'Z,b'Z)$. Was ergibt sich, falls die Komponenten von Z paarweise unkorreliert sind? b) Es seien X und Y reelle Zva und $\mathfrak{W}(X,Y)$ die (diskrete) Gleichverteilung von Aufg.25.6a. Man bestimme $\rho(\alpha) := Kor(\alpha X+(1-\alpha)Y,(1-\alpha)X+\alpha Y), \alpha \in \mathbb{R}$. Wie hängt der Träger der Verteilung von $(\alpha X+(1-\alpha)Y,(1-\alpha)X+\alpha Y)$ von $\rho(\alpha)$ ab? (Skizze für $\alpha=\frac{1}{2};\frac{3}{4};1;\frac{3}{2}$.)

25.9. Ist X eine reelle Zva mit der Vf F und $\alpha \in (0,1)$, so nennt man $c \in \mathbb{R}$ ein α-Quantil von X (bzw. $\mathfrak{W}(X)$), falls gilt:

$$P(X \leq c) \geq \alpha, \quad P(X \geq c) \geq 1 - \alpha.$$

Mit $Q_\alpha(X)$ bezeichnen wir die Menge der α-Quantile von X; also $Q_{\frac{1}{2}}(X) = med\,X$. Man beweise:

a) $c \in Q_\alpha(X) \iff F(c-) \leq \alpha \leq F(c)$.

b) Ist X integrierbar, so ist die Funktion

$$g(b) := \alpha E(X-b)^+ + (1-\alpha)E(X-b)^-, \quad b \in \mathbb{R},$$

stetig und konvex, und es gilt $\inf_{|b| \geq r} g(b) \to \infty \quad (r \to \infty)$.

c) Die Menge der Minimumstellen von g ist nicht-leer, kompakt und konvex und gleich $Q_\alpha(X)$. (Hinweis zu c): Es gilt $E(X-b)^- = \int_{-\infty}^{b} F(t)dt$.)

25.10. Auf einer Erdbeerfarm werden pro Tag s kg Beeren geerntet. Die am gleichen Tag verkäufliche Ware ergibt einen Nettogewinn von $\beta>0$ DM pro kg; der Rest kann nur noch mit einem Nettoverlust von $\gamma>0$ DM bei einem Marmeladehersteller abgesetzt werden. Der tägliche Bearf sei eine integrierbare nicht-negative Zva X. Für welchen Wert von s ist der erwartete Nettogesamtgewinn maximal? (Hinweis: Man kann Aufg.25.9 verwenden.) Bleibt das Resultat auch für nicht-integrierbares X richtig?

Was ergibt sich, wenn X eine Gleichverteilung auf (a,b), 0<a<b, hat?

25.11. Man zeige, daß Lemma 25.11b richtig bleibt, wenn man dort $\mathscr{L}'$ durch $\mathscr{L}$ ersetzt.

25.12. In Beispiel 23.1 berechne man die Verteilungen und die Erwartungswerte L_1, L_2 und L_3 der Längen der drei Bruchstücke. Kann man aus drei Strecken mit den Längen L_1, L_2 und L_3 ein Dreieck konstruieren?

25.13. Es sei H die Menge aller stetigen Funktionen $h:\mathbb{R} \to \mathbb{R}$, welche außerhalb eines Intervalls (das von h abhängen darf) verschwinden. Man beweise, daß zwei reelle Zva X und Y genau dann stochastisch unabhängig sind, falls gilt:

$$E(f \circ X \cdot g \circ Y) = Ef \circ X \cdot Eg \circ Y \quad \text{für alle } f,g \in H.$$

25.14. Seien X und Y reelle Zva mit der Vf F bzw. G. Man nennt Y <u>stochastisch größer</u> als X, falls $G \le F$ gilt. Man zeige, daß in diesem Falle $Eg \circ X \le Eg \circ Y$ für jede isotone Funktion $g:\mathbb{R} \to \mathbb{R}$ gilt, für welche die beiden Erwartungswerte existieren.

Ergänzung

Da beim Beweis der Schwarzschen Ungleichung (25.8) nirgends benutzt wurde, daß P ein W-Maß ist, gilt sie auch, falls P durch ein beliebiges Maß μ auf $\mathscr{O}\!\mathit{l}$ ersetzt wird. Außerdem kann sie (im Fall d = 1) in folgender Weise verallgemeinert werden: Für jede meßbare Funktion $f:\Omega \to \mathbb{R}$ werde $N_\alpha(f) := (\int |f|^\alpha d\mu)^{\frac{1}{\alpha}}$ gesetzt. Dann gilt für je zwei meßbare Funktionen $f:\Omega \to \mathbb{R}$ und $g:\Omega \to \mathbb{R}$ und für $\alpha,\beta \in (1,\infty)$ mit $\alpha^{-1}+\beta^{-1}=1$ die sog. <u>Höldersche Ungleichung</u>

(25.15) $\qquad\qquad N_1(fg) \le N_\alpha(f)N_\beta(g).$

Im Sonderfall $\alpha = \beta = 2$ geht (25.16) gerade in die Schwarzsche Ungleichung über. Aus der Hölderschen Ungleichung erhält man die sog. <u>Minkowskische Ungleichung</u>

(25.16) $\qquad\qquad N_\alpha(f+g) \le N_\alpha(f) + N_\alpha(g), \quad \alpha \in \langle 1,\infty).$

Hieraus folgt leicht, daß die Menge $\mathscr{L}^\alpha(\mu)$ aller reellen meßbaren Funktionen f auf Ω mit $\int |f|^\alpha d\mu < \infty$ ein Vektorraum über $\mathbb{R}$ ist, für den $(f,g) \to N_\alpha(f-g)$ eine Pseudo-Metrik ist. In $\mathscr{L}^\alpha(\mu)$ wird durch "$f \sim g \Longleftrightarrow f = g \ \mu\text{-f.s.}$" eine Äquivalenzrelation definiert. Die Menge $L^\alpha(\mu)$ dieser Äquivalenzklassen $\tilde{f}$ kann in natürlicher Weise zu einem normierten Raum mit der Norm $\|\tilde{f}\|_\alpha := N_\alpha(f)$ gemacht werden. Hierdurch wird $L^\alpha(\mu)$ ein Banachraum und $L^2(\mu)$ sogar ein Hilbertraum. Die Beweise obiger Behauptungen findet man in den meisten Lehrbüchern über Maßtheorie; s.etwa HENZE (71).

§ 26. Bedingte Erwartungswerte

In §23 hatten wir den Begriff der bedingten Verteilung einer Zva Y bzgl. einer (Ω', α')-Zva X kennengelernt und dabei gesehen, daß bei praktischen Fragestellungen oft die Festlegung der gemeinsamen Verteilung von X und Y durch die Vorgabe von $\mathcal{W}(X)$ und einer bedingten Verteilung Q von Y bzgl. X erfolgt. Ist speziell Y erweitert-reell und P-quasi-integrierbar, so kann man EY nach 19.11 und 20.6 (Satz von Fubini für ÜW-Maße) vermöge

$$(26.1) \qquad EY = \int P_X(dx) \int Q(x,dy)y$$

berechnen. Hierbei ist das innere Integral $x \to f(x) := \int Q(x,dy)y$ $\mathcal{W}(X)$-f.s. definiert und $\mathcal{W}(X)$-quasi-integrierbar. Es liegt nahe, f als (den durch Q bestimmten) bedingten Erwartungswert von Y bzgl. X zu bezeichnen. Zieht man die in §9 angegebene häufigkeitstheoretische Interpretation von Erwartungswerten heran, so kann man f(x) deuten als den mittleren Wert von Y bei einer wiederholten Durchführung des zufälligen Experimentes, falls man sich hierbei auf diejenigen Wiederholungen beschränkt, bei denen X den Wert x annimmt.

Um die Formulierung von Sätzen über bedingte Erwartungswerte zu vereinfachen, lassen wir in (26.1) nur solche $Q \in \mathcal{W}(Y|X)$ zu, für welche f auf ganz Ω' definiert ist. Dies führt dann zu folgender

Definition. *Sei X eine* (Ω', α')*-Zva und* Y *eine erweitert-reelle quasi integrierbare Zva auf* (Ω, α, P). *Dann heißt eine Abbildung* $f: \Omega' \to \overline{\mathbb{R}}$ *ein* bedingter Erwartungswert von Y bzgl. X, *falls eine bedingte Verteilung* Q *von* Y *bzgl.* X *existiert mit*

$$(26.2) \qquad f(x) = \int Q(x,dy)y, \quad x \in \Omega'.$$

Die Menge aller bedingten Erwartungswerte von Y *bzgl.* X *bezeichnet man mit* $E[Y|X]$.

Bemerkungen. 1. Die Elemente von $E[Y|X]$ heißen auch <u>Versionen</u> des bedingten Erwartungswertes von Y bzgl. X. Häufig verwendet man die Bezeichnung $E[Y|X]$ auch für eine nicht näher spezifizierte Version. Dieses Vorgehen erlaubt oft eine einprägsame Formulierung von Aussagen über bedingte Erwartungswerte; s. etwa 26.2. Um es korrekt zu machen, treffen wir folgende <u>Vereinbarung</u>: Eine mit den Symbolen $E[Y|X]$ und/oder $P_{Y|X}$ (bzw. $\mathcal{W}(Y|X)$) formulierte Aussage ist genau dann als richtig anzusehen, falls für jede Wahl von Versionen die entsprechende Aussage richtig ist. 2. Verwendet man $E[Y|X]$ als Bezeichnung für eine nicht näher spezifizierte Version, so schreibt man meistens $E[Y|X=x]$ anstelle von $E[Y|X](x)$. 3. Es ist $E[Y|X]$ nicht leer (falls nur Y quasi-integrierbar ist): Da Y erweitert reell ist, existiert ein $Q\in\mathcal{W}(Y|X)$; s. §23. Wie oben erwähnt wurde, gibt es dann eine $\mathcal{W}(X)$-Nullmenge N, so daß $\int Q(x,dy)y$ für $x\in N^c$ definiert ist. Wenn dann μ ein beliebiges W-Maß auf $\mathcal{B}$ mit endlichem Mittelwert ist, gehört

$$(x,B) \to Q'(x,B) := Q(x,B)1_{N^c}(x)+\mu(B)1_N(x)$$

zu $\mathcal{W}(Y|X)$, und es existiert $\int Q'(x,dy)y$ für alle $x\in\Omega'$. 4. Ist $B\in\mathcal{U}$, so heißt jede Version von $P(B|X) := E[1_B|X]$ eine <u>bedingte Wahrscheinlichkeit von B bzgl.X.</u> Die Namensgebung erklärt sich durch folgende Tatsache: Ist $\{x\}\in\mathcal{U}'$ und $P(X=x)>0$, so stimmt jede Version f von $P(B|X)$ an der Stelle x mit der elementaren bedingten Wahrscheinlichkeit $P(B|X=x)$ überein. 5. Nach 20.6 ist jede Version $f\in E[Y|X]$ $\mathcal{W}(X)$-quasi-integrierbar. 6. Aus Bemerkung 2 ersieht man, daß $E[Y|X]$ i.a. mehrere Elemente besitzt, die jedoch nach 26.1b $\mathcal{W}(X)$-f.s. übereinstimmen. Der erste Teil des folgenden Satzes gibt eine nützliche Charakterisierung von bedingten Erwartungswerten.

<u>Satz 26.1.</u> *Sei X eine $(\Omega',\mathcal{U}')$-Zva und Y eine erweitert-reelle quasi-integrierbare Zva auf $(\Omega,\mathcal{U},P)$. Dann gilt:*

a) *Eine Abbildung $f:\Omega'\to\overline{\mathbb{R}}$ gehört genau dann zu $E[Y|X]$, falls f $\mathcal{W}(X)$-quasi-integrierbar ist und folgende Eigenschaft besitzt:*

$$(26.3) \qquad \int_{X^{-1}(A')} Y\,dP = \int_{A'} f\,dP_X, \quad A'\in\mathcal{U}'.$$

b) *Ist $g\in E[Y|X]$ und ist $f:\Omega'\to\overline{\mathbb{R}}$ meßbar, so gilt:*

$$f\in E[Y|X] \iff f = g \quad \mathcal{W}(X)\text{-f.s.}$$

Beweis. α) Ist $f\in E[Y|X]$, so folgt (26.3) aus 19.11a und 20.6. β) Sei $g\in E[Y|X]$, sei $f:\Omega'\to\overline{\mathbb{R}}$ meßbar und $f = g$ f.s.. Um $f\in E[Y|X]$ zu beweisen, konstruieren wir ein $Q\in\mathcal{W}(Y|X)$ mit $f = \int Q(\cdot,dy)y$. Wegen $g\in E[Y|X]$ existiert ein $Q'\in\mathcal{W}(Y|X)$ mit $g = \int Q'(\cdot,dy)y$. Nun sei

$$Q_1(x,\cdot) := \begin{cases} \delta_{f(x)}, & \text{falls } f(x) \text{ endlich,} \\ \delta_o, & \text{sonst.} \end{cases}$$

Ferner sei $Q_\pm$ ein W-Maß auf $\mathcal{B}$ mit $\int Q_\pm(dy)y = \pm\infty$. Da $N := [f\neq g]$ eine $\mathcal{W}(X)$-Nullmenge ist, sieht man leicht, daß

$$(x,B)\to Q'(x,B)1_{N^c}(x)+Q_1(x,B)1_{N\cap[|f|<\infty]}(x)+Q_+(B)1_{N\cap[f=\infty]}(x)+Q_-(B)1_{N\cap[f=-\infty]}(x)$$

eine Version Q von $\mathcal{W}(Y|X)$ ist. Für diese gilt dann $f = \int Q(\cdot,dy)y$. γ) Sei $g\in E[Y|X]$, sei f quasi-integrierbar, und es gelte (26.3). Aus α) folgt dann $\int_A f\,dP_X = \int_A g\,dP_X$, $A\in\mathcal{U}'$. Wegen 21.2 ist dann $f = g$ f.s., und aus β) folgt schließlich $f\in E[Y|X]$. δ) Gehören f und g zu $E[Y|X]$, so ergibt sich $f = g$ f.s. aus α) und γ). Damit ist alles bewiesen.$\square$

<u>Bemerkungen.</u> 1. Zur Berechnung von $E[Y|X]$ in praktischen Problemen genügt es meistens, eine beliebige bedingte Verteilung $Q\in\mathcal{W}(Y|X)$ aus-

zuwählen und die f.s. definierte Funktion $x \to \int Q(x,dy)y$ zu bestimmen, da diese f.s. mit jeder Version von $E[Y|X]$ übereinstimmt. 2. Sei $f:\Omega' \to \overline{\mathbb{R}}$ meßbar und $\mathcal{O}_f := X^{-1}(\mathcal{O}l')$. Es ist dann $f \circ X$ eine erweitert-reelle und $\mathcal{O}_f - \overline{\mathcal{L}}$-meßbare Zva. Nach 26.1a und 19.11a gehört f genau dann zu $E[Y|X]$, falls gilt:

$$(26.4) \qquad \int_G Y \, dP = \int_G f \circ X \, dP, \quad G \in \mathcal{O}_f \, .$$

Diese Tatsache wird oft in der Literatur zur Definition von $E[Y|X]$ herangezogen; s. etwa WITTING (66),S.122. Wir ziehen die Definition über die bedingten Verteilungen vor, da uns diese anschaulicher erscheint. 3. Sei $\mathcal{O}_f := X^{-1}(\mathcal{O}l')$. Ist $Z:\Omega \to \overline{\mathbb{R}}$ $\mathcal{O}_f$-meßbar, so existiert eine meßbare Abbildung $f:\Omega' \to \overline{\mathbb{R}}$ mit $Z = f \circ X$; s.Aufg.17.6. Da nach Bemerkung 2 die Funktion f genau dann zu $E[Y|X]$ gehört, falls

$$(26.5) \qquad \int_G Y \, dP = \int_G Z \, dP, \quad G \in \mathcal{O}_f \, ,$$

gilt, nennt man jede $\mathcal{O}_f$-meßbare Abbildung $Z:\Omega \to \overline{\mathbb{R}}$ mit der Eigenschaft (26.5) eine Version des <u>bedingten Erwartungswertes von Y bzgl. $X^{-1}(\mathcal{O}l')$</u>. Bezeichnet man die Menge aller dieser Versionen mit $E^X Y$, so kann der Zusammenhang zwischen $E[Y|X]$ und $E^X Y$ kurz und einprägsam durch $E^X Y = E[Y|X] \circ X$ formuliert werden. 4. Wie man an (26.5) sieht, hängt $E^X Y$ von X nur über die σ-Algebra $\mathcal{O}_f = X^{-1}(\mathcal{O}l')$ ab. Dies ist die Motivation dafür, daß man für eine *beliebige* Unter-σ-Algebra $\mathcal{O}_f$ von $\mathcal{O}l$ jede $\mathcal{O}_f$-meßbare Abbildung $Z:\Omega \to \overline{\mathbb{R}}$ mit der Eigenschaft (26.5) eine Version des <u>bedingten Erwartungswertes von Y bzgl. $\mathcal{O}_f$</u> nennt. Dieser Begriff wird in der Literatur ausgiebig verwendet.

Unmittelbar aus (26.4) erhält man die sehr wichtige Beziehung

$$(26.6) \qquad EY = E(E[Y|X] \circ X),$$

die oft dann zur Berechnung von EY herangezogen wird, wenn man eine bedingte Verteilung von Y bzgl. X kennt.

Für das Rechnen mit bedingten Erwartungswerten ist bedeutsam, daß diese viele Eigenschaften besitzen, die große formale Ähnlichkeit mit Eigenschaften der (gewöhnlichen) Erwartungswerte besitzen. (Dies ist insofern nicht verwunderlich, da ja nach unserer Definition bedingte Erwartungswerte nichts anderes als gewisse von einem Parameter abhängige Integrale sind.) Einige dieser Eigenschaften bringt

Satz 26.2. *Seien* $Y,Y_1,Y_2,\ldots,Y_n$ *erweitert-reelle quasi-integrierbare Zva und X eine beliebige Zva auf* $(\Omega,\mathcal{O}l,P)$. *Dann gilt:*

a) $Y_1 \le Y_2 \implies E[Y_1|X] \le E[Y_2|X] \quad \mathcal{W}(X)$-*f.s.* ;

b) $\alpha \in \mathbb{R} \implies E[\alpha Y|X] = \alpha \cdot E[Y|X] \quad \mathcal{W}(X)$-*f.s.* ;

c) Y_i *reell und integrierbar,* $1 \le i \le n \implies$

$$E\left[\sum_1^n Y_i \mid X\right] = \sum_1^n E[Y_i \mid X] \quad \mathcal{W}(X)\text{-}f.s.$$

Beweis. a) Ist $f_i \in E[Y_i \mid X]$, $i=1,2$, so gilt $\int_A f_1 \, dP_X \leq \int_A f_2 \, dP_X$, $A \in \mathcal{O}\iota'$ wegen 26.1. Aus 21.1 ergibt sich dann $f_1 \leq f_2$ f.s. b) und c) folgen leicht aus 26.1. $\square$

Wir wollen uns nicht mit der Formulierung weiterer solcher Sätze (z.B. einem Analogon zum Satz von der monotonen Konvergenz) aufhalten, da man sie bei Bedarf in der Regel leicht beweisen kann. (Hierbei kann man oft entweder 26.1 benützen oder aber den Beweis mittels 26.3a auf den entsprechenden Integralsatz zurückführen.) Es ist jedoch zu bemerken, daß man nicht selten den Begriff des bedingten Erwartungswerts mit Vorteil ganz umgehen kann, indem man den Fubinischen Satz für ÜW-Maße heranzieht; s. Beispiel 26.1. (In diesem Zusammenhang ist eine entsprechende Bemerkung im Vorwort von FREEDMAN (71) von Interesse.)

Für das Arbeiten mit bedingten Erwartungswerten ist nützlich

Satz 26.3. *Sei* X *eine* $(\Omega_1, \mathcal{O}\iota_1)$-*Zva und* Y *eine* $(\Omega_2, \mathcal{O}\iota_2)$-*Zva auf* $(\Omega, \mathcal{O}\iota, P)$. *Sei* $h: \Omega_1 \times \Omega_2 \to \overline{\mathbb{R}}$ *meßbar und* $h \circ (X,Y)$ *quasi-integrierbar. Dann gilt:*
a) *Existiert eine bedingte Verteilung von* Y *bzgl.* X, *so ist*

$$E[h \circ (X,Y) \mid X] = \int P_{Y \mid X}(\cdot, dy) h(\cdot, y) \quad \mathcal{W}(X)\text{-}f.s.$$

b) *Ist* μ *ein* σ-*endliches Maß auf* $\mathcal{O}\iota_2$ *und gibt es eine bedingte* μ-*Dichte* f *von* Y *bzgl.* X, *so ist*

$$E[h \circ (X,Y) \mid X] = \int h(\cdot, y) f(\cdot, y) \mu(dy) \quad \mathcal{W}(X)\text{-}f.s.$$

c) *Sind* X *und* Y *voneinander unabhängig, so ist*

$$E[h \circ (X,Y) \mid X=x] = E \, h \circ (x,Y) \quad \text{für } \mathcal{W}(X)\text{-}f.a. \ x \in \Omega_1.$$

Beweis. a) Ist $Q \in \mathcal{W}(Y \mid X)$, so ist

$$Q'(x,B) := Q(x, (h_x)^{-1}(B)), \qquad (x,B) \in \Omega_1 \times \overline{\mathcal{X}},$$

nach Aufg. 23.5 eine Version von $\mathcal{W}(h \circ (X,Y) \mid X)$. Aus 19.11 und 20.6 folgt, daß $\int Q(x,dy) h(x,y)$ außerhalb einer $\mathcal{W}(X)$-Nullmenge existiert und dort mit $\int Q'(x,dt) t$ übereinstimmt. Aus 26.1b folgt dann die Behauptung.
b) ergibt sich einfach aus a) und 21.3, da $(x,B) \to \int_B f(x,y) \mu(dy)$ eine Version von $\mathcal{W}(Y \mid X)$ ist. c) Sind X und Y voneinander unabhängig, so ist $(x,B) \to P_Y(B)$ eine Version von $\mathcal{W}(Y \mid X)$. Wegen 19.11 gilt $E \, h \circ (x,Y) = \int h(x,y) P_Y(dy)$, $x \in \Omega_1$. Aus a) folgt dann die Behauptung. $\square$

Aus 26.3c und (26.6) erhält man das nützliche

Korollar 26.4. *Unter den Voraussetzungen von Satz 26.3 gilt, falls* X *und* Y *voneinander unabhängig sind,*

$$E \, h \circ (X,Y) = \int P_X(dx) E h(x,Y).$$

Satz 26.5. *Sei X eine $(\Omega',\mathfrak{A}')$-Zva und Y eine erweitert-reelle Zva auf $(\Omega,\mathfrak{A},P)$. Ist $g:\Omega'\to\overline{\mathbb{R}}$ meßbar und sind Y und $Y\cdot g\circ X$ quasi-integrierbar, so gilt*

$$E[Y\cdot g\circ X\,|\,X] = g\cdot E[Y\,|\,X]\quad \mathcal{W}(X)\text{-f.s.}$$

Beweis. Ist $Q\in\mathcal{W}(Y\,|\,X)$, so folgt aus 26.3a mit $h(x,y) := yg(x)$ für f.a. $x\in\Omega'$

$$E[Y\cdot g\circ X\,|\,X=x] = \int Q(x,dy)yg(x) = g(x)\int Q(x,dy)y = g(x)\cdot E[Y\,|\,X=x].$$

Hierbei wurde benützt, daß man die reelle Zahl $g(x)$ nach 18.3a vor das Integral ziehen darf.▯

Wir bemerken noch, daß sich die Definition und die Eigenschaften von $E[Y\,|\,X]$ leicht auf den Fall übertragen lassen, daß Y ein d-dimensionaler Zve ist. Man braucht hierzu nur Y in seine Komponenten zu zerlegen.

Beispiel 26.1. Sei (X_n) eine Folge identisch verteilter und integrierbarer (nicht notwendig unabhängiger) Zve. Ferner sei N eine von der Produktabbildung $X := \bigtimes_1^\infty X_n$ unabhängige und integrierbare $\mathbb{N}_0$-Zva. Dann ist die 'Zufallssumme' $S_N := \sum_1^N X_n$, d.h. die Abbildung

$$\omega \to \sum_1^{N(\omega)} X_n(\omega),$$

ein integrierbarer Zve, und es gilt (die anschaulich einleuchtende) Beziehung

(26.7)
$$ES_N = EN\cdot EX_1.$$

Um dies zu beweisen, betrachten wir die Abbildung

$$h(n,x) := \sum_1^n x_i,\qquad (n,x)\in\mathbb{N}_0\times(\mathbb{R}^d)^{\mathbb{N}}.$$

Da h meßbar ist (Nachweis!), ist auch $S_N = h\circ(N,X)$ meßbar. N ist von X, also nach 24.2b auch von $\sum_1^n X_i = h(n,X)$ unabhängig. Mit $p_n := P(N=n)$ folgt dann aus 26.4

$$E|S_N| = E|h\circ(N,X)| = \sum_n p_n E|h(n,X)| = \sum_n p_n E|\sum_1^n X_i| \leq E|X_1|\sum_n np_n < \infty.$$

Somit ist S_N integrierbar, und daher können in der vorangehenden Überlegung die Betragsstriche weggelassen und "$\leq$" durch "$=$" ersetzt werden. Dadurch erhält man gerade (26.7).

Ein anderer Beweis, der ohne den Begriff des bedingten Erwartungswertes auskommt, ist der folgende: Für $A\subset\mathbb{N}_0$ und $B\in\mathcal{B}_d$ gilt

$$P(N\in A, S_N\in B) = \sum_{n\in A} P(N=n, S_n\in B) = \sum_{n\in A} P(N=n)P(S_n\in B).$$

Daher ist $(n,B)\to P(S_n\in B)$ eine Version von $\mathcal{W}(S_N\,|\,N)$. Aus 25.2a und 20.6 folgt dann

$$E|S_N| = \sum_n P(N=n)\int P_{S_n}(dy)|y|\leq\sum_n P(N=n)n\cdot E|X_1| = E|X_1|\cdot EN < \infty.$$

Da somit S_N integrierbar ist, können auch in dieser Beziehung die Betragsstriche weglassen und "$\leq$" durch "$=$" ersetzt werden. - Eine dritte Beweismöglichkeit wird in Aufg. 26.4 angegeben.

Praktische Beispiele für das Auftreten von Zufallssummen sind die folgenden: a) N sei die Anzahl der pro Tag von einem Fernschreiber aufgenommenen Nachrichten und X_n die Anzahl der Zeichen in der n-ten Nachricht. Dann ist S_N die Zeichenlänge der pro Tag eingehenden Nachrichten. b) N sei die Anzahl der Feuerschäden pro Monat im Bestand einer Versicherungsgesellschaft. Ist X_n die Höhe des n-ten Schadens, so ist S_N die Gesamtschadenshöhe pro Monat.

Aufgaben

26.1. Sei X eine beliebige und Y eine reelle und quadratisch integrierbare Zva. Dann ist

$$V[Y|X] := E[(Y-E[Y|X]\circ X)^2|X]$$

definiert und heißt die __bedingte Varianz von Y bzgl. X__. Man beweise:

a) $V[Y|X] = E[Y^2|X]-(E[Y|X])^2 \quad \mathcal{W}(X)$-f.s.

b) $V(Y) = E(V[Y|X]\circ X)+V(E[Y|X]\circ X)$.

26.2. Sei (X,Y) ein zweidimensionaler normalverteilter Zve mit $E(X,Y)=0$, $V(X) =: \sigma_1$, $V(Y) =: \sigma_2$ und $\mathrm{Kor}(X,Y) =: \rho$. Man berechne $E[Y|X]$ und $V[Y|X]$.

26.3. Sei (X_n) eine unabhängige Folge quadratisch integrierbarer Zve, bei denen EX_n und $K(X_n)$ nicht von n abhängen. Ferner sei N eine von $\overset{\infty}{\underset{1}{\chi}}X_n$ unabhängige und quadratisch integrierbare $\mathbb{N}_o$-Zva. Man zeige, daß $S_N := \overset{N}{\underset{1}{\sum}}X_n$ quadratisch integrierbar ist und daß $ES_N = EN\cdot EX_1$ und

$$K(S_N) = EN\cdot K(X_1)+V(N)EX_1\cdot(EX_1)'$$

gilt. Ist S_N auch dann noch (quadratisch) integrierbar, falls $K(X_n)$ von n abhängt?

26.4. Man beweise (26.7), indem man beachtet, daß $S_N = \overset{\infty}{\underset{1}{\sum}}X_nY_n$ mit $Y_n := 1_{[N\geq n]}$ gilt.

26.5. Man beweise den in Bemerkung 4 vor Satz 26.1 angegebenen Zusammenhang zwischen P(B|X) und P(B|X=x).

26.6. Man beweise die Teile b) und c) von Satz 26.2.

§ 27. Laplace-Transformierte und charakteristische Funktionen

In §10 sahen wir, daß die erzeugenden Funktionen nützliche Hilfsmittel zur Untersuchung von solchen Verteilungen darstellen, welche auf $\overline{\mathbb{N}}_0$ konzentriert sind. Wir wollen nun in den Laplace-Transformierten und den charakteristischen Funktionen analoge Hilfsmittel zum Studium von Verteilungen, welche auf $\mathbb{R}_+$ konzentriert sind, bzw. von beliebigen Verteilungen auf $\mathscr{B}_d$, kennenlernen.

A) Laplace-Transformierte

Sei M die Menge aller Maße μ auf $\mathscr{B}$, die auf $\mathbb{R}_+$ konzentriert sind und für die ein $t_0 = t_0(\mu) \in \mathbb{R}_+$ existiert mit $\int e^{-t_0 x}\mu(dx) < \infty$. Für $\mu \in M$ sei

$$K_\mu := \inf\{t \in \mathbb{R}_+ : \int e^{-tx}\mu(dx) < \infty\}.$$

Es gilt dann $\int e^{-tx}\mu(dx) < \infty$ für $t > K_\mu$. Offensichtlich gehört jedes endliche, auf $\mathbb{R}_+$ konzentrierte Maß μ zu M, und es gilt $K_\mu = 0$.

__Definition.__ a) *Für ein Maß* $\mu \in M$ *heißt die reelle Funktion*

$$\psi(t) := \int e^{-tx}\mu(dx), \quad t \in (K_\mu, \infty),$$

die Laplace-Transformierte (kurz: LT) von μ.
b) *Besitzt* $\mu \in M$ *eine Dichte f, so heißt die LT von* μ *auch die LT von f.*
c) *Ist X eine erweitert reelle Zva auf* $(\Omega, \mathscr{A}, P)$, *deren Verteilung auf* $\overline{\mathbb{R}}_+$ *konzentriert ist, so heißt die LT der Restriktion von* $\mathscr{W}(X)$ *auf* $\mathscr{B}$, *d.h. die Funktion*[1]

$$t \to \int\limits_{<0,\infty)} e^{-tx}P_X(dx) = \int\limits_{[X<\infty]} e^{-tX}dP = Ee^{-tX}, \quad t \in \mathbb{R}^+,$$

die LT von X bzw. $\mathscr{W}(X)$.

__Bemerkungen.__ 1. Jedes $\mu \in M$ ist ein Borel-Maß, für das sogar $\mu((-\infty, a>) < \infty$, $a \in \mathbb{R}$ gilt, also $a \to \mu((-\infty, a>)$ eine maßdefinierende Funktion ist: Es ist $\mu((-\infty, 0)) = 0$, und für $a \geq 0$ und $c > K_\mu$ gilt

$$\infty > \int e^{-cx}\mu(dx) \geq \int\limits_{<0,a>} e^{-cx}\mu(dx) \geq e^{-ca}\mu(<0,a>).$$

2. Ist μ ein auf $\overline{\mathbb{N}}_0$ konzentriertes W-Maß mit der erzeugenden Funktion g und der Lt ψ, und ist $X := \mathrm{id}_{\overline{\mathbb{R}}}$, so gilt

$$\psi(t) = Ee^{-tX} = g(e^{-t}), \quad t \in (0, \infty).$$

In diesem Fall arbeitet man in der Regel besser mit g als mit ψ.
3. Jede LT ist antiton.
4. $\mu \equiv 0 \Rightarrow \psi \equiv 0$; $\mu \not\equiv 0 \Rightarrow \psi > 0$.

---
[1] Hierbei wird $e^{-\infty} = 0$ gesetzt.

Die Bedeutung der LT liegt (ähnlich wie die der erzeugenden Funktionen und der charakteristischen Funktionen) darin, daß manchmal Eigenschaften eines (auf $\overline{\mathbb{R}}_+$ konzentrierten) Maßes, die sich nur schwer direkt nachweisen lassen, relativ einfach aus der zugehörigen LT erschlossen werden können. Bei diesem Verfahren ist oft (s. etwa Beispiel 27.1) die weiter unten in 27.9 gezeigte Tatsache wesentlich, daß jedes Maß $\mu \in M$ durch seine LT bestimmt ist.

Wir stellen nun in Analogie zu 10.3 einige Eigenschaften von LT zusammen.

<u>Satz 27.1</u>. *Für die* LT ψ *einer* $\mathbb{R}_+$*-Zva X gilt*:

a) $P(X=0) = 1 \iff \psi = 1$.

$P(X=0) < 1 \implies \psi$ *strikt antiton und*

$P(X=0) = \lim\limits_{s \to \infty} \psi(s) < \psi(t) < \psi(0+) = 1$, $t \in \mathbb{R}^+$.

b) *Für* $\alpha \in \mathbb{R}^+, \beta \in \mathbb{R}_+$ *hat* $\alpha X + \beta$ *die* LT $t \to e^{-\beta t}\psi(\alpha t)$.

c) ψ *ist beliebig oft differenzierbar, und es gilt*

(27.1) $\qquad \psi^{(n)}(t) = (-1)^n \int x^n e^{-tx} P_X(dx)$, $n \in \mathbb{N}_0, t \in \mathbb{R}^+$.

d) $EX^n = (-1)^n \psi^{(n)}(0+)$, $n \in \mathbb{N}_0$.

$EX < \infty \implies V(X) = \psi''(0+) - (\psi'(0+))^2$.

e) *Ist Y eine von X unabhängige* $\mathbb{R}_+$*-Zva mit der* LT χ, *so ist* $\psi \cdot \chi$ *die* LT *von X+Y. (Die* LT *der Faltung zweier auf* $\mathbb{R}_+$ *konzentrierter W-Maße ist also das Produkt der* LT *der beiden W-Maße.)*

Beweis. a) Es gilt $e^{-sx} \to \delta_{x_0}(s \to \infty)$ und $e^{-sx} \leq 1$ für $s \in \mathbb{R}^+$, $x \in \mathbb{R}_+$. Aus dem Satz von der majorisierten Konvergenz folgt dann $\psi(s) \to \int \delta_{x_0} P_X(dx) =$ $= P(X=0)$ $(s \to \infty)$. Analog erhält man $\psi(0+) = 1$. Aus der Antitonie von ψ ergibt sich

(27.2) $\qquad P(X=0) = \lim\limits_{s \to \infty} \psi(s) \leq \psi(t) \leq \psi(0+) = 1$, $t \in \mathbb{R}^+$.

Hieraus folgt sofort der erste Teil von a). Ist $P(X=0) < 1$, so gibt es ein Intervall $I \subset \mathbb{R}^+$ mit $P_X(I) > 0$. Wegen $e^{-t_1 x} - e^{-t_2 x} > 0$ für $x \in \mathbb{R}_+$ und $0 < t_1 < t_2$ gilt $\psi(t_1) - \psi(t_2) \geq \int\limits_I (e^{-t_1 x} - e^{-t_2 x}) P_X(dx) > 0$. Dies beweist den zweiten Teil von a). Teil b) ergibt sich aus $Ee^{-t(\alpha X + \beta)} = e^{-t\beta} Ee^{-(\alpha t)X}$.

c) ist eine einfache Folgerung aus dem späteren Lemma 27.6, kann aber auch direkt aus 19.10 durch Induktion nach n hergeleitet werden.

d) folgt aus c) mit dem Satz von der monotonen Konvergenz. e) Nach 25.6 gilt $Ee^{-t(X+Y)} = Ee^{-tX} Ee^{-tY}$. $\square$

<u>Beispiel 27.1</u>. Für die LT ψ der $\Gamma_{\alpha, \nu}$-Verteilung erhält man

$$\psi(t) = \frac{\alpha^\nu}{\Gamma(\nu)} \int\limits_0^\infty x^{\nu-1} e^{-(\alpha+t)x} dx = \frac{\alpha^\nu}{(\alpha+t)^\nu} \frac{1}{\Gamma(\nu)} \int\limits_0^\infty y^{\nu-1} e^{-y} dy \ ,$$

also $\psi(t) = (\frac{\alpha}{\alpha+t})^\nu$, $t \in \mathbb{R}^+$. Aus 27.1e und dem Eindeutigkeitssatz 27.9 folgt dann $\Gamma_{\alpha,\nu} * \Gamma_{\alpha,\mu} = \Gamma_{\alpha,\mu+\nu}$. Ist X eine reelle Zva mit $\mathcal{W}(X) = \Gamma_{\alpha,\nu}$, so gilt wegen $\psi^{(n)}(t) = \alpha^\nu (-\nu)_n (\alpha+t)^{-\nu-n}$ nach 27.1c die Gleichung $EX^n = (n+\nu-1)_n \alpha^{-n}$, speziell $EX = \nu/\alpha$, $V(X) = \nu/\alpha^2$. (Vgl.Beispiel 25.1).

B) Integrale komplexer Funktionen

Ist das W-Maß μ auf $\mathcal{B}$ nicht auf $\mathbb{R}_+$ (und auch nicht auf $(-\infty,0>)$ konzentriert, so ist $\int e^{-tx}\mu(dx)$ i.a. (s.Aufg.27.11) nur für $t = 0$ endlich. Somit gibt es keine direkte Übertragung des Begriffs der Laplace-Transformierten. Man könnte daran denken, anstelle von $t \to \int e^{-tx}\mu(dx)$ das Paar (ψ_1,ψ_2) der reellen Funktionen

$$\psi_1(t) := \int_{<0,\infty)} e^{-tx}\mu(dx), \quad t \in \mathbb{R}^+,$$

$$\psi_2(t) := \int_{(-\infty,0>} e^{tx}\mu(dx), \quad t \in \mathbb{R}^+,$$

zu verwenden, denn ψ_1 bzw. ψ_2 bestimmen nach 27.9 die Restriktion von μ auf $\mathbb{R}_+$ bzw. $(-\infty,0>$. Es zeigt sich jedoch, daß man eine einfachere Theorie erhält (die sich zudem leicht auf W-Maße auf $\mathcal{B}_d$ ausdehnen läßt) wenn man anstelle von (ψ_1,ψ_2) das Paar $\varphi := (\varphi_1,\varphi_2)$ der reellen Funktionen

$$\varphi_1(t) := \int \cos tx\, \mu(dx), \quad t \in \mathbb{R},$$
$$\varphi_2(t) := \int \sin tx\, \mu(dx), \quad t \in \mathbb{R},$$

verwendet, welche wegen $|\cos tx| \leq 1$, $|\sin tx| \leq 1$ stets als reelle Funktionen auf $\mathbb{R}$ definiert sind. Man nennt φ die zu μ gehörige charakteristische Funktion.

Viele Eigenschaften von φ formuliert man am besten mit der Multiplikation im Körper $\mathbb{C}$ der komplexen Zahlen. Wir werden daher, dem üblichen Sprachgebrauch folgend, φ als eine komplexe Funktion mit dem Realteil $\mathcal{Re}\,\varphi := \varphi_1$ und dem Imaginärteil $\mathcal{Im}\,\varphi := \varphi_2$ bezeichnen. (φ heißt dann reellwertig, falls $\mathcal{Im}\,\varphi \equiv 0$ ist.) Ist $(\Omega, \mathcal{A})$ ein Maßraum und $f: \Omega \to \mathbb{R}^2$ eine komplexe Funktion, so versteht man unter der Meßbarkeit von f im Einklang mit unseren Definitionen in §17 die B-Meßbarkeit von f, welche nach 17.6 äquivalent mit der B-Meßbarkeit von $\mathcal{Re}\,f$ und $\mathcal{Im}\,f$ ist. Eine komplexe Zva ist also nichts anderes als ein zweidimensionaler Zve (dessen Funktionswerte als Elemente von $\mathbb{C}$ betrachtet werden sollen). Entsprechend ist der Erwartungswert einer komplexen Zva Z kein neuer Begriff, sondern einfach der Erwartungsvektor des Zve Z. Um EZ stets als Element von $\mathbb{C}$ auffassen zu können, benützen wir im folgenden die Bezeichnung EZ nur für den Fall, daß $\mathcal{Re}\,Z$ und $\mathcal{Im}\,Z$ integrierbar sind.

Es folgt unmittelbar, falls Z integrierbar ist: $\mathcal{Re}(EZ) = E(\mathcal{Re}\,Z)$, $\mathcal{Im}(EZ) = E(\mathcal{Im}\,Z)$ und $EZ = E\mathcal{Re}Z + iE\mathcal{Im}Z$, $i := \sqrt{-1}$.

Den Begriff des Erwartungsvektors einer komplexen Zva verallgemeinern wir in der folgenden

Definition. *Sei $(\Omega, \mathcal{O}l, \mu)$ ein Maßraum und $f: \Omega \to \mathbb{R}^2$ eine komplexe meßbare Funktion. Dann heißt f μ-integrierbar, falls $\mathcal{Re}\,f$ und $\mathcal{Im}\,f$ μ-integrierbar sind. In diesem Falle heißt $\int f\,d\mu := (\int \mathcal{Re}\,f\,d\mu, \int \mathcal{Im}\,f\,d\mu)$ das μ-Integral von f.*

Viele Sätze über Integrale reeller Funktionen übertragen sich leicht auf Integrale komplexer Funktionen f, indem man bekannte Sätze auf $\mathcal{Re}\,f$ und $\mathcal{Im}\,f$ anwendet oder bekannte Sätze über Zve heranzieht. Wir stellen in den drei folgenden Sätzen einige Eigenschaften zusammen, deren einfache Beweise dem Leser überlassen bleiben.

Satz 27.2. *Sei $(\Omega, \mathcal{O}l, \mu)$ ein Maßraum und $Z: \Omega \to \mathbb{R}^2$ und $V: \Omega \to \mathbb{R}^2$ meßbar. Dann gilt:*

a) *Z integrierbar $\iff$ $|Z|$ integrierbar $\implies$ $|\int Z\,d\mu| \leq \int |Z|\,d\mu$.*

b) *Z,V integrierbar $\implies$ Z + V integrierbar und $\int(Z+V)d\mu = \int Z\,d\mu + \int V\,d\mu$.*

c) *Z integrierbar, $a \in \mathbb{C} \implies aZ$ integrierbar und $\int(aZ)d\mu = a\int Z\,d\mu$.*

d) *Z integrierbar $\iff$ $\overline{Z}$ integrierbar[1] $\implies$ $\int \overline{Z}\,d\mu = \overline{(\int Z\,d\mu)}$.*

e) *Ist μ ein W-Maß und sind Z und V unabhängig und integrierbar, so gilt*

$$E(ZV) = EZ \cdot EV.$$

Satz 27.3 (Komplexe Version des Satzes von der majorisierten Konvergenz). *Sei $(\Omega, \mathcal{O}l, \mu)$ ein Maßraum und (f_n) eine μ-f.s. konvergente Folge komplexer meßbarer Funktionen auf Ω. Gilt $|f_n| \leq h$, $n \in \mathbb{N}$, für eine integrierbare Funktion $h: \Omega \to \overline{\mathbb{R}}_+$, so ist $\lim_k f_k$ integrierbar, und es gilt*

$$\int f_n d\mu \to \int \lim_k f_k\, d\mu \quad (n \to \infty).$$

Satz 27.4 (Komplexe Version des Satzes von Fubini). *Seien $(\Omega_1, \mathcal{O}l_1, \mu_1)$ und $(\Omega_2, \mathcal{O}l_2, \mu_2)$ σ-endliche Maßräume. Ist $Z: \Omega_1 \times \Omega_2 \to \mathbb{R}^2$ meßbar, so gilt*

$$Z\ \mu_1 \times \mu_2\text{-}integrierbar \iff \int d\mu_1 \int d\mu_2 |Z| < \infty \iff \int d\mu_2 \int d\mu_1 |Z| < \infty$$

$$\implies \int Z\,d(\mu_1 \times \mu_2) = \int d\mu_1 \int d\mu_2\,Z = \int d\mu_2 \int d\mu_1\,Z.$$

Satz 27.5. *Sei $(\Omega, \mathcal{O}l, \mu)$ ein Maßraum, B ein Gebiet der komplexen Ebene. Für die Abbildung $g: \Omega \times B \to \mathbb{C}$ gelte:*

1) *$g(\cdot, z)$ ist integrierbar für alle $z \in B$;*

2) *$g(\omega, \cdot)$ ist holomorph für μ-f.a. $\omega \in \Omega$;*

3) *es gibt eine integrierbare Funktion $h: \Omega \to \overline{\mathbb{R}}_+$ mit $|g'(\cdot, z)| \leq h$, $z \in B$. Dann ist $z \to w(z) := \int g(\cdot, z)d\mu$ in B holomorph, $g'(\cdot, z)$ ist integrierbar für $z \in B$, und es gilt $w'(z) = \int g'(\cdot, z)d\mu$.*

---

[1] Wie üblich ist $\overline{Z}$ die konjugiert komplexe Zahl von Z.

Beweis. Eine Beweismethode besteht darin, mit Hilfe von 19.10 zu zeigen, daß $\mathcal{Re}\,w$ und $\mathcal{Im}\,w$ in B stetige partielle Ableitungen besitzen, welche den Cauchy-Riemannschen Differentialgleichungen genügen. Man kann aber auch den Beweis von 19.10 nahezu wörtlich übernehmen, falls man 27.3 und anstelle des Mittelwertsatzes die Beziehung $|g(\omega,z_n)-g(\omega,z)| \le |z_n-z| \sup_{0 \le \alpha \le 1} |g'(\omega,z+\alpha(z_n-z))|$ verwendet, die man z.B. bei DIEUDONNÉ (60), S.155, findet. □

Wir geben sogleich eine Anwendung von 27.5.

Lemma 27.6. *Sei μ ein auf $\mathbb{R}_+$ konzentriertes Maß auf $\mathcal{B}$. Sei $\alpha \in \mathbb{R}$ und $G := \{z \in \mathbb{C}: \mathcal{Re}\,z>\alpha\}$. Gilt $\int e^{-\alpha x}\mu(dx)< \infty$, so ist*

$$w(z) := \int e^{-zx}\mu(dx), \quad z \in \overline{G} \text{ (abgeschlossene Hülle von G),}$$

stetig und in G holomorph, und es gilt

$$(27.3) \qquad w^{(n)}(z) = (-1)^n\int x^n e^{-zx}\mu(dx), \quad z \in G, \ n \in \mathbb{N}.$$

Beweis. Für $z \in \overline{G}$ ist

$$\int |e^{-zx}|\mu(dx) = \int e^{-\mathcal{Re}\,zx}\mu(dx) \le \int e^{-\alpha x}\mu(dx) < \infty.$$

Die Existenz und Stetigkeit von w folgt daher aus 27.2a bzw. 27.3. Nun sei $z = a+ib \in G$ und $\varepsilon > 0$ so klein, daß $a-\varepsilon >\alpha$ gilt. Wegen $x^n \le e^{\varepsilon x}$ für $x \ge c \ge 0$ für ein genügend großes $c = c(n,\varepsilon)$ erhalten wir

$$\int |x^n e^{-zx}|\mu(dx) = \int_{<0,\infty)} x^n e^{-ax}\mu(dx) \le c^n \int_{<0,c>} e^{-ax}\mu(dx) + \int_{(c,\infty)} e^{-(a-\varepsilon)x}\mu(dx)$$

$$\le (c^n+1)\int e^{-\alpha x}\mu(dx) < \infty.$$

Die Behauptung folgt nun aus 27.5. □

C) Charakteristische Funktionen

Definition. *a) Ist μ ein W-Maß auf $\mathcal{B}_d$, so heißt die Funktion*

$$\varphi(t) := \int e^{it'x}\mu(dx) = \int(\cos t'x)\mu(dx) + i\int(\sin t'x)\mu(dx), \quad t \in \mathbb{R}^d,$$

die charakteristische Funktion (kurz Cf) von μ.
b) Ist X ein d-dimensionaler Zve auf $(\Omega,\mathcal{A},P)$, so heißt die Cf von $\mathcal{W}(X)$ d.h. die Funktion

$$t \to \int e^{it'x}P_X(dx) = Ee^{it'X} = E(\cos t'X) + iE(\sin t'X)$$

die Cf von X.

Die Cf von μ, welche auch die Fourier-(Stieltjes-)Transformierte von μ heißt, ist also eine auf $\mathbb{R}^d$ definierte komplexwertige Funktion. Einige einfache Eigenschaften derselben halten wir fest in

Satz 27.7. *Für die Cf φ jedes d-dimensionalen Zve $X = (X_1,\ldots,X_d)$ gilt:*

a) $|\varphi| \leq 1 = \varphi(0)$; $\varphi(-t) = \overline{\varphi(t)}$, $t \in \mathbb{R}^d$.

b) φ *ist gleichmäßig stetig.*

c) *Ist A eine reelle d×d-Matrix und ist* $b \in \mathbb{R}^d$, *so hat AX+b die Cf*
$t \to e^{it'b}\varphi(A't)$.

d) φ *ist genau dann reellwertig, falls* $\mathfrak{W}(X)$ *ursprungssymmetrisch ist,*
d.h. $\mathfrak{W}(X) = \mathfrak{W}(-X)$ *gilt.*

e) *Ist Y ein von X unabhängiger d-dimensionaler Zve mit der Cf* χ, *so*
ist $\varphi \cdot \chi$ *die Cf von X+Y. (Die Cf der Faltung zweier W-Maße auf* $\mathscr{B}_d$ *ist*
also das Produkt der Cf der beiden W-Maße.)

f) $(t_1, t_2, \ldots, t_m) \to \varphi(t_1, t_2, \ldots, t_m, 0, 0, \ldots, 0)$ *ist die Cf von* $(X_1, X_2, \ldots, X_m)$,
$1 \leq m \leq d$.

Beweis. a) Aus 27.2a und 27.2d folgt $|\varphi(t)| = |Ee^{it'X}| \leq E|e^{it'X}| \leq 1 = \varphi(0)$
und $\varphi(-t) = Ee^{-it'X} = \overline{Ee^{it'X}} = \overline{\varphi(t)}$. b) Mit Hilfe von 25.12a ergibt sich
für t und $h \in \mathbb{R}^d$

$$|\varphi(t) - \varphi(t+h)|^2 = |Ee^{it'X}(1 - e^{ih'X})|^2 \leq (E|1 - e^{ih'X}|)^2$$

$$\leq E1^2 \cdot E|1 - e^{ih'X}|^2 = E(2 - 2\cos h'X).$$

Der letzte Ausdruck geht für $h \to 0$ nach dem Satz von der majorisierten
Konvergenz gegen Null, da $|2 - 2\cos h'X| \leq 4$ und $2 - 2\cos h'X \to 0$ gilt.
c) ergibt sich durch einfache Rechnung. d) folgt leicht aus $\varphi(-t) = \overline{\varphi(t)}$,
$t \in \mathbb{R}^d$, und aus 27.8. e) ist eine einfache Folgerung aus 27.2e und f)
ergibt sich direkt aus der Definition von φ. $\square$

Bemerkungen. 1. Der n-dimensionale Zve besitze eine ursprungssymme-
trische Dichte f. Aus der Bewegungsinvarianz von λ^n (s.19.12) folgt für
$B \in \mathscr{B}_n$

$$P(-X \in B) = \int 1_B \circ (-X) dP = \int 1_B(-x) f(x) \lambda^n(dx) = \int 1_B(x) f(-x) \lambda^n(dx)$$

$$= \int 1_B(x) f(x) \lambda^n(dx) = P(X \in B),$$

also $\mathfrak{W}(-X) = \mathfrak{W}(X)$. Nach 27.7d hat also X eine reelle Cf. 2. Sei μ
ein auf $\mathbb{N}_0$ konzentriertes W-Maß. Die erzeugende Funktion von μ sei durch
ihre Potenzreihe zu einer Funktion g in $\{z \in \mathbb{C} : |z| \leq 1\}$ fortgesetzt. Dann
ist $t \to \sum_0^\infty e^{itn} \mu(\{n\}) = g(e^{it})$ die Cf von μ. So ist z.B. $t \to \exp(-\alpha + \alpha e^{it})$
die Cf der Poisson-Verteilung $\pi(\alpha)$. 3. Ist μ ein auf $\mathbb{R}_+$ konzentriertes
W-Maß auf $\mathscr{B}$, so erkennt man mit Hilfe von 27.6, daß seine Laplace-
Transformierte vermöge

$$\psi(z) := \int e^{-zx} \mu(dx), \quad z \in \mathbb{C} \text{ mit } \mathfrak{Re}\, z \geq 0,$$

fortgesetzt werden kann. Es ist dann $t \to \psi(-it)$ die Cf von μ. So ist
z.B. $t \to (\frac{\alpha}{\alpha - it})^\nu$ die Cf der Gamma-Verteilung $\Gamma_{\alpha, \nu}$.

Beispiel 27.2. Die Normalverteilung N(0,1) hat die Cf

$$\varphi(t) := \frac{1}{\sqrt{2\pi}} \int e^{-x^2/2} \cos tx \, \lambda(dx), \quad t \in \mathbb{R}.$$

Zur Auswertung des Integrals beachten wir, daß φ nach 19.10 unter dem Integral differenziert werden darf, da $|-xe^{-x^2/2}\sin tx| \leq |x|e^{-x^2/2}$ und $\int |x|e^{-x^2/2}dx < \infty$ gilt. Mittels partieller Integration erhält man dann leicht $\varphi'(t) = -t\varphi(t)$, $t \in \mathbb{R}$. Hieraus und aus $\varphi(0) = 1$ ergibt sich für die Cf von $N(0,1)$

$$(27.4) \qquad\qquad \varphi(t) = e^{-t^2/2}, \quad t \in \mathbb{R}.$$

(Eine andere Methode zum Beweis von (27.4) benutzt den Residuensatz der Funktionentheorie.) Die Cf der $N(a,\sigma^2)$-Verteilung ergibt sich nun nach 27.7c zu

$$(27.5) \qquad\qquad t \to e^{iat}e^{-\sigma^2 t^2/2}.$$

Beispiel 27.3. Seien $X_1,\ldots,X_n$ unabhängige reelle Zva mit den Cf $\varphi_1,\ldots,\varphi_n$. Mit Hilfe von 27.2e sieht man leicht, daß $(t_1,\ldots,t_n) \to \prod_1^n \varphi_\nu(t_\nu)$ die Cf des Zve $(X_1,\ldots,X_n)$ ist. Diese Bemerkung benützen wir nun zur Herleitung der Cf der n-dimensionalen Normalverteilung $N(a,\Sigma)$. Die Kovarianzmatrix Σ transformieren wir mit einer orthogonalen Matrix A auf Diagonalgestalt: $A'\Sigma A =: (\sigma_\nu^2 \delta_{\rho\nu}) =: \Lambda$. Ist nun X ein n-dimensionaler Zve mit $\mathcal{W}(X) = N(a,\Sigma)$, so hat $Y := A'(X-a)$ nach Beispiel 22.6 die Verteilung $N(\mathcal{O},\Lambda)$, also die Cf

$$t \to \prod_1^n \exp\left(-\tfrac{1}{2}(t_\nu\sigma_\nu)^2\right) = \exp\left(-\tfrac{1}{2}t'\Lambda t\right).$$

Nach 27.7c hat dann $X = AY+a$ die CF

$$(27.6) \qquad\qquad t \to \exp\left(it'a - \tfrac{1}{2}t'\Sigma t\right).$$

Wir kommen nun zu dem wichtigen

Satz 27.8 (**Eindeutigkeitssatz für Cf**). *Verschiedene W-Maße auf $\mathscr{B}_d$ besitzen verschiedene charakteristische Funktionen.*

Beweis (vgl. FELLER (71),S.508). Sei μ ein W-Maß auf $\mathscr{B}_d$ mit der Cf φ und sei ν_σ die d-dimensionale $N(\mathcal{O},\Sigma)$-Verteilung mit $\Sigma := \sigma^2(\delta_{jk})$, $\sigma \in \mathbb{R}^+$. Ist $h(x) := \prod_1^d \exp(-x_j^2/2)$, $x=(x_1,\ldots,x_d) \in \mathbb{R}^d$, so hat $\mu * \nu_\sigma$ nach 24.4b die Dichte $y \to (\sqrt{2\pi}\sigma)^{-d}\int h(\frac{x-y}{\sigma})\mu(dx)$. Nach Beispiel 27.3 hat $\rho := \nu_{\frac{1}{\sigma}}$ die Cf $t \to \psi(t) := h(t/\sigma)$. Mit Hilfe von 27.4 ergibt sich

$$\int h(\tfrac{x-y}{\sigma})\mu(dx) = \int \psi(x-y)\mu(dx) = \int\mu(dx)\int\rho(dt)e^{it'(x-y)}$$

$$= \int\rho(dt)\int\mu(dx)e^{it'(x-y)} = \int\rho(dt)e^{-it'y}\varphi(t).$$

Ist nun a ein Stetigkeitspunkt von μ, so folgt aus Beispiel 25.4

$$(27.7) \qquad \mu((-\vec{\infty},a\rangle) = \frac{1}{(2\pi)^d} \lim_{\sigma\to\infty} \int_{-\infty}^a \lambda^d(dy)\int\lambda^d(dt)e^{-it'y}\varphi(t)h(\sigma t).$$

Die Behauptung folgt nun daraus, daß das W-Maß μ durch seine Werte für die Intervalle $(-\infty, a>$, a Stetigkeitspunkt von μ, bestimmt ist; s.Aufg. 16.4. $\square$

Beispiel 27.4. Es seien X und Y voneinander unabhängige d-dimensionale Zve mit $\mathcal{W}(X) = N(a_1, \Sigma_1)$ und $\mathcal{W}(Y) = N(a_2, \Sigma_2)$. Nach 27.7e und nach Beispiel 27.3 ist $t \to \exp(it'(a_1+a_2) - \frac{1}{2}t'(\Sigma_1+\Sigma_2)t)$ die Cf von X+Y. Nach dem Eindeutigkeitssatz muß also X+Y die Normalverteilung $N(a_1+a_2, \Sigma_1+\Sigma_2)$ besitzen.

Satz 27.9 (Eindeutigkeitssatz für Laplace-Transformierte). *Verschiedene Maße aus M besitzen verschiedene Laplace-Transformierte.*

Beweis. Sei $\mu \in M$ mit der LT ψ. a) Zunächst sei μ ein W-Maß. Wegen $\int d\mu = 1$ ist $z \to w(z) := \int e^{-zx}\mu(dx)$ nach 27.6 im Gebiet $G := \{z \in \mathbb{C}: \mathcal{R}e\, z > 0\}$ holomorph und in $\overline{G}$ stetig. Nach einem bekannten Satz der Funktionentheorie ist w in G als holomorphe Funktion durch die Werte von $\psi(t) = w(t)$, $t \in \mathbb{R}^+$, bestimmt. Wegen der Stetigkeit von w in $\overline{G}$ ist dann die Cf von μ, d.h. die Funktion $t \to w(-it)$ durch ψ bestimmt. Nach dem Eindeutigkeitssatz für Cf ist also μ durch ψ bestimmt. b) Nun sei $\mu \in M$ beliebig und $a \in (K_\mu, \infty)$. Œ sei $\mu \not\equiv 0$. Wegen $0 < c^{-1} := \int e^{-ax}\mu(dx) < \infty$ ist $x \to ce^{-ax}$ μ-Dichte eines W-Maßes $\nu \in M$. Dessen LT ist nach 21.3 die Funktion

$$\psi_1(t) := \int e^{-tx}\nu(dx) = c\int e^{-(a+t)x}\mu(dx) = c\psi(a+t), \quad t \in \mathbb{R}^+.$$

Nach a) ist ν durch ψ_1, also auch durch ψ bestimmt. Nach 21.3 gilt $\mu((-\infty, y>) = c^{-1} \int_{(-\infty, y>} e^{ax}\nu(dx)$, $y \in \mathbb{R}$. Somit ist μ durch ν, also auch durch ψ bestimmt. $\square$

Aus Aufg.27.2 kann eine andere Methode zum Beweis von 27.9 abgeleitet werden.

Eine weitere Anwendung des Eindeutigkeitssatzes 27.8 ist der

Satz 27.10. *Seien $X_1, \ldots, X_n$ reelle Zva mit den Cf $\varphi_1, \ldots, \varphi_n$. Genau dann ist die Familie $(X_1, \ldots, X_n)$ unabhängig, falls $(t_1, \ldots, t_n) \to \prod_1^n \varphi_j(t_j)$ die Cf von $\underset{1}{\overset{n}{\times}} X_j$ ist.*

Beweis. a) Die Notwendigkeit der Bedingung wurde schon in Beispiel 27.3 als richtig erkannt. b) Hat andererseits die Cf von $X := \underset{1}{\overset{n}{\times}} X_j$ die angegebene Gestalt, so stimmt diese nach a) mit der Cf von $\underset{1}{\overset{n}{\times}} \mathcal{W}(X_j)$ überein. Nach 27.8 muß dann $\mathcal{W}(X) = \underset{1}{\overset{n}{\times}} \mathcal{W}(X_j)$ sein, was nach 24.1a die Unabhängigkeit von $(X_1, \ldots, X_n)$ impliziert. $\square$

Der nächste Satz ist manchmal nützlich bei der Berechnung von Cf.

Satz 27.11. *Ist die Cf φ des W-Maßes μ auf $\mathcal{B}$ λ-integrierbar, so gilt:*

a) μ besitzt die stetige und beschränkte Dichte

(27.8) $$f(x) := \frac{1}{2\pi} \int e^{-itx}\varphi(t)\lambda(dt), \quad x \in \mathbb{R}.$$

b) *Ist φ reell und nicht-negativ, so hat das W-Maß mit der Dichte*
$φ/\int φ \, dλ$ *die* Cf $\frac{2πf}{\int φ \, dλ}$.

Beweis. a) Wegen $φ ∈ \mathcal{L}_λ$ ist f definiert und aufgrund von $\overline{f(x)}$ =
= $(2π)^{-1} \int e^{ixt} φ(-t) λ(dt)$ = f(x) ist f reell. Aus der Stetigkeit von
$x → e^{-ixt}$ für jedes $t ∈ ℝ$ und aus $φ ∈ \mathcal{L}_λ$ folgt die Stetigkeit von f nach
27.3. Wegen $|f(x)| ≤ (2π)^{-1} \int |φ| dλ$ ist f beschränkt. Ist $h(t) := \exp(-t^2/2)$
wie im Beweis von 27.8, so ist die Funktion

$$g(y,σ) := \int e^{-ity} φ(t) h(σt) λ(dt), \quad (y,σ) ∈ ℝ × ℝ_+,$$

wegen $φ ∈ \mathcal{L}_λ$ und wegen $|h| ≤ 1$ definiert. Ferner gilt nach 27.3

$$g(y,σ) → g(y,0) = 2πf(y) \quad (σ → 0), \; y ∈ ℝ.$$

Wegen $|g| ≤ \int |φ| dλ < ∞$ ergibt sich dann aus (27.7) und 27.3

(27.9) $$μ((a,b\rangle) = \frac{1}{2π} \lim_{σ→0} \int_a^b g(y,σ) λ(dy) = \int_a^b f \, dλ,$$

falls a und b Stetigkeitsstellen von μ sind. Weiterhin muß $f ≥ 0$ sein.
Denn wäre f(c) < 0, so gäbe es wegen der Stetigkeit von f ein c enthaltendes Intervall I mit $f ≤ f(c)/2$ auf I. Da μ nur abzählbar viele Unstetigkeitsstellen hat (s.Aufg.16.5), enthält I zwei Stetigkeitsstellen
a,b von μ mit a < b. Aus (27.9) ergäbe sich dann der Widerspruch $μ((a,b\rangle) < 0$.
Schließlich folgt aus (27.9) und 21.5, daß f eine Dichte von μ ist.
b) Für $c := \int φ \, dλ$ gilt c > 0 wegen φ(0) = 1 und der Stetigkeit von φ.
Weiterhin gilt c < ∞ wegen $φ ∈ \mathcal{L}_λ$. Somit ist φ/c Dichte eines W-Maßes.
Dessen Cf ergibt sich als $t → c^{-1} \int e^{itx} φ(x) λ(dx)$ = $2πc^{-1} f(-t)$. Da φ reell
ist, gilt $φ(-t) = \overline{φ(t)} = φ(t)$ und damit f(-t) = f(t). □

Satz 27.11 gilt auch für W-Maße auf $\mathcal{L}_d$.

Beispiel 27.5. Seien X und Y unabhängige reelle Zva mit $\mathcal{W}(X) = \mathcal{W}(Y) =$
= exp(α). Dann hat -Y die Dichte $s → αe^{αs} · 1_{(-∞,0)}(s)$ und X-Y hat nach
(24.1) die Dichte

$$s → α^2 \int e^{α(s-x)} · 1_{(-∞,0)}(s-x) e^{-αx} · 1_{(0,∞)}(x) dx = \frac{α}{2} e^{-α|s|}.$$

Das zugehörige W-Maß μ heißt die <u>zweiseitige Exponentialverteilung</u> mit
Parameter α. Für die Cf φ von μ erhält man nach leichter Rechnung die
reelle, integrierbare und nicht-negative Funktion $φ(t) = α^2/(α^2+t^2)$,
$t ∈ ℝ$. Es ist $\int φ \, dλ = απ$ und φ/απ ist eine Dichte der Cauchy-Verteilung
C(α). Nach 27.11b hat diese die Cf

(27.10) $$t → e^{-α|t|} .$$

Ist Z eine reelle Zva mit $\mathcal{W}(Z) = C(α)$, so gilt $\mathcal{W}(2Z) = C(2α)$ nach
Beispiel 22.4. Also ist die Cf von Z+Z das Quadrat der Cf von Z, obwohl
Z von Z abhängig ist; ein anderes Beispiel für diesen Sachverhalt ist

durch Aufg.8.5 gegeben.

Im folgenden Satz wird der Zusammenhang zwischen der Differenzierbarkeit der Cf einer reellen Zva und der Existenz ihrer Momente aufge-
zeigt.

Satz 27.12. *Sei X eine reelle Zva mit der* Cf φ. *Ferner sei* $k \in \mathbb{N}$. *Dann
gilt:*

a) *Ist* $E|X|^k < \infty$, *so ist* φ *k-mal differenzierbar, und es gilt* $\varphi^{(k)}(t) =$
$= i^k \int x^k e^{itx} P_X(dx)$, $t \in \mathbb{R}$. *Speziell ist* $EX^k = (-i)^k \varphi^{(k)}(0)$.

b) *Ist* φ *in einer Umgebung von* $t = 0$ *k-mal differenzierbar und ist k
gerade, so gilt* $E|X|^k < \infty$.

Beweis. a) Sei $0 \leq n < k$ und $\mu := \mathcal{W}(X)$. Wegen $E|X|^k < \infty$ existiert $\varphi_n(t) :=$
$\int (ix)^n e^{itx} \mu(dx)$, $t \in \mathbb{R}$. Wir halten nun $t \in \mathbb{R}$ fest. Für $h \in \mathbb{R} - \{0\}$ wird in
$h^{-1}[\varphi_n(t+h) - \varphi_n(t)] = \int (ix)^n e^{itx} h^{-1}(e^{ihx}-1)\mu(dx) =: \int f(x,h)\mu(dx)$ der
Integrand f wegen $|e^{ihx}-1| \leq |hx|$ durch $|x|^{n+1} \leq 1+|x|^k$ majorisiert. Aus
$f(x,h) \to (ix)^{n+1} e^{itx}$ $(h \to 0)$ und 27.3 folgt, daß φ_n' existiert und
$\varphi_n'(t) = \int (ix)^{n+1} e^{itx} \mu(dx)$, $t \in \mathbb{R}$, gilt. Hieraus folgt die Behauptung
durch Induktion nach n, da sie für $n = 0$ trivialerweise richtig ist.

b) Sei $k = 2n$. Wir führen Induktion nach n durch. b_1) Sei $n = 1$, also φ
in einem offenen Intervall I_0, das den Nullpunkt enthält, zweimal differenzierbar. Der Realteil g von φ ist dann ebenfalls in I_0 zweimal differenzierbar. Da $t \to g(t) = \int (\cos tx)\mu(dx)$ eine gerade Funktion ist, muß
$g'(0) = 0$ sein. Ferner ist $g(0) = 1$. Nach dem Mittelwertsatz der Differentialrechnung existiert daher zu jedem $h \in I_0$ mit $h \neq 0$ ein $\vartheta(h) \in (0,1)$
mit

$$\frac{1-g(h)}{h^2} = - \frac{g'(h\vartheta(h))}{h} \leq - \frac{g'(h\vartheta(h))}{h\vartheta(h)} \to -g''(0) \quad \text{für } h \to 0.$$

Wegen $\frac{1-\cos hx}{h^2 x^2} \to \frac{1}{2}(1-\delta_{0x})$ für $h \to 0$ und $x \in \mathbb{R}$ folgt mit dem Lemma von
Fatou

$$\int x^2 \mu(dx) = \int x^2 (1-\delta_{0x})\mu(dx) = 2\int \lim_{h \to 0} \frac{1-\cos hx}{h^2 x^2} x^2 \mu(dx)$$

$$\leq 2 \lim_{h \to 0} \frac{1-g(h)}{h^2} \leq -2g''(0) < \infty.$$

b_2) Die Behauptung sei richtig für ein $n \in \mathbb{N}$, und φ sei in dem offenen
Intervall I_n, das den Nullpunkt enthalte, $2(n+1)$-mal differenzierbar.
Nach Induktionsannahme ist $E|X|^{2n} < \infty$. $\mathbb{C}$ sei $c := EX^{2n} > 0$; denn andern-
falls wäre $P(X = 0) = 1$, also $E|X|^{2(n+1)} < \infty$. Aus a) folgt

$$\psi(t) := \frac{(-1)^n \varphi^{(2n)}(t)}{c} = \frac{1}{c}\int x^{2n} e^{itx} \mu(dx), \quad t \in \mathbb{R}.$$

Wegen 21.3 ist dann ψ die Cf des W-Maßes ν mit der μ-Dichte $x \to x^{2n}/c$.
In I_n ist φ $2(n+1)$-mal, also ψ zweimal differenzierbar. Aus b_1) folgt
daher $\int x^{2(n+1)}\mu(dx) = c\int x^2 \nu(dx) < \infty$. $\square$

Ist φ für ein ungerades k in einer Umgebung von t = 0 k-mal differen-
zierbar, so ist $E|X|^{k-1} < \infty$ nach 27.12b. Es kann dann aber $E|X|^k = \infty$ sein;
s.Erg.4.

Die für die Anwendungen wichtigsten Cf (z.B. diejenigen der Vertei-
lungen $N(a,\sigma^2)$, $\Gamma_{\alpha,\nu}$, $\pi(\alpha)$) sind in ein die reelle Achse enthaltendes
Gebiet der komplexen Ebene hinein holomorph fortsetzbar. Daß dies nicht
immer der Fall zu sein braucht, zeigt die Cf $t \to \exp(-\alpha|t|)$ der Cauchy-
Verteilung. Es gibt sogar Cf, welche nirgends differenzierbar sind;
s. DUGUÉ (57). Der nächste Satz gibt an, wann eine Cf holomorph fortsetzbar ist.

Satz 27.13. *Sei* X *eine reelle Zva mit der Cf* φ. *Sei* $\rho \in \mathbb{R}^+$. *Dann sind
folgende Aussagen äquivalent:*

(a) *Die Restriktion von* φ *auf* $(-\rho,\rho)$ *ist in* $\{z \in \mathbb{C}: |z| < \rho\}$ *hinein holomorph
fortsetzbar.*

(b) φ *ist in* $\{z \in \mathbb{C}: |\mathfrak{Im}\, z| < \rho\}$ *hinein holomorph fortsetzbar.*

(c) $E e^{tX} < \infty$ *für* $-\rho < t < \rho$.

(d) $E e^{s|X|} < \infty$ *für* $0 < s < \rho$.

(e) $E|X|^n < \infty$ *für* $n \in \mathbb{N}$ *und* $\overline{\lim\limits_n} \left| \dfrac{EX^n}{n!} \right|^{\frac{1}{n}} \leq \dfrac{1}{\rho}$.

Ist eine dieser Aussagen richtig, so gilt

(f)
$$\varphi(t) = \sum_{n=0}^{\infty} i^n \frac{EX^n}{n!} t^n, \quad -\rho < t < \rho,$$

und die Verteilung von X *ist dann durch die Folge ihrer Momente bestimmt.*

Beweis. α) Es gelte (a). Ist dann f die holomorphe Fortsetzung der
Restriktion von φ auf $(-\rho,\rho)$ in $\{z \in \mathbb{C}: |z| < \rho\}$ hinein, so gilt bekanntlich
$f(z) = \sum\limits_0^{\infty} \dfrac{f^{(n)}(0)}{n!} z^n$. Ferner ist dann φ in der offenen ρ-Umgebung von t=0
beliebig oft differenzierbar, und es gilt $\varphi^{(n)}(0) = f^{(n)}(0)$. Nach 27.12
ist daher $E|X|^n < \infty$ und $\varphi^{(n)}(0) = i^n EX^n$, $n \in \mathbb{N}$. Insgesamt gelten also (e)
und (f). Daß φ durch die Folge der Momente von X bestimmt ist, folgt
aus (f) und der weiter unten bewiesenen Implikation (a)=>(b). β) Es
gelte (c). Ist μ_1 bzw. μ_2 die Restriktion von μ auf $\mathbb{R}_+ \mathcal{B}$ bzw. $(-\infty,0)\mathcal{B}$,
so ergibt sich mit Hilfe von 27.5, daß $z \to \int e^{zx}\mu_1(dx)$ in $\{z \in \mathbb{C}: \mathfrak{Re}\, z < \rho\}$ und
$z \to \int e^{zx}\mu_2(dx)$ in $\{z \in \mathbb{C}: \mathfrak{Re}\, z > -\rho\}$ holomorph sind. Somit ist $g(z) := E e^{zX}$ in
$\{z \in \mathbb{C}: |\mathfrak{Re}\, z| < \rho\}$ holomorph. Dann ist aber $z \to g(iz)$ eine holomorphe Fort-
setzung von φ in $\{z \in \mathbb{C}: |\mathfrak{Im}\, z| < \rho\}$ hinein. Es gilt also (b) und damit auch
(a). γ) Es gelte (e). Sei $\beta_n := E|X|^n$. Dann konvergiert jedenfalls
$\sum\limits_0^{\infty} \dfrac{\beta_{2n}}{(2n)!} z^{2n}$ für $|z| < \rho$. Wir wählen ein festes $a \in \mathbb{C}$ mit $|a| < \rho$ und ein
$r \in (|a|,\rho)$. Dann existiert ein $n_0 \in \mathbb{N}$ mit $n|a|^n \leq r^n$ für $n > n_0$. Hieraus, aus
$\sum\limits_1^{\infty} \dfrac{|a|^{2n-1}}{(2n-1)!} \leq \sum\limits_0^{\infty} \dfrac{|a|^n}{n!} < \infty$ und aus $\beta_{2n-1} \leq \beta_{2n}+1$ folgt dann $\sum\limits_1^{\infty} \dfrac{\beta_{2n-1}}{(2n-1)!}|a|^{2n-1} < \infty$.
Somit konvergiert $\sum\limits_0^{\infty} \dfrac{\beta_n z^n}{n!}$ für $|z| < \rho$. Für $s \in (0,\rho)$ gilt dann wegen 19.2

$$Ee^{s|X|} = E\sum_{0}^{\infty}\frac{(s|X|)^n}{n!} = \sum_{0}^{\infty}\frac{E|X|^n}{n!}\cdot s^n < \infty.$$

Es gilt also (d). Wegen $\exp(tX) \leq \exp(|t||X|)$ folgt dann (c). Man prüft leicht nach, daß damit der Beweis von 27.13 vollständig ist. $\square$

Ist φ zu einer holomorphen Funktion f in $\{z\in\mathbb{C}:|\mathcal{I}mz|<\rho\}$ fortsetzbar, so bestimmen sich aufgrund des Eindeutigkeitssatzes für holomorphe Funktionen und wegen der Implikation (a)$\Rightarrow$(b) in 27.13 die Cf φ und die Restriktion f_1 von f auf $\{-it\in\mathbb{C}:-\rho<t<\rho\}$ gegenseitig. Wegen $f_1(-it)$ = Ee^{tX} bestimmen sich also φ und

$$M(t) := Ee^{tX} = \sum_{0}^{\infty}\frac{EX^n}{n!}\cdot t^n, \quad -\rho<t<\rho,$$

gegenseitig. Man nennt M die __momentenerzeugende Funktion__ von X bzw. von $\mathcal{W}(X)$. Diese existiert sicher dann für $t\in(-\rho,\rho)$, falls es ein $\alpha>\rho$ mit $Ee^{\alpha X}<\infty$ und $Ee^{-\alpha X}<\infty$ gibt; denn es gilt $e^{tX}\leq e^{\alpha X}+e^{-\alpha X}$, $t\in(-\rho,\rho)$. Existiert M und ist $\mathcal{W}(X)$ auf $\mathbb{R}_+$ konzentriert, so stimmen $t\to M(-t)$ und die LT von X für $0<t<\rho$ überein.

Die Eigenschaften von momentenerzeugenden Funktionen lassen sich ohne große Mühe aus denjenigen der holomorph fortsetzbaren Cf herleiten; wir verzichten daher auf deren Formulierung. Da eine Cf einem Paar reeller Funktionen entspricht, ist bei praktischen Problemen oft die momentenerzeugende Funktion - sofern sie existiert - leichter zu handhaben als die Cf.

Wir bemerken noch, daß der Begriff der charakteristischen Funktionen erst im Zusammenhang mit der sog. schwachen Konvergenz von W-Maßen auf $\mathcal{L}_d$ (s.§29) zu seiner vollen Bedeutung gelangt; s.etwa FELLER (71). Die Behandlung dieser Fragen übersteigt jedoch den Rahmen unserer einführenden Darstellung.

Aufgaben

27.1. Seien $X_1,\ldots,X_n$ unabhängige und identisch verteilte reelle Zva mit $\mathcal{W}(X_1)$ = Gleichverteilung auf $(0,1)$, $n\in\mathbb{N}$. Mit Hilfe der LT von $\sum\limits_{\nu=1}^{n}X_\nu$ zeige man, daß diese Summe die Dichte

$$x\to\frac{1}{(n-1)!}\sum_{\nu=0}^{n}(-1)^\nu\binom{n}{\nu}\{(x-\nu)^+\}^{n-1}$$ besitzt. (Im Fall n=1 ist $y^0 := 1_{\mathbb{R}_+}(y), y\in\mathbb{R}$ zu setzen.)

27.2. Sei μ ein auf $\mathbb{R}_+$ konzentriertes W-Maß mit der Vf F und der LT ψ. Man beweise folgende __Umkehrformel__:

$$F(s) = \lim_{t\to\infty}\sum_{n=0}^{[ts]}\frac{(-t)^n}{n!}\psi^{(n)}(t) \text{ für jede Stetigkeitsstelle s von F.}$$

Hinweis: Ist F_α die Vf von $\pi(\alpha)$, so stimmt die vorangehende Summe mit

$\int F_{tx}(ts)\mu(dx)$ überein. Man kann dann Aufg.25.3 anwenden.

27.3. Man beweise die Sätze 27.2 bis 27.5 im Detail.

27.4. Sei μ ein W-Maß auf $\mathscr{B}$ mit der Cf φ. Sei $h\in\mathbb{R}^+$. Man beweise:

φ hat die Periode $\frac{2\pi}{h}$ <=> μ ist auf $h\cdot\mathbb{Z}$ konzentriert

$$=> \mu(\{nh\}) = \frac{h}{2\pi}\int_{-\pi/h}^{\pi/h} e^{-inht}\varphi(t)\lambda(dt), \ n\in\mathbb{Z}.$$

27.5. Man zeige, daß jede Cf φ eines W-Maßes auf $\mathscr{B}_d$ <u>positiv-definit</u> ist, d.h. daß für $n\in\mathbb{N}$, $t_j\in\mathbb{R}^d$, $z_j\in\mathbb{C}$, $1\le j\le n$ gilt:

$$\sum_{j=1}^{n}\sum_{k=1}^{n} z_j\overline{z}_k\varphi(t_j-t_k) \ge 0.$$

27.6. Welche der drei Funktionen $t\to(1-|t|^n)\cdot 1_{(-1,1)}(t)$, $n\in\{1,2,3\}$, ist die Cf eines W-Maßes auf $\mathscr{B}$?

27.7. Man beweise folgenden <u>Satz von Cramér und Wold</u>: Ist X ein d-dimensionaler Zve, so ist $\mathscr{W}(X)$ durch die Menge der eindimensionalen Verteilungen $\mathscr{W}(a'X)$, $a\in\mathbb{R}^d$, bestimmt.

27.8. Sei X eine reelle Zva mit der Cf φ und sei $k\in\mathbb{N}$. Man zeige: Ist $E|X|^k<\infty$, so gilt

$$\varphi(t) = \sum_{\nu=0}^{k}\frac{EX^\nu}{\nu!}\cdot(it)^\nu + o(|t|^k), \ (t\to 0).$$

Hinweis: Man zerlege $\varphi^{(k)}$ in Real- und Imaginärteil und beachte, daß $\varphi^{(k)}$ stetig ist.

27.9. Man zeige, daß die reelle Zva X eine momentenerzeugende Funktion besitzt, falls $\overline{\lim_n}\frac{1}{n}(E|X|^n)^{1/n}<\infty$ ist.

27.10. Ohne Benützung der Cf von N(0,1) zeige man, daß N(0,1) eine momentenerzeugende Funktion besitzt. Mit deren Hilfe bestimme man dann die Cf von N(0,1).

27.11. Man gebe ein Beispiel für ein W-Maß μ auf $\mathscr{B}$ an, für welches $\int e^{sx}\mu(dx)$ nur für $s=0$ endlich ist.

27.12. Sei X eine reelle Zva mit der Dichte $x\to 2^{-1}\exp(-\sqrt{x})\cdot 1_{\mathbb{R}_+}(x)$. Man zeige, daß X Momente beliebig hoher Ordnung besitzt, aber die Cf von X nicht holomorph fortsetzbar ist.

27.13. Sei (X_n) eine unabhängige Folge identisch verteilter d-dimensionaler Zve mit der Cf φ. Ferner sei N eine von $\underset{1}{\overset{\infty}{\times}} X_n$ unabhängige $\mathbb{N}_0$-Zva. Die erzeugende Funktion von N werde durch ihre Potenzreihe zu einer Funktion h in $\{z\in\mathbb{C}:|z|\le 1\}$ fortgesetzt. Man zeige:

a) Die Zufallssumme $S_N := \sum_{1}^{N}X_n$ hat die Cf $h\circ\varphi$.

b) Hat N eine Poisson-Verteilung, so ist $\mathscr{W}(S_N)$ <u>unendlich teilbar</u>, d.h. für jedes $n\in\mathbb{N}$ darstellbar als n-fache Faltung eines W-Maßes μ_n auf $\mathscr{B}_d$.

Ergänzungen

1. Weitere Resultate über Laplace-Transformierte, insbesondere sog. Taubersätze, findet man z.B. bei FELLER (71). Ein älteres Standardwerk ist WIDDER (46). 2. Viele interessante Aussagen über charakteristische Funktionen findet man bei LUKACS (60) und bei LUKACS/LAHA (64). 3. Formel (27.7) ist eine sog. Umkehrformel zur Berechnung einer Verteilung aus ihrer Cf; s. auch Aufg.27.2. Es gibt noch viele andere Umkehrformeln, aber alle sind fast nur als Beweismittel für den Eindeutigkeitssatz für Cf von Interesse. Dagegen ist (27.8), eine Umkehrformel für Dichten, auch von praktischem Interesse. 4. Ein Beispiel für eine nicht integrierbare reelle Zva mit differenzierbarer Cf findet man bei CHUNG (68), S.161. Notwendige und hinreichende Bedingungen für die k-malige Differenzierbarkeit von Cf bei ungeradem k gab PITMAN (56); s. auch FELLER (71), S.565. 5. Jede Cf φ eines W-Maßes auf $\mathscr{L}_d$ ist stetig und positiv-definit (s.Aufg.27.5), und es gilt $\varphi(0) = 1$. Nach einem berühmten Satz von BOCHNER (s.etwa W.VOGEL (70), S.288) ist andererseits jede stetige und positiv-definite Funktion $f:\mathbb{R}^d \to \mathbb{C}$ mit $f(0) = 1$ die Cf eines W-Maßes auf $\mathscr{L}_d$. Eine Charakterisierung der Menge aller LT von W-Maßen auf $\mathscr{L}$, welche auf $\mathbb{R}_+$ konzentriert sind, stammt von S.BERNSTEIN; s. etwa FELLER (71), S.439. 6. Unendlich teilbare Verteilungen (s.Aufg. 27.13) spielen bei Problemen über Grenzverteilungen von Folgen von Zva eine große Rolle; s. etwa FELLER (71), Kap.XVII. 7. Wenn bei der in Aufg.27.13 angegebenen Zufallssumme S_N die Zva N eine Poisson-Verteilung besitzt, nennt man $\mathscr{W}(S_N)$ eine zusammengesetzte Poisson-Verteilung. Eine solche ist nach Aufg.27.13b unendlich teilbar. Umgekehrt ist jede auf $\mathbb{N}_0$ konzentrierte, unendlich teilbare und von δ_0 verschiedene Verteilung eine zusammengesetzte Poisson-Verteilung; s.FELLER (68), S.290.

§ 28. Die wichtigsten Verteilungen mit Lebesgue-Dichten

In den vorangehenden Paragraphen lernten wir mehrere wichtige Beispiele von Verteilungen auf $\mathscr{L}$ bzw. auf $\mathscr{L}_d$ mit (Lebesgue-)Dichten kennen. Wir wollen diese Verteilungen mit ihren Eigenschaften systematisch zusammenstellen und einige ergänzende Ausführungen machen.

A) Die eindimensionale Normalverteilung $N(a,\sigma^2)$, $a \in \mathbb{R}, \sigma \in \mathbb{R}^+$.

Sie wurde in Beispiel 22.2 eingeführt als die Verteilung auf $\mathscr{L}$ mit der Dichte

(28.1)
$$\varphi_{a;\sigma}(x) := \frac{1}{\sqrt{2\pi}\sigma} \exp\left(-\frac{(x-a)^2}{2\sigma^2}\right), \quad x \in \mathbb{R}.$$

Der Graph von $\varphi_{\alpha;\sigma}$ wird oft auch als <u>Gaußsche Glockenkurve</u> bezeichnet. Er geht aus dem Graphen von $\varphi_{0;\sigma}$ durch Verschiebung um a in Richtung der positiven x-Achse hervor. Eine Skizze für den Graphen von $\varphi_{0;\sigma}$ für verschiedene Werte von σ ist in Fig.28.1 gegeben. Wir vermerken noch die folgenden elementaren Eigenschaften von $\varphi_{0;\sigma}$:

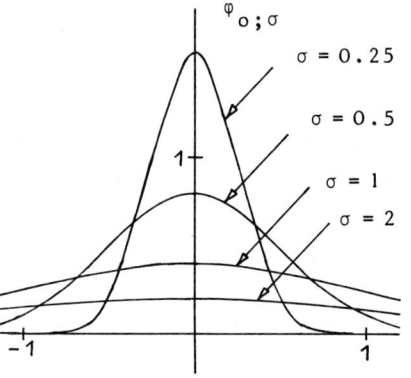

Fig.28.1

1) $\varphi_{0;\sigma}(-x) = \varphi_{0;\sigma}(x)$, $x \in \mathbb{R}$.

2) $\varphi_{0;\sigma}$ ist in $\langle 0,\infty)$ strikt antiton.

3) $\varphi_{0;\sigma}(x) \to 0$ $(x \to \infty)$.

4) $\varphi_{0;\sigma}(0) = 1/(\sqrt{2\pi}\sigma) = \frac{0.3989\cdots}{\sigma}$.

5) $\varphi_{0;\sigma}$ besitzt zwei Wendepunkte. Deren Abszissen sind $\pm\sigma$ und deren Ordinaten sind $1/(\sqrt{2\pi e}\sigma) = \frac{0.2419\cdots}{\sigma}$. Die Steigungen in den Wendepunkten sind $\mp 1/(\sqrt{2\pi e}\sigma^2)$.

Die Verteilung $N(0,1)$ heißt die <u>standardisierte Normalverteilung</u>, deren Vf und Dichte tabelliert sind; s. z.B. die Funktionentafeln von A.VOGEL (70). Abschätzungen, Reihenentwicklungen und Kettenbruchdarstellungen für numerische Zwecke findet man z.B. bei MORGENSTERN (68). Für praktische Rechnungen wird oft das sog. <u>Wahrscheinlichkeitspapier</u> benützt. Dieses ist ein Koordinatennetz, in dem der Maßstab auf der Ordinatenachse so verzerrt ist, daß der Graph der Vf jeder Normalverteilung eine Gerade wird; s. z.B. HEINHOLD/GAEDE (64).

<u>Satz 28.1.</u> *Für jede reelle Zva X mit* $\mathscr{W}(X) = N(a,\sigma^2)$ *gilt:*

a) $E(X-a)^{2k-1} = 0$, $E(X-a)^{2k} = \sigma^{2k} \prod_{n=1}^{k} (2n-1)$, $k \in \mathbb{N}$.

Speziell: $EX = a$, $V(X) = \sigma^2$.

b) $\mathscr{W}(cX+b) = N(ca+b, c^2\sigma^2)$, $c \in \mathbb{R}-\{0\}$, $b \in \mathbb{R}$.

c) X *hat die charakteristische Funktion*
$$t \to e^{iat} e^{-\sigma^2 t^2/2}.$$

d) $N(a,\sigma^2) * N(b,\tau^2) = N(a+b, \sigma^2+\tau^2)$; *oder anders ausgedrückt: Ist* Y *eine von* X *unabhängige reelle Zva mit* $\mathscr{W}(Y) = N(b,\tau^2)$, *so ist* $\mathscr{W}(X+Y) = N(a+b, \sigma^2+\tau^2)$.

Beweis. a) s. Beispiel 25.5; b) s.Beispiel 22.2; c) s.Beispiel 27.2; d) s.Beispiel 27.4. $\Box$

Die Normalverteilungen nennt man auch <u>Gauß-Verteilungen</u>, da sie von Gauß sehr erfolgreich zur Beschreibung der zufälligen Beobachtungsfehler bei physikalischen, astronomischen und geodätischen Messungen ver-

wendet wurden. (Man sprach früher auch vom Gaußschen 'Fehlergesetz'.)
Die häufige Anwendbarkeit der Normalverteilung zur Beschreibung zufälliger Experimente wird theoretisch dadurch erhellt, daß für 'sehr viele' Verteilungen Q auf $\mathscr{B}$ die Verteilung der Summe von unabhängigen und identisch verteilten Zva $X_1, X_2, \ldots, X_n$ mit $\mathcal{W}(X_1) = Q$ für großes n durch die Normalverteilung $N(nEX_1, nV(X_1))$ approximiert wird. (Auf diese Tatsache, die man den zentralen Grenzwertsatz der Wahrscheinlichkeitstheorie nennt, werden wir in §29 ganz kurz eingehen.) Die früher zu beobachtende Überschätzung des Anwendungsbereichs der Normalverteilung ist einer realistischeren Einstellung gewichen. Dies drückt sich z.B. darin aus, daß man heute vielfach anstelle der klassischen, auf der Normalverteilungsannahme beruhenden statistischen Verfahren sog. nichtparametrische Verfahren verwendet; s. etwa WITTING/NÖLLE (70).

Es gibt verschiedene die Normalverteilung charakterisierende Eigenschaften. So gilt z.B. der folgende Satz von S. BERNSTEIN (s.etwa FELLER (71),S.526): Seien X und Y reelle, unabhängige und quadratisch integrierbare Zva mit der gleichen Verteilung. Genau dann sind X und Y normalverteilt, wenn X+Y und X-Y stochastisch unabhängig sind. (Die Notwendigkeit dieser Bedingung ist leicht nachweisbar; s.Aufg.28.1). Weitere Charakterisierungen findet man z.B. bei RÉNYI (70) und LUKACS (60).

B) Die d-dimensionale Normalverteilung $N(a, \Sigma)$.

Sie wurde in Beispiel 22.3 für $d \in \mathbb{N}$, $a \in \mathbb{R}^d$ und für jede reelle, symmetrische und positiv-definite d×d-Matrix Σ definiert als die Verteilung auf $\mathscr{B}_d$ mit der Dichte

(28.2)
$$x \rightarrow \frac{1}{\sqrt{(2\pi)^d \det \Sigma}} \exp\left[-\tfrac{1}{2}(x-a)'\Sigma^{-1}(x-a)\right].$$

Satz 28.2. *Für jeden* d-*dimensionalen Zve* $X = (X_1, \ldots, X_d)$ *mit* $\mathcal{W}(X) = N(a, \Sigma)$ *gilt:*

a) *EX = a, K(X) = Σ.*

b) *Ist* A *eine reelle und nicht-singuläre* d×d-*Matrix und ist* $b \in \mathbb{R}^d$, *so hat* AX + b *die Verteilung* $N(Aa+b, A\Sigma A')$.

c) *X hat die charakteristische Funktion*

$$t \rightarrow \exp(ia't - t'\Sigma t/2).$$

d) $N(a_1, \Sigma_1) * N(a_2, \Sigma_2) = N(a_1+a_2, \Sigma_1+\Sigma_2)$.

e) *Ist* a =: (a_j), Σ =: (σ_{ij}) *und* $\emptyset \neq J \subset \{1, 2, \ldots, d\}$, *so gilt*
$$\mathcal{W}((X_j, j \in J)) = N((a_j, j \in J), (\sigma_{jk}, j \in J, k \in J)).$$

f) *Die Zva* $X_1, X_2, \ldots, X_d$ *sind genau dann unabhängig, falls sie paarweise unkorreliert sind.*

Beweis. a) s.Beispiel 25.5; b) s.Beispiel 22.6; c) s.Beispiel 27.3;

d) s.Beispiel 27.4; e) folgt aus c) wegen 27.7f und 27.8; f) folgt wegen 24.1b aus e) und (28.2). $\square$

Bemerkungen. 1. Nach Teil e) von 28.2 sind die n-dimensionalen Rand-verteilungen der d-dimensionalen Normalverteilung $\mathcal{W}(X)$, d.h. die gemein-samen Verteilungen von n der Zva X_j, $1 \leq j \leq d$, wieder Normalverteilungen. 2. Der Schluß von der paarweisen Unkorreliertheit der X_j auf deren Unab-hängigkeit in 28.2f ist i.a. nicht erlaubt, wenn man nur weiß, daß die X_j einzeln normalverteilt sind; s.etwa RÉNYI (70), S.230.

Über 28.2b hinaus gilt der

Satz 28.3. *Sei* X *ein* d-*dimensionaler Zve mit* $\mathcal{W}(X) = N(a,\Sigma)$ *und sei* C *eine reelle* m×d-*Matrix. Dann gilt:*

$\mathcal{W}(CX)$ *nicht-degeneriert* $\iff \det C\Sigma C' \neq 0 \implies \mathcal{W}(CX) = N(Ca, C\Sigma C')$.

Beweis. Aus 25.15f folgt, daß CX quadratisch integrierbar ist und K(CX) = CΣC' gilt. Die behauptete Äquivalenz ergibt sich daher aus 25.15d. Ist nun det CΣC' $\neq$ 0, so folgt wiederum aus 25.15d, daß K(CX) positiv-de-finit ist. Für die Cf von CX ergibt sich $s \to E e^{is'CX} = \exp[is'Ca - \frac{1}{2}s'(C\Sigma C')s]$ Aus 28.2c und 27.8 folgt dann $\mathcal{W}(CX) = N(Ca, C\Sigma C')$. $\square$

Ist in der Situation von 28.3 die Verteilung $\mathcal{W}(X)$ degeneriert (was insbesondere für m > d der Fall ist), so nennt man $\mathcal{W}(X)$ eine degenerierte Normalverteilung.

Als Sonderfall von 28.3 vermerken wir noch das

Korollar 28.4. *Seien* $X_1, X_2, \ldots, X_d$ *reelle Zva mit der gemeinsamen Ver-teilung* N(a,Σ). *Dann hat die Linearkombination* c'X, $c \in \mathbb{R}^d$, *im Fall* $c \neq \mathcal{O}$ *die eindimensionale Normalverteilung* N(c'a, c'Σc).

Da in den Anwendungen oft zweidimensionale Normalverteilungen N(a,Σ) auftreten, sei für sie eine häufig verwendete Darstellung angegeben. Wir setzen hierbei der Einfachheit halber a = 0. Sind σ^2 und τ^2 die Va-rianzen der beiden Komponenten und ρ deren Korrelationskoeffizient (mit $|\rho| \neq 1$), so gilt $\Sigma = \begin{pmatrix} \sigma^2 & \rho\sigma\tau \\ \rho\sigma\tau & \tau^2 \end{pmatrix}$. Bestimmt man hieraus Σ^{-1}, so ergibt sich aus (28.2) die Dichte

$$(28.3) \qquad (x,y) \to \frac{1}{2\pi\sigma\tau\sqrt{1-\rho^2}} \exp\left[- \frac{1}{2(1-\rho^2)}\left(\frac{x^2}{\sigma^2} - \frac{2\rho xy}{\sigma\tau} + \frac{y^2}{\tau^2}\right)\right].$$

C) Die Exponentialverteilung exp(α), $\alpha \in \mathbb{R}^+$.

Sie wurde in Beispiel 2 nach 16.5 eingeführt als die Verteilung auf $\mathcal{L}$ mit der Vf $x \to (1-e^{-\alpha x}) \cdot 1_{(0,\infty)}(x)$. Nach 22.1 hat sie die Dichte $x \to \alpha e^{-\alpha x} \cdot 1_{(0,\infty)}(x)$. Die Überlegungen in §12 zeigen, daß exp(α) in ge-wissem Sinne die Grenzverteilung einer Folge von geometrischen Vertei-lungen (bei nach Null konvergierender Zeiteinheit) darstellt. Da eine geometrische Verteilung im wesentlichen die Verteilung der Wartezeit bis zum ersten Erfolg in einer Folge von Bernoulli-Versuchen darstellt, wird man erwarten, daß die Exponentialverteilungen zur Beschreibung von Wartezeiten bei stetiger Zeitskala geeignet sind. Dies wird auch durch die Erfahrung bestätigt.

Aus Beispiel 25.1, einer einfachen Rechnung und aus Beispiel 27.1 erhält man den

Satz 28.5. *Für jede reelle Zva X mit* $\mathcal{V}(X) = \exp(\alpha)$ *gilt:*

a) $EX^k = k!/\alpha^k$, $k \in \mathbb{N}$; *speziell* $EX = 1/\alpha$ *und* $V(X) = 1/\alpha^2$.

b) $(\log 2)/\alpha = \frac{1}{\alpha} 0.6931 \cdots$ *ist der einzige Median von X.*

c) X *hat die Laplace-Transformierte*

$$t \rightarrow \alpha/(\alpha + t).$$

Die geometrischen Verteilungen sind die einzigen auf $\mathbb{N}_0$ konzentrierten Verteilungen, welche 'gedächtnislos' sind; s.Aufg.11.4. Eine analoge, in (28.5) formulierte Eigenschaft charakterisiert die Exponentialverteilungen. Als Vorbereitung zum Beweis dieser Tatsache beweisen wir das

Lemma 28.6. *Jede nicht identisch verschwindende und in einem Intervall beschränkte Lösung* $f: \mathbb{R}^+ \rightarrow \mathbb{R}$ *der Funktionalgleichung*

(28.4) $$f(s+t) = f(s)f(t), \quad s,t \in \mathbb{R}^+,$$

hat die Gestalt $f(t) = e^{-\alpha t}$, $t \in \mathbb{R}^+$, *für ein* $\alpha \in \mathbb{R}$.

Beweis. a) Ist $f(a) = 0$ für ein $a \in \mathbb{R}^+$, so gilt $0 = f(\frac{a}{2} + \frac{a}{2}) = f^2(a/2)$, also $f(a/2) = 0$. Durch Induktion folgt $f(a2^{-n}) = 0$, $n \in \mathbb{N}$. Außerdem gilt für $n \in \mathbb{N}$ und $b > a2^{-n}$

$$f(b) = f(a2^{-n})f(b-a2^{-n}) = 0.$$

Hieraus folgt $f \equiv 0$ im Widerspruch zur Annahme. b) Es gilt also $f(a) \neq 0$ für alle a. Wegen $f(a) = f^2(a/2) > 0$ ist dann $f > 0$. Sei $\alpha := -\log f(1)$. Es ist dann $t \rightarrow g(t) := e^{\alpha t}f(t)$ eine Lösung von (28.4) mit $g(1) = 1$. Das Lemma ist bewiesen, falls wir $g \equiv 1$ zeigen können. c) Zunächst folgt $g(r) = 1$ für positives rationales r; denn es gilt $1 = g(1) = g(n \cdot \frac{1}{n}) = g^n(1/n)$, und somit, da $g > 0$ ist, $g(1/n) = 1$ für $n \in \mathbb{N}$; ferner ist $g(m/n) = g^m(1/n) = 1$ für $m \in \mathbb{N}$. d) Ist $t \in \mathbb{R}^+$ und ist $I \subset \mathbb{R}^+$ ein Intervall, so gibt es ein positives rationales r mit $t + r \in I$ oder $t - r \in I$. Wegen $g(t+r) = g(t)g(r) = g(t)$ bzw. $g(t-r) = g(t-r)g(r) = g(t)$ nimmt also g in I jeden seiner Funktionswerte an. Da f und damit auch g in einem Intervall beschränkt ist, muß also g beschränkt sein. e) Angenommen, es sei $g(a) \neq 1$ für ein $a \in \mathbb{R}^+$, also auch $c := g(b) \neq 1$ für ein $b \in (0,1)$. Wegen $g(1-b)g(b) = g(1) = 1$ kann man $c > 1$ annehmen. Aus $g(nb) = c^n$ für $n \in \mathbb{N}$ folgt dann ein Widerspruch zur Beschränktheit von g. $\square$

Satz 28.7. *Sei T eine erweitert reelle Zva, deren Verteilung auf* $\overline{\mathbb{R}}_+$ *konzentriert sei. Es gelte* $P(T = 0) < 1$ *und* $P(T = \infty) < 1$. *Genau dann gilt*

(28.5) $\qquad$ P(T>t+s|T>s) = P(T>t) *für alle* s,t∈ℝ⁺,

falls 𝒲(T) *eine Exponentialverteilung ist.*

Beweis. a) Daß jede der Verteilungen exp(α) im Sinne von (28.5) 'gedächtnislos' ist, folgt leicht aus der Definition der bedingten Wahrscheinlichkeiten. b) Besitzt 𝒲(T) die Eigenschaft (28.5), so geht letztere mit f(t) := P(T>t), t∈ℝ⁺, über in die Funktionalgleichung (28.4). Wegen P≤1 ist f beschränkt. Außerdem kann nicht f ≡ 0 sein, da sonst P(T = 0) = 1-P(T > 0) = 1 - lim_{t↓0} P(T > t) = 1 gälte. Nach 28.6 existiert also ein α∈ℝ mit f(t) = e^{-αt}, t∈ℝ. Aus lim_{t→∞} f(t) = P(T = ∞)< 1 ergibt sich α > 0. □

Satz 28.7 hat z.B. folgende Anwendung: Durch Beobachtung des Zerfalls von radioaktiven Atomen kann man empirisch bestätigen, daß die Verteilung der Lebensdauer T eines radioaktiven Atoms der Bedingung (28.5) genügt. Daher hat T eine Exponentialverteilung.

Beispiel 28.1. Ein elektrisches System besteht aus n in Serie geschalteten Elementen und einem Reserveelement. Die Lebensdauern aller Elemente seien unabhängig und identisch verteilt mit der Verteilung exp(α). Wie groß ist die mittlere Lebensdauer des ganzen Systems? Wie groß ist die Wahrscheinlichkeit, daß die Lebensdauer T des ganzen Systems mindestens so groß ist wie die mittlere Lebensdauer eines Elementes? Für die Beantwortung dieser Fragen bezeichnen wir mit Y die Lebensdauer des Reserveelementes und mit X_i, 1≤i≤n, die Lebensdauern der übrigen Elemente. Ist $X_{(i)}$ die zu $(X_1,X_2,...,X_n)$ gehörige i-te Ordnungsgröße so gilt

$$T = X_{(1)} + \min(X_{(2)} - X_{(1)}, Y).$$

Für die Berechnung der Verteilung von T benötigen wir folgendes

Lemma 28.8. *Seien* $X_1, X_2, ..., X_n$ *unabhängige und identisch verteilte Zva mit* 𝒲(X_1) = exp(α). *Dann gilt:*

a) 𝒲($X_{(k+1)} - X_{(k)}$) = exp((n-k)α), 0≤k<n; $X_{(0)}$:≡ 0.

b) *Die Zva* $X_{(1)}, X_{(2)} - X_{(1)}, ..., X_{(n)} - X_{(n-1)}$ *sind unabhängig.*

Beweis. Nach 24.6 ist

$$(x_1,...,x_n) \to n! f(x_1)f(x_1+x_2)...f(\sum_1^n x_i)\prod_2^n 1_{(0,\infty)}(x_j)$$
$$= \prod_{k=0}^{n-1} [\alpha(n-k)\cdot 1_{(0,\infty)}(x_{k+1})\exp(-\alpha(n-k)x_{k+1})]$$

eine Dichte von $(X_{(1)},...,X_{(n)} - X_{(n-1)})$. Aus 21.7 folgt a), und b) ergibt sich dann aus 24.1b. □

Wir fahren nun mit unserem Beispiel fort. Aus der Unabhängigkeit von $Y, X_1, ..., X_n$ folgt nach 24.2 diejenige von $Y, (X_{(1)}, X_{(2)} - X_{(1)})$ und dann mit 28.8b diejenige von $Y, X_{(1)}, X_{(2)} - X_{(1)}$. Für $M := \min(X_{(2)} - X_{(1)}, Y)$

gilt $P(M > t) = P(X_{(2)} - X_{(1)} > t, Y > t) = P(X_{(2)} - X_{(1)} > t)P(Y > t) = e^{-(n-1)\alpha t} e^{-\alpha t} =$

$= e^{-n\alpha t}$, $t \in \mathbb{R}^+$. Somit ist $\mathscr{W}(M) = \exp(n\alpha)$ und $\mathscr{W}(T) = \mathscr{W}(X_{(1)}) * \mathscr{W}(M) =$

$= \exp(n\alpha) * \exp(n\alpha)$. Aus Beispiel 24.1 folgt $\mathscr{W}(T) = \Gamma_{n\alpha, 2}$. Daher ist

$ET = 2/(n\alpha)$ nach Beispiel 25.1. Schließlich gilt $EX_1 = 1/\alpha$ und $P(T > 1/\alpha) =$

$\int_{1/\alpha}^{\infty} \Gamma_{n\alpha, 2}(x)dx = (n+1)e^{-n}$; vgl. (28.7).

D) Die Gamma-Verteilungen $\Gamma_{\alpha, \nu}$ mit $\alpha, \nu \in \mathbb{R}^+$.

Diese Verteilungen sind uns schon mehrfach begegnet. Sie wurden in Beispiel 24.1 eingeführt als die Verteilungen auf $\mathscr{E}$ mit der Dichte

(28.6) $$\gamma_{\alpha, \nu}(t) := \frac{\alpha^\nu}{\Gamma(\nu)} t^{\nu-1} e^{-\alpha t} \cdot 1_{(0, \infty)}(t), \quad t \in \mathbb{R}.$$

Speziell ist $\Gamma_{\alpha, 1}$ die Exponentialverteilung $\exp(\alpha)$. Während der Parameter α nur eine unwesentliche Maßstabsgröße darstellt (s. 28.9b), hängen die Eigenschaften von $\Gamma_{\alpha, \nu}$ wesentlich vom Parameter ν ab. In Fig. 28.2 ist der Graph von $\gamma_{1, \nu}$ für verschiedene Werte von ν skizziert.

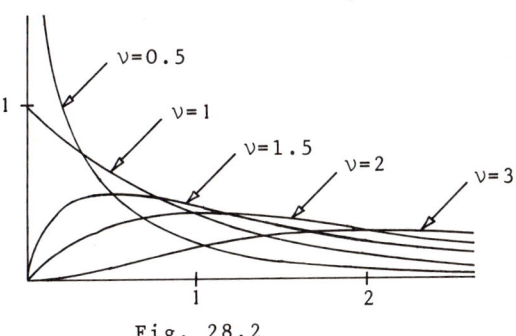

Fig. 28.2

Wir vermerken noch folgende elementare Eigenschaften von $\gamma_{\alpha, \nu}$:

1) $\lim\limits_{x \to \infty} \gamma_{\alpha, \nu}(x) = 0;$

2) $\lim\limits_{x \downarrow 0} \gamma_{\alpha, \nu}(x) = \begin{cases} \infty \\ \alpha \\ 0 \end{cases}$ für $\begin{cases} 0 < \nu < 1 \\ \nu = 1 \\ \nu > 1 \end{cases}.$

3) Für $0 < \nu \leq 1$ ist $\gamma_{\alpha, \nu}$ strikt antiton. Für $\nu > 1$ ist $\gamma_{\alpha, \nu}$ strikt isoton in $(0, (\nu-1)/\alpha)$ und strikt antiton in $((\nu-1)/\alpha, \infty)$.

4) $\lim\limits_{x \downarrow 0} \gamma'_{\alpha, \nu}(x) = \begin{cases} -\infty \\ -\alpha^2 \\ \infty \\ \alpha^2 \\ 0 \end{cases}$ für $\begin{cases} 0 < \nu < 1 \\ \nu = 1 \\ 1 < \nu < 2 \\ \nu = 2 \\ \nu > 2 \end{cases}.$

Satz 28.9. *Für jede reelle Zva X mit $\mathscr{W}(X) = \Gamma_{\alpha, \nu}$ gilt:*

a) $EX^\beta = \begin{cases} \Gamma(\nu+\beta)/(\alpha^\beta\Gamma(\nu)) & \text{für } \beta\in(-\nu,\infty), \\ \infty & \text{für } \beta\in(-\infty,-\nu>. \end{cases}$

Speziell ist $EX = \nu/\alpha$ *und* $V(X) = \nu/\alpha^2$.

b) $\mathcal{W}(bX) = \Gamma_{\frac{\alpha}{b},\nu}$ *für* $b\in\mathbb{R}^+$.

c) X *hat die Laplace-Transformierte* $t\to(\frac{\alpha}{\alpha+t})^\nu$.

d) $\Gamma_{\alpha,\nu} * \Gamma_{\alpha,\mu} = \Gamma_{\alpha,\nu+\mu}$ *für* $\alpha,\mu,\nu\in\mathbb{R}^+$.

Speziell ist also $\Gamma_{\alpha,n}$ *die n-fache Faltung von* $\exp(\alpha)$.

e) *Für* $n\in\mathbb{N}$ *hat* $\Gamma_{\alpha,n}$ *die Vf*

$$(28.7) \qquad t\to(1-e^{-\alpha t}\cdot\sum_{k=o}^{n-1}\frac{(\alpha t)^k}{k!})\cdot 1_{(0,\infty)}(t).$$

Beweis. a) s. Beispiel 25.1; b) folgt aus Beispiel 22.4; c) s.Beispiel 27.1; d) folgt aus Beispiel 24.1 oder aus c), 27.1e und 27.9; e) Die durch (28.7) definierte Funktion F ist in $\mathbb{R}-\{0\}$ stetig differenzierbar mit der Ableitung $F'(t) = \gamma_{\alpha,n}(t)\geq 0$. Hieraus folgt leicht, daß F eine Vf ist. Zudem ist dann $\gamma_{\alpha,n}$ nach 22.3b eine Dichte von F, also F die Vf von $\Gamma_{\alpha,n}$. $\square$

Die Gamma-Verteilungen sind der Ausgangspunkt bei der Herleitung verschiedener wichtiger Verteilungen, von denen wir die beiden folgenden erwähnen:

1. In Beispiel 24.2 sahen wir, daß die Summe der Quadrate von n unabhängigen und identisch nach $N(0,1)$ verteilten reellen Zva die $\Gamma_{\frac{1}{2},\frac{n}{2}}$-Verteilung besitzt. Diese heißt auch die <u>Chi-Quadrat-Verteilung</u> χ_n^2 mit n Freiheitsgraden und spielt eine große Rolle in der Statistik. Ihre elementaren Eigenschaften sind in 28.9 mitenthalten.

2. Es sei X eine reelle Zva mit $\mathcal{W}(X) = N(0,1)$ und Y eine von X unabhängige $\mathbb{R}_+$-Zva mit $\mathcal{W}(Y) = \chi_n^2$. Dann heißt die Verteilung von $Z := \dfrac{X}{\sqrt{Y/n}}$ die <u>t-Verteilung oder Student-Verteilung</u>[1] St_n mit n Freiheitsgraden. Auch diese Verteilung ist für die Statistik von großem Interesse. Wir skizzieren einen Weg zur Berechnung einer Dichte von St_n. Für $t\in\mathbb{R}^+$ ist

$$P(\sqrt{Y/n}\leq t) = P(Y\leq nt^2) = \int_o^{nt^2}\gamma_{\frac{1}{2},\frac{n}{2}}d\lambda,$$

während $P(\sqrt{Y/n}\leq t) = 0$ für $t\in(-\infty,0>$ gilt. Nach 22.3b erhält man daher durch Differentiation der Vf von $\sqrt{Y/n}$ eine zugehörige Dichte f. Ist φ die in (28.1) angegebene Dichte von $N(0,1)$, so folgt mit Hilfe des Transformationssatzes 22.6 (s.auch Aufg.22.4), daß $x\to st_n(x) := \int\varphi(tx)f(t)t\lambda(dt)$ eine Dichte von $\mathcal{W}(Z) = St_n$ ist. Die Rechnung ergibt

---

[1] Diese Verteilung wurde 1907/08 von W.S.Gosset, der unter dem Pseudonym 'Student' publizierte, in die Statistik eingeführt.

(28.8)
$$st_n(x) = \frac{1}{\sqrt{\pi n}} \cdot \frac{\Gamma(\frac{n+1}{2})}{\Gamma(\frac{n}{2})}(1 + \frac{x^2}{n})^{-\frac{n+1}{2}}, \quad x \in \mathbb{R},$$

als Dichte der Student-Verteilung St_n. Hieraus erkennt man, daß speziell St_1 die Cauchy-Verteilung $C(1)$ ist. Die Momente von St_n lassen sich ohne Integration bestimmen: Zunächst gilt für $k \in \mathbb{N}$ (s. den Beweis von 25.6) wegen der Unabhängigkeit von X und Y $E|Z|^k = E|X|^k \cdot EY^{-k/2} \cdot n^{k/2}$. Wegen 28.9a ist also $E|Z|^k$ genau für $k \in \{1, 2, \ldots, n-1\}$ endlich und in diesem Fall gilt nach 25.6 die Gleichung $EZ^k = EX^k \cdot EY^{-k/2} \cdot n^{k/2}$. Hieraus folgt $EZ^k = 0$ für ungerades k mit $0 < k < n$ und $EZ^{2m} = n^m \prod_{r=1}^{m} \frac{2r-1}{n-2r}$ für $0 < 2m < n$. Speziell gilt $EZ = 0$, falls $n > 1$, und $V(Z) = n/(n-2)$ für $n > 2$.

E) <u>Die Beta-Verteilung $Be(\mu, \nu)$ mit $\mu, \nu \in \mathbb{R}^+$, und die Gleichverteilung</u>
<u>$U(a,b)$ mit $a, b \in \mathbb{R}$, $a < b$.</u>

Die Beta-Verteilung $Be(\mu, \nu)$ war in Beispiel 24.3 eingeführt worden als Verteilung des Quotienten $X/(X+Y)$, in dem X und Y voneinander unabhängige reelle Zva mit $\mathcal{D}(X) = \Gamma_{1,\mu}$ und $\mathcal{D}(Y) = \Gamma_{1,\nu}$ bedeuteten. Als eine Dichte von $Be(\mu, \nu)$ ergab sich

(28.9)
$$x \to \frac{1}{B(\mu, \nu)} x^{\mu-1}(1-x)^{\nu-1} \cdot 1_{(0,1)}(x).$$

Hierbei ist $(\mu, \nu) \to B(\mu, \nu)$ die sog. Beta-Funktion (s. §11), für welche nach (24.10) die Gleichung $B(\mu, \nu) = \Gamma(\mu)\Gamma(\nu)/\Gamma(\mu+\nu)$ gilt. Der Sonderfall $Be(1,1)$ führt offensichtlich auf die Gleichverteilung auf dem Intervall $(0,1)$. Wir werden weiter unten allgemeiner die <u>Gleichverteilung</u> auf Intervallen (a,b) betrachten, welche wir mit $U(a,b)$ bezeichnen.

Eine einfache Rechnung ergibt

<u>Satz 28.10.</u> *Für jede reelle Zva X mit* $\mathcal{D}(X) = Be(\mu, \nu)$ *gilt* $EX^n =$ $= B(\mu+n, \nu)/B(\mu, \nu), n \in \mathbb{N}$. *Speziell ist* $EX = \mu/(\mu+\nu)$ *und* $V(X) = \frac{\mu\nu}{(\mu+\nu)^2(\mu+\nu+1)}$.

Die Cf (und ebenso die LT) der Beta-Verteilungen sind so kompliziert, daß sie für praktische Probleme kaum in Frage kommen; s. etwa MORAN (68), S.271. Auch die Faltung von Beta-Verteilungen (welche keine Beta-Verteilung ist) ergibt recht komplizierte Formeln, wie schon am Beispiel der Gleichverteilung (s. 28.11d) ersichtlich ist.

Aus 28.10, durch einfache Rechnung und aus Aufg. 27.1 erhält man

<u>Satz 28.11.</u> *Es sei X eine reelle Zva mit* $\mathcal{D}(X) = U(a,b)$ *und* $X_1, X_2, \ldots, X_n$ *unabhängige und identisch verteilte reelle Zva mit* $\mathcal{D}(X_1) = U(a,b)$. *Dann gilt:*

a) $E(X-a)^n = \frac{(b-a)^n}{n+1}$; *speziell ist* $EX = (a+b)/2$ *und* $V(X) = (b-a)^2/12$.

b) $X-a$ *hat die Lt* $t \to \frac{1-e^{-(b-a)t}}{(b-a)t}$.

c) *Im Fall* $b > 0$ *hat* $U(-b,b)$ *die Cf* $t \to \frac{\sin bt}{bt}$.

d) $\sum_1^n X_k$ *hat die Dichte*

$$t \to \frac{1}{(b-a)^n(n-1)!} \sum_{k=0}^n (-1)^k \binom{n}{k} \{(t-na+ka-kb)^{n-1}\}^+.$$

Wir beweisen noch den folgenden interessanten

<u>Satz 28.12.</u> *Seien* $X_1, X_2, \ldots, X_n$ *unabhängige und identisch verteilte Zva mit* $\mathcal{W}(X_1) = U(0,1)$. *Dann gilt:*

a) *Die Familie* $(X_{(1)}, X_{(2)} - X_{(1)}, \ldots, X_{(n)} - X_{(n-1)})$ *ist austauschbar, und es gilt* $\mathcal{W}(X_{(k)} - X_{(k-1)}) = Be(1,n), 1 \le k \le n, X_{(0)} := 0$.

b) $\mathcal{W}(X_{(k)}) = Be(k, n-k+1), 1 \le k \le n$.

c) $\mathcal{W}(X_{(n)} - X_{(1)}) = Be(n-1, 2)$.

Beweis. a) Sei $Y_k := X_{(k)} - X_{(k-1)}, 1 \le k \le n$. Nach 24.6 hat $(Y_1, \ldots, Y_n)$ die Dichte

$$(x_1, \ldots, x_n) \to n! \cdot 1_{(0,1)}(x_1) 1_{(0,1)}(x_1 + x_2) \cdots 1_{(0,1)}(\sum_1^n x_i) \prod_{j=2}^n 1_{(0,\infty)}(x_j)$$

$$= n! \cdot 1_{(0,1)}(\sum_1^n x_i) \prod_{j=1}^n 1_{(0,1)}(x_j).$$

Die Symmetrie dieser Dichte in den Variablen $x_1, \ldots, x_n$ zeigt, daß $(Y_1, \ldots, Y_n)$ austauschbar ist. Nun folgt leicht (s.Aufg.7.2), daß die Zva Y_k identisch verteilt sind. Ferner gilt für $0 < s < 1$ die Beziehung $P(X_{(1)} > s) = [P(X_1 > s)]^n = (1-s)^n$. Somit ist die Vf F von $X_{(1)}$ stetig und stückweise stetig differenzierbar mit der Ableitung

$$F'(s) = n(1-s)^{n-1} \cdot 1_{(0,1)}(s), \quad s \in \mathbb{R} - \{0,1\}.$$

Hieraus folgt die Behauptung. Die Teile b) und c) folgen durch einfache Rechnung aus 24.5 und 24.8. $\square$

F) Lebensdauer-Verteilungen

Die Verteilung von Lebensdauern, etwa eines elektrischen Elementes, werden manchmal dadurch definiert, daß man das Verhalten der bedingten Wahrscheinlichkeit des Ausfalls des Elementes im Zeitintervall $(s, s+h>$ unter der Bedingung, daß das Element zur Zeit s noch intakt war, für kleine $h > 0$ vorschreibt. Die hieraus resultierende Definition einer Lebensdauer-Verteilung basiert auf

<u>Satz 28.13.</u> *Sei* $g: \mathbb{R}^+ \to \mathbb{R}_+$ *eine stetige Funktion mit* $\int_0^t g \, d\lambda < \infty$ *für* $t \in \mathbb{R}^+$ *und* $\int_0^\infty g \, d\lambda = \infty$. *Dann ist das W-Maß auf* $\mathcal{B}$ *mit der Vf*

(28.10) $$F(x) := [1 - \exp(-\int_0^x g \, d\lambda)] \cdot 1_{\mathbb{R}^+}(x), \quad x \in \mathbb{R},$$

das einzige auf $\mathbb{R}^+$ *konzentrierte und stetige W-Maß auf* $\mathcal{B}$ *mit der Eigenschaft*

(28.11) $P((s,s+h>|(s,\infty)) = h \cdot g(s) + o(h)$ [1], $(h \to 0), s \in \mathbb{R}^+$.

Beweis. a) Aus den Eigenschaften von g folgt leicht, daß F eine stetige Vf ist mit $F(s) = 0$ für $s \leq 0$ und $F < 1$. Die Stetigkeit von g impliziert die Differenzierbarkeit von $x \to \int_0^x g\,d\lambda$ (s.Aufg.22.5). Somit ist F in $\mathbb{R}^+$ differenzierbar mit der Ableitung $F' = g(1-F)$. Es gilt dann für $s \in \mathbb{R}^+$

$$h^{-1} \cdot P((s,s+h>|(s,\infty)) = \frac{F(s+h)-F(s)}{h(1-F(s))} \to g(s), \quad (h \to 0).$$

Somit ist (28.11) erfüllt. b_1) Nun sei P ein auf $\mathbb{R}^+$ konzentriertes stetiges W-Maß mit der Eigenschaft (28.11). Diese besagt (s.Teil a)), daß die Restriktion G der Vf von P auf $\mathbb{R}^+$ die stetige rechtsseitige Ableitung $G'_+ = g(1-G) =: f$ besitzt. Wir zeigen nun unter Benützung einer bei HEWITT/STROMBERG (65),S.269, angegebenen Idee, daß G sogar differenzierbar ist (und die Ableitung f besitzt). b_2) Sei $0 < a < b$ und $M := \max_{a \leq s \leq b} f(s)$. Wir zeigen zuerst, daß gilt:

(28.12) $G(s+h)-G(s) \leq hM, \quad a \leq s < s+h \leq b.$

Angenommen, es sei $G(t+u)-G(t) > uM$ für ein Paar (t,u) mit $a \leq t < t+u \leq b$. Dann gibt es ein $c > M$ mit $G(t+u)-G(t) > uc$. Es sei $h_1 := \sup \{h \in (0,u): G(t+h)-G(t) \leq hc\}$. Es ist $G(t+h)-G(t) = h \cdot f(t) + o(h) \leq hc$ für genügend kleines $h > 0$, also $h_1 > 0$. Die Stetigkeit von G impliziert $h_1 < u$ und $G(t+h_1)-G(t) \leq h_1 c$. Es gilt dann für $0 < h < u-h_1$

$$G(t+h_1+h)-G(t+h_1) = G(t+h_1+h)-G(t)-\left[G(t+h_1)-G(t)\right]$$
$$\geq (h+h_1)c-h_1 c = hc,$$

also $G'_+(t+h_1) > M$, was einen Widerspruch zu $G'_+(t+h_1) = f(t+h_1)$ darstellt. Damit ist (28.12) bewiesen. b_3) Zu festem $t \in \mathbb{R}^+$ wählen wir Zahlen a und b mit $0 < a < t < b$. Aus (28.12) folgt mit $s := t-h$

$$G(t)-G(t-h) \leq hM, \quad h \in (0,t-a>.$$

Für $\alpha := \overline{\lim_{h \downarrow 0}} \, h^{-1}\left[G(t)-G(t-h)\right]$ gilt dann $\alpha \leq \max_{a \leq s \leq b} f(s)$. Lassen wir nun a und b gegen t streben, so erhalten wir $\alpha \leq f(t)$ aus der Stetigkeit von f. Ersetzen wir G durch die Funktion $-G$, so ergibt sich aus dem bisher Bewiesenen

$$\beta := \lim_{h \downarrow 0} h^{-1}\left[G(t)-G(t-h)\right] = -\overline{\lim_{h \downarrow 0}} \, h^{-1}\left[-G(t)-(-G(t-h))\right] \geq -(-f(t)) = f(t).$$

Somit gilt $\alpha = \beta$, d.h. G ist linksseitig differenzierbar mit der linksseitigen Ableitung f. b_4) G hat also die stetige Ableitung $f = g(1-G)$. Hieraus folgt bekanntlich $\left[\log (1-G)\right]' = -g$. Daher stimmt G mit der in (28.10) angegebenen Vf F auf $\mathbb{R}^+$ überein. $\square$

---

[1] Die o-Funktionen dürfen von s abhängen.

Man nennt das W-Maß P auf $\mathscr{B}$ mit der in (28.10) angegebenen Vf <u>die</u>
<u>zu der Ausfallsrate g gehörige Lebensdauer-Verteilung</u> (kurz: <u>LDV</u>). Die
Menge aller LDV ist ziemlich umfangreich. Aus 28.13 folgt nämlich leicht,
daß ein auf $\mathbb{R}^+$ konzentriertes W-Maß auf $\mathscr{B}$ genau dann eine LDV ist, falls
P eine stetige Dichte f besitzt, welche nicht von einer Stelle ab ver-
schwindet. (Diese letzte Bedingung entfällt bei einer leicht zu gewin-
nenden Verallgemeinerung der Definition einer LDV; s.Aufg.28.13.) Die
Ausfallsrate ist dann f/(1-F) = F'/(1-F). Da ein Ausfall in der Regel
auf Alterserscheinungen zurückzuführen ist, deren Ausmaß erfahrungsgemäß mit wachsendem Alter zunimmt, spielen vor allem solche LDV eine
Rolle, deren Ausfallsrate (mindestens von einem Zeitpunkt an) isoton ist.
Derartige Verteilungen sind in der sog. Zuverlässigkeitstheorie (s.etwa
BARLOW/PROSCHAN (65) und GNEDENKO/BELJAJEW/SOLOWJEW (68)) ausführlich
untersucht worden. Viel verwendet wird z.B. die sog. <u>Weibull-Verteilung</u>,
die zu der Ausfallsrate $t \rightarrow c\alpha t^{\alpha-1}$ mit Konstanten $c, \alpha \in \mathbb{R}^+$ gehört. Die zugehörige Vf ist

$$(28.13) \qquad\qquad x \rightarrow [1 - \exp(-cx^\alpha)] \cdot 1_{\mathbb{R}^+}(x).$$

Zu der konstanten Ausfallsrate $\alpha \in \mathbb{R}^+$ gehört die Exponentialverteilung
$\exp(\alpha)$. Auch die Gamma-Verteilung $\Gamma_{\alpha, \nu}$ ist eine LDV, deren Ausfallsrate
für $\nu > 1$ strikt isoton ist. Die logarithmische Normalverteilung ist eine
LDV, deren Ausfallsrate von einem Zeitpunkt an antiton ist.

Aufgaben

28.1 Man beweise: Sind X und Y voneinander unabhängige reelle Zva mit
$\mathfrak{W}(X) = \mathfrak{W}(Y) = N(a, \sigma^2)$, so sind X+Y und X-Y voneinander unabhängig.

28.2. Beim Messen einer Entfernung tritt infolge einer Fehleinstel-
lung des Meßinstrumentes ein sog. systematischer Fehler von 50m auf,
dem ein (in Metern gemessener) zufälliger Fehler X überlagert ist. Aus
der Erfahrung sei bekannt, daß $\mathfrak{W}(X) = N(0, 10^4)$ ist. Man berechne die
Wahrscheinlichkeit dafür, daß a) das Meßergebnis von der wahren Entfernung nicht mehr als 150m abweicht, b) die gemessene Entfernung nicht
größer als die wahre Entfernung ist.

28.3. Es seien $X_1, \ldots, X_n$ unabhängige und identisch nach N(0,1) verteilte reelle Zva. Man gebe eine notwendige und hinreichende Bedingung
dafür an, daß die beiden Projektionen des Zve $(X_1, \ldots, X_n)$ auf zwei vorgegebene Ursprungsgeraden voneinander stochastisch unabhängig sind.

28.4. Man zeige, daß die d-dimensionalen (degenerierten und nicht-
degenerierten) Normalverteilungen die einzigen Verteilungen auf $\mathscr{B}_d$
sind, deren Projektionen auf jede Ursprungsgerade eine Normalverteilung

besitzen. Hinweis: Man kann Aufg.27.7 verwenden.

28.5. Die festen Betriebskosten eines Wasserkraftwerkes für eine bestimmte Zeitperiode mögen c_1 DM und die Kosten für die Erzeugung einer kWh mögen c_2 DM betragen. Der erzeugte Strom wird zu einem Preis von $c_3 > c_2$ DM pro kWh verkauft. Die in kWh gemessene Stromerzeugung in der Periode hängt von den Regenfällen ab und kann näherungsweise als eine Zva mit einer $\Gamma_{\alpha,2}$-Verteilung angesehen werden. Wie groß ist die Wahrscheinlichkeit dafür, daß das Werk in der Periode einen positiven Gewinn erzielt? Für welche Werte von c_3 ist die Differenz von Einnahmen und Ausgaben im Mittel positiv? Was ergibt sich speziell im Fall $c_2/c_1 = 2\alpha$ und $c_3/c_1 = 3\alpha$?

28.6. Zum Zeitpunkt $t = 0$ kommen $n + 1$ Kunden $K_1, K_2, \ldots, K_{n+1}$ vor den n freien Schaltern eines Postamtes an. Die Bedienungszeiten aller Kunden seien stochastisch unabhängig und identisch verteilt nach $\exp(\alpha)$. Die Kunden $K_1, \ldots, K_n$ werden sofort bedient, während K_{n+1} warten muß, bis einer der Schalter frei wird. a) Wie groß ist die Wahrscheinlichkeit dafür, daß K_{n+1} als letzter seinen Schalter verläßt? b) Welche Verteilung besitzt der Zeitpunkt, zu dem K_{n+1} seinen Schalter verläßt? c) Wie groß ist der Erwartungswert des Zeitpunktes, zu dem der zuletzt fertig gewordene Kunde seinen Schalter verläßt?

28.7. Es seien X und Y voneinander unabhängige reelle Zva mit $\mathscr{W}(X) = \chi_m^2$, $\mathscr{W}(Y) = \chi_n^2$. Man zeige, daß $\mathscr{W}(nX/mY)$ - die sog. Fisher-Verteilung oder F-Verteilung $F_{m,n}$ mit den Freiheitsgraden m und n - die Dichte

$$(28.14) \qquad t \to \frac{1}{B(\frac{m}{2}, \frac{n}{2})} (\frac{m}{n})^{\frac{m}{2}} t^{\frac{m}{2} - 1} (1 + \frac{m}{n} t)^{-\frac{m+n}{2}} \cdot 1_{\mathbb{R}^+}(t)$$

besitzt. Ferner bestimme man die Momente von $F_{m,n}$.

28.8. Man berechne die Verteilung und den Erwartungswert der Variationsbreite von n unabhängigen und identisch nach $\exp(\alpha)$ verteilten reellen Zva.

28.9. Man skizziere den Graphen der in (28.9) angegebenen Dichte der Beta-Verteilung für verschiedene Parameter-Werte.

28.10. Man beweise die Teile b und c von Satz 28.12.

28.11. Für $n \in \mathbb{N}$ sei S das Simplex $\{x \in \mathbb{R}^n : x_i > 0, 1 \le i \le n, \sum_1^n x_i < 1\}$. Man zeige: Für jedes $a \in (\mathbb{R}^+)^{n+1}$ ist

$$(x_1, \ldots, x_n) \to \Gamma(\sum_1^{n+1} a_\nu) \cdot \frac{(1 - \sum_1^n x_\nu)^{a_{n+1} - 1}}{\Gamma(a_{n+1})} \prod_{\nu=1}^n \frac{x_\nu^{a_\nu - 1}}{\Gamma(a_\nu)} \cdot 1_S(x_1, \ldots, x_n)$$

die Dichte einer Verteilung auf $\mathscr{B}_n$. Diese heißt die Dirichlet-Verteilung D(a). Sie ist offensichtlich eine mehrdimensionale Verallgemeinerung der Beta-Verteilung. Man berechne EX und K(X) für einen n-dimensionalen Zve X mit $\mathscr{W}(X) = D(a)$.

28.12. Es sei $(X_1, \ldots, X_n)$ ein n-dimensionaler Zve, dessen Verteilung die Dirichlet-Verteilung $D(a)$ sei. Man beweise:

a) $\mathcal{W}((X_1, \ldots, X_m)) = D((a_1, \ldots, a_m, \sum_{m+1}^{n+1} a_\nu)), \ 1 \leq m \leq n.$

b) $\mathcal{W}(\sum_1^n X_\nu) = Be(\sum_1^n a_\nu, a_{n+1}).$

28.13. Man zeige, daß man eine richtige Aussage erhält, falls man in Satz 28.13 die Forderung " $\int_0^t g \, d\lambda < \infty$ für $t \in \mathbb{R}^+$ " durch die Forderung " $b := \sup\{t \in \mathbb{R}_+ : \int_0^t g \, d\lambda < \infty\} > 0$ " ersetzt und in (28.11) nur $s \in (0,b)$ zuläßt.

28.14. Für welche LDV (im Sinne der Definition im Anschluß an Satz 28.13) gilt (28.11) für eine von s unabhängige o-Funktion?

28.15. Man beweise Varianten von Satz 28.13, indem man die Stetigkeit von g durch die stückweise Stetigkeit oder durch die Meßbarkeit ersetzt und Bedingung (28.11) geeignet abschwächt.

Ergänzungen

1. Eine umfassende Darstellung über Verteilungen mit Lebesgue-Dichten ist JOHNSON/KOTZ (70). Viele Informationen geben auch KENDALL/STUART (63) MORAN (68), RAO (65) und WILKS (62). 2. Die in Aufg.28.4 angegebene Charakterisierung der d-dimensionalen (degenerierten und nicht-degenerierten) Normalverteilungen erlaubt es, den Begriff der Normalverteilung wie folgt zu verallgemeinern: Eine Zva X, die Werte in einem Banachraum B annimmt, hat eine Normalverteilung, falls für jedes reelle lineare Funktional f die reelle Zva foX normalverteilt ist. 3. Die Funktionalgleichung (28.4) kann leicht in die bekannte Funktionalgleichung

$$g(s+t) = g(s) + g(t), \quad s, t \in \mathbb{R},$$

übergeführt werden, die nach einem wohlbekannten Satz nur die Funktionen $x \rightarrow cx$ für konstantes $c \in \mathbb{R}$ als *stetige* Lösungen besitzt. Das allgemeinere Lemma 28.6 ist insofern für die Stochastik geeigneter, als häufig von der zu untersuchenden Lösung nicht die Stetigkeit, wohl aber die Beschränktheit in jedem Intervall bekannt ist. 4. Die spezielle Beta-Verteilung $Be(\frac{1}{2}, \frac{1}{2})$ hat die Vf

$$t \rightarrow \frac{2}{\pi} \arcsin \sqrt{t} \cdot 1_{(0,1)}(t) + 1_{<1,\infty)}(t).$$

Man spricht daher von der Arcus-Sinus-Verteilung. Diese spielt bei sog. Irrfahrten eine Rolle; s. etwa FELLER (71). 5. Sei $a := (a_n)$ eine Folge strikt positiver Zahlen mit $\sum_1^\infty a_n < \infty$. Dann kann man mit Hilfe von Satz 20.12 und Aufg.28.11 zeigen, daß es auf $\overset{\infty}{\underset{1}{\otimes}} \mathcal{L}$ genau ein W-Maß $D(a)$ gibt, dessen Projektion in das Produkt der ersten n Faktoren die

Dirichlet-Verteilung $D((a_1,\ldots,a_n, \sum\limits_{n+1}^{\infty} a_\nu))$ hat, $n \in \mathbb{N}$. Man könnte $D(a)$ die zu a gehörige ∞-dimensionale Dirichlet-Verteilung nennen. 6. Aufg.28.14 ist insofern von Interesse, als man beim Beweisteil b von Satz 28.13 vielleicht zu folgendem Trugschluß neigt: Man ersetze in (28.11) s durch s-h, lasse dann h gegen Null gehen und folgere hieraus die linksseitige Differenzierbarkeit von G. Ohne Zusatzüberlegung ist dieser Schluß nur dann richtig, falls die in (28.11) auftretende o-Funktion von s unabhängig ist. 7. Seien c und α positive Konstanten. Das zu der Dichte $x \to \alpha c^\alpha x^{-(\alpha+1)} 1_{(c,\infty)}(x)$ gehörige W-Maß auf $\mathscr{B}$ heißt die Pareto-Verteilung mit den Parametern c und α. Diese wurde in der Vergangenheit häufig zur Beschreibung von Verteilungen von Einkommen, von Einwohnerzahlen von Städten und ähnlichen ökonomisch-soziologischen Größen verwendet. An diesem Verfahren wurde jedoch in neuerer Zeit Kritik geübt; zugehörige Literatur findet man bei DE GROOT (70),S.41. 8. Die Verteilung mit der Vf $t \to \dfrac{1}{1+e^{-\alpha t - \beta}}$ mit Konstanten $\alpha \in \mathbb{R}^+$ und $\beta \in \mathbb{R}$ heißt die logistische Verteilung mit Parametern α und β. Sie wurde vielfach zur Beschreibung von Wachstumsprozessen verwendet, was aber z.T. heftig kritisiert wurde; s. etwa FELLER (71),S.53. 9. Im Jahre 1894 hat K.Pearson nachgewiesen, daß die Dichten vieler gängiger Verteilungen auf $\mathscr{B}$ der Differentialgleichung

(28.15) $$ f'(x) = \frac{(x+b_4) \cdot f(x)}{b_1 + b_2 x + b_3 x^2}, \quad x \in I, $$

für geeignete reelle Konstanten b_i und ein geeignetes Intervall I genügen. So erhält man etwa für $I = \mathbb{R}$ und $b_2 = b_3 = 0$, $b_1 < 0$ eine Dichte einer Normalverteilung. Je nach verschiedenen Voraussetzungen über die Konstanten b_i kann man durch die Lösungen von (28.15) verschiedene Klassen von Verteilungen definieren, welche die Pearsonschen Verteilungstypen heißen. Näheres findet man z.B. bei SCHMETTERER (66),S.102. 10. Bei Untersuchungen über Familien von Verteilungen $(P_\vartheta, \vartheta \in \Theta)$ über einem beliebigen Meßraum (S,γ) haben sich - insbesondere in der Statistik - vor allem solche Familien als nützlich erwiesen, bei denen die W-Maße P_ϑ bzgl. eines σ-endlichen Maßes μ Dichten der Gestalt

$$ x \to C(\vartheta) \cdot h(x) \cdot \exp\left(\sum_{j=1}^{n} g_j(\vartheta) T_j(x) \right), \quad x \in S, $$

besitzen, wobei $h: S \to \mathbb{R}_+$ und $T_j: S \to \mathbb{R}$ meßbare Abbildungen und $C: \Theta \to \mathbb{R}^+$ und $g_j: \Theta \to \mathbb{R}$ beliebige Abbildungen sind. Man nennt dann die Familie (P_ϑ) eine Exponentialfamilie oder auch eine Koopman-Pitman-Darmois-Familie (nach drei Statistikern, welche unabhängig voneinander die wichtigsten Eigenschaften solcher Familien entdeckten). Viele gängige Verteilungsfamilien, z.B. die Familien $(\pi(\alpha), \alpha \in \mathbb{R}^+)$, $(N(a,\sigma^2), (a,\sigma) \in \mathbb{R} \times \mathbb{R}^+)$ sind Exponentialfamilien. Näheres über Exponentialfamilien findet man z.B. bei WITTING (66).

§ 29. Ausblick auf Probleme bei unendlichen Familien von Zufallsvariablen

Die in den bisherigen Paragraphen behandelten Probleme ließen sich, von wenigen Ausnahmen abgesehen, mit Hilfe endlicher Familien von (i.a. reellen) Zva beschreiben. Bei stochastischen Modellen, die zu ihrer Formulierung eine unendliche Familie von Zva benötigen, treten neuartige Fragestellungen (z.B. Konvergenzprobleme) auf. Die eingehende Behandlung dieser Fragen erfolgt in der Theorie der Grenzwertsätze der W-Theorie und in der Theorie der stochastischen Prozesse. Hierbei werden neue Begriffsbildungen vorgenommen, die über das hinausführen, was wir unter den Grundbegriffen der W-Theorie verstehen. Wir wollen jedoch im folgenden wenigstens einige einfache derartige Fragestellungen behandeln, um dem Leser den Ausblick auf entsprechende weiterführende Probleme zu eröffnen.

A) Ein Irrfahrtproblem

Ist (X_n) eine unabhängige Folge von reellen und identisch verteilten Zva auf $(\Omega, \mathcal{A}, P)$, so bezeichnet man die durch $S_n := \sum_1^n X_\nu$, $n \in \mathbb{N}$, definierte Folge (S_n) von Zva als die zu (X_n) gehörige Irrfahrt. Wenn sich etwa ein Teilchen auf einer Geraden so bewegt, daß es zu den Zeitpunkten $n \in \mathbb{N}$ zufällige Schritte der Größe X_n ausführt, so gibt S_k den (zufälligen) Ort des Teilchens zum Zeitpunkt k an. Man veranschauliche sich eine solche Irrfahrt etwa so, daß man für verschiedene ω den Graphen von $n \to S_n(\omega)$ in einem Koordinatensystem aufzeichnet. Bei den einfachsten nicht-trivialen Irrfahrten gilt $P(X_1 = 1) = p$, $P(X_1 = -1) = q$ für Zahlen $p, q \in (0,1)$ mit $p + q = 1$. Zu jedem Zeitpunkt bewegt sich also das Teilchen mit Wahrscheinlichkeit p bzw. q um eine Einheit nach rechts bzw. links.

Wir wollen für die eben genannten einfachen Irrfahrten die beiden folgenden Fragen klären: Wie groß ist die Wahrscheinlichkeit α_z, daß das Teilchen bei seiner Irrfahrt mindestens einmal in den Punkt $z \in \mathbb{Z}$ gelangt? Wie groß ist (im Fall $\alpha_z = 1$) die mittlere Wartezeit m_z, bis das Teilchen zum ersten Mal nach z gelangt? Wir können uns hierbei auf $z \in \mathbb{N}_0$ beschränken, da man dann offensichtlich durch Vertauschung von p und q die Antwort für die Punkte -z, $z \in \mathbb{N}$, erhält.

Die Wartezeit bis zu dem Zeitpunkt, zu dem das Teilchen zum ersten Mal nach $i \in \mathbb{N}_0$ gelangt, ist $T_i := \inf\{n \in \mathbb{N}: S_n = i\}$. Dies ist eine Zva, denn es gilt $[T_i = n] = [S_\nu < i \text{ für } \nu < n, S_n = i] \in \mathcal{A}$ für $n \in \mathbb{N}$. Wir nennen T_i auch die Erstbesuchszeit in i; T_0 nennt man auch die Erstrückkehr-

zeit nach $i = 0$. Die Beantwortung der obigen Fragen erfordert die Berechnung von $\alpha_i = P(T_i < \infty)$ und $m_i = ET_i$ für $i \in \mathbb{N}_0$. Entscheidend ist

Lemma 29.1. *Die Erstbesuchszeit* T_i *hat die erzeugende Funktion*

$$g_i(s) = \left(\frac{1-\sqrt{1-4pqs^2}}{2qs}\right)^i, \quad s \in (0,1), \quad i \in \mathbb{N}.$$

Beweis. a) Wir zeigen zuerst, daß $g_i = g_1^i$, $i \in \mathbb{N}$, gilt. Zunächst ist

$$(29.1) \qquad P(T_{i+1} = k) = \sum_{n=1}^{k-1} P(T_i = n, T_{i+1} = k)$$

$$= \sum_{n=1}^{k-1} P(T_i = n, S_m - S_n < 1 \text{ für } n < m < k, \; S_k - S_n = 1).$$

Daraus, daß (X_n) eine unabhängige Folge identisch verteilter Zva ist,
schließt man leicht, daß die beiden Zve $(S_1, \ldots, S_n)$ und $(S_{n+1} - S_n, \ldots, S_k - S_n)$ voneinander unabhängig sind und daß letzterer dieselbe Verteilung
besitzt wie $(S_1, \ldots, S_{k-n})$. Aus (29.1) erhält man daher

$$P(T_{i+1} = k) = \sum_{1}^{k-1} P(T_i = n) P(S_m - S_n < 1 \text{ für } n < m < k, \; S_k - S_n = 1)$$

$$= \sum_{1}^{k-1} P(T_i = n) P(T_1 = k - n) = \sum_{0}^{k} P(T_i = n) P(T_1 = k - n).$$

Setzt man dies in die Potenzreihe von g_{i+1} ein, so ergibt der Multipli-
kationssatz für Potenzreihen $g_{i+1} = g_i g_1$, woraus die Behauptung durch
Induktion nach i folgt. b) Wir bestimmen nun g_1. Zunächst ist
$P(T_1 = 1) = p$. Nun wenden wir die 'Methode des ersten Schrittes' an, welche darin besteht, daß man das Ereignis, dessen Wahrscheinlichkeit zu
bestimmen ist, zerlegt nach den Möglichkeiten, die im ersten Schritt
auftreten können. Auf diese Weise erhalten wir für $k > 1$

$$P(T_1 = k) = P(X_1 = -1, T_1 = k) + P(X_1 = 1, T_1 = k) = P(X_1 = -1, T_1 = k)$$

$$= P(S_1 = -1, S_m - S_1 < 2 \text{ für } 1 < m < k, \; S_k - S_1 = 2) = q \cdot P(T_2 = k-1).$$

Hierbei haben wir die in a) angegebenen Eigenschaften des Zve
$(S_2 - S_1, \ldots, S_k - S_1)$ benützt. Wegen a) gilt dann für $s \in (0,1)$

$$g_1(s) = ps + qs \sum_{2}^{\infty} P(T_2 = k - 1) s^{k-1} = ps + qs \cdot g_1^2(s).$$

Die beiden Lösungen dieser quadratischen Gleichung in g_1 sind
$(1 \pm \sqrt{1-4pqs^2})/(2qs)$. Wegen $g_1(o) < \infty$ kommt für g_1 nur
$(1 - \sqrt{1-4pqs^2})/(2qs)$ in Frage, was zusammen mit a) die Behauptung liefert. ∎

Die Antwort auf unsere beiden obigen Fragen gibt nun

Satz 29.2. *Sei* (S_n) *die zu* (X_n) *gehörige Irrfahrt mit* $P(X_1 = 1) = p$
und $P(X_1 = -1) = q$ *für Konstanten* $p, q \in (0,1)$ *mit* $p + q = 1$. *Dann gilt:*

a) $P(T_i < \infty) = \min(1, (\frac{p}{q})^i)$ *und* $ET_i = \dfrac{i}{(p-q)^+}$, $i \in \mathbb{N}$.

b) $P(T_0 < \infty) = 2\min(p,q)$ *und* $ET_0 = \infty$.

Beweis. a) folgt durch einfache Rechnung aus 29.1, denn es gilt
(vgl. §10) $P(T_i < \infty) = g_i(1-) = g_1^i(1-)$, $ET_1 = g_1'(1-)$ und $ET_i = g_i'(1-) =$
$= i \cdot g_1^{i-1}(1-) \cdot g_1'(1-)$. b) Mit Hilfe der Methode des ersten Schrittes kann
man zeigen, daß

$$g_0(s) = qs \cdot g_1(s) + ps \cdot g_{-1}(s) = 1 - \sqrt{1 - 4pqs^2} \; , \quad s \in (0,1)$$

gilt, woraus die Behauptung durch einfache Rechnung folgt. Die Details
seien dem Leser überlassen.□

Wir entnehmen 29.2 die folgenden Informationen:
1) Der Punkt i = 1 wird genau dann P-f.s. besucht, falls $p \geq q$ ist. In
diesem Fall wird jeder der Punkte $i \in \mathbb{N}$ P-f.s. besucht, während der Punkt
$-i$, $i \in \mathbb{N}$, nur mit Wahrscheinlichkeit $(q/p)^i$ erreicht wird. Insbesondere
verläuft die Irrfahrt mit Wahrscheinlichkeit $1 - \frac{q}{p}$ ganz 'in der oberen
Halbebene'. Die mittlere Wartezeit bis zum ersten Besuch in i = 1 ist
nur für $p > q$ endlich, obwohl der Punkt i = 1 auch für p = q P-f.s. besucht wird.
2) In den Punkt i = 0 kehrt die Irrfahrt nur im Falle p = q P-f.s. zurück,
aber auch dann ist die mittlere Rückkehrzeit unendlich groß.
3) Das in Beispiel 7.4 behandelte Ruinproblem kann bei unendlich langer
Spieldauer als eine Irrfahrt aufgefaßt werden. Demgemäß erhalten wir
für die Wahrscheinlichkeit g_b, daß der Spieler bei Anfangskapital $b \in \mathbb{N}$
nie ruiniert wird, die Beziehung $g_b = P(T_{-b} = \infty) = 1 - \min(1, (\frac{q}{p})^b)$. Insbesondere ergibt sich $g_b = 0$ für $q \geq p$, was schon in Beispiel 7.4 plausibel
gemacht wurde.

B) Ein Grenzwertsatz für endliche homogene Ketten
Wir beginnen mit
Beispiel 29.1. D.Bernoulli und Laplace haben folgendes stochastisches
Modell für die Diffusion zweier inkompressibler Flüssigkeiten vorge-
schlagen: Zwei Urnen U_1 und U_2 enthalten insgesamt N schwarze und
N rote Kugeln, wobei sich zum Zeitpunkt n = 0 in jeder der beiden Urnen
genau N Kugeln befinden. Mit k bezeichnen wir die Anzahl der zum Zeitpunkt n = 0 in U_1 befindlichen roten Kugeln. Zu jedem der Zeitpunkte
$n \in \mathbb{N}$ wird gleichzeitig aus jeder der beiden Urnen rein zufällig und unabhängig voneinander je eine Kugel ausgewählt und jeweils in die andere
Urne gebracht. Man wird erwarten, daß sich im Laufe der Zeit infolge
"Konzentrationsausgleichs" die Verteilung der Anzahl X_n der unmittelbar
vor dem Zeitpunkt n in U_1 befindlichen roten Kugeln einer Grenzverteilung nähert (im Sinne der punktweisen Konvergenz der Z-Dichten), und
daß diese von k unabhängig ist. Wir werden diese Vermutung im folgenden
bestätigen und die Grenzverteilung berechnen. Man wird den obigen Vor-

gang folgendermaßen beschreiben: Sei $I := \{0,1,\ldots,N\}$, $\Omega := I^{\mathbb{N}}$,
$\mathcal{O}l := \overset{\infty}{\underset{1}{\otimes}} \mathcal{P}(I)$, $X_n := $ n-te Koordinatenvariable auf Ω, $n \in \mathbb{N}$. Auf $\mathcal{O}l$ legen
wir vermöge 20.12 in eindeutiger Weise ein W-Maß P fest, indem wir die
Dichte von X_1 sowie bedingte Z-Dichten von X_{n+1} bzgl. $(X_1,\ldots,X_n)$, $n \in \mathbb{N}$,
vorschreiben. Man wird $P(X_1 = i) = \delta_{ik}$, $i \in I$, sowie

$$(29.2) \qquad P(X_{n+1} = j \mid X_\nu = i_\nu, 1 \leq \nu < n; X_n = i) = \begin{cases} (N-i)^2/N^2 & j = i + 1, \\ 2i(N-i)/N^2 \text{ für} & j = i, \\ i^2/N^2 & j = i - 1, \end{cases}$$

vorschreiben. An den bedingten Zähldichten von X_{n+1} bzgl. $(X_1,\ldots,X_n)$
fällt auf, daß sie weder von n noch von den Werten abhängen, welche
$X_1,\ldots,X_{n-1}$ angenommen haben. Endliche Folgen mit der letztgenannten
Eigenschaft sind uns schon in §7 unter dem Namen "Markoffsche Ketten"
begegnet. Wir wollen uns nun mit entsprechenden unendlichen Folgen kurz
befassen.

Definition. Sei $I \neq \emptyset$ *eine abzählbare Menge und* (X_n) *eine Folge von
I-Zva. a) Die Folge* (X_n) *heißt eine* homogene Kette mit dem Zustandsraum I,
falls es eine ÜZ-Dichte p von I nach I gibt, welche für jedes $n \in \mathbb{N}$ *eine
bedingte Z-Dichte von* X_{n+1} *bzgl.* X_n *ist. Man nennt dann p eine zu* (X_n)
gehörige Übergangsmatrix *(kurz:* Ü-Matrix*). Die homogene Kette* (X_n) *heißt*
endlich, *falls ihr Zustandsraum endlich ist. b) Die Folge* (X_n) *heißt
eine* Markoffsche Kette*, falls es zu jedem* $n \in \mathbb{N}$ *eine ÜZ-Dichte* p_n *von I
nach I gibt, für welche*

$$(i_1, i_2, \ldots, i_{n+1}) \rightarrow p_n(i_n, i_{n+1})$$

eine bedingte Z-Dichte von X_{n+1} *bzgl.* $(X_1,\ldots,X_n)$ *ist.*

Bemerkungen. 1. Ist (X_n) eine Markoffsche Kette und hat (p_n) die in
obiger Definition angegebene Eigenschaft, so gilt für $n \in \mathbb{N}$ und
$(i_1,\ldots,i_{n+1}) \in I^{n+1}$ wegen (6.8)

$$(29.3) \qquad P(X_\nu = i_\nu, 1 \leq \nu \leq n+1) = P(X_1 = i_1) \prod_{\nu=1}^{n} p_\nu(i_\nu, i_{\nu+1}).$$

Hieraus folgt durch Summation über $i_1,\ldots,i_{n-1}$, daß $P(X_n = i_n, X_{n+1} = i_{n+1})$
$= P(X_n = i_n)p_n(i_n, i_{n+1})$ gilt. Nach 7.1 ist also p_n eine bedingte Z-Dichte
von X_{n+1} bzgl. X_n. 2. Aus Bemerkung 1 folgt leicht, daß eine Folge von
I-Zva X_n genau dann eine Markoffsche Kette ist, falls gilt:

$$n \in \mathbb{N}, \quad (i_1,\ldots,i_{n+1}) \in I^{n+1}, \quad P(X_\nu = i_\nu, 1 \leq \nu \leq n) > 0$$
$$\Rightarrow \quad P(X_{n+1} = i_{n+1} \mid X_\nu = i_\nu, 1 \leq \nu \leq n) = P(X_{n+1} = i_{n+1} \mid X_n = i_n).$$

Diese Eigenschaft wird in der Literatur häufig zur Definition der Markoffschen Ketten herangezogen.

Beispiele. 1. Man sieht unmittelbar, daß das in Beispiel 29.1 angegebene Bernoulli-Laplacesche Diffusionsmodell durch eine homogene Markoffsche Kette beschrieben wird. 2. Sei f eine Z-Dichte auf I und p eine

ÜZ-Dichte von I nach I. Mit Hilfe von 20.12 zeigt man leicht, daß es (i.a. unendlich viele) W-Maße P auf $\bigotimes_{1}^{\infty} \mathcal{P}(I)$ gibt, so daß die Folge der Koordinatenvariablen (Y_n) eine homogene Kette ist, bei der f die Z-Dichte von Y_1 und p eine Ü-Matrix von (Y_n) ist. Darüber hinaus ist (Y_n) für genau eines dieser W-Maße P eine homogene *Markoffsche* Kette. 3. Oft werden Markoffsche Ketten mit Hilfe einer unabhängigen Folge (X_n) definiert. Hierbei ist der folgende Satz nützlich, dessen einfacher Beweis dem Leser überlassen bleibe.

<u>Satz 29.3.</u> *Sei (X_n) eine Folge von $(\Omega', \dot{\alpha}')$-Zva und Y_0 eine I-Zva, $I \neq \emptyset$ abzählbar. Für $n \in \mathbb{N}$ sei $g_n : I \times \Omega' \to I$ eine Abbildung, für welche $g_n(i, \cdot)$ meßbar ist für $i \in I$. Ist die Folge $(Y_0, X_1, X_2, \ldots)$ unabhängig, so ist die durch $Y_n := g_n \circ (Y_{n-1}, X_n), n \in \mathbb{N}$, definierte Folge (Y_n) eine Markoffsche Kette. Es ist dann $(i,j) \to P(g_n \circ (i, X_n) = j)$ eine bedingte Z-Dichte von Y_n bzgl. $Y_{n-1}, n \in \mathbb{N}$.*

Mit Hilfe von 29.3 erhält man aus jeder unabhängigen Folge (X_n) viele Markoffsche Ketten. Ist etwa (X_n) eine unabhängige Folge von $\mathbb{Z}$-Zva, so sind die Folgen $(\sum_1^n X_\nu)$ und $(\max_{1 \leq \nu \leq n} X_\nu)$ Markoffsche Ketten.

Wir wenden uns nun der angekündigten Untersuchung des asymptotischen Verhaltens der Z-Dichten von X_n bei homogenen Ketten (X_n) mit endlichem Zustandsraum zu. Als Vorbereitung beweisen wir das einfache

<u>Lemma 29.4.</u> *Sei $I \neq \emptyset$ endlich und (X_n) eine Folge von I-Zva. Ist f_n die Z-Dichte von X_n und p_n eine bedingte Z-Dichte von X_{n+1} bzgl. X_n, $n \in \mathbb{N}$, so gilt (in Matrixschreibweise mit den Zeilenvektoren f_n)*

(29.4) $$ f_{n+1} = f_1 p_1 p_2 \cdots p_n, \quad n \in \mathbb{N}. $$

Beweis. Für $n \in \mathbb{N}$, $j \in I$ gilt nach 7.1

$$ P(X_{n+1} = j) = \sum_i P(X_{n+1} = j, X_n = i) = \sum_i P(X_n = i) p_n(i,j), $$

also $f_{n+1} = f_n p_n$. Hieraus folgt die Behauptung durch Induktion nach n. $\square$

<u>Bemerkung.</u> In der Literatur wird unseres Wissens 29.4 und der darauf beruhende Grenzwertsatz 29.5 nur unter der überflüssigen Annahme bewiesen, daß (X_n) eine Markoffsche Kette ist.

Nun sei (X_n) eine endliche homogene Kette mit der Ü-Matrix p. Die Elemente von p^n bezeichnen wir im folgenden stets mit $p_{ij}^{(n)}$; außerdem setzen wir $p_{ij}^{(o)} := \delta_{ij}$. Dann gilt $P(X_n = j) = \sum_i P(X_1 = i) \cdot p_{ij}^{(n-1)}$, $n \in \mathbb{N}, j \in I$. Existiert $\pi := \lim_n p^n$ (elementweise), so konvergiert offensichtlich $P(X_n = j)$ gegen $\sum_i P(X_1 = i) \cdot \pi_{ij}$. Daher werden wir das Verhalten von p^n für $n \to \infty$ studieren. Es braucht p^n keineswegs immer zu konvergieren. Ist etwa $p_1 := \begin{pmatrix} 0 & 1 \\ 1 & 0 \end{pmatrix}$, so gilt $p_1^{2n+1} = p_1$ und $p_1^{2n} = \begin{pmatrix} 1 & 0 \\ 0 & 1 \end{pmatrix}$, $n \in \mathbb{N}$. Die Divergenz von p_1^n ist nicht verwunderlich, denn bei einer homogenen Kette mit der Ü-Matrix p_1 wandert X_n beständig zwischen den beiden möglichen Zuständen hin und her. Dieses Verhalten ist ausgeschlossen bei der Ü-Matrix $p_2 := \begin{pmatrix} 1-\alpha & \alpha \\ \beta & 1-\beta \end{pmatrix}$, sofern man $0 \leq \alpha, \beta \leq 1$ und $0 < \alpha + \beta < 2$ voraussetzt. Durch Induktion zeigt man leicht, daß

$$p_2^n = \frac{1}{\alpha+\beta} \left\{ \begin{pmatrix} \beta & \alpha \\ \beta & \alpha \end{pmatrix} + (1-\alpha-\beta)^n \begin{pmatrix} \alpha & -\alpha \\ -\beta & \beta \end{pmatrix} \right\}, \quad n \in \mathbb{N}_0,$$

gilt und daher p_2^n gegen $\begin{pmatrix} \beta & \alpha \\ \beta & \alpha \end{pmatrix} / (\alpha+\beta)$ konvergiert. Hieran fällt auf, daß $\lim_n p_2^n$ identische Zeilen besitzt und diese Z-Dichten sind. Wir wollen nun Bedingungen kennenlernen, unter denen dies allgemein bei homogenen Ketten der Fall ist.

Satz 29.5. *Sei* $I \neq \emptyset$ *eine endliche Menge und* p *eine ÜZ-Dichte von* I *nach* I. *Dann sind folgende Aussagen äquivalent:*

(a) *Für ein* $n \in \mathbb{N}$ *besitzt die Matrix* p^n *eine strikt positive Spalte.*

(b) *Es konvergiert* (p^n) *gegen eine Matrix* π *mit lauter identischen Zeilen.*

(c) *Für jede homogene Kette* (X_n) *mit der Ü-Matrix* p *konvergiert die Z-Dichte von* X_n *gegen dieselbe Funktion* f.

Beweis. α) Wir zeigen (a)⟹(b): Dazu genügt es zu zeigen, daß für jedes (im folgenden festgehaltene) $j \in I$ die Folge der j-ten Spaltenminima $m_n := \min_{i \in I} p_{ij}^{(n)}$ und die Folge der j-ten Spaltenmaxima $M_n := \max_{i \in I} p_{ij}^{(n)}$ gegen denselben Grenzwert konvergieren. Zunächst gilt für $n \in \mathbb{N}_0$

$$m_{n+1} = \min_i \sum_k p_{ik} p_{kj}^{(n)} \geq \min_i \sum_k p_{ik} m_n = m_n.$$

Somit ist die beschränkte Folge (m_n) isoton, sie konvergiert also gegen eine (von j abhängige) Zahl m. Analog zeigt man, daß (M_n) antiton gegen eine (von j abhängige) Zahl M konvergiert. Wegen $m_n \leq M_n$ für $n \in \mathbb{N}_0$ ist $m \leq M$. Für $n \in \mathbb{N}_0$, $r \in \mathbb{N}$ gilt nun

$$M_{n+r} - m_{n+r} = \max_{\alpha \in I} \sum_k p_{\alpha k}^{(r)} p_{kj}^{(n)} - \min_{\beta \in I} \sum_k p_{\beta k}^{(r)} p_{kj}^{(n)} = \max_{(\alpha,\beta)} \sum_k (p_{\alpha k}^{(r)} - p_{\beta k}^{(r)}) p_{kj}^{(n)}$$

$$= \max_{(\alpha,\beta)} \sum_k \left[(p_{\alpha k}^{(r)} - p_{\beta k}^{(r)})^+ - (p_{\alpha k}^{(r)} - p_{\beta k}^{(r)})^- \right] p_{kj}^{(n)}$$

$$\leq \max_{(\alpha,\beta)} \left[\sum_k (p_{\alpha k}^{(r)} - p_{\beta k}^{(r)})^+ M_n - \sum_k (p_{\alpha k}^{(r)} - p_{\beta k}^{(r)})^- m_n \right]$$

$$= \max_{(\alpha,\beta)} \sum_k (p_{\alpha k}^{(r)} - p_{\beta k}^{(r)})^+ (M_n - m_n).$$

Hierbei wurde $\sum_k (p_{\alpha k}^{(r)} - p_{\beta k}^{(r)})^- = \sum_k (p_{\alpha k}^{(r)} - p_{\beta k}^{(r)})^+ - \sum_k (p_{\alpha k}^{(r)} - p_{\beta k}^{(r)}) = \sum_k (p_{\alpha k}^{(r)} - p_{\beta k}^{(r)})^+$ benützt.

Nun wählen wir r so, daß p^r eine strikt positive Spalte hat. Es ist dann $K := \{i \in I: \text{die i-te Spalte von } p^r \text{ ist strikt positiv}\}$ nicht leer. Außerdem ist dann $\delta := \min_{(i,k) \in I \times K} p_{ik}^{(r)} > 0$. Für $\alpha, \beta \in I$ gilt dann

$$0 \leq \sum_{k \in I} (p_{\alpha k}^{(r)} - p_{\beta k}^{(r)})^+ \leq \sum_{k \in K} (p_{\alpha k}^{(r)} - \delta) + \sum_{k \in I-K} p_{\alpha k}^{(r)} = 1 - |K| \delta < 1.$$

Für $n \in \mathbb{N}_0$ gilt also $M_{n+r} - m_{n+r} \leq (1-|K|\delta)(M_n - m_n)$. Hieraus und aus $M_0 - m_0 = 1$ folgt durch Induktion $M_{sr} - m_{sr} \leq (1-|K|\delta)^s \to 0$ $(s \to \infty)$. β) Die Implikation (b)⟹(c) ergibt sich aus der 29.5 vorangestellten Überlegung, wobei f mit jeder der Zeilen von π übereinstimmt. γ) Die Implikation (c)⟹(b) ergibt sich, indem man für jedes $i_0 \in I$ eine homogene Kette mit $\mathfrak{W}(X_1) = \delta_{i_0}$ betrachtet. δ) Es ist noch (b)⟹(a) zu zeigen. Zunächst sieht man leicht, daß die Zeilensummen von p^n gleich Eins sind. Bezeichnet man eine der identischen Zeilen von π mit (π_j), so gilt $1 = \sum_j p_{ij}^{(n)} \to \sum_j \pi_j$, also $\sum_j \pi_j = 1$. Es ist somit $\pi_\ell > 0$ für mindestens ein $\ell \in I$. Aus $p_{i\ell}^{(n)} \to \pi_\ell > 0$ folgt dann unter Beachtung der Endlichkeit von I, daß für ein hinreichend großes n die Zahlen $p_{i\ell}^{(n)}$, $i \in I$, strikt positiv sind. □

Aus dem Beweis von 29.5 kann man leicht für die Geschwindigkeit der Konvergenz der Zeilen von p^n gegen f die folgende Abschätzung gewinnen:

$$|p_{ij}^{(n)} - f(j)| \leq (1-|K_r|\delta_r)^{[n/r]}, \quad n \in \mathbb{N}.$$

Hierbei ist r eine beliebige natürliche Zahl, für welche $K_r := \{i \in I: \text{die } i\text{-te Spalte von } p^r \text{ ist strikt positiv}\}$ nicht leer ist, und es ist $\delta_r := \min_{(i,k) \in I \times K_r} p_{ik}^{(r)}$.

Satz 29.6. *Ist eine der Bedingungen (a) bis (c) in 29.5 erfüllt, so gilt: Die Funktion f ist eine Z-Dichte, sie stimmt mit jeder Zeile von π überein, und f ist die einzige Z-Dichte auf I, welche der Gleichung f = fp genügt.*

Beweis. Daß f eine Z-Dichte ist und mit jeder Zeile von π übereinstimmt, ergab sich schon beim Beweis von 29.5. Aus $p^{n+1} = p^n p$ folgt durch den Grenzübergang $n \to \infty$, daß $\pi = \pi p$, also $f = fp$ gilt. Ist nun g eine Z-Dichte auf I mit $g = gp$, so gilt auch $g = gp^n$ für $n \in \mathbb{N}$. Lassen wir n gegen Unendlich gehen, so ergibt sich $g = g\pi$, also $g(i) = f(i) \sum_j g(j) = f(i)$, $i \in I$. □

Wir wenden nun 29.5 und 29.6 auf Beispiel 29.1 mit $N > 1$ an. Hierbei ist $I = \{0,1,\ldots,N\}$, $p_i := p_{i,i+1} := (N-i)^2/N^2$, $r_i := p_{ii} = 2i(N-i)/N^2$, $q_i := p_{i,i-1} := i^2/N^2$ und $p_{ij} := 0$ für $|i-j| > 1$. Aus $p_{ik}^{(n+1)} = \sum_j p_{ij}^{(n)} p_{jk} \geq p_{i\ell}^{(n)} p_{\ell k}$ für $i,k,\ell \in I$ folgt leicht, daß für genügend großes r eine Spalte von p^r strikt positiv ist. Nach 29.5 und 29.6 konvergiert also die Folge der Z-Dichten von X_n für $n \to \infty$ gegen die einzige Z-Dichte f, welche der Gleichung f = fp, d.h.

(29.5) $$f_i = f_{i-1}p_{i-1} + f_i r_i + f_{i+1}q_{i+1}, i \in I,$$

genügt. Hierbei ist in (29.5) zu setzen: $f_{-1} := p_{-1} := f_{N+1} := q_{N+1} := 0$. Wegen $p_i + q_i + r_i = 1$ für $i \in I$ erhält man aus (29.5) für $0 \leq i < N$ und $q_0 := 0$

$f_{i+1}q_{i+1} - f_i p_i = f_i q_i - f_{i-1}p_{i-1}$. Induktion nach i ergibt $f_{i+1}q_{i+1} - f_i p_i =$

$= f_0 q_0 - f_{-1}p_{-1} = 0$, also $f_{i+1} = \dfrac{p_i}{q_{i+1}} f_i$. Erneute Induktion nach i liefert

$f_{i+1} = f_0 \prod\limits_{\nu=0}^{i} (p_\nu/q_{\nu+1}) =: f_0 c_{i+1}$. Wird noch $c_0 := 1$ gesetzt, so bestimmt

sich f_0 aus $1 = \sum\limits_o^N f_i = f_0 \sum\limits_o^N c_i$. Insgesamt erhalten wir

(29.6) $\qquad f_i = c_i \Big/ \sum\limits_o^N c_\nu , i \in I$, mit $c_i := \prod\limits_{\nu=0}^{i-1} (p_\nu/q_{\nu+1})$, $0 \le i \le N$.

In Beispiel 29.1 ergibt sich $c_i = \prod\limits_o^{i-1} (N-\nu)^2/(\nu+1)^2 = \binom{N}{i}^2$, $0 \le i \le N$. Die Be-

rechnung von $\sum\limits_o^N c_\nu$ können wir uns ersparen, wenn wir beachten, daß die

hypergeometrische Verteilung H(N,N,N) die Z-Dichte

$$i \to \binom{N}{i}\binom{N}{N-i} \Big/ \binom{2N}{N} = \binom{N}{i}^2 \Big/ \binom{2N}{N}$$

besitzt. Somit ist f die Z-Dichte von H(N,N,N), der Verteilung der Anzahl der roten Kugeln, die man beim N-maligen Ziehen ohne Zurücklegen
aus einer Urne erhält, falls diese N rote und N schwarze Kugeln enthält.

C) Ein Verzweigungsprozeß

Ein Teilchen, das als nullte Generation angesehen wird, sei fähig,
Teilchen derselben Art zu produzieren, welche zusammen die erste Generation bilden. Danach stirbt das Ausgangsteilchen ab. Dieser Vorgang
wiederhole sich, solange Teilchen vorhanden sind, wobei die direkte
Nachkommenschaft der Teilchen der n-ten Generation die (n+1)-te Generation bildet. Jedes Teilchen produziere unabhängig vom Verhalten anderer Teilchen mit der Wahrscheinlichkeit p_k genau k Teilchen, $k \in \mathbb{N}_0$.
Beispiele für derartige Vorgänge, welche Verzweigungsprozesse genannt
werden, sind nukleare Kettenreaktionen oder die Verbreitung eines (nur
durch männliche Nachkommen vererbten) Familiennamens. Bei Verzweigungs-
prozessen interessiert man sich z.B. für die Wahrscheinlichkeit α, daß
die Teilchen einmal aussterben (d.h. eine der Generationen keine Nachkommen besitzt), und im Fall $\alpha = 1$ für die mittlere Anzahl M aller im
Prozeß aufgetretenen Teilchen.

Wir führen nun Bezeichnungen für die im Prozeß vorkommenden Teilchen
ein, wobei wir aus formalen Gründen zulassen, daß jedes Teilchen abzählbar unendlich viele direkte Nachkommen hat, von denen jedoch nur endlich
viele mit positiver Wahrscheinlichkeit auftreten. Mit O bezeichnen wir
das Ausgangsteilchen, mit m_1 den m_1-ten direkten Nachkommen des Aus-
gangsteilchens, mit (m_1,m_2) den m_2-ten direkten Nachkommen von m_1 und
allgemein für $n \in \mathbb{N}$ und $i := (m_1,\ldots,m_n) \in \mathbb{N}^n$ mit (i,m_{n+1}) den m_{n+1}-ten

direkten Nachkommen von i. Es sei $I := \bigcup_0^\infty \mathbb{N}^n$ mit $\mathbb{N}^0 := \{0\}$. Wir wählen
dann $\Omega := \mathbb{N}_0^I$, $\mathcal{O} := \underset{i \in I}{\otimes} \mathcal{P}(\mathbb{N}_0)$, $Y_i :=$ i-te Koordinatenvariable und
$P := \underset{i \in I}{\times} Q$, wobei Q das W-Maß auf $\mathcal{P}(\mathbb{N}_0)$ mit der Z-Dichte $k \to p_k$ ist. In
diesem Modell sei dann Y_i die Anzahl der direkten Nachkommen des Teil-
chens i; die Wahl von P bewirkt, daß die Familie $(Y_i, i \in I)$ stochastisch
unabhängig ist. Es ist für $m_1, k \in \mathbb{N}$

$$X_{m_1 k} := \sum_{m_2 = 1}^{Y_{m_1}} \sum_{m_3 = 1}^{Y_{(m_1, m_2)}} \cdots \sum_{m_k = 1}^{Y_{(m_1, \ldots, m_{k-1})}} Y_{(m_1, \ldots, m_k)}$$

die Anzahl derjenigen Nachkommen von m_1, welche zur (k+1)-ten Generation gehören. Ferner gibt die Zufallssumme

$$(29.7) \qquad X_{n+1} := \sum_{m_1 = 1}^{Y_0} X_{m_1 n}$$

die Anzahl der Teilchen der (n+1)-ten Generation an, $n \in \mathbb{N}$. Entsprechend
setzen wir $X_0 :\equiv 1$ und $X_1 := Y_0$.

Der folgende Satz gibt Auskunft über die Aussterbewahrscheinlichkeit
$\alpha = P(\bigcup_0^\infty [X_n = 0])$ und über die mittlere Teilchenanzahl $M = E\sum_0^\infty X_n$. Hierbei
können wir die trivialen Fälle $p_0 = 0$ und $p_0 = 1$ ausschließen.

Satz 29.7. *Es sei* h *die erzeugende Funktion der Anzahl der direkten*
Nachkommen eines Teilchens. Ferner sei $p_0 \neq 0$ *und* $p_0 \neq 1$. *Dann gilt:*
a) *Im Fall* $EY_0 \leq 1$ *ist* $\alpha = 1$.
b) *Im Fall* $EY_0 > 1$ *ist* α *die einzige (in* (0,1) *gelegene) Lösung der*
Gleichung $s = h(s)$.
c) *Stets ist* $M = 1/(1 - EY_0)^+$.

Beweis. α) Es sei g_n die stetige Fortsetzung der erzeugenden Funktion
von X_n auf $<0,1>, n \in \mathbb{N}$. Ferner sei $g := g_1$. Aus der Definition von $X_{m_1 n}$
folgt, daß die Familie $(Y_0, X_{1n}, X_{2n}, \ldots)$ unabhängig ist und daß
$\mathcal{W}(X_{m_1 n}) = \mathcal{W}(X_n)$ für $m_1, n \in \mathbb{N}$ gilt. Aus (29.7) und 26.4 folgt dann

$$g_{n+1}(s) = Es^{X_{n+1}} = \int P_{Y_0}(dk) Es^{\sum_1^k X_{m_1 n}} = \sum_{k=0}^\infty p_k (g_n(s))^k = g(g_n(s)),$$

also

$$(29.8) \qquad g_{n+1} = g \circ g_n, \quad n \in \mathbb{N}.$$

Nun sei $\alpha_n := P(X_n = 0), n \in \mathbb{N}$. Dann gilt $0 < p_0 = \alpha_1$. Die Folge der Mengen
$[X_n = 0]$ konvergiert isoton gegen $\bigcup_0^\infty [X_n = 0]$, Nach 15.5 konvergiert dann
(α_n) isoton gegen $P(\bigcup_0^\infty [X_n = 0]) = \alpha \leq 1$. Aus (29.8) und der Stetigkeit von
g folgt $0 < \alpha_{n+1} = g_{n+1}(0) = g(g_n(0)) = g(\alpha_n), n \in \mathbb{N}$, und mit $n \to \infty$, daß α
eine Lösung von $s = g(s)$ ist. Wenn δ eine beliebige Lösung dieser Glei-
chung ist, muß $\alpha_1 = g(0) < g(\delta) = \delta$ gelten, da $p_0 < 1$ die strikte Isotonie
von g impliziert. Ist ferner $\alpha_n < \delta$ für ein $n \in \mathbb{N}$, so folgt

$\alpha_{n+1} = g(\alpha_n) < g(\delta) = \delta$ und daher mit Induktion $\alpha \leq \delta$. Somit ist α die kleinste Lösung von $s = g(s)$. β) Nun unterscheiden wir zwei Fälle, die man sich durch eine Skizze für den Graphen von g veranschauliche. Fall 1: Es sei $g(s) > s$ für $s \in (0,1)$, also $\alpha = 1$. Da g stetig differenzierbar ist, gilt $EY_0 = g'(1-) = \lim_{s \uparrow 1} \frac{1-g(s)}{1-s} \leq 1$. Fall 2: Es sei $g(t) \leq t$ für ein $t \in (0,1)$. Dann ist $p_0 + p_1 < 1$, da im andern Falle $g(t) = p_0 + p_1 t \leq t = p_0 t + p_1 t$, also $p_0 = 0$ wäre im Widerspruch zur Voraussetzung. Es ist somit $g''(s) = \sum_{k=2}^{\infty} k(k-1)p_k s^{k-2} > 0$ für $s \in (0,1)$. Bekanntlich ist dann g strikt konvex. Wegen $g(0) = p_0 > 0$ schneidet also der Graph von g die erste Mediane außer im Punkt $(1|1)$ in genau einem weiteren Punkt, der offensichtlich $(\alpha | g(\alpha))$ sein muß. Nach dem Mittelwertsatz der Differentialrechnung gibt es dann ein $x \in (\alpha, 1)$ mit $g'(x) = 1$. Wegen $g'' > 0$ ist g' strikt isoton, woraus sich $EY_0 = g'(1-) > g'(x) = 1$ ergibt. Damit sind die Teile a) und b) bewiesen. γ) Aus (29.8) folgt wegen der Stetigkeit von g' $\quad EX_{n+1} = g'_{n+1}(1-) = g'(g_n(1))g'_n(1-) = g'(1)g'_n(1-) = EY_0 EX_n$, $n \in \mathbb{N}$. Induktion ergibt $EX_n = (EY_0)^n$, $n \in \mathbb{N}$, also

$$M = E\sum_0^{\infty} X_n = \sum_0^{\infty} EX_n = \sum_0^{\infty} (EY_0)^n = 1/(1-EY_0)^+. \quad \square$$

D) Der Poisson-Prozeß

Ist (T_i) eine unabhängige Folge identisch verteilter $\mathbb{R}_+$-Zva mit $P(T_1 = 0) < 1$, so heißt die Folge $(S_n, n \in \mathbb{N}_0)$ der Partialsummen $S_n := \sum_{i=1}^{n} T_i$ der zur Folge (T_i) gehörige Erneuerungsprozeß. Die Namensgebung erklärt sich aus folgender Anwendung: Die Lebensdauer eines Gerätes (z.B. einer elektrischen Sicherung) kann als eine Zva T_1 angesehen werden. Sobald das Gerät ausfällt, wird es erneuert, d.h. durch ein gleichartiges ersetzt, dessen Lebensdauer T_2 sei, etc. Es ist dann S_n der (zufällige) Zeitpunkt, zu dem die n-te Erneuerung vorgenommen wird. Für jedes $t \in \mathbb{R}_+$ gibt die erweitert-reelle Zva

$$N_t := \sum_{n=1}^{\infty} 1_{[S_n \leq t]} = \sup\{n \in \mathbb{N}_0 : S_n \leq t\}$$

die Anzahl der Erneuerungen im Zeitintervall $(0,t)$ an. Die Familie $(N_t, t \in \mathbb{R}_+)$ heißt der zum Erneuerungsprozeß (S_n) gehörige Zählprozeß. Die Verteilung von N_t erhält man aus $\mathcal{W}(T_1)$ auf folgende Weise: Bezeichnen wir die Vf von T_1 mit F, so ist $F_n := F^{n*}$ (mit $F^{1*} := F$ und $F^{0*} := 1_{\mathbb{R}_+}$) die Vf von S_n, $n \in \mathbb{N}_0$. Wegen $[N_t = n] = [S_n \leq t] - [S_{n+1} \leq t]$ gilt dann

(29.9) $\qquad P(N_t = n) = F_n(t) - F_{n+1}(t)$, $n \in \mathbb{N}_0$, $t \in \mathbb{R}_+$.

Ein wichtiger Sonderfall ergibt sich, falls $\mathcal{W}(T_1) = \exp(\alpha)$ ist. Man nennt dann $(N_t, t \in \mathbb{R}_+)$ einen Poisson-Zählprozeß. Die Namensgebung rührt daher, daß genau in diesem Fall N_t für alle $t \in \mathbb{R}^+$ die Poisson-Verteilung $\pi(\alpha t)$ besitzt: Im Fall $\mathfrak{W}(T_1) = \exp(\alpha)$ ist ja $\mathfrak{W}(S_n) = \Gamma_{\alpha,n}$, also $P(N_t = n) = (\alpha t)^n e^{-\alpha t}/n!$, $n \in \mathbb{N}_o$, $t \in \mathbb{R}^+$, nach (29.9) und 28.9e. Andererseits folgt aus $\mathfrak{W}(N_t) = \pi(\alpha t)$, $t \in \mathbb{R}^+$, die Beziehung $P(T_1 \leq t) = P(N_t \geq 1) = 1 - P(N_t = 0) = 1 - e^{-\alpha t}$, $t \in \mathbb{R}^+$, also $\mathfrak{W}(T_1) = \exp(\alpha)$.

Wir wollen nun eine Eigenschaft des Poisson-Zählprozesses kennenlernen. In der folgenden Definition setzen wir $\infty - \infty := 0$.

$\underline{\text{Definition.}}$ *Eine Familie* $(Y_t, t \in \mathbb{R}_+)$ *von* $\overline{\mathbb{N}}_o$*-Zva heißt ein* $\underline{\textit{Poisson-}}$ $\underline{\textit{prozeß}}$ *mit Parameter* $\alpha \in \mathbb{R}^+$, *falls sie folgende Eigenschaften besitzt:*
1) *Die Familie* $(Y_t, t \in \mathbb{R}_+)$ *hat* $\underline{\text{unabhängige Zuwächse}}$, *d.h. für jedes* $n \geq 3$ *und für jede Wahl von Zeitpunkten* $0 \leq t_1 < t_2 < \ldots < t_n$ *ist die Familie* $(Y_{t_2} - Y_{t_1}, Y_{t_3} - Y_{t_2}, \ldots, Y_{t_n} - Y_{t_{n-1}})$ *stochastisch unabhängig.*
2) *Die Familie* $(Y_t, t \in \mathbb{R}_+)$ *hat* $\underline{\text{stationäre Zuwächse}}$, *d.h. für jede Wahl von* $0 \leq s < t$ *und* $h > 0$ *gilt* $\mathfrak{W}(Y_{t+h} - Y_{s+h}) = \mathfrak{W}(Y_t - Y_s)$.
3) $\mathfrak{W}(Y_t) = \pi(\alpha t)$, $t \in \mathbb{R}^+$.
4) $\mathfrak{W}(Y_o) = \delta_o$. *(Aus 2) folgt dann* $\mathfrak{W}(Y_t - Y_s) = \mathfrak{W}(Y_{t-s})$ *für* $0 \leq s < t$.)

Die Gültigkeit des folgenden Satzes wird in der Literatur manchmal stillschweigend unterstellt.

$\underline{\text{Satz 29.8.}}$ *Jeder Poisson-Zählprozeß ist ein Poisson-Prozeß.*

Beweis. a) Zunächst sieht man leicht ein, daß $\mathfrak{W}(N_o) = \delta_o$ ist. b) Nun wollen wir zeigen, daß für $n \in \mathbb{N}$, $(k_1, \ldots, k_n) \in \mathbb{N}_o^n$ und $0 =: t_o < t_1 < \ldots < t_n$ gilt

$$p := P(N_{t_i} - N_{t_{i-1}} = k_i, \ 1 \leq i < n; \ N_{t_n} - N_{t_{n-1}} \geq k_n)$$
$$= P(N_{t_i} - N_{t_{i-1}} = k_i, \ 1 \leq i < n) \cdot P(N_{t_n} - N_{t_{n-1}} \geq k_n).$$

Zum Nachweis dieser Beziehung dürfen wir $\textrm{\OE}$ $k_n \geq 1$ annehmen. Wir setzen $a_i := \sum_{j=1}^{i} k_j$ für $1 \leq i \leq n$, $a := a_{n-1}$, $b := a_n$, $r := t_{n-1}$, $t := t_n$. Zunächst gilt dann $p = P(N_{t_i} = a_i, 1 \leq i < n; \ N_t \geq b) = P(S_{a_i} \leq t_i < S_{a_i+1}, 1 \leq i < n; \ S_b \leq t)$. Der Zve $S := (S_1, S_2, \ldots, S_a)$ ist von $(T_{a+1}, S_b - S_a)$ unabhängig. Da sich p in der Form $p = P((S, T_{a+1}, S_b - S_a) \in B)$ für ein $B \in \mathscr{B}_{a+2}$ schreiben läßt, erhält man nach 20.7a die Beziehung $p = \int P_S(ds) P((T_{a+1}, S_b - S_a) \in B_s)$, die sich umformen läßt zu

$$(29.10) \qquad p = \int_D P_S(ds) P(r < s_a + T_{a+1}, s_a + \sum_{a+1}^{b} T_i \leq t) \text{ mit}$$

$$D := \{(s_1, \ldots, s_a) \in \mathbb{R}^a : s_{a_i} \leq t_i < s_{a_i+1} \text{ für } 1 \leq i \leq n-1; \ s_a \leq r\}.$$

Der Integrand f in (29.10) hat an der festen Stelle $s_a =: v$ nach 20.7a den Wert

$$f(v) = P(r < T_{a+1} + v \leq t, \sum_{a+2}^{b} T_i \leq t - T_{a+1} - v) = \int_{(r-v, t-v)} P_{T_{a+1}}(dy) P(\sum_{a+2}^{b} T_i \leq t - y - v).$$

Ist F_n die Vf von S_n, $n \in \mathbb{N}_o$, so gilt also

$$f(v) = \int_r^t F_{k_n-1}(t-y) \alpha e^{-\alpha(y-v)} dy = e^{-\alpha(r-v)} \int_0^{t-r} F_{k_n-1}(t-r-x) F_1(dx)$$

$$= P(T_{a+1} > r - v)F_{k_n}(t - r) =: P(T_{a+1} > r - v) \cdot C.$$

Aus (29.10) und 20.7a folgt dann

$$p = C \int_D P_S(ds)P(T_{a+1} > r - s_a) = C \cdot P(S_{a_i} \leq t_i < S_{a_{i+1}}, \; 1 \leq i < n)$$

$$= C \cdot P(N_{t_i} - N_{t_{i-1}} = k_i, \; 1 \leq i < n).$$

Summiert man hierin - falls $n > 1$ ist - über $(k_1, \ldots, k_{n-1}) \in \mathbb{N}_0^{n-1}$, so folgt $C = P(N_{t_n} - N_{t_{n-1}} \geq k_n)$, $n \in \mathbb{N}$, und damit die Behauptung. c) Wird $Z_i := N_{t_i} - N_{t_{i-1}}$, $1 \leq i \leq n$, gesetzt, so erhält man aus b)

$$P(Z_i = k_i, \; 1 \leq i \leq n) = P(Z_i = k_i, \; 1 \leq i < n; \; Z_n \geq k_n) - P(Z_i = k_i, \; 1 \leq i < n; \; Z_n \geq k_n + 1)$$

$$= P(Z_i = k_i, \; 1 \leq i < n) \cdot P(Z_n = k_n).$$

Durch Induktion ergibt sich dann $P(Z_i = k_i, \; 1 \leq i \leq n) = \prod_1^n P(Z_i = k_i)$, also die Unabhängigkeit von $(Z_i, \; 1 \leq i \leq n)$. Dies zeigt, daß der Prozeß $(N_t, t \in \mathbb{R}_+)$ unabhängige Zuwächse hat. d) Aus der in b) bewiesenen Beziehung $P(N_t - N_r \geq k_n) = C = F_{k_n}(t - r)$ folgt für $k \in \mathbb{N}$ wegen 28.9e

$$P(N_t - N_r = k) = P(N_t - N_r \geq k) - P(N_t - N_r \geq k+1) = F_k(t - r) - F_{k+1}(t - r)$$

$$= \frac{\alpha^k}{k!} (t - r)^k \exp(-\alpha(t - r)).$$

Wegen $P(N_t - N_r < \infty) = 1$ ist auch $P(N_t - N_r = 0) = \exp(-\alpha(t - r))$. Insgesamt erhält man $\mathcal{W}(N_t - N_r) = \pi(\alpha(t - r))$. $\square$

Der Poisson-Prozeß dient oft als Modell für Erscheinungen, die sich anschaulich als 'rein zufällige Aufteilung' von abzählbar unendlich vielen Punkten auf $\mathbb{R}_+$ beschreiben lassen. (Beispiele für solche Erscheinungen sind - unter gewissen Voraussetzungen - die Folge der Ankunftszeiten von Kunden vor einem Schalter oder die Folge der Zeitpunkte, zu denen radioaktive Teilchen einen Geigerzähler treffen.)

Eine weitere Situation, in der ein Poisson-Prozeß auftritt, beschreibt Satz 29.9. *Es sei* $0 \leq S_1 \leq S_2 \leq \ldots$ *eine Folge von* $\mathbb{R}_+$-*Zva. Die durch*

$$X_t := \sum_1^\infty 1_{[S_\nu \leq t]}, \; t \in \mathbb{R}_+, \text{ definierte Familie } (X_t) \text{ ist genau dann ein Poisson-}$$

Prozeß, falls gilt:

1) (X_t) *hat unabhängige und stationäre Zuwächse und* $\mathcal{W}(X_0) = \delta_0$.

2) $P(X_t > 1) = o(t)$ $(t \to 0)$.

3) $0 < P(X_s = 0) < 1$ *für ein* $s \in \mathbb{R}^+$.

Sind diese Bedingungen erfüllt, so existiert $\alpha := \lim_{t \to 0} P(X_t = 1)/t$, *und* α *ist der Parameter des Poisson-Prozesses* (X_t).

Beweis. a) Ist (X_t) ein Poisson-Prozeß, so prüft man leicht nach, daß die Bedingungen 1) bis 3) erfüllt sind. b) Nun genüge (X_t) den Bedingungen 1) bis 3). Wir setzen $W_n(t) := P(X_t = n)$, $t \in \mathbb{R}_+$, $n \in \mathbb{N}_0$. b_1) Für $s, t \in \mathbb{R}^+$ gilt

$$W_0(t + s) = P(X_{t+s} = 0) = P(X_t = 0, X_{t+s} = 0) = P(X_t = 0, X_{t+s} - X_t = 0)$$

$$= P(X_t = 0)P(X_{t+s} - X_t = 0) = W_0(t)W_0(s).$$

Da W_0 beschränkt ist und nach 3) weder identisch Null noch identisch Eins sein kann, gibt es nach 28.6 und wegen $\mathcal{W}(X_0) = \delta_0$ ein $\alpha \in \mathbb{R}^+$ mit

(29.11) $$W_0(t) = e^{-\alpha t}, \quad t \in \mathbb{R}_+.$$

Es gilt dann

(29.12) $$(1 - W_0(t))/t \to \alpha \quad (t \to 0).$$

Hieraus und aus 2) erhält man

$$W_1(t)/t = P(X_t = 1)/t = (1 - W_0(t))/t - P(X_t > 1)/t \to \alpha \quad (t \to 0)$$

und $0 \le W_n(t)/t \le (1 - W_0(t) - W_1(t))/t \to 0 \quad (t \to 0), \; n > 1.$

Somit gilt

(29.13) $$W_n(t)/t \to \alpha \cdot \delta_{n1} \quad (t \to 0), \; n \in \mathbb{N},$$

und

(29.14) $$W_n(t) \to \delta_{no} \quad (t \to 0), \; n \in \mathbb{N}_o.$$

b_2) Wir zeigen nun, daß W_n für $n > 0$ stetig ist. Für $s \in \mathbb{R}_+$ und $t \in \mathbb{R}^+$ gilt

$$W_n(s + t) = \sum_{i=0}^{n} P(X_s = i, X_{s+t} = n) = \sum_{i=0}^{n} P(X_s = i, X_{s+t} - X_s = n - i) =$$
$$= \sum_{i=0}^{n} P(X_s = i) P(X_t = n - i),$$

also

(29.15) $$W_n(s + t) = \sum_{i=0}^{n} W_i(s) W_{n-i}(t), \quad s \in \mathbb{R}_+, \; t \in \mathbb{R}^+.$$

Hieraus und aus (29.14) folgt $W_n(s+) = W_n(s)$, $s \in \mathbb{R}_+$. Ersetzt man in (29.15) s durch $s - t > 0$, so ergibt sich $W_n(s) = W_n(s-)$, $s \in \mathbb{R}^+$. Somit ist W_n stetig. b_3) Wir zeigen nun, daß W_n für $n \in \mathbb{N}$ differenzierbar ist. Für $s \in \mathbb{R}_+$ und $t \in \mathbb{R}^+$ gilt wegen (29.15)

(29.16) $$(W_n(s + t) - W_n(s))/t = \sum_{i=0}^{n-1} W_i(s) W_{n-i}(t)/t + W_n(s)(W_0(t) - 1)/t.$$

Aus (29.12) und (29.13) folgt dann die Existenz der rechtsseitigen Ableitung D^+W_n von W_n sowie

(29.17) $$D^+W_n(s) = \alpha(W_{n-1}(s) - W_n(s)), \quad n \in \mathbb{N}, \; s \in \mathbb{R}_+.$$

Ersetzt man in (29.16) s durch $s - t > 0$, so ergibt sich unter Berücksichtigung der Stetigkeit der Funktionen W_k, $k \in \mathbb{N}_o$, daß die linksseitige Ableitung von W_n an jeder Stelle $s \in \mathbb{R}^+$ existiert und mit $D^+W_n(s)$ übereinstimmt. Somit ist W_n differenzierbar, $n \in \mathbb{N}_o$, und die Folge (W_n) genügt dem Differentialgleichungssystem

(29.18) $$W'_n = \alpha(W_{n-1} - W_n), \quad n \in \mathbb{N},$$

sowie - wegen (29.14) und der Stetigkeit von W_n - den Anfangsbedingungen $W_n(0) = 0$, $n \in \mathbb{N}$. Hieraus folgt leicht $W_n(t) = e^{-\alpha t}(\alpha t)^n/n!$, $t \in \mathbb{R}_+$, $n \in \mathbb{N}_o$: Diese Behauptung ist richtig für $n = 0$ nach (29.11). Ist sie richtig für ein $n \in \mathbb{N}_o$, so erhält man aus (29.18) für $t \in \mathbb{R}_+$

$$\alpha(\alpha t)^n/n! = \alpha e^{\alpha t} W_n(t) = e^{\alpha t}\left[W_{n+1}'(t) + \alpha W_{n+1}(t)\right] = (e^{\alpha t} W_{n+1}(t))'.$$

Hieraus folgt die Behauptung für $n + 1$ wegen $W_{n+1}(0) = 0$. □

E) Gesetze der großen Zahlen

In §3 motivierten wir den Wahrscheinlichkeitsbegriff mit Hilfe folgender Erfahrungstatsache: Wird ein zufälliges Experiment n-mal unter gleichen Bedingungen wiederholt, so schwankt die relative Häufigkeit $n(A)/n$ eines jeden Ereignisses A umso weniger, je größer n ist; zudem ergibt $n(A)/n$ bei zwei verschiedenen, hinreichend großen Versuchsserien etwa denselben Wert, den man als die empirische Wahrscheinlichkeit des Ereignisses A ansieht. Diese Tatsache ist zwar - als außermathematische Aussage - prinzipiell nicht mathematisch beweisbar, doch ist es sehr bemerkenswert, daß sie ein theoretisches, mathematisch beweisbares Gegenstück besitzt, das sog. Bernoullische Theorem (nach J.Bernoulli). In moderner Formulierung lautet es: Ist (X_n) eine unabhängige Folge von identisch verteilten $(\Omega', \mathcal{O}l')$-Zva, so gilt für jedes $A \in \mathcal{O}l'$:

$$P(|\frac{1}{n}\sum_1^n 1_A \circ X_i - P(X_1 \in A)| \geq \varepsilon) \to 0 \quad (n \to \infty) \text{ für jedes } \varepsilon \in \mathbb{R}^+.$$

Dieser Satz (und manchmal auch sein empirisches Gegenstück) wird das "schwache Gesetz der großen Zahlen" genannt. Allgemeiner sagt man, eine Folge (X_n) von integrierbaren d-dimensionalen Zve genüge dem schwachen Gesetz der großen Zahlen, falls gilt:

$$(29.19) \qquad P(|\frac{1}{n}\sum_1^n (X_i - EX_i)| \geq \varepsilon) \to 0 \quad (n \to \infty) \quad \text{für jedes } \varepsilon \in \mathbb{R}^+.$$

Offensichtlich kann man in (29.19) die Bedingung "für jedes $\varepsilon \in \mathbb{R}^+$" ersetzen durch "für jedes ε_k einer Nullfolge (ε_k)".

Das Bernoullische Theorem ist nur ein Sonderfall von

Satz 29.10. *Ist (X_n) eine unabhängige Folge d-dimensionaler integrierbarer Zve mit $\frac{1}{n^2}\sum_1^n E|X_i - EX_i|^2 \to 0 (n \to \infty)$, so genügt (X_n) dem schwachen Gesetz der großen Zahlen.*

Beweis. Aus der Tschebyscheffschen Ungleichung (25.7), der Unabhängigkeit von (X_n), und aus 25.12a ergibt sich für $\varepsilon > 0$

$$P(|\sum_1^n (X_i - EX_i)| \geq \varepsilon n) \leq (\varepsilon n)^{-2} E|\sum_1^n (X_i - EX_i)|^2 = (\varepsilon n)^{-2}\sum_1^n E|X_i - EX_i|^2. □$$

Offensichtlich sind die Voraussetzungen von 29.10 z.B. erfüllt für eine unabhängige Folge (X_n) identisch verteilter und quadratisch integrierbarer Zve. Für die Folge der Zve $Y_n := \frac{1}{n}\sum_1^n X_i$ gilt dann

$$P(|Y_n - EY_1| \geq \varepsilon) \to 0 \quad (n \to \infty).$$

Diese Aussage erinnert formal etwas an Konvergenzbegriffe. Demgemäß benützt man folgende

Definition. *Eine Folge* (Y_n) *von* d-*dimensionalen Zve heißt* stocha-stisch *(oder* nach Wahrscheinlichkeit) konvergent *gegen einen* d-*dimen-sionalen Zve* Y, *falls gilt:*

$$P(|Y_n - Y| \geq \varepsilon) \to 0 \quad (n \to \infty) \; \textit{für alle } \varepsilon \in \mathbb{R}^+.$$

Die stochastische Konvergenz von (Y_n) gegen Y bedeutet anschaulich, daß für jedes $\varepsilon > 0$ die W-Masse von $\mathscr{W}(Y_n - Y)$ mit wachsendem n in die ε-Kugel um den Nullpunkt des $\mathbb{R}^d$ fließt.

Näherliegend als der Begriff der stochastischen Konvergenz einer Folge (Y_n) gegen Y ist wohl derjenige der P-f.s. Konvergenz von (Y_n) gegen Y. Dieser Begriff ist sinnvoll, da $[Y_n \to Y]$ meßbar (vgl.Aufg.17.8), also $P(Y_n \to Y)$ definiert ist. Wir zeigen nun, daß der Begriff der P-f.s. Konvergenz echt stärker als derjenige der stochastischen Konvergenz ist. Es gilt nämlich

Satz 29.11. *Ist* (Y_n) *eine Folge* d-*dimensionaler Zve und* Y *ein* d-*dimensionaler Zve, so gilt:*

$$(Y_n) \; \textit{konvergiert P-f.s. gegen Y}$$
$$\Longleftrightarrow \; \sup_{m \geq n} |Y_m - Y| \; \textit{konvergiert stochastisch gegen Null}$$
$$\Longrightarrow \; (Y_n) \; \textit{konvergiert stochastisch gegen Y.}$$

Beweis. Œ sei Y = 0. Es gilt

$$[Y_n \not\to 0] = [\overline{\lim}|Y_n| > 0] = \bigcup_{k=1}^{\infty} \bigcap_{n=1}^{\infty} A_{nk} \; \text{mit} \; A_{nk} := \left[\sup_{m \geq n}|Y_m| \geq 1/k\right].$$

Wegen $A_{nk} \downarrow A_k := \bigcap_i A_{ik}$ und $A_j \uparrow \bigcup_k A_k$ gilt $P(Y_n \not\to 0) = \sup_k \lim_n P(A_{nk})$. Daher ist $P(Y_n \not\to 0) = 0$ äquivalent mit $\lim_n P(A_{nk}) = 0$ für alle $k \in \mathbb{N}$, also mit der stochastischen Konvergenz von $\sup_{m \geq n}|Y_m|$ gegen Null, welche offen-sichtlich die stochastische Konvergenz von (Y_n) gegen Null impliziert.$\Box$

Das folgende **Beispiel** zeigt, daß i.a. von der stochastischen Konver-genz nicht auf die P-f.s. Konvergenz geschlossen werden kann. Es sei $\Omega := (0,1\rangle$, $\mathcal{O} := \Omega \mathscr{B}$, $P :=$ L-Maß auf $(0,1\rangle$, $A_{2^i+k} := (k2^{-i},(k+1)2^{-i}\rangle$ für $i \in \mathbb{N}_0$ und $0 \leq k < 2^i$, $X_n := 1_{A_n}$, $n \in \mathbb{N}$. Dann gilt $P(|X_{2^i+k}| \geq \varepsilon) = 2^{-i}$ für $\varepsilon \in (0,1)$; also ist (X_n) stochastisch konvergent gegen Null. Anderer-seits ist $\underline{\lim} X_n \equiv 0$ und $\overline{\lim} X_n \equiv 1$.

Im Hinblick auf 29.11 wird man sich die Frage vorlegen, unter wel-chen Bedingungen für eine Folge (X_n) integrierbarer d-dimensionaler Zve die Folge $(\frac{1}{n}\sum_1^n (X_i - EX_i))$ nicht nur stochastisch gegen Null konvergiert $((X_n)$ also dem schwachen Gesetz der großen Zahlen genügt), sondern so-gar P-f.s. gegen Null konvergiert. Ist dies der Fall, so sagt man, (X_n) genüge dem starken Gesetz der großen Zahlen. Z.B. besagt ein be-rühmter Satz von Kolmogoroff, daß jede unabhängige Folge identisch ver-teilter integrierbarer Zve dem starken (und damit erst recht dem schwachen) Gesetz der großen Zahlen genügt. Der Beweis dieses Satzes erfordert so viele Vorbereitungen, daß wir auf ihn verzichten müssen.

F) Verteilungskonvergenz und zentraler Grenzwertsatz

Bei vielen Problemen der Stochastik trifft man auf Folgen von Verteilungen Q_n auf $\mathscr{B}_d$, welche sich mit wachsendem n in einem gewissen Sinne einer 'Grenzverteilung' nähern. Beispiele hierfür sind:
1) Die Einführung der Poisson-Verteilung in §11 als 'Limes' einer Folge von Binomialverteilungen. 2) Die Einführung der Exponentialverteilung in §12 und §16 als 'Limes' einer Folge von negativen Binomialverteilungen. 3) Der Grenzwertsatz 29.5 für homogene Ketten im Fall $I \subset \mathbb{R}^d$. Auch für numerische Zwecke sind Grenzverteilungen von großem Interesse, da sie in der Regel numerisch zugänglicher sind als die Glieder der Folge von Verteilungen, deren 'Limes' sie sind.

Wir wenden uns nun der Frage zu, wie der Begriff des 'Limes' Q einer Folge (Q_n) von Verteilungen auf $\mathscr{B}_d$ zu definieren sei, damit er einerseits die von der Anschauung gegebenen Erwartungen erfüllt und andererseits eine mathematisch abgerundete Theorie ergibt. Vielleicht am naheliegendsten ist, Q dann als Limes von (Q_n) zu bezeichnen, falls

$$(29.20) \qquad Q_n(B) \to Q(B) \qquad (n \to \infty)$$

für alle $B \in \mathscr{B}_d$ gilt. Man sieht aber leicht ein, daß dies eine unnatürlich starke Forderung ist: Wenn etwa Q_n die Gleichverteilung auf dem Intervall $(-1/n, 1/n)$ ist, so wird man vom Konvergenzbegriff fordern, daß (Q_n) gegen δ_o konvergiert. Da aber z.B. $Q_n((-\infty, 0\rangle) = 1/2$, $n \in \mathbb{N}$, und $\delta_o((-\infty, 0\rangle) = 1$ gilt, darf man (29.20) nur für die Mengen B aus einem $(-\infty, 0\rangle$ nicht enthaltenden Teilsystem von $\mathscr{B}$ fordern. Eine genauere Analyse dieses und anderer Beispiele (s. auch Beispiel 12.1) zeigt, daß bei Folgen (Q_n), welche "anschaulich gegen Q konvergieren", (29.20) für solche Mengen B verletzt sein kann, für welche der topologische Rand ∂B ein positives Q-Maß trägt. Dies motiviert die

Definition. a) *Eine Folge* (Q_n) *von W-Maßen auf* $\mathscr{B}_d$ <u>*konvergiert*</u> <u>*schwach*</u> *gegen das* W-Maß Q, *falls für alle Mengen* $B \in \mathscr{B}_d$ *mit* $Q(\partial B) = 0$ *gilt:* $Q_n(B) \to Q(B)$ $(n \to \infty)$. b) *Eine Folge von* d-*dimensionalen Zve* <u>*konvergiert nach Verteilung*</u> *gegen einen* d-*dimensionalen Zve X, falls* $(\mathscr{W}(X_n))$ *schwach gegen* $\mathscr{W}(X)$ *konvergiert.*

Es gibt mehrere notwendige und hinreichende Bedingungen für schwache Konvergenz. Für praktische Beispiele ist wichtig, daß (Q_n) bereits dann schwach gegen Q konvergiert, falls (29.20) für diejenigen Intervalle $(-\overset{\rightarrow}{\infty}, x\rangle \subset \mathbb{R}^d$ gilt, für welche die Vf von Q in x stetig ist; mit anderen

Worten: (Q_n) konvergiert genau dann schwach gegen Q, falls für die Vf F_n bzw. F von Q_n bzw. Q gilt: $F_n(x) \to F(x)$ $(n \to \infty)$ für jede Stetigkeitsstelle x von F.

Manchmal (z.B. in den obigen Beispielen 1) und 3) im Fall $I \subset \mathbb{R}^d$) kann man die schwache Konvergenz mit Hilfe des folgenden Satzes beweisen.

Satz 29.12. *Es sei* $(\Omega, \mathcal{O}\!l, \mu)$ *ein Maßraum sowie Q und Q_n W-Maße auf* $\mathcal{O}\!l$ *mit den μ-Dichten f bzw. f_n, $n \in \mathbb{N}$. Konvergiert (f_n) gegen f, so gilt* $Q_n(A) \to Q(A)$ $(n \to \infty)$ *für alle* $A \in \mathcal{O}\!l$.

Beweis. Für $A \in \mathcal{O}\!l$ gilt nach dem Lemma von Fatou

$$Q(A) = \int_A f \, d\mu = \int_A \underline{\lim} \, f_n d\mu \leq \underline{\lim} \int_A f_n d\mu = \underline{\lim} \, Q_n(A).$$

Ersetzt man hierin A durch A^c, so ergibt sich

$$Q(A) = 1 - Q(A^c) \geq 1 - \underline{\lim} \, Q_n(A^c) = 1 - \underline{\lim}(1 - Q_n(A)) = \overline{\lim} \, Q_n(A). \, \square$$

Beispiel 29.2. Die Student-Verteilung St_n hat nach (28.8) die Dichte

$$st_n(x) = \frac{1}{\sqrt{\pi n}} \frac{\Gamma(\frac{n+1}{2})}{\Gamma(\frac{n}{2})} (1 + \frac{x^2}{n})^{-\frac{n+1}{2}}, \quad x \in \mathbb{R}.$$

Für $n \to \infty$ gilt $(1 + \frac{x^2}{n})^{-\frac{n+1}{2}} \to \exp(-x^2/2)$, $x \in \mathbb{R}$. Ferner erhält man aus der Funktionalgleichung der Γ-Funktion $\Gamma(n + \frac{1}{2}) = \frac{(2n)! \sqrt{\pi}}{4^n \, n!}$, $n \in \mathbb{N}$. Hieraus und aus der Stirlingschen Formel (4.3) folgt, daß die Normierungskonstante in der Dichte st_n für $n \to \infty$ gegen $1/\sqrt{2\pi}$ konvergiert. Somit konvergiert st_n gegen eine Dichte von $N(0,1)$, also St_n schwach gegen $N(0,1)$ wegen 29.12.

Die Anwendungsmöglichkeiten von 29.12 sind dadurch beschränkt, daß bei manchen praktischen Problemen Q_n auf eine abzählbare Menge I_n konzentriert ist, die Grenzverteilung Q jedoch eine Lebesgue-Dichte besitzt. Zwar gibt es dann aufgrund des Satzes von Radon-Nikodym ein Maß μ, bzgl. dessen Q und Q_n Dichten f bzw. f_n besitzen, doch wird i.a. (f_n) nicht gegen f konvergieren.

Einen größeren Anwendungsbereich als 29.12 besitzt der wichtige

Satz 29.13 (Satz von Lévy/Cramér). *Genau dann konvergiert eine Folge von W-Maßen Q_n auf $\mathcal{B}_d$ gegen das W-Maß Q, falls die Folge der Cf von Q_n gegen die Cf von Q konvergiert.*

Der Beweis dieses Satzes ist so umfangreich, daß wir auf ihn verzichten und stattdessen Anwendungsmöglichkeiten an zwei Beispielen demonstrieren.

Als erstes Beispiel betrachten wir eine einfache Version des sog. zentralen Grenzwertsatzes der W-Theorie. Es handelt sich hier um folgendes Problem: Es sei (X_n) eine unabhängige Folge reeller, quadratisch integrierbarer und identisch verteilter Zva mit $V(X_1) > 0$. Man interessie sich dann oft für eine Approximation der Verteilung von $S_n := \sum_1^n X_\nu$ für "großes" n. Ist $EX_1 \neq 0$, etwa $EX_1 > 0$, so folgt leicht aus der Tschebyscheffschen Ungleichung (25.7), daß $\mathcal{W}(S_n)$ mit wachsendem n "immer mehr nach rechts wandert" und daher (S_n) nicht verteilungskonvergent ist. Wir wollen daher $EX_1 = 0$ voraussetzen. Aber auch dann wird $\mathcal{W}(S_n)$ i.a. keine Grenzverteilung besitzen: Ist etwa $\mathcal{W}(X_1) := N(0,1)$, so hat S_n die Dichte $x \to \frac{1}{\sqrt{2\pi n}} \exp(-x^2/(2n))$, welche gegen Null konvergiert; aus dem Satz von der majorisierten Konvergenz folgt dann $P(S_n \in B) \to 0$ $(n \to \infty)$ für alle beschränkten Mengen $B \in \mathcal{B}$. Dieses "Zerfließen" der Verteilung von S_n führt dazu, daß man anstelle von S_n die transformierte Zva S_n/c_n für eine geeignete Folge von Konstanten $0 < c_n \to \infty$ betrachtet. Hierbei darf, wenn $(\mathcal{W}(S_n/c_n))$ eine nicht-degenerierte Grenzverteilung haben soll, (c_n) nicht zu rasch wachsen, da z.B. aus der Tschebyscheffschen Ungleichung folgt, daß $(\mathcal{W}(S_n/n))$ schwach gegen δ_0 konvergiert. Wegen $V(S_n/c_n) = n \cdot c_n^{-2} \cdot V(X_1)$ liegt es nahe, einen Versuch mit $c_n := \sqrt{n}$ zu machen. Dies führt tatsächlich zum Erfolg:

Satz 29.14. *Sei* (X_n) *eine unabhängige Folge* d-*dimensionaler, identisch verteilter und quadratisch integrierbarer Zve. Die Kovarianzmatrix* K *von* X_1 *sei nicht-singulär. Dann konvergiert die Folge der Verteilungen von* $\sum_1^n (X_\nu - EX_\nu)/\sqrt{n}$ *schwach gegen die* d-*dimensionale Normalverteilung* $N(0,K)$.

Beweis. OE sei $EX_1 = 0$. Ähnlich wie in Aufg.27.8 zeigt man, daß die Cf φ von X_1 die Gestalt

$$\varphi(t) = 1 - \frac{1}{2} t'Kt + f(t), \quad t \in \mathbb{R}^d,$$

hat, wobei $f(t)/|t|^2 \to 0$ $(t \to 0)$ gilt. Für die Cf φ_n von $\sum_1^n X_\nu/\sqrt{n}$ ergibt sich dann für festes $t \in \mathbb{R}^d$

$$\varphi_n(t) = E \exp(i\sum_1^n t'X_\nu/\sqrt{n}) = \varphi(t/\sqrt{n})^n = (1 - \frac{t'Kt}{2n} + f(t/\sqrt{n}))^n$$
$$=: (1 - \frac{a}{n} + r_n)^n,$$

wobei für die komplexen Zahlen r_n die Beziehung

$$n \cdot r_n = nf(t/\sqrt{n}) = \frac{|t|^2 f(t/\sqrt{n})}{|t/\sqrt{n}|^2} \to 0 \quad (n \to \infty)$$

gilt. Es folgt dann bekanntlich

$$\varphi_n(t) = \left(1 + \frac{n \cdot r_n - a}{n}\right)^n \to \exp(-a) = \exp(-t'Kt/2).$$

Die Behauptung ergibt sich dann aus 29.13. $\square$

In der Praxis wird 29.14 im Fall $d = 1$ folgendermaßen benützt: Ist $\sigma^2 := V(X_1)$, $a_n := (\alpha - nEX_1)/\sigma\sqrt{n}$, $b_n := (\beta - nEX_1)/(\sigma\sqrt{n})$ für gegebene reelle Zahlen $\alpha < \beta$, so ist $P(\alpha \leq \sum_1^n X_\nu \leq \beta) \approx \frac{1}{\sqrt{2\pi}} \int_{a_n}^{b_n} \exp(-x^2/2)dx$.

Mit unserem zweiten Beispiel für Anwendungsmöglichkeiten von 29.13

wenden wir uns noch einmal der in den §§ 1, 3 und 12 diskutierten Frage
zu, wie zufällige Experimente durch W-Räume beschrieben werden können.
Die Wahrscheinlichkeitstheorie untersucht im wesentlichen nur Eigenschaften *vorgegebener* W-Maße. Die Frage, inwieweit ein solches das zufällige Experiment in befriedigender Weise beschreibt, führt ins Gebiet der Mathematischen Statistik. Diese gibt Wege zur vernünftigen
Vorgabe von W-Maßen in W-theoretischen Modellen an. Andererseits grün-
det sie sich auf Methoden der W-Theorie. Die Beurteilung der Güte sta-
tistischer Verfahren erfolgt nämlich, wie wir sogleich sehen werden,
mit Hilfe W-theoretischer Überlegungen. Wir wollen dies nun wenigstens
an einem statistischen Verfahren, dem sog. χ^2-Test, darstellen.

Sei $(G, \mathcal{G})$ ein beliebiger Meßraum. Es soll ein W-Maß P auf $\mathcal{G}$ bestimmt werden, welches die Verteilung einer empirisch beobachtbaren
Größe $\xi \in G$ (z.B. in Aufg.3.4 die beiden letzten Ziffern der Telefonnummern eines bestimmten Telefonbuches) möglichst gut wiedergibt. Aufgrund der Erfahrung hat man oft eine Vermutung darüber, welches W-Maß
P in Frage kommt. Man stellt dann die 'Hypothese H' auf, daß P das zufällige Ereignis gut beschreibt. Liegen nun n Beobachtungen $x_1, x_2, \ldots, x_n$
für ξ vor, so ist anhand dieser zu entscheiden, ob die Hypothese H angenommen oder abgelehnt werden kann. Jede Menge $K \subset G^n$ heißt ein (deter-
ministischer) Test, und die Verwendung des Testes K bedeutet, daß H
genau dann abgelehnt wird, wenn $x := (x_1, x_2, \ldots, x_n)$ in K liegt. (In
der Praxis ist oft die Ablehnung von H das gewünschte Ergebnis - man
sagt dann häufig, die Beobachtungen seien 'signifikant' - während man
im Falle der Nichtablehnung oft weitere statistische Verfahren anwendet,
ehe man sich zur Annahme von H entschließt.) Es liegt nahe, zur Gewinnung eines "guten" Testes folgendermaßen vorzugehen: Man zerlege G in
k paarweise fremde meßbare Mengen G_j, für welche $p_j := P(G_j) > 0$, $1 \leq j \leq k$,
gilt. Ist $N_{nj}(x)$ die Anzahl der in G_j liegenden Beobachtungswerte, so
wird man vermuten, daß P umso schlechter das zufällige Experiment beschreibt, je größer die Quadratsumme

$$T_n(x) := \sum_{j=1}^{k} c_{nj} \left(\frac{N_{nj}(x)}{n} - p_j \right)^2$$

ist; hierbei sind die c_{nj} Gewichtsfaktoren, über die wir weiter unten
verfügen werden. Daher wird man erwarten, daß $\{x \in G^n : T_n(x) > b\}$ für ein
noch zu bestimmendes $b \in \mathbb{R}^+$ ein "guter" Test ist. Ein Test kann natürlich keine absolute Sicherheit für eine richtige Entscheidung geben.
Es kann sich ja "zufällig" eine solche Beobachtungsfolge x eingestellt
haben, welche einen großen (bzw. kleinen) Wert von $T_n(x)$ liefert, obwohl das zufällige Experiment durch P gut (bzw. schlecht) beschrieben

wird. Trotzdem brauchen wir unsere Tests nicht als wertlos anzusehen:
Man kann z.B. b so zu bestimmen suchen, daß man bei wiederholter Anwendung desselben Tests im Mittel in höchstens $100\alpha\%$ der Fälle (für ein gegebenes $\alpha \in (0,1)$) H irrtümlicherweise ablehnt (einen sog.Fehler 1.Art begeht) und möglichst selten H irrtümlicherweise annimmt (einen sog. Fehler 2.Art begeht). Da in der Regel die Wahrscheinlichkeit für den Fehler 2.Art umso größer ist, je kleiner die Wahrscheinlichkeit für den Fehler 1.Art ist, darf man α nicht zu klein nehmen. In der Wahl von α (oft wählt man $\alpha = 0.05$ oder $\alpha = 0.01$) drückt sich eine Bewertung der Fehler 1.Art und 2.Art aus. Eine genaue Untersuchung dieses Problems erfordert die Angabe der Klasse derjenigen Verteilungen auf $\mathcal{O}$, welche überhaupt für P in Frage kommen. Wir begnügen uns hier mit dem einfacheren (und vernünftig erscheinenden) Problem, nach einem kleinsten $b \in \mathbb{R}$ zu suchen, so daß man bei wiederholter Anwendung des Tests im Mittel in höchstens $100\alpha\%$ der Fälle H irrtümlicherweise ablehnt.

Zur Lösung unseres Problems benötigen wir ein W-theoretisches Modell für das zufällige Experiment "wiederholte Durchführung des durch $(G, \mathcal{O}, P)$ beschriebenen zufälligen Experimentes". Wir verwenden den W-Raum $(S, \mathcal{T}, \mu)$ mit $S := G^{\mathbb{N}}$, $\mathcal{T} := \overset{\infty}{\underset{1}{\otimes}} \mathcal{O}$, $\mu := \overset{\infty}{\underset{1}{\times}} P$ und die Koordinatenvariablen X_n auf S. Ist $Y_n := (X_1, X_2, \ldots, X_n)$, $n \in \mathbb{N}$, so ist das kleinste $b = b(n)$ gesucht, für welches $\mu(T_n \circ Y_n > b) \leq \alpha$ ist. Offensichtlich gibt es ein solches b, nämlich das $(1 - \alpha)$-Quantil der Verteilung von $T_n \circ Y_n$, welche im Prinzip mit Hilfe der Verteilung des Zve $(N_{n1} \circ Y_n, \ldots, N_{nk} \circ Y_n)$ - einer Multinomialverteilung - berechnet werden kann. Man kann sich mit diesem Ergebnis in der Praxis aber nicht zufrieden geben, da für großes n die Berechnung von $\mathcal{W}(T_n \circ Y_n)$ i.a. sehr schwierig ist. Hier hilft nun ein von K.Pearson entdeckter Satz, der besagt, daß im Falle $c_{nj} := n/p_j$, d.h. falls T_n die Gestalt

$$T_n(x) = \sum_{j=1}^{k} \frac{(N_{nj}(x) - np_j)^2}{n \cdot p_j} \ , \ x \in G^n,$$

hat, die Folge der Verteilungen von $T_n \circ Y_n$ schwach gegen die Chi-Quadrat-Verteilung χ_{k-1}^2 konvergiert (unabhängig davon, welches W-Maß P zugrundeliegt). Der Beweis dieses Satzes kann mit Hilfe von 29.13 geführt werden; s. etwa WITTING/NÖLLE (70), S.88. Als Anwendung des Satzes wird man also für genügend großes n (in der Praxis hat sich die Faustregel $np_j > 5$ für $1 \leq j \leq k$ als ausreichend erwiesen) die Hypothese H ablehnen, falls $T_n(x)$ größer als das $(1-\alpha)$-Quantil von χ_{k-1}^2 ist.

Ergänzungen

Die im vorliegenden Paragraphen skizzierten Probleme werden eingehend behandelt in vielen ausführlicher gehaltenen Lehrbüchern der

W-Theorie und der Theorie der stochastischen Prozesse. Wir beschränken uns hier auf einige Bemerkungen und auf die Angabe speziellerer Literatur.

1. Irrfahrten sind Prototypen allgemeinerer stochastischer Prozesse, z.B. der sog. Markoffschen Prozesse. SPITZER (64) ist eine umfassende Darstellung von Irrfahrten auf $\mathbb{Z}^d$. Eine gute Einführung in das Gebiet geben FELLER (68) und FELLER (71). 2. Markoffsche Ketten wurden zum ersten Mal 1907 von A.A.Markoff untersucht. Inzwischen bilden sie (und ihre Verallgemeinerungen mit beliebigem Zustandsraum, die Markoffschen Prozesse) die am besten untersuchte Klasse von stochastischen Prozessen. Es gibt eine Fülle von Anwendungen (s. etwa BHARUCHA-REID (60)), aber auch Beziehungen zu anderen mathematischen Gebieten, etwa zur Potentialtheorie. Markoff-Ketten werden ausführlich behandelt in CHUNG (67), FELLER (68), FREEDMAN (71), KARLIN (66). 3. Das Aussterbeproblem bei unserem einfachen Verzweigungsprozeß wurde 1873 von F.Galton gestellt, aber vollständig erst 1930 von J.F.Steffensen gelöst. Es wurde in vielfältiger Weise verallgemeinert und auf biologische und physikalische Fragen angewandt; s. HARRIS (63) und KARLIN (66). 4. Erneuerungsprozesse spielen in den Anwendungen (z.B. in der sog.Warteschlangentheorie) und auch in der allgemeinen Theorie der stochastischen Prozesse eine bedeutende Rolle; s.FELLER (71), PRABHU (65), ROSS (70). 5. Die Gesetze der großen Zahlen gehören, ebenso wie der zentrale Grenzwertsatz, zu den klassischen Problemen der W-Theorie. Sie sind daher in fast allen Lehrbüchern der W-Theorie ausführlich dargestellt. Ein spezielles Werk ist RÉVÉSZ (67). 6. Probleme der schwachen Konvergenz von W-Maßen haben viel Interesse gefunden, nicht zuletzt wegen der Verbindung zu Fragen der Topologie und der Funktionalanalysis. Ein klassisches Werk über den zentralen Grenzwertsatz (und seine Verallgemeinerungen) für W-Maße auf $\mathbb{R}$ ist GNEDENKO/KOLMOGOROV (60). Konvergenzprobleme für W-Maße auf dem System der Borelschen Mengen in metrischen Räumen behandeln BILLINGSLEY (68) und PARTHASARATHY (67).

Anhang 1: Bezeichnungen und Vereinbarungen über Mengen und Abbildungen

Wir benützen folgende Symbole: "a := b" bedeutet, daß a definitionsgemäß gleich b ist; "R(a),a∈A" bedeutet, daß die Aussage R für alle Elemente a der Menge A gilt.

Es wird unserer Abhandlung der sog. naive Mengenbegriff nach G.Cantor zugrundegelegt. (Eine kurze axiomatische Einführung findet man z.B. im Anhang von KELLEY (55).) Die mit $\Omega, \Omega', \Omega'', \Omega_i$ u.ä. bezeichneten Mengen dienen als sog. Grundmengen und werden demgemäß stillschweigend als

nicht-leer angenommen. Als bekannt setzen wir folgende Begriffe voraus:
Element; Teilmenge; Mächtigkeit $|A|$ der Menge A; Komplement A^c (bzgl.
der Grundmenge); Paar von Elementen; kartesisches Produkt $A \times B$ von
zwei Mengen A,B (mit $A \times B = \emptyset$, falls eine der Mengen A,B leer ist); Relation; Abbildung (als spezielle Relation); surjektive, injektive und
bijektive Abbildung. Definitionen findet man z.B. in DIEUDONNÉ (60).
Eine Menge A heißt abzählbar, falls sie endlich ist oder es eine Bijektion (bijektive Abbildung) von A nach $\mathbb{N}$ gibt. Wir benützen folgende
Bezeichnungen für spezielle Mengen: $\mathbb{N}$:= Menge der natürlichen Zahlen;
$\mathbb{N}_o$:= $\mathbb{N} + \{0\}$; $\mathbb{Z}$:= Menge der ganzen Zahlen; $\mathbb{Q}$:= Menge der rationalen
Zahlen; $\mathbb{R}$:= Menge der reellen Zahlen; $\mathbb{R}_+$:= $\{x \in \mathbb{R}: x \geq 0\}$;
$\mathbb{R}^+$:= $\{x \in \mathbb{R}: x > 0\}$; $\overline{\mathbb{R}}$:= Menge der erweitert reellen Zahlen;
$\overline{B}$:= $B + \{\infty\}$, wobei $B \subset \mathbb{R}$ nach links beschränkt und nach rechts unbe-
schränkt sei, z.B. $\overline{\mathbb{R}_+}$:= $\mathbb{R}_+ + \{\infty\}$; $\mathbb{C}$:= Menge der komplexen Zahlen.

Die Bezeichnungen 'Abbildung' und 'Funktion' werden synonym verwen-
det, doch wird letztere bevorzugt, falls der Wertebereich in $\overline{\mathbb{R}}$ liegt.
Die Abbildung $f:A \to B$ wird, falls A und B aus dem Zusammenhang ersichtlich sind, auch mit $a \to f(a)$ und auch mit $f(\cdot)$ bezeichnet. Ist $f:A \to C$
eine Abbildung, so sagen wir, f besitze auf $B \subset A$ die Eigenschaft Q,
falls die Restriktion von f auf B die Eigenschaft Q besitzt. Ist $f:A \to C$
eine Abbildung und $B \neq \emptyset$, so wird oft auch die durch $g(a,b) := f(a)$,
$(a,b) \in A \times B$, definierte Abbildung $g:A \times B \to C$ mit f bezeichnet. Ist
$A \subset \Omega_1 \times \Omega_2$ und $\omega_1 \in \Omega_1$, so heißt die durch A_{ω_1} := $\{\omega_2 \in \Omega_2 : (\omega_1,\omega_2) \in A\}$ definierte Teilmenge von Ω_2 der ω_1-Schnitt von A. Analog sind die ω_2-
Schnitte von A definiert. Ist $f: \Omega_1 \times \Omega_2 \to \Omega_3$ eine Abbildung und $\omega_1 \in \Omega_1$,
so heißt die durch $f_{\omega_1}(\omega_2)$:= $f(\omega_1,\omega_2)$, $\omega_2 \in \Omega_2$, definierte Abbildung
$f_{\omega_1}: \Omega_2 \to \Omega_3$ der ω_1-Schnitt von f. Analog sind die ω_2-Schnitte von f
definiert. Statt f_{ω_1} schreibt man auch $f(\omega_1,\cdot)$. Eine Bijektion von A
nach A heißt auch eine Permutation von A (oder auf A). Die Identität
auf Ω, d.h. die Abbildung $\omega \to \omega$, wird mit id_Ω bezeichnet.

Ist $f:I \to A$ eine Abbildung, so nennt man f auch eine durch die sog.
Indexmenge I indizierte Familie von Elementen aus A und schreibt für f
auch $(a_i, i \in I)$ mit a_i := $f(i)$, $i \in I$. Indexmengen werden mit I,J,K,I_j o.ä.
bezeichnet und i.a. stillschweigend als nicht-leer vorausgesetzt. (Ausnahmen mit leeren Indexmengen: Vereinigungen, Durchschnitte, Summen von
Vektoren, Produkte von erweitert reellen Zahlen.) Folgen sind Familien
mit Indexmengen der Gestalt $\{n \in \mathbb{N}_o: a \leq n < b\}$ mit $a \in \mathbb{N}_o, b \in \overline{\mathbb{N}}, a < b$. (Man
beachte den Unterschied zwischen einer Folge $(a_1,a_2,...)$ - in der die
Folgenglieder a_i nicht notwendig verschieden sein müssen - und einer
abzählbaren Menge $\{b_1,b_2,...\}$, in der die Elemente b_i notwendig verschieden sind.) Bei Folgen, Summen, unendlichen Reihen, sup, inf, lim,

$\overline{\lim}$, $\cap$, $\cup$, kartesischen Produkten, etc. wird oft die Indexmenge weggelassen, falls diese aus dem Zusammenhang erkennbar ist. Bei (a_n), $\sup_n$, $\underset{n}{\lim}$, $\underset{n}{\cap}$, $\underset{n}{\sum}$, etc. variiert n immer in der Menge der natürlichen Zahlen, sofern nichts anderes angegeben ist. Eine <u>Zerlegung</u> einer Menge A ist eine Familie $(B_i, i \in I)$ paarweise fremder Mengen $B_i \subset A$, mit $A = \underset{i}{\cup} B_i$. Jede Abbildung $f: A \times B \to C$ ist durch die Familie $(f(a, \cdot), a \in A)$ der a-Schnitte von f bestimmt; in diesem Zusammenhang spricht man auch vom 'Parameter a' der Familie $(f(a, \cdot))$.

Ist $(A_i, i \in I)$ eine Familie nicht-leerer Teilmengen einer Menge A (d.h. eine Abbildung von I in die Menge aller nicht-leeren Teilmengen von A), so existiert nach dem Auswahlaxiom (dessen Gültigkeit wir voraussetzen) eine Abbildung f von I nach A mit $f(i) \in A_i, i \in I$. Die Menge aller dieser Abbildungen wird mit $\underset{i}{\times} A_i$ bezeichnet. Sie heißt das <u>kartesische Produkt</u> der Familie (A_i) mit den Faktoren A_i. Ist $A_i = A$ für alle $i \in I$, so schreibt man für $\underset{i}{\times} A_i$ auch einfach A^I. Im Fall $I = \{1,2,....,n\}$ schreibt man statt $\underset{i}{\times} A_i$ auch $A_1 \times A_2 \times ... \times A_n$ und statt A^I auch A^n. Ist π eine Permutation von I, so sind $\underset{i}{\times} A_i$ und $\underset{i}{\times} A_{\pi(i)}$ i.a. voneinander verschieden; so muß man z.B. zwischen $A_1 \times A_2$ und $A_2 \times A_1$ im Fall $A_1 \neq A_2$ unterscheiden, da es sich um die Produkte der Familien (A_1, A_2) bzw. (A_2, A_1) handelt. Ist $(I_j, j \in J)$ eine Zerlegung der Indexmenge I in nicht-leere Mengen $I_j, j \in J$, so sind $\underset{i \in I}{\times} A_i$ und $\underset{j \in J}{\times} \underset{i \in I_j}{\times} A_i$ i.a. verschieden; so muß man z.B. i.a. zwischen $A_1 \times A_2 \times A_3$, $A_1 \times (A_2 \times A_3)$ und $(A_1 \times A_2) \times A_3$ unterscheiden. Da sich jedoch die Eigenschaften des einen der kartesischen Produkte durch die natürliche Bijektion auf die anderen übertragen, werden wir sie - wie allgemein üblich - miteinander identifizieren. Mit pr_j bezeichnen wir die <u>Projektionsabbildung</u> von einem kartesischen Produkt $\underset{i \in I}{\times} A_i$ in den Faktor A_j, also $pr_j((a_i, i \in I)) = a_j$ für $(a_i) \in \underset{i}{\times} A_i$.

Sei $(B_i, i \in I)$ eine Familie nicht-leerer Teilmengen einer Menge B und $(f_i, i \in I)$ eine Familie von Abbildungen $f_i: A \to B_i$. Letztere definiert eine Abbildung $G: I \times A \to B$ vermöge $G(i,a) := f_i(a)$, $(i,a) \in I \times A$. Die Abbildung $F: A \to \underset{i}{\times} B_i$, welche für $a \in A$ durch

$$F(a) := a\text{-Schnitt von } G = \text{Abbildung } i \to f_i(a) = (f_i(a), i \in I)$$

definiert ist, heißt die durch die Familie (f_i) bestimmte <u>Produktabbildung</u>, für die wir auch oft $\underset{i}{\times} f_i$ schreiben. Ist $I = \{1,2,...,n\}$, so spricht man (vor allem im Falle $B = \mathbb{R}$) auch - etwas inkorrekt - davon, daß man "die vektorwertige Funktion $f = (f_1, f_2, ..., f_n)$ aus den Komponenten f_i zusammensetzt". Aus dem Zusammenhang wird immer ersichtlich sein, ob mit $(f_1, f_2, ..., f_n)$ eine durch $I = \{1,2,...,n\}$ indizierte Funktionenfamilie oder die zugehörige Produktfunktion gemeint ist.

Mengen von Mengen heißen <u>Mengensysteme</u>. Die <u>Potenzmenge</u> der Menge A, d.h. das System der Teilmengen von A, wird mit $\mathcal{P}(A)$ bezeichnet. Ist $(\mathcal{L}_i, i \in I)$ eine Familie von Mengensystemen $\mathcal{L}_i \subset \mathcal{P}(\Omega_i)$, so wird das in $\mathcal{P}(\underset{i}{\times}\Omega_i)$ enthaltene Mengensystem $\{\underset{i}{\times}C_i : C_i \in \mathcal{L}_i, i \in I\}$ mit $\underset{i}{\times}\mathcal{L}_i$ bezeichnet.[1]

Mit 1_A bezeichnen wir die <u>Indikatorfunktion</u> der Menge $A \subset \Omega$, d.h. es ist $1_A(\omega) = \begin{cases} 1, & \text{falls } \omega \in A, \\ 0, & \text{falls } \omega \in \Omega - A. \end{cases}$ Ist $\emptyset \neq A \subset \Omega$ und $f : A \to \overline{\mathbb{R}}$ eine Funktion, so sei $f \cdot 1_A$ die durch $x \to \begin{cases} f(x), & \text{falls } x \in A, \\ 0, & \text{falls } x \in \Omega - A, \end{cases}$ definierte Funktion von Ω nach $\overline{\mathbb{R}}$. Beziehungen zwischen erweitert reellen Zahlen werden in natürlicher Weise auf erweitert reelle Funktionen übertragen. So ist z.B. unter der Konvergenz einer Folge von Funktionen $f_n : \mathbb{R}^k \to \overline{\mathbb{R}}$ die punktweise Konvergenz zu verstehen; Ungleichungen zwischen Vektoren im $\mathbb{R}^d$ sind komponentenweise zu verstehen. Vektoren werden bei der Matrizenmultiplikation als Spaltenvektoren aufgefaßt. Die Transponierte der Matrix M wird mit M' bezeichnet. Eine Funktion $f : A \to \overline{\mathbb{R}}$ mit $A \subset \mathbb{R}$ heißt (strikt) <u>isoton</u> bzw. (strikt) <u>antiton</u>, falls sie (strikt) monoton wachsend bzw. (strikt) monoton fallend ist.

Ein <u>Intervall</u> $I \subset \overline{\mathbb{R}}$ (bzw. $I \subset \mathbb{R}$) ist eine Menge der Gestalt (a,b), $\langle a,b)$, $(a,b\rangle$ oder $\langle a,b\rangle$ mit $a,b \in \overline{\mathbb{R}}$ (bzw. $a,b \in \mathbb{R}$) und $a \leq b$.

Weiter benützen wir folgende <u>Symbole</u>

$\delta_{ij} := 1_{\{i\}}(j)$, das sog. Kroneckersymbol; $a^{\pm} := \max(\pm a, 0)$ für $a \in \overline{\mathbb{R}}$, $0^0 := 1$; $[x] := \max\{n \in \mathbb{Z} : n \leq x\}$ für $x \in \mathbb{R}$; $\sum_{i \in \emptyset} a_i := 0$ und $\prod_{i \in \emptyset} a_i := 1$ für $a_i \in \overline{\mathbb{R}}$; $(x)_n := \prod_{i=0}^{n-1}(x-i)$ und $\binom{x}{n} := (x)_n / n!$ für $x \in \mathbb{R}$ und $n \in \mathbb{N}_0$; $\inf \emptyset := \infty$; $\bigcap_{i \in \emptyset} A_i := \Omega$, falls Ω als Grundmenge dient; $\bigcup_{i \in \emptyset} A_i := \emptyset$; $\vec{a} := (a,a,\ldots,a) \in \overline{\mathbb{R}}^d$ für $a \in \overline{\mathbb{R}}$; $\sqrt{x}$ bezeichnet die positive Wurzel aus $x \in \mathbb{R}_+$; $a_n \sim b_n$ bedeutet $a_n/b_n \to 1$ $(n \to \infty)$, und $a_n = o(b_n)$ bedeutet $a_n/b_n \to 0 (n \to \infty)$ für a_n und b_n aus $\mathbb{C}$.

Anhang 2: Die erweitert reellen Zahlen

Bei vielen mathematischen Untersuchungen begegnet man Folgen (x_n) von reellen Zahlen mit der Eigenschaft, daß x_n größer als jede gegebene reelle Zahl y ist, sobald n größer als eine natürliche Zahl $n_0(y)$ ist. Es ist üblich, diese Eigenschaft von (x_n) durch "x_n konvergiert gegen ∞" (oder auch: "x divergiert bestimmt gegen ∞") auszudrücken. Um mit den "Zahlen" ∞ und $-\infty$ formale Operationen vornehmen zu können, müssen sie streng formal definiert werden. Dies geschieht so, daß man zur Menge $\mathbb{R}$ der reellen Zahlen zwei nicht zu $\mathbb{R}$ gehörige Elemente α

---

[1] Manche Autoren bezeichnen so die zu σ-Algebren $\mathcal{L}_i$ gehörige Produkt-σ-Algebra.

und β hinzunimmt und die üblichen (Ordnungs-, topologischen und algebraischen) Strukturen auf $\mathbb{R}$ *per definitionem* so auf die Menge
$\overline{\mathbb{R}} := \mathbb{R} + \{\alpha, \beta\}$ ausdehnt, daß α bzw. β Eigenschaften besitzen, die man
intuitiv von den 'Größen ∞ bzw. -∞' erwartet. Es ist dann üblich, an-
stelle von α bzw. β die Symbole ∞ (oder auch +∞) bzw. -∞ zu verwenden,
wobei zu beachten ist, daß nicht die an sich belanglose Wahl der Symbole,
sondern allein die noch zu definierenden Eigenschaften von $\overline{\mathbb{R}}$ von Bedeutung sind. Wir werden nun die wichtigsten Strukturen in $\overline{\mathbb{R}}$ einführen,
ohne alle Details anzugeben.

1. Die natürliche totale *Ordnung* in $\mathbb{R}$ wird auf $\overline{\mathbb{R}}$ fortgesetzt durch
die Definition: $-\infty \leq a \leq \infty$ für alle $a \in \overline{\mathbb{R}}$.

2. Durch die Ordnung in $\overline{\mathbb{R}}$ ist der Intervallbegriff und damit eine
natürliche (Ordnungs-)*Topologie* $\overline{\mathscr{T}}$ in $\overline{\mathbb{R}}$ festgelegt. Das System $\overline{\mathscr{T}}$ der
offenen Mengen in $\overline{\mathbb{R}}$ besteht aus den Mengen der Gestalt A, $A \cup <-\infty, x)$,
$A \cup (y, \infty>$ und $A \cup <-\infty, x) \cup (y, \infty>$, wobei A die natürliche (Ordnungs-)Topo-
logie $\mathscr{T}$ in $\mathbb{R}$ und x,y die Menge $\mathbb{R}$ durchlaufen. Die Spur von $\overline{\mathscr{T}}$ auf $\mathbb{R}$
ist $\mathscr{T}$. $(\overline{\mathbb{R}}, \overline{\mathscr{T}})$ ist kompakt.

3. Die auf $\mathbb{R}^2$ definierte *Addition* (d.h. die Abbildung $(x,y) \to x + y$)
wird auf die Menge $\overline{\mathbb{R}}^2 - \{(\infty, -\infty), (-\infty, \infty)\}$ fortgesetzt durch die Definition

$$x + (\pm\infty) := (\pm\infty) + x := (\pm\infty) + (\pm\infty) := \pm\infty \text{ für alle } x \in \mathbb{R}.$$

Die Ausdrücke $(\pm\infty) + (\mp\infty)$ werden also nicht definiert. (Gelegentlich,
z.B. für Satz 29.8, werden wir $\infty - \infty := 0$ verwenden; s.auch TAYLOR (65).)
Das System $(\overline{\mathbb{R}}, +)$ ist keine Gruppe, da die Addition nicht auf ganz $\overline{\mathbb{R}}^2$
definiert ist und auch z.B. die Gleichung $x + \infty = 0$ keine Lösung besitzt.
Die Addition ist jedoch, soweit sie definiert ist, assoziativ und kommutativ. Daher sind auch endliche Summen $\sum_{i \in I} a_i$ von erweitert reellen
Zahlen a_i definiert, falls die Familie $(a_i, i \in I)$ höchstens einen der
beiden Werte ∞, -∞ enthält. Man definiert $|\pm\infty| := \infty$. Sind $a, b \in \overline{\mathbb{R}}$ und
ist $a + b$ definiert, so gilt $|a + b| \leq |a| + |b|$.

4. Die *Subtraktion* wird definiert durch

$a - b := a + (-b)$ für alle $(a,b) \in \overline{\mathbb{R}}^2 - \{(\infty, \infty), (-\infty, -\infty)\}$, mit $-(\pm\infty) := \mp\infty$.
Für $a, b \in \overline{\mathbb{R}}$ und $x \in \mathbb{R}$ gilt die wichtige Beziehung:

$$a + x = b \Rightarrow a = b - x.$$

5. Die *Multiplikation* wird auf ganz $\overline{\mathbb{R}}^2$ fortgesetzt durch

$$a \cdot (\pm\infty) := (\pm\infty) \cdot a := \begin{cases} (\pm\infty), \text{ falls } a > 0, \\ 0, \text{ falls } a = 0, \\ (\mp\infty), \text{ falls } a < 0, \end{cases} \text{ für alle } a \in \overline{\mathbb{R}}.$$

Die Festsetzung $(\pm\infty) \cdot 0 := 0 \cdot (\pm\infty) = 0$ erweist sich in der Integrationstheorie als sehr zweckmäßig. Das System $(\overline{\mathbb{R}} - \{0\}, \cdot)$ ist keine Gruppe,

da z.B. x·∞ = 1 keine Lösung besitzt. Die Multiplikation ist jedoch kommutativ und assoziativ, so daß auch Produkte von endlich vielen erweitert reellen Zahlen definiert sind. Ferner gilt $a(b + c) = ab + ac$, sofern beide Seiten dieser Gleichung definiert sind.

6. Die *Division* wird auf ganz $\overline{\mathbb{R}}^2$ definiert durch

$$\frac{a}{b} := a \cdot \frac{1}{b} \text{ mit } \frac{1}{\pm\infty} := 0 \text{ und } \frac{1}{0} := \infty.$$

Insbesondere gilt dann $\frac{0}{0} = \frac{\pm\infty}{\pm\infty} = \frac{\mp\infty}{\pm\infty} = 0$. Diese in der Literatur wenig gebräuchlichen Festsetzungen vereinfachen die Formulierung von Sätzen über bedingte Wahrscheinlichkeiten und bedingte Dichten.

7. *Konvergenz* von Folgen in $\overline{\mathbb{R}}$. Der Ordnungsbegriff und die damit zusammenhängende Topologie in $\overline{\mathbb{R}}$ definieren in natürlicher Weise die stets vorhandenen sup, inf, $\underline{\lim}$ und $\overline{\lim}$ von Teilmengen von $\overline{\mathbb{R}}$ und von Folgen erweitert reeller Zahlen und damit auch die Konvergenz von Folgen erweitert reeller Zahlen. Insbesondere ist somit die oben angesprochene Formalisierung des Begriffs der Konvergenz von (x_n) gegen ∞ erreicht.

Eine formale unendliche Reihe $\sum\limits_1^\infty a_n$ mit erweitert reellen Gliedern a_n heißt konvergent zum Wert $a \in \overline{\mathbb{R}}$ (wofür wir auch $\sum a_n = a$ schreiben), falls für jedes $N \in \mathbb{N}$ die endliche Reihe $s_N := \sum\limits_{n=1}^N a_n$ definiert ist und falls (s_N) gegen a konvergiert. Unter den Gliedern einer konvergenten Reihe kann also höchstens eine der beiden Zahlen ∞, $-\infty$ vorkommen.

Viele der für Reihen reeller Zahlen gültigen Regeln übertragen sich auf Reihen erweitert reeller Zahlen, z.B. gilt:

a) $\sum a_n$ konvergent und $\beta \in \mathbb{R} \Rightarrow \sum(\beta a_n)$ konvergiert gegen $\beta \sum a_n$, d.h. "man darf eine konvergente Reihe gliedweise mit einer reellen Konstanten multiplizieren".

b) $\sum a_n$, $\sum b_n$ konvergent, $a_n \leq b_n$ für $n \in \mathbb{N}$ $\Rightarrow$ $\sum a_n \leq \sum b_n$.

c) $\sum a_n$, $\sum b_n$ konvergent, $\sum a_n + \sum b_n$ definiert
$\Rightarrow \sum(a_n + b_n)$ konvergiert gegen $\sum a_n + \sum b_n$.

Mehr über unendliche Reihen erweitert reeller Zahlen findet man in §3 und §9.

Anhang 3: Zur Kommutativität und Assoziativität von unendlichen
Reihen

Im folgenden werden die Beweise von 3.1, 9.1 und 9.2 gegeben.

Beweis von 3.1. OE nehmen wir an, daß I abzählbar unendlich ist, da man sonst Nullen hinzunehmen kann. Es seien π und σ zwei Bijektionen von $\mathbb{N}$ nach I. Fall 1: Es sei $\sum\limits_n a_{\pi(n)} = \infty$. Dann gibt es zu jedem $k \in \mathbb{N}$ ein $m_0(k)$ mit $\sum\limits_{n=1}^m a_{\sigma(n)} \geq k$ für $m \geq m_0$. Somit ist $\sum\limits_n a_{\sigma(n)} = \infty$. Fall 2: Sei $a := \sum\limits_n a_{\pi(n)} < \infty$. Dann gibt es zu jedem $\varepsilon > 0$ ein $m_0(\varepsilon)$ mit $\sum\limits_{n=1}^m a_{\sigma(n)} \geq a - \varepsilon$

für $m \geq m_0$. Unter Beachtung von Fall 1 gilt dann $\sum_n a_{\pi(n)} \leq \sum_n a_{\sigma(n)} < \infty$. Die Behauptung folgt dann durch Vertauschen von π und σ in der vorangehenden Überlegung. $\square$

$\underline{\text{Beweis von 9.1.}}$ OE sei $|I| = \infty$. Sei π eine Bijektion von $\mathbb{N}$ nach I. Nach 3.1 sind $b := \sum a_i^+ < \infty$ und $c := \sum a_i^- \leq \infty$ definiert, und es gilt $\sum_1^m a_{\pi(n)}^+ \to b$ und $\sum_1^m a_{\pi(n)}^- \to c$ $(m \to \infty)$. Hieraus folgt:

$$\sum_1^m a_{\pi(n)} = \sum_1^m a_{\pi(n)}^+ - \sum_1^m a_{\pi(n)}^- \to b - c \quad (m \to \infty).$$

Wegen $b - c \leq b$ und der Isotonie der Abbildung $x \to x^+$ auf $\overline{\mathbb{R}}$ gilt $(b-c)^+ \leq b^+ = b$, d.h. $(\sum a_i)^+ \leq \sum a_i^+$. Analog folgt $(\sum a_i)^- \leq \sum a_i^-$. $\square$

$\underline{\text{Beweis von 9.2.}}$ a) Es sei (9.2) erfüllt, etwa $b := \sum a_i^+ < \infty$. Wegen $\sum_{i \in I_j} a_i^+ \leq \sum_{i \in I} a_i^+ < \infty$ ist $\sum_{i \in I_j} a_i$ nach 9.1 unbedingt konvergent, etwa zum Wert b_j, $j \in J$. OE sei $|J| = \infty$. Sei π eine Bijektion von $\mathbb{N}$ nach J. Fall 1: Es gelte auch $\sum a_i^- < \infty$, also $\sum |a_i| < \infty$. Nach dem sog. großen Umordnungssatz für Reihen reeller Zahlen (s. etwa DIEUDONNÉ (60),S.96) konvergiert $\sum_n b_{\pi(n)}$ unbedingt zum Wert $\sum a_i$, zu dem dann auch $\sum_j b_j$ unbedingt konvergiert. Fall 2: Es sei $\sum a_i^- = \infty$. Wie man sich leicht überlegt, gilt dann $\sum_{n=1}^m \sum_{i \in I_{\pi(n)}} a_i^- \to \infty$ $(m \to \infty)$. Mit Fall 1, angewandt auf (a_i^+), folgt dann

$$\sum_{n=1}^m \sum_{I_{\pi(n)}} a_i = \sum_1^m (\sum_{I_{\pi(n)}} a_i^+ - \sum_{I_{\pi(n)}} a_i^-) = \sum_1^m \sum_{I_{\pi(n)}} a_i^+ - \sum_1^m \sum_{I_{\pi(n)}} a_i^- \to -\infty \quad (m \to \infty).$$

b) Es sei (9.2) nicht erfüllt. Sei $I_1 := \{i \in I: a_i > 0\}$ und $I_2 := I - I_1$. Es ist dann $\sum_{I_1} a_i = -\sum_{I_2} a_i = \infty$, also genügt $\sum a_i$ nicht dem Assoziativgesetz. $\square$

Literaturverzeichnis

A) Vorbemerkungen

Das Erscheinungsjahr ist jeweils hinter dem Namen des Verfassers angegeben, wobei (xy) das Jahr 19xy bedeutet.

Wir geben im folgenden eine Auswahl von Lehrbüchern, welche sich mit der Maßtheorie, der W-Theorie und Anwendungen der W-Theorie befassen.

Maßtheorie: BAUER (68), BURRILL (72), HALMOS (50), HENZE (71), KINGMAN/TAYLOR (66), MEYER (66), MUNROE (71).

W-Theorie: BAUER (68), BREIMAN (68), BURRILL (72), CHUNG (68), DOOB (53), FELLER (68), (71), FISZ (70), GNEDENKO (68), HENNEQUIN-TORTRAT (65), KRICKEBERG (63), LAMPERTI (66), LOÈVE (60), MORGENSTERN (68), NEVEU (69), RÉNYI (70), (70a), RICHTER (66), TORTRAT (71), TUCKER (67), W.VOGEL (70), WHITTLE (70).

Anwendungen der W-Theorie: BHAT (72), BREIMAN (69), FELLER (68), (71), FISZ (70), KARLIN (66), MORGENSTERN (68), RÉNYI (70), ROSS (70), WHITTLE (70).

Ein Lexikon über W-Theorie und mathematische Statistik ist MÜLLER (70). Kleinere Tafeln der wichtigsten Verteilungen findet man z.B. in FISZ (70), GNEDENKO (68), RÉNYI (70), A.VOGEL (70). Ausführliche Tafeln enthalten OWEN (62), E..S.PEARSON/HARTLEY (66), WETZEL/JÖHNK/NAEVE (67). GREENWOOD/HARTLEY (62) gibt eine Zusammenstellung der bis 1962 erschienenen Tafeln.

B) Im Text oder in den Vorbemerkungen benützte Literatur

ANSCOMBE, F.J. and R.J. AUMANN (63): A definition of subjective probability. Ann.Math.Stat.34, 199-205.

BARLOW, R.E. and F. PROSCHAN (65): Mathematical theory of reliability. New York: Wiley.

BAUER, H. (68): Wahrscheinlichkeitstheorie und Grundzüge der Maßtheorie. Berlin: de Gruyter; 2. Aufl. 1974.

BHARUCHA-REID, A.T. (60): Elements of the theory of Markov processes and their applications. New York: McGraw-Hill.

BHAT, U.N. (72): Elements of applied stochastic processes. New York: Wiley.

BICK, W., A. GEMEIN und H. LÜPSEN (Hrsg.) (70): Der Beruf des Mathematikers. Herausgegeben vom Arbeitskreis "Berufsbild des Mathematikers" in der Fachschaft Mathematik der Universität Köln.

BIERLEIN, D. (62/63): Über die Fortsetzung von Wahrscheinlichkeitsfeldern. Zeitschr.Wahrscheinlichkeitsth.Verwandte Geb.1, 28-46.

BILLINGSLEY, P. (68): Convergence of probability measures. New York: Wiley.

BISHOP, E. (67): Foundations of constructive analysis. New York: McGraw-Hill.

BREIMAN, L. (68): Probability. Reading, Mass.: Addison-Wesley.

BREIMAN, L. (69): Probability and stochastic processes: with a view toward applications. Boston: Houghton Mifflin.

BURRILL, C.W. (72): Measure, integration and probability. New York: McGraw-Hill.

CARLITZ, L. (69): Generating functions. Fibonnacci Quart.7, 359-393.

CHUNG, K.L. (67): Markov chains with stationary transition probabilities. 2nd ed. Berlin: Springer.

CHUNG, K.L.(68): A course in probability theory. New York: Harcourt, Brace and World; 2nd ed. 1974, Academic Press.

COLLATZ, L. und W. WETTERLING (71): Optimierungsaufgaben. 2.Aufl. Berlin: Springer.

DAVID, F.N. (62): Games, gods and gambling. The origins and history of probability and statistical ideas from the earliest times to the Newtonian era. London: Griffin.

DAVID, F.N. and D.E. BARTON (62): Combinatorial chance. London: Griffin.

DEGROOT, M.H. (70): Optimal statistical decisions. New York: McGraw-Hill.

DIEUDONNÉ, J. (60): Foundations of modern analysis. New York: Academic Press.

DOOB, J.L. (53): Stochastic processes. New York: McGraw-Hill.

DUBINS, L.E. and L.J. SAVAGE (65): How to gamble if you must. New York: McGraw-Hill.

DUGUÉ, D. (57): Arithmétique des lois de probabilités. Mém.Sci.Math.137. Paris: Gauthier-Villars.

ERWE, F. (70): Differential- und Integralrechnung I. Mannheim: Bibliographisches Institut.

FELLER, W. (68): An introduction to probability theory and its applications. Vol.I. 3rd ed. New York: Wiley.

FELLER, W. (71): An introduction to probability theory and its applications. Vol.II., 2nd ed. New York: Wiley.

FERGUSON, T. S. (67): Mathematical statistics: a decision theoretic approach. New York: Academic Press.

FISZ. M. (70): Wahrscheinlichkeitsrechnung und Mathematische Statistik. 5.Aufl. Berlin: VEB Deutscher Verlag der Wissenschaften.

FREEDMAN, D. (71): Markov chains. San Francisco: Holden-Day.

GNEDENKO, B.W. (68): Lehrbuch der Wahrscheinlichkeitsrechnung. 5.Aufl. Berlin: Akademie-Verlag.

GNEDENKO, B.W., J.K. BELJAJEW und A.D. SOLOWJEW (68): Mathematische Methoden der Zuverlässigkeitstheorie I,II. Berlin: Akademie-Verlag.

GNEDENKO, B.W. und A.N. KOLMOGOROV (60): Grenzverteilungen von Summen unabhängiger Zufallsgrößen. 2.Aufl. (Engl.rev.Aufl.1968). Berlin: Akademie-Verlag.

GREENWOOD, J.A. and H.O. HARTLEY (62): Guide to tables in mathematical statistics. Princeton: Princeton Univ.Press.

GUBER, S. (64): Zur Bewegungsinvarianz des Lebesgue-Maßes. Sitz.Ber. Bayer.Akad.Wiss.Math.-Naturw.Kl.1964, 91-92.

HAIGHT, F.A. (67): Handbook of the Poisson distribution. New York: Wiley.

HALMOS, P.R. (50): Measure theory. Princeton: Van Nostrand.

HARRIS, T.E. (63): The theory of branching processes. Berlin: Springer.

HAUPT, O., G. AUMANN und C.Y. PAUC (55): Differential- und Integral-rechnung, Band III. 2.Aufl. Berlin: de Gruyter.

HEINHOLD, J. und K.-W. GAEDE (64): Ingenieur-Statistik. München: Olden-bourg.

HENNEQUIN, P.L. et A. TORTRAT (65): Théorie des probabilités et quel-ques applications. Paris: Masson.

HENZE, E. (71): Einführung in die Maßtheorie. Mannheim: Bibl.Institut.

HEWITT, E. and K. STROMBERG (65): Real and abstract analysis. New York: Springer.

HINDERER, K. (69): Grundbegriffe der Maßtheorie und der Wahrscheinlich-keitstheorie. Vorlesungsausarbeitung. (Vergriffen.) Hamburg 1969.

HINDERER, K. (70): Foundations of non-stationary dynamic programming with discrete time-parameter. Lecture Notes in Operations Research and Mathematical Systems, Vol.33. Berlin: Springer.

HOBSON, E.W. (57): The theory of functions of a real variable and the theory of Fourier series. Vol.I. New York: Dover.

HORN, A. and A. TARSKI (48): Measures in Boolean algebras. Trans.Amer. Math.Soc.64, 467-497.

HORNFECK, B. und L. LUCHT (70): Einführung in die Mathematik. Berlin: de Gruyter.

IONESCU TULCEA, C.T. (49): Mesures dans les espaces produits. Atti Acad.Naz.Lincei Rend.7, 208-211.

JOHNSON, N.L. and S. KOTZ (69): Distributions in statistics: discrete distributions. New York: Houghton Mifflin.

JOHNSON, N.L. and S. KOTZ (70): Distributions in statistics: continuous univariate distributions. Vol.I,II. New York: Houghton Mifflin.

KARLIN, S. (66): A first course in stochastic processes. New York: Academic Press; 2nd ed. (with.H.Taylor) 1975.

KELLEY, J.L. (55): General topology. Princeton: Van Nostrand.

KENDALL, M.G. and A. STUART (63): The advanced theory of statistics. Vol.I: Distribution theory. 2nd ed. London: Griffin.

KING, A.C. and C.B. READ (63): Pathways to probability. New York: Holt.

KINGMAN, J.F.C. and S.J. TAYLOR (66): Introduction to measure and pro-bability. Cambridge: Univ.Press.

KNOPP, K. (47): Theorie und Anwendung der unendlichen Reihen. Berlin: Springer.

KOLMOGOROFF, A.N. (33): Grundbegriffe der Wahrscheinlichkeitsrechnung In Band 2 der "Ergebnisse der Mathematik". Berlin: Springer. Englische Übersetzung 1956, New York: Chelsea.

KRICKEBERG, K. (63): Wahrscheinlichkeitstheorie. Stuttgart: Teubner.

LAMPERTI, J. (66): Probability. New York: Benjamin.

LOÈVE, M. (60): Probability theory. 2nd ed. Princeton: Van Nostrand.

LUKÁCS, E. (60): Characteristic functions. London: Griffin.

LUKÁCS, E. and G. LAHA (64): Applications of characteristic functions. London: Griffin.

MENGES, G. (68): Grundriß der Statistik. Teil 1: Theorie. Köln: Westdeutscher Verlag.

MEYER, P.A. (66): Probabilities and potentials. Waltham, Mass.: Blaisdell.

v.MISES, R. (31): Wahrscheinlichkeitsrechnung. Leipzig: Deuticke.

MORAN, P.A.P. (68): An introduction to probability theory. Oxford: Clarendon Press.

MORGENSTERN, D. (68): Einführung in die Wahrscheinlichkeitsrechnung und mathematische Statistik. 2.Aufl. Berlin: Springer.

MÜLLER, P.H. (70) (Hrsg.): Wahrscheinlichkeitsrechnung und mathematische Statistik. Lexikon. Berlin: Akademie-Verlag.

MUNROE, M.E. (71): Measure and integration. 2nd ed. Cambridge,Mass.: Addison-Wesley.

NATANSON, I.P. (61): Theorie der Funktionen einer reellen Veränderlichen. Berlin: Akademie-Verlag.

NEVEU, J. (69): Mathematische Grundlagen der Wahrscheinlichkeitstheorie. München: Oldenbourg.

NIVEN, I. (69): Formal power series. Amer.Math.Monthly 76, 871-889.

OWEN, D.B. (62): Handbook of statistical tables. London: Pergamon Press.

PARTHASARATHY, K.R. (67): Probability measures on metric spaces. New York: Academic Press.

PATIL, G.P. and S.W. JOSHI (68): A dictionary and bibliography of discrete distributions. Edinburgh: Oliver and Boyd.

PEARSON, E.S. and H.O. HARTLEY (66): Biometrika tables for statisticians. 3rd ed. Cambridge: Univ.Press.

PEARSON, E.S. and M.G. KENDALL (eds.) (70): Studies in the history of statistics and probability. London: Griffin.

PEARSON, K. (56): Tables of the incomplete beta-function. Cambridge: Univ.Press.

PITMAN, E.J. (56): On the derivatives of a characteristic function at the origin. Ann.Math.Stat.27, 1156-1160.

PRABHU, N.U. (65): Stochastic processes. New York: Macmillan.

RÅDE, L. (ed.) (70): The teaching of probability and statistics. Stockholm, New York: Almqvist & Wiksell, Wiley Interscience.

RAND CORPORATION, The (55): A million random digits with 100,000 normal deviates. Glencoe: The Free Press.

RAO, C.R. (65): Linear statistical inference and its applications. New York: Wiley.

RÉNYI, A. (70): Probability theory. Amsterdam: North Holland.
(Deutsche Ausgabe 1966. Berlin: VEB Deutscher Verlag der Wissenschaften.)

RÉNYI, A. (70a): Foundations of probability theory. London: Holden-Day.

RÉVÉSZ, P. (67): The laws of large numbers. New York: Academic Press.

RICHTER, H. (66): Wahrscheinlichkeitstheorie. 2.Aufl. Berlin: Springer.

RIORDAN, J. (68): Combinatorial identities. New York: Wiley.

ROSS, S. (70): Applied probability models with optimization applications. San Francisco: Holden Day.

SAVAGE, L.J. (54): The foundations of statistics. New York: Wiley.

SCHMETTERER, L. (66): Einführung in die mathematische Statistik. Wien: Springer.

SCHNORR, C.P. (71): Zufälligkeit und Wahrscheinlichkeit. Eine algorithmische Begründung der Wahrscheinlichkeitstheorie. Lecture Notes in Mathematics, Vol.218. Berlin: Springer.

SOLOVAY, R.M. (70): A model of set-theory in which every set of reals is Lebesgue measurable. Ann.of Math.(2) 92, 1-56.

SPITZER, F. (64): Principles of random walk. Princeton: Van Nostrand.

TAYLOR, A.E. (65): General theory of functions and integration. New York: Blaisdell.

TODHUNTER, I. (1865): A history of the mathematical theory of probability from the time of Pascal to that of Laplace. Cambridge. 2. Neudruck New York: Chelsea 1965.

TORTRAT, A. (71): Calcul des probabilités et introduction aux processus aléatoires. Paris: Masson.

TUCKER, H.G. (67): A graduate course in probability. New York: Academic Press.

VOGEL, A. (70): Vierstellige Funktionentafeln. Stuttgart: Wittwer.

VOGEL, W. (70): Wahrscheinlichkeitstheorie. Göttingen: Vandenhoeck und Ruprecht.

WETZEL, W., M.-D. JÖHNK und P. NAEVE (67): Statistische Tabellen. Berlin: de Gruyter.

WHITTLE, P. (70): Probability. Baltimore: Penguin Books.

WIDDER, D.V. (46): The Laplace transform. Princeton: University Press.

WILKS, S.S. (62): Mathematical statistics. New York: Wiley.

WINTNER, A. (49): Factorial moments and enumerating distributions. Skand.Aktuarietidskr.32, 63-68.

WITTING, H. (66): Mathematische Statistik. Stuttgart: Teubner.

WITTING, H. und G. NÖLLE (70): Angewandte Mathematische Statistik. Stuttgart: Teubner.

Verzeichnis der verwendeten Abkürzungen und Symbole

A) Abkürzungen

Cf: charakteristische Funktion;   LT: Laplace-Transformierte;
Œ: Ohne Einschränkung der Allgemeinheit;   Vf: Verteilungsfunktion;
W-: Wahrscheinlichkeits-;   Zva: Zufallsvariable;   Zve: Zufallsvektor;
$\Box$: Zeichen am Ende eines Beweises.

B) Symbole

$\mathbb{N}$, $\mathbb{N}_o$, $\overline{\mathbb{N}}$, $\overline{\mathbb{N}}_o$, $\mathbb{Z}$, $\mathbb{Q}$, $\mathbb{C}$ 233

$\mathbb{R}$, $\mathbb{R}_+$, $\mathbb{R}^+$, $\overline{\mathbb{R}}$, $\overline{\mathbb{R}}_+$, $\overline{\mathbb{R}}^+$ 233

$|A|$, A^c, $A \times B$, id_Ω 233

$f:A \to B$, $f(\cdot)$, $a \to f(a)$ 233

A_{ω_1}, f_{ω_1}, $f(\omega_1,\cdot)$ 233

$\underset{i}{\times}A_i$, $\underset{i}{\times}f_i$, pr_i 234

$\mathcal{P}(A)$, $\underset{i}{\times}\mathcal{L}_i$ 235

1_A, δ_{ij}, $a^\pm$, $[x]$ 235

$\vec{a}$, M' (M Matrix)   235

$(x)_n$, $\binom{x}{n}$ 235

$a_n \sim b_n$, $a_n = o(b_n)$ 235

$\underset{i}{\bigcap}A_i$, $\underset{i}{\bigcup}A_i$, $\underset{i}{\sum}A_i$ 6

$A \triangle B$ 7; $\underline{\lim} A_n$, $\overline{\lim} A_n$ 8

$\lim A_n$, $A_n \downarrow A$, $A_n \uparrow A$ 8

$X^{-1}(A)$ 27; $f^{-1}(\mathcal{O}l')$ 78

$P(X \in A')$ 27; P_X, $\mathcal{W}(X)$ 28, 138

$P(A|B)$ 32; $f_{Y|X}$ 35;

$P_{Y|X}$, $\mathcal{W}(Y|X)$ 151

$f * g$ 44; $\mu * \nu$ 157

EX 51, 163; $V(X)$ 54, 170;

$K(Z)$ 55, 172

$Kov(X,Y)$ 55,171; $Kor(X,Y)$ 171

$E[Y|X]$ 178; $V[Y|X]$ 183

δ_a 65, 87; $b(n,p)$ 65; $b(n,(p_i))$ 66

$Nb(r,p)$ 68; $\pi(\alpha)$ 69

$(\Omega, \mathcal{O}l)$ 75; $\sigma(\mathcal{L})$ 76; $\mathcal{B}\mathcal{O}l$ 79

$\mathcal{O}l_\mu$ 96; μ_T 122; $\delta(\mathcal{L})$ 84

$\mathcal{J}_n$ 77; $\mathcal{J}_n'$ 80

$\mathcal{L}$, $\mathcal{L}_n$ 76; $\overline{\mathcal{L}}$, $\overline{\mathcal{L}}_n$ 87

$\overset{n}{\underset{1}{\otimes}} \mathcal{O}l_i$ 78; $\underset{i}{\otimes} \mathcal{O}l_i$ 134

$\mathcal{M}_+$, $\mathcal{L}$, $\mathcal{L}'$, $\mathcal{L}_\mu$, $\mathcal{L}_\mu'$ 109

$\int f d\mu$, $\int f(x)\mu(dx)$, $\int f(x)G(dx)$ 109

$\underset{A}{\int} f d\mu$ 113; $\int dP \int dQ f$ 131

μ-f.s., f.s., f.a.   114

$P \otimes Q$ 130; $\overset{\infty}{\underset{1}{\otimes}} Q_n$ 134; $\mu_1 \times \mu_2$ 132

$\overset{\infty}{\underset{1}{\times}} P_n$ 135

λ 95; $\overline{\lambda}$ 97; λ^n 133

$N(0,1)$; $N(a,\sigma^2)$ 145; $N(a,\Sigma)$ 147

$LN(a,\sigma^2)$ 148; $C(\alpha)$ 165; $\exp(\alpha)$ 95

$\Gamma_{\alpha,\nu}$ 159; χ_n^2, St_n 204; $F_{m,n}$ 209

$B(\alpha,\beta)$ 66; $Be(\mu,\nu)$ 160

$\varphi_{\alpha;\sigma}$ 198; $\Upsilon_{\alpha,\nu}$ 203

$x_{(i)}$ 160; $\mathcal{R}e\, z$, $\mathcal{I}m\, z$ 186

Sachverzeichnis